新世纪高职高专
机电类课程规划教材

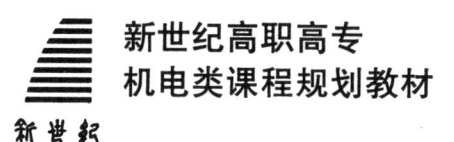

Pro/ENGINEER Wildfire 4.0
应用教程

新世纪高职高专教材编审委员会 组编

主　编　刘良瑞　张　蓉
副主编　张　辉　赫焕丽　李广坤
　　　　耿红正　赵勇成

第二版

附赠光盘

大连理工大学出版社

图书在版编目(CIP)数据

Pro/ENGINEER Wildfire 4.0 应用教程 / 刘良瑞,张蓉
主编. —2 版. —大连:大连理工大学出版社,2009.8(2021.8
重印)
新世纪高职高专机电类课程规划教材
ISBN 978-7-5611-3977-6

Ⅰ. P… Ⅱ.①刘… ②张… Ⅲ.机械设计:计算机辅助设计—应用软件,Pro/ENGINEER Wildfire 2.0—高等学校:技术学校—教材 Ⅳ.TH122

中国版本图书馆 CIP 数据核字(2008)第 004213 号

大连理工大学出版社出版

地址:大连市软件园路 80 号　邮政编码:116023
电话:0411-84708842　邮购:0411-84708943　传真:0411-84701466
E-mail:dutp@dutp.cn　URL:http://dutp.dlut.edu.cn
辽宁星海彩色印刷有限公司印刷　大连理工大学出版社发行

幅面尺寸:185mm×260mm　印张:18.75　字数:455 千字
附件:光盘一张
2008 年 1 月第 1 版　　　　　　　　　2009 年 8 月第 2 版
2021 年 8 月第 22 次印刷

责任编辑:吴媛媛　　　　　　　　责任校对:王　哲
　　　　　　　封面设计:张　莹

ISBN 978-7-5611-3977-6　　　　　　　定　价:47.80 元

本书如有印装质量问题,请与我社发行部联系更换。

前 言

《Pro/ENGINEER Wildfire 4.0 应用教程》(第二版)是新世纪高职高专教材编审委员会组编的机电类课程规划教材之一。

Pro/ENGINEER(简称 Pro/E)是由美国 PTC 公司推出的三维CAD/CAM参数化软件,其内容涵盖了产品从概念设计、工业造型设计、三维模型设计、分析计算、动态模拟与仿真、工程图输出到生产加工完成的全过程,其中还包含了大量的电缆及管道布线、模具设计与分析等实用模块,应用范围涉及航空航天、汽车、机械、数控加工、电子、医疗等诸多领域。

2008 年 1 月,PTC 公司发布了 Pro/ENGINEER Wildfire 4.0,作为 3D CAD/CAM/CAE 集成软件的一个重大更新版本及产品开发系统的关键组件,它进一步扩展了为产品开发团队所提供的全面的参数解决方案,提供了大量针对产品开发关键问题的增强功能,包括创新性 AutoRound™ 新技术、改善的大型组装性能、强化的 3D 绘图功能、强化的曲面编辑功能以及全新的特征识别工具(FRT)等,从而进一步提高了整个产品开发过程中个人及流程效率。

随着CAD/CAM技术的飞速发展和普及,越来越多的工程技术人员开始利用 CAD/CAM 软件进行产品的设计、开发和制造,Pro/ENGINEER Wildfire 4.0 作为一种当前最流行的三维CAD/CAM参数化软件,越来越受到工程技术人员的青睐。

为了适应高职高专教育的发展,满足培养技能型紧缺人才的需要,我们针对机械类各专业对 Pro/E 知识和技能的要求,并结合专业知识结构特点及学生的基础和接受能力,同时遵循"理论知识实用、够用,以应用为目的"的原则编写了本教材。

本教材在编写的过程中力求突出以下特色：

1. 涵盖面广，内容包含了机械产品设计中零件创建、装配、工程图制作、模具设计、数控加工的全过程。

2. 内容简洁明了，结合软件中真实的菜单、对话框、操控板和按钮等进行讲解，使读者能够直观、准确地操作软件，容易学习。

3. 案例丰富，涉及对软件进行具体操作的章节都配有综合实例的讲解，有多个实例的章节，在讲解过程中尽量使用不同的方法进行操作，避免重复，帮助读者理解、灵活应用，并在最后一章配有题库，供读者进行练习，以巩固和提高对知识点的掌握。

4. 适用专业面广，本书可作为机电、数控、模具、汽修等机械类和近机械类专业的通用教材，也可作为工程技术人员的自学教程和参考书籍。

全书共分13章，主要内容有：概述、2D草图绘制、基本实体特征、基准特征、工程特征设计、特征的操作、高级实体特征、曲面特征、零件装配设计、Pro/ENGINEER工程图、模具设计、数控加工及题库。

本教材由刘良瑞、张蓉担任主编，张辉、赫焕丽、李广坤、耿红正、赵勇成担任副主编，参加编写的还有陆龙福、王治雄、黄常翼、鄢敏、郑贞平。

在编写本教材的过程中，编者参考、引用和改编了国内外出版物中的相关资料以及网络资源，在此表示深深的谢意！相关著作权人看到本教材后，请与出版社联系，出版社将按照相关法律的规定支付稿酬。

限于编者的水平和经验，书中难免有不妥之处，恳请广大读者批评指正。

所有意见和建议请发往：dutpgz@163.com

欢迎访问职教数字化服务平台：http://sve.dutpbook.com

联系电话：0411-84707424　84706676

编　者

2009年8月

目 录

第 1 章 概 述 ... 1
- 1.1 Pro/ENGINEER 简介 ... 1
- 1.2 Pro/ENGINEER Wildfire 4.0 中文版操作界面 ... 2
- 1.3 文件操作 ... 6
- 1.4 配置系统选项 ... 9
- 1.5 配置系统环境 ... 11

第 2 章 2D 草图绘制 ... 14
- 2.1 草绘模式 ... 14
- 2.2 基本几何图形的绘制 ... 18
- 2.3 草图的编辑 ... 27
- 2.4 草图的几何约束 ... 29
- 2.5 尺寸标注和修改 ... 30
- 2.6 综合实例 ... 34

第 3 章 基本实体特征 ... 37
- 3.1 新建零件文件操作方法 ... 37
- 3.2 拉伸特征 ... 38
- 3.3 旋转特征 ... 41
- 3.4 扫描特征 ... 42
- 3.5 混合特征 ... 48
- 3.6 综合实例 ... 52

第 4 章 基准特征 ... 55
- 4.1 基准平面 ... 55
- 4.2 基准轴 ... 58
- 4.3 基准点 ... 60
- 4.4 基准坐标系 ... 60
- 4.5 基准曲线 ... 61
- 4.6 综合实例 ... 62

第 5 章 工程特征设计 ... 66
- 5.1 孔特征 ... 66
- 5.2 抽壳特征 ... 70
- 5.3 筋特征 ... 71
- 5.4 圆角特征 ... 72

5.5 倒角特征	75
5.6 拔模特征	76
5.7 综合实例	77

第6章 特征的操作

6.1 特征的删除、隐含与恢复	99
6.2 特征的插入	101
6.3 特征的修改与重定义	101
6.4 特征的复制	102
6.5 特征的阵列	106
6.6 图层的操作	110
6.7 综合实例	111

第7章 高级实体特征

7.1 可变剖面扫描特征	113
7.2 扫描混合特征	116
7.3 螺旋扫描特征	122
7.4 综合实例	123

第8章 曲面特征

8.1 基本曲面特征	131
8.2 边界混合曲面特征	134
8.3 曲面特征编辑	137
8.4 曲面的实体化	140
8.5 综合实例	141

第9章 零件装配设计

9.1 装配约束类型	147
9.2 零件装配基本操作	149
9.3 装配体的编辑操作	151
9.4 综合实例	151

第10章 Pro/ENGINEER 工程图

10.1 工程图的基本操作	162
10.2 工程图环境变量	163
10.3 图框格式与标题栏	165
10.4 工程图的详细操作	165
10.5 综合实例	169

第11章 模具设计

11.1 模具设计简介	180
11.2 模具设计的一般流程	180
11.3 综合实例	181

第12章 数控加工 222
12.1 Pro/NC 的基本概念 222
12.2 Pro/NC 加工工艺过程 222
12.3 Pro/NC 加工的基本操作 222
12.4 块铣削 226
12.5 轮廓铣削 228
12.6 曲面铣削 230
12.7 孔加工 233

第13章 题 库 235
13.1 草绘题目 235
13.2 基本实体造型题目 238
13.3 高级实体造型题目 254
13.4 曲面造型题目 259
13.5 装配设计题目 267
13.6 工程图制作题目 279
13.7 模具设计题目 282
13.8 数控加工制造题目 285

参考文献 290

第1章

概 述

1.1 Pro/ENGINEER 简介

Pro/ENGINEER 是美国 PTC 公司(Parametric Technology Corporation)于1989年开发的3D实体模型设计系统，Pro/ENGINEER 是一套由设计至生产的机械自动化软件，是新一代的产品造型系统，是一个参数化、基于特征的实体造型系统，并且具有单一数据库功能。

1. 参数化设计和特征功能

Pro/ENGINEER 采用的是参数化设计的、基于特征的实体模型化系统，工程设计人员利用具有智能特性的基于特征的功能去生成模型，如腔、壳、倒角及圆角等，并且可以随意勾画草图，轻易改变模型。这一功能特性给工程设计人员提供了在设计上从未有过的简易和灵活。

2. 单一数据库

Pro/ENGINEER 是建立在统一基层的数据库上，不像一些传统的 CAD/CAM 系统建立在多个数据库上。所谓单一数据库，就是工程中的资料全部来自一个库，使得每一个独立用户在为一件产品的造型而工作，不管用户是哪一个部门的。换言之，在整个设计过程的任何一处发生改动，就可以前后反映在整个设计过程的相关环节上。例如，一旦产品造型有改变，NC(数控)工具路径也会自动更新；组装工程图如有任何变动，也完全同样反映在整个三维模型上。这种独特的数据结构与工程设计的完整结合，使得一件产品的设计结合起来。这一优点，使得设计更优化，成品质量更高，产品能更好地推向市场，价格也更便宜。

与以前的版本相比，Pro/ENGINEER Wildfire 4.0 新增了许多功能，并且生产率也有明显提升。这些增强功能可帮助用户优化"全局设计流程"，包括机电设计。下面的内容概述了本教程所涵盖的一些重要增强功能。

(1) 全局设计流程增强功能

优化细节设计：利用改进的装配性能、全新的 Auto Round™ 功能、直接曲面编辑、自动化的 3D 绘图注释以及众多其他新功能，无论是简单的还是复杂的设计，用户都可以很快完成。

优化检验与验证：利用改进的网格化功能、对组件接触点和非线性材料的支持、更出色的结果分析、更智能的诊断以及其他模拟增强功能，用户可以更快速、更轻松地分析设计。

优化制造加工和工厂设备设计：使用简单易用、功能强大的用于刀具路径定义、注释特征以及其他重要任务的流程管理工具，简化和自动化从工程设计到制造流程的转换过程。

(2) 机电设计增强功能

加速细节设计:使用智能的、自动化的扁平电缆布线功能,从而更快速地创建机电设计。

加快设计协作:利用 MCAD 与 ECAD 设计间新的关联接口来加速设计协作,自动识别增量变更,并在 MCAD 和 ECAD 电路板设计之间交叉突出显示。

1.2 Pro/ENGINEER Wildfire 4.0 中文版操作界面

如图 1-1 所示为 Pro/ENGINEER Wildfire 4.0 中文版的操作界面,其内容主要有:主菜单、标准工具栏、导航工具栏、特征控制区、信息提示区、命令解释区、选取过滤器、特征工具栏、绘图区等部分。

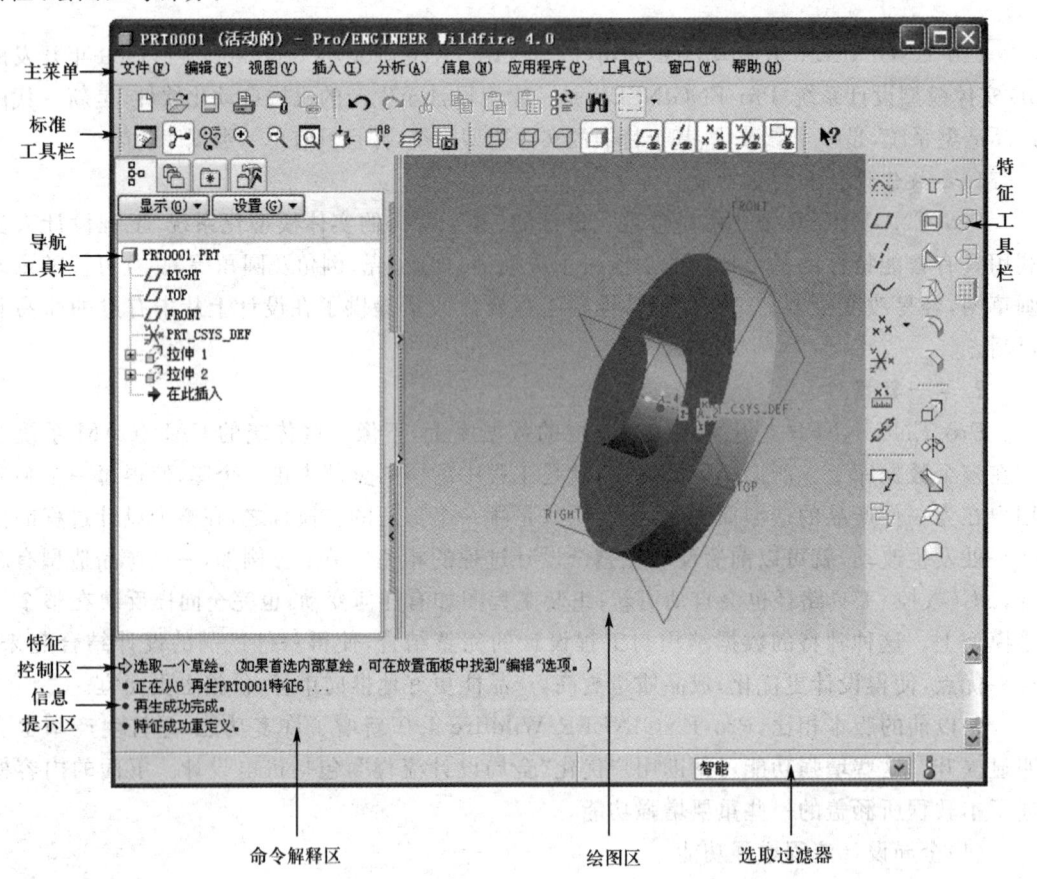

图 1-1 Pro/ENGINEER Wildfire 4.0 中文版的操作界面

1. 主菜单

主菜单共有 10 项:文件、编辑、视图、插入、分析、信息、应用程序、工具、窗口、帮助,如图 1-2 所示。

图 1-2 主菜单

2.标准工具栏

标准工具栏上的每一个按钮都代表着使用频率极高的命令,如图1-3所示。此外还可以自定义添加或删除工具栏按钮,并可以调整按钮的位置,其操作为:将鼠标置于工具栏区域,按右键,在弹出的快捷菜单中选择【命令】或【工具栏】命令,在弹出的对话框中进行设置。

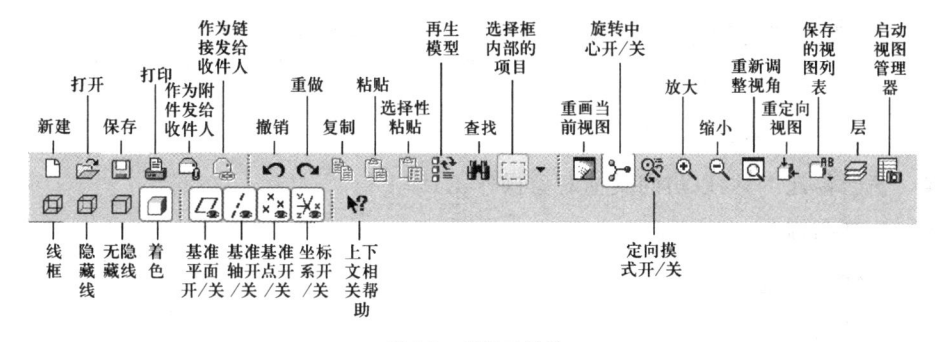

图 1-3 标准工具栏

3.导航工具栏

导航工具栏包括【模型树】、【文件夹浏览器】、【收藏夹】和【连接】按钮,如图1-4所示。

【模型树】——此选项功能记录了特征的创建、零件以及组件的所有特征创建的顺序、名称、编号、状态等相关数据,每一特征名称前都有该类特征的图标。在模型树区域中用户可进行编辑操作,通过右键点击特征名称,在弹出的快捷菜单中选择命令,执行特征的编辑、编辑定义、删除等操作。此外,【在此插入】常用于改变在某个特征前产生(插入)新的特征。

【文件夹浏览器】——此功能类似于Windows资源管理器,如图1-5所示。

【收藏夹】——与IE浏览器一样,用于保存用户常用的网页地址,如图1-6所示。

【连接】——用于访问相关网络资源,如连接PTC公司网站,方便用户在工作的同时可以通过Pro/ENGINEER内建的浏览器上网查询,如图1-7所示。

图 1-4 导航工具栏

图 1-5 【文件夹浏览器】下拉列表    图 1-6 【收藏夹】下拉列表    图 1-7 【连接】下拉列表

4. 特征控制区

在创建各种特征时,在主视区下方的特征控制区显示相应特征的操控板,不同的特征的操控板对应不同的内容,如拉伸特征操控板,其上有【放置】、【选项】、【属性】等按钮,如图 1-8 所示。

图 1-8　拉伸特征操控板

图 1-8 中部分按钮含义如下:

⏸——暂停此工具,以访问其他对象操作工具。

☑——几何预览。

∞——特征预览。

☑——建造特征。

✕——取消特征创建或重定义。

5. 信息提示区

在创建模型时,Pro/ENGINEER 通过信息提示区提供的文本信息,指导操作者如何进行下一步的操作,也可在这里输入各种数据。信息提示区包含当前建模进程中的所有操作和数据信息,如图 1-9 所示。

图 1-9　信息提示区

指示信息的类别:⇨为提示;●为信息;⚠为警告;◪为出错;✖为危险。

6. 命令解释区

当光标移动到某命令按钮上时,在该区域即可显示图标的简要解释和名称。

7. 选取过滤器

当用户根据提示需要选择对象时,面对复杂的模型,往往无法顺利选择到想要操作的目标对象,此时可以通过此过滤器选择所需要的对象类型。

8. 特征工具栏

位于窗口右侧的特征工具栏提供了特征创建最常用的工具按钮,在不同的模式下,具有不同的特征工具栏。如零件模式下的特征工具栏,如图 1-10 所示。

9. 绘图区

绘图区为模型绘制的主窗口,系统默认颜色为灰白色,用户可以通过选择主菜单【视图/显示设置/系统颜色】命令,如图 1-11 所示,然后在

图 1-10　特征工具栏（零件模式）

弹出的【系统颜色】对话框中单击【布置】按钮,显示下拉菜单,如图1-12所示,选择想要的背景颜色。

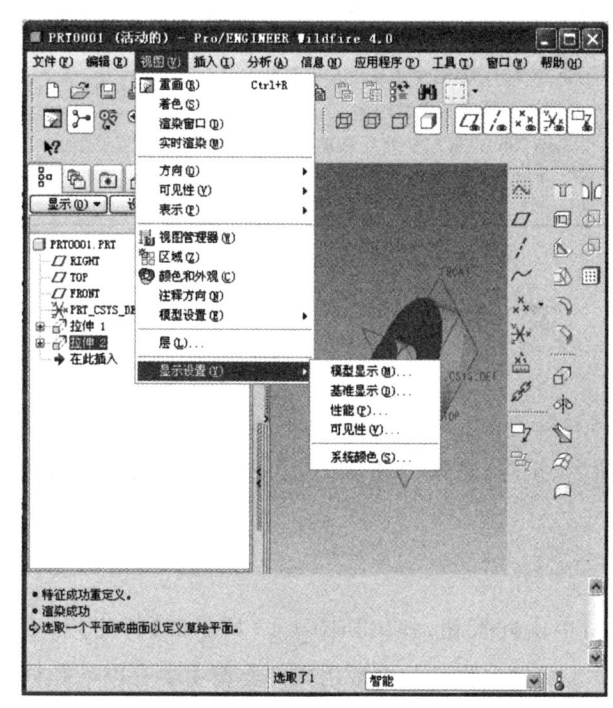

图1-11 【显示设置】菜单　　　　　　　　图1-12 【系统颜色】对话框

10. 三键鼠标的使用

三键鼠标是操作Pro/ENGINEER Wildfire 4.0的必备工具,使用鼠标的三个功能键可以完成不同的操作。将三个功能键与键盘上的"Ctrl"键和"Shift"键配合使用,可以在Pro/ENGINEER系统中定义不同的快捷功能,使用这些快捷功能进行操作将更简单方便。表1-1列出了鼠标功能键在模型创建不同阶段的用途。

表1-1　　　　　　　　　　　三键鼠标功能键的基本用途

鼠标功能键 使用类型	鼠标左键	鼠标中键	鼠标右键
二维草绘模式(鼠标按键单独使用)	1. 画连续直线(样条曲线); 2. 画圆(圆弧)	1. 终止画圆(圆弧)工具; 2. 完成一条直线(样条线),开始画下一直线(样条线); 3. 取消画相切弧	弹出快捷键菜单

(续表)

使用类型 \ 鼠标功能键	鼠标左键	鼠标中键	鼠标右键
三维模式 / 鼠标按键单独使用	选取模型	旋转显示模型 缩放显示模型	在模型树窗口或工具栏中单击将弹出快捷菜单
三维模式 / 与"Ctrl"键和"Shift"键配合使用	无	1. 与"Ctrl"键配合并且上下移动鼠标：缩放显示模型； 2. 与"Ctrl"键配合并且左右移动鼠标：旋转显示模型； 3. 与"Shift"键配合并且移动鼠标：平移显示模型	无

1.3 文件操作

文件菜单具有文件处理功能，包括新建、打开、设置工作目录、关闭窗口、保存、保存副本、备份、复制自、镜像零件、集成、重命名、拭除、删除、实例操作、声明、打印、快速打印、发送至和退出等。

1. 新建

创建新的文件其工具栏按钮为 ▯，单击此按钮，弹出如图 1-13 所示的【新建】对话框，用户在此对话框中选择文件类型，并输入文件名称。其中常用文件类型主要有以下几种：

【草绘】——用于二维草图绘制，文件后缀名为.sec。

【零件】——用于三维模型设计、三维钣金件设计等，文件后缀名为.prt。

【组件】——用于三维零件装配、动态机构设计等，文件后缀名为.asm。

【制造】——用于模具制造、NC 加工程序等，文件后缀名为.mfg。

【绘图】——用于平面工程图（即工程图）的绘制，文件后缀名为.drw。

【格式】——用于二维工程图图框制作，文件后缀名为.frm。

注意：①图 1-13 中【公用名称】项是指对模型的公用描述，公用名称将映射到 winchill 的 CAD 文档名称，以便于多位用户通过网络交换产品数据，同步设计一个产品。

②图 1-13 中【使用缺省模板】复选框勾选为系统默认状态，在缺省模板状态下，模型单位为英制单位。如果用户想使用公制单位，则不勾选【使用缺省模板】复选框，单击【确定】按钮后，从弹出的【新文件选项】对话框中选择一个公制模板，如 mmns_part_solid（公制零件模板），如图 1-14 所示，然后单击【确定】按钮。

图 1-13 【新建】对话框　　　　　图 1-14 【新文件选项】对话框

2．打开

其工具栏按钮为 ，单击此按钮，弹出如图 1-15 所示的对话框，用户可以从硬盘的工作目录或内存中选取所需文件，若欲打开格式为 STEP、IGES、STL 等的文件，则可以从【类型】下拉列表栏中选取所需格式后再选取文件即可。

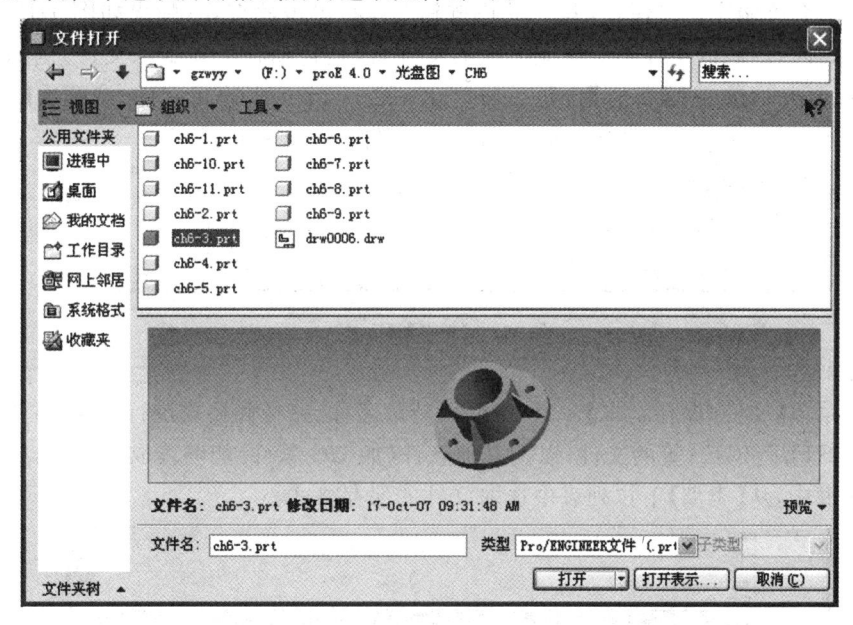

图 1-15 【文件打开】对话框

【工作目录】——打开文件时若单击此按钮，则文件目录会直接进入所设置的工作目录里面，为查找文件带来了很多方便。

【预览】——若要查看想打开的文件的图形形状，单击此按钮，则其形状会在图形预览区中显示出来，在预览区中还可以通过鼠标进行旋转、移动等操作。

3．设置工作目录

Pro/ENGINEER 系统默认的工作目录为"C:\Windows\My Documents\"，文件的所

有操作(如删除文件)均在工作目录下完成。选择主菜单【文件/设置工作目录】命令,在弹出如图 1-16 所示的对话框中选择用来代替当前工作目录的目录名称,单击【确定】按钮,则当前的工作目录变换为用户自定义的工作目录。

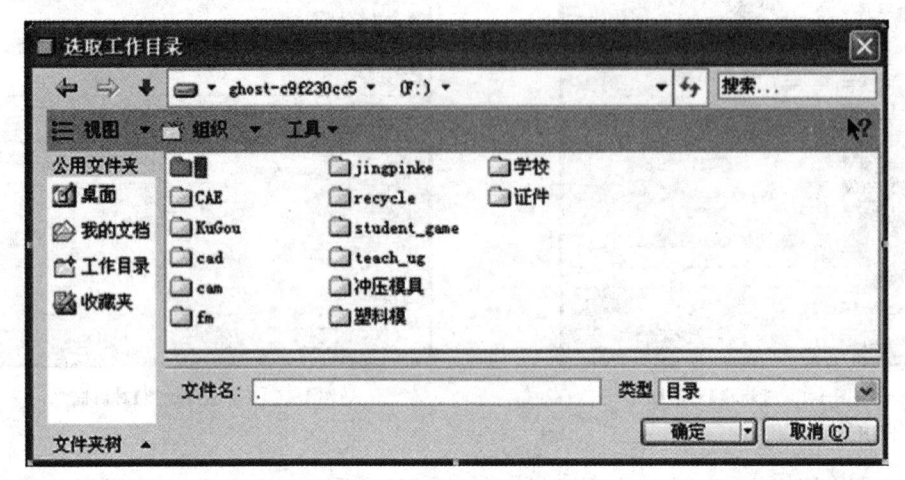

图 1-16 【选取工作目录】对话框

4. 保存

以同一个名称做文件的保存,其工具栏按钮为 ![icon] ,单击此按钮,弹出如图 1-17 所示的对话框。存盘时,新版的文件不会覆盖旧版的文件,而是自动存成新版的文件,例如原有文件名称为 aa.prt.1,按一次【保存】按钮后将产生一个 aa.prt.2 的新文件,按两次【保存】按钮后将再产生一个 aa.prt.3 的新文件,而原有的 aa.prt.1 文件仍然存在。

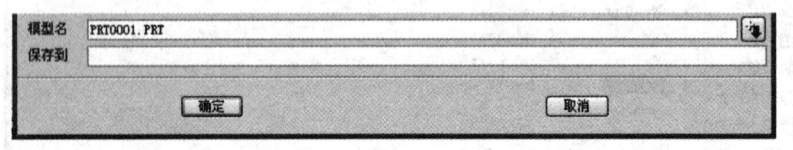

图 1-17 【保存】对话框

5. 保存副本

选择主菜单【文件/保存副本】命令,文件以新的名称、路径和格式进行保存,常用于导出其他格式如 STEP、IGES 等的文件,以便其他软件(如 UG 软件)能够读取,在弹出如图 1-18 所示的对话框中,从【类型】下拉列表中选取文件的保存格式。

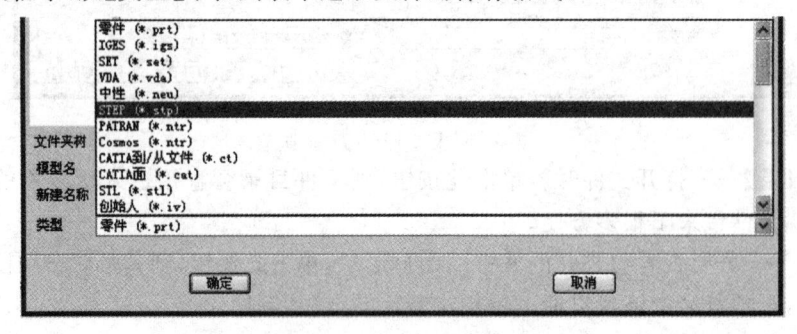

图 1-18 【保存副本】对话框

6.备份

选择主菜单【文件/备份】命令,文件在磁盘中以同一个文件名称做备份,其作用与【保存】命令相似,即备份文件时,自动存为新版本,但不同的是【保存】命令仅将文件存于文件的源目录,而备份文件可将文件存于当前的工作目录或用户指定的工作目录之下。

7.拭除

选择主菜单【文件/拭除】命令,会弹出两个子命令供选择,如图1-19所示。

图 1-19　【拭除】子命令

【当前】——将当前工作窗口上的一个文件从内存中拭除,但不拭除硬盘中的文件。如内存中有 10 个文件,而其中有 2 个文件出现在 2 个不同的工作窗口中,则【当前】命令将拭除当前工作窗口中的 1 个文件。

【不显示】——将不在任何窗口上,但在内存中的所有文件拭除。如内存中有 10 个文件,而其中有 2 个文件出现在 2 个不同的工作窗口中,则【不显示】命令将拭除存在内存中的 8 个文件。

8.删除

选择主菜单【文件/删除】命令,会弹出如图 1-20 所示的两个子命令供选择。

图 1-20　【删除】子命令

【旧版本】——将一个文件的所有旧版文件自硬盘中删除,仅保留最新版本。

【所有版本】——将一个文件的所有版本文件自硬盘中全部删除,选择此命令将弹出如图 1-21 所示的警告对话框信息,单击【是】按钮,将执行此命令。

图 1-21　警告对话框

1.4　配置系统选项

系统选项设置是一项重要的工作,在某些模式下,必须配置文件才能工作。如在绘图模式下工作,要按我国机械制图标准绘制工程图,必须设置"first angle"(第一角视图)选项;如要设置显示公差,则要设置"tol_display"(显示公差)选项。

设置 Pro/ENGINEER 基本配置选项,其基本内容有很多:应用程序界面、组件、组件处理、颜色、绘图、尺寸和公差、层、制造、特征、环境等等。基本配置选项操作步骤如下:

(1)选择主菜单【工具/选项】命令,打开【选项】对话框,去掉【仅显示从文件载入的选项】复选标记,如图 1-22 所示。

(2)勾选【仅显示从文件载入的选项】复选框,在【选项】文本框中输入关键字,如:"allow",单击【查找】按钮,弹出【查找选项】对话框,如图1-23所示。在【输入关键字】文本框中有"allow"字样,在【选择选项】列表框中显示名称以"allow"为首的所有选项和选项说明的内容。单击【关闭】按钮,退出【查找选项】对话框。

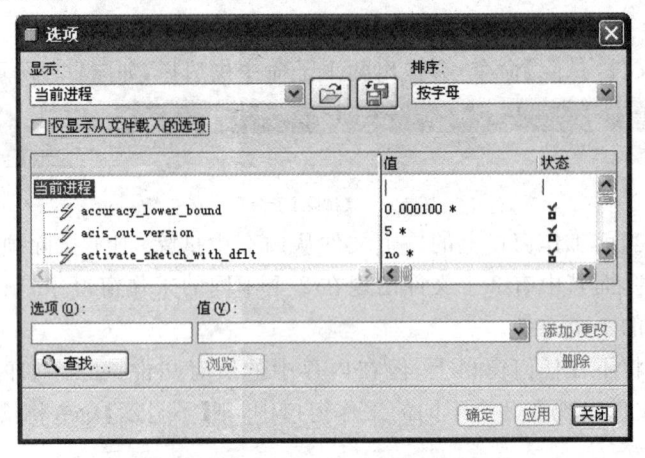

图1-22 【选项】对话框

图1-23 【查找选项】对话框

(3)从【选择选项】列表框中选取配置选项的名称。

(4)单击【添加/更改】按钮,则回到图1-22所示【选项】对话框。

(5)选取要更改的文件,在【值】下拉列表里选择"yes＊"或"no＊",后带有星号(＊)的为缺省值。

(6)单击【添加/更改】按钮,在列表中会出现配置选项及该选项的值。绿色的状态图标用于对所做的改变进行确认。

(7)配置完成后,单击【应用】按钮或【确定】按钮。

(8)单击"保存当前显示的配置文件的副本"按钮,打开【保存副本】对话框,如图1-24所示。单击【OK】按钮,完成保存。再进入【选项】对话框,单击【关闭】按钮,完成选项的设置。

图 1-24 【保存副本】对话框

1.5 配置系统环境

1. Pro/ENGINEER Wildfire 4.0 环境变量

Pro/ENGINEER 的环境变量主要用来控制 Pro/ENGINEER 的界面环境，放在名为"config.pro"的文件中。启动 Pro/ENGINEER 时，自动读取 config.pro 的设置。config.pro 文件可以放在"Pro/ENGINEER 安装目录\text\"下或 Pro/ENGINEER 的起始目录（起始工作目录）中。读取环境变量的过程如下：

启动时先读取"Pro/ENGINEER 安装目录\text\"下的 config.pro 文件，然后读 Pro/ENGINEER 起始目录下的 config.pro 文件，当两处都有 config.pro 文件时，以后者为准。

若将"Pro/ENGINEER 安装目录\text\"下的 config.pro 更名为 config.sup，则强制使用该文件中的设置值。

若启动时找不到任何一个 config.pro 文件，则环境变量均取缺省值。

Pro/ENGINEER 环境变量举例，见表 1-2。

表 1-2　　　　　　　　　Pro/ENGINEER 环境变量举例

环 境 变 量	设 置 值	含　　义
bell	yes/no	打开/关闭操作时的铃音
menu_font	arial,bold,10 等	Pro/ENGINEER 菜单的字体及大小
allow_anatomic_features	yes/no	是否在高级特征菜单中显示槽(Slot)、轴(Shaft)、局部拉伸(Local push)、剖面圆顶(Section Dome)等选项
menu_translation	yes/no/both	在运行 Pro/ENGINEER 的非英文版本时，指定菜单显示的语种
pro_units_sys	mmns/mks/fps/ips/等	为新模型设置缺省的单位系统
nccheck_type	vericut/nccheck	数控加工模拟路径的显示状态
drawing_setup_file	E:\proework\metric.dtl	指定读取"E:\proe_work\metric.dtl"中的工程图环境变量

可通过如下方法修改环境变量：

(1)编辑修改 config.pro 文件，并将其保存在适当的路径下。

(2)在 Pro/ENGINEER 环境中，选择主菜单【工具/选项】命令，打开图 1-22 所示的【选项】对话框，在对话框中查找或修改环境变量。

2．设置 Pro/ENGINEER 当前环境

使用【环境】对话框，可设置各种 Pro/ENGINEER 环境选项。在其中改变设置，仅对当前进程产生影响。启动 Pro/ENGINEER 时，如果存在配置文件，则由它定义环境设置，否则由系统缺省配置定义。

选择主菜单【工具/环境】命令，打开【环境】对话框，如图 1-25 所示，该对话框中各选项可以控制 Pro/ENGINEER 当前工作运行环境的许多方面。

表 1-3、表 1-4 分别列出了【环境】对话框中【显示】选项组下各选项用法说明和【缺省操作】选项组下各选项用法说明。

此外，使用【环境】对话框还可以更改【显示线型】、【标准方向】和【相切边】的设置。

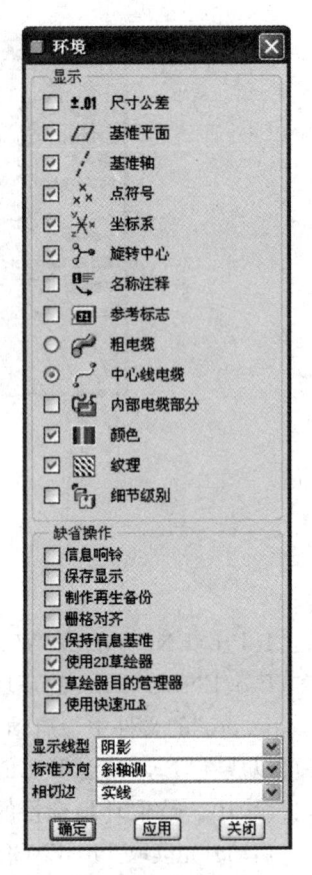

图 1-25　【环境】对话框

表 1-3　　　　　　　　　【显示】选项组下各选项用法说明

序号	选项名	用法说明
1	尺寸公差	显示/关闭模型的公差尺寸
2	基准平面	显示/关闭基准平面及其名称。注意，通过清除复选框关闭基准平面显示时，不会影响设置为几何公差参照基准的基准平面
3	基准轴	显示/关闭基准轴及其名称。注意在草绘模式中，通过清除复选框将基准轴显示关闭后，仅使基准轴名称变灰
4	点符号	显示/关闭基准点及其名称
5	坐标系	显示/关闭坐标系及其名称
6	旋转中心	显示/关闭模型的旋转中心
7	名称注释	显示/关闭名称注释而非注释文本
8	参考标志	指定为 Pro/CABLING 中连接器的组件元件或作为 ECAD 元件输入的组件元件，此项使其在 3D 组件视图中的显示带有参照指示器
9	粗电缆	显示/关闭电缆线的 3D 粗度。它可以着色，此选项和"中心线电缆"互相排斥
10	中心线电缆	显示/关闭电缆中心线，且定位点呈绿色。此选项和"粗电缆"互相排斥
11	内部电缆部分	显示/关闭视图中隐藏在其他几何体后的电缆部分
12	颜色	显示/关闭模型上的颜色
13	纹理	在着色模型上显示/关闭纹理
14	细节级别	动态定向(平移、缩放和旋转)过程中，使用着色模型中可用的细节级别

表 1-4　　　　　　　　　　　【缺省操作】选项组下各选项用法说明

序号	选项名	用法说明
1	信息响铃	在每个提示或系统信息后响铃（蜂鸣声）
2	保存显示	保存对象并带有它们最近的屏幕显示信息。这样使对象在新进程中恢复更快，因为不需要重新计算其图形
3	制作再生备份	在每次再生之前，系统将当前的一个或多个模型备份到磁盘，当显示选择了"再生"时，或每当启动一个隐含再生结束的功能时，在成功再生结束时，Pro/ENGINEER 自动删除其创建的备份文件
4	栅格对齐	使在屏幕上选择的点对齐到网格。这在草绘器中特别有用
5	保持信息基准	控制系统如何处理在"信息"功能中即时创建的基准平面、基准点、基准轴和坐标系。如果选定，系统将它们作为特征包含在模型中；如果清除，系统会在退出"信息"功能时删除它们
6	使用 2D 草绘器	在草绘器模式中控制初始的模型定向。如果选择，在进入草绘器时，模型将定向为从草绘平面直接看进去的一个二维定向；如果清除，进入草绘器时的模型定向不改变
7	草绘器目的管理器	在草绘器中使用目的管理器
8	使用快速 HLR	使带隐藏线、基准轴的动态旋转的硬件加速成为可能。在不同的系统和不同的显示中，性能的改善也不同

第 2 章

2D 草图绘制

　　草图是零件建模的基本步骤,利用草绘设计技术,可实现向三维模型的转换。草绘所提供的参数化的核心技术,能够把复杂的模型特征分解或分散。

　　构成草图的两大要素为几何图形及尺寸。用户首先绘制二维几何图形的大致形状,然后进行尺寸标注,最后修改尺寸数值,Pro/ENGINEER Wildfire 4.0 中文版系统便会根据新的尺寸数值自动进行修正更新二维几何形状。另外,系统对草绘上的某些几何线条会自动进行关联性约束,如对称、相切、水平等限制条件,可以减少尺寸标注,并使二维图形具有足够的几何限制条件。

2.1　草绘模式

1. 草绘工作界面

进入草绘模式的方法如下：

(1)选择主菜单【文件/新建】命令,或单击工具栏的 按钮,弹出如图 2-1 所示的【新建】对话框。

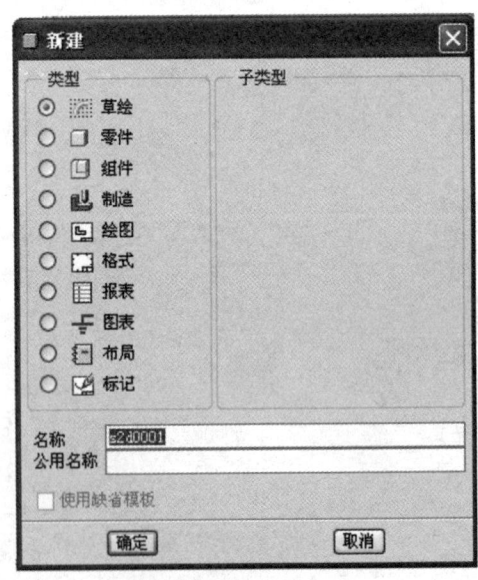

图 2-1　【新建】对话框

(2)在【新建】对话框的【类型】区域中选择【草绘】单选按钮,在【名称】文本框中输入图形文件名,单击【确定】按钮,进入草绘工作界面,如图 2-2 所示。

图 2-2 草绘工作界面

2. 草绘辅助工具栏

(1)草绘显示工具栏

▯——控制草图中是否显示尺寸。

▯——控制草图中是否显示几何约束。

▯——控制草图中是否显示网格。

▯——控制草图中是否显示草绘实体的端点。

▯——对草绘图元的封闭链内部着色。当所绘制的图元为封闭的图形时,点击此按钮会以"着色"的形式在封闭图形的内部进行显示,如图 2-3 所示。

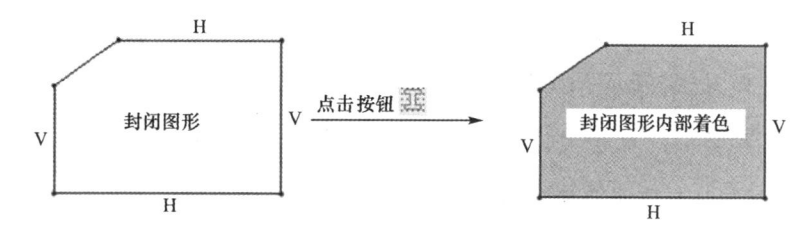

图 2-3 草绘图元封闭链内部着色

⌐⌐——加亮不为多个图元共有的草绘图元的顶点,如图2-4所示。

⌐⌐——加亮重叠几何图元的显示。即当绘制的草图有重叠的图元时,点击此按钮,则重叠的图元会以加亮的形式显示。

⌐⌐——分析草绘是否适用于它所定义的特征。如图2-5所示,其草绘截面是不能用来拉伸的,当点击此按钮后,会弹出如图2-6所示的对话框,提示"草绘不适用于当前特征"。

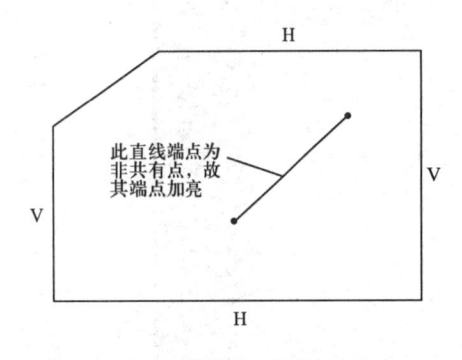

图2-4　草绘图元的顶点显示　　　　　图2-5　草绘截面

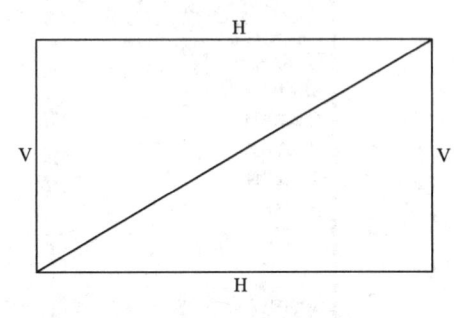

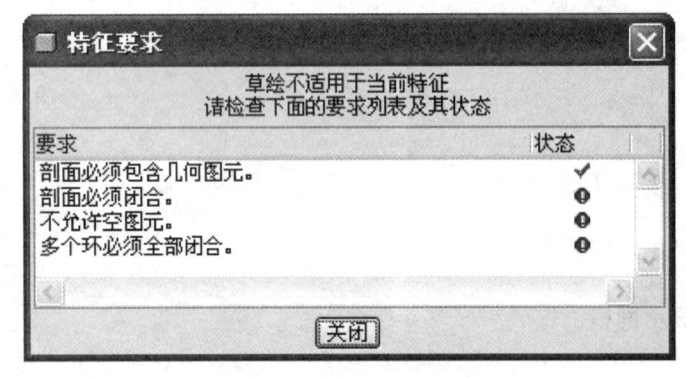

图2-6　【特征要求】对话框

(2)"撤消/恢复"工具

⌐⌐——前者为撤消草绘操作;后者为重做(恢复)。

3. 草绘工具栏

草绘工具栏如图2-7所示。其中工具按钮后带 ▶ 按钮的表示该按钮下还有同种类型的草绘工具按钮,单击按钮 ▶ ,可以打开其下的按钮,各绘图工具按钮的功能见表2-1。

图2-7　草绘工具栏

表 2-1　　　　　　　　　　　　　绘图工具按钮功能说明

序号	按钮	功能说明
1		选择项目,处于按下状态为选取对象,在对象上单击右键弹出快捷菜单,可按照菜单中的各选项进行编辑
2		1.过两点创建直线;2.创建与两个图元相切的直线;3.过两点创建中心线
3		通过对角两点绘制矩形
4		1.通过拾取圆心和圆上的一点来创建圆;2.创建同心圆;3.通过拾取的3点创建圆;4.创建与3个图元相切的圆;5.创建完整椭圆
5		1.通过三点或通过其端点且与图元相切创建弧;2.创建同心弧;3.通过选取弧的圆心和端点创建圆弧;4.创建与3个图元相切的弧;5.创建圆锥曲线
6		1.在两图元间创建一个圆角;2.在两图元间创建椭圆形圆角
7		通过任意点创建样条曲线
8		1.创建点;2.创建参照坐标系
9		1.通过实体边析出线;2.通过实体边偏移曲线
10		创建尺寸标注
11		修改尺寸、样条几何或文本图元
12		创建几何约束
13		创建文本文字
14		将调色板中的外部数据插入到活动对象中,选定该命令后即可调入调色板里的图形
15		1.动态修剪图元;2.将图元修剪(剪切或延伸)到其他图元或几何;3.在选取点的位置处分割图元
16		1.对选定的图素进行镜像;2.对选定的图素进行移动、缩放和旋转;3.对选定的图素进行复制
17		完成当前绘制的图元后确认当前的部分(在【类型】为【零件】下的草绘模式)
18		退出当前绘制的图元(在【类型】为【零件】下的草绘模式)

4.目的管理器与下拉式菜单

选择主菜单【草绘】命令,弹出下拉菜单,其中【目的管理器】默认为勾选状态,右边工具栏显示草绘工具按钮,如果取消【目的管理器】勾选,将关闭草绘工具按钮,弹出【草绘器】菜单,菜单中各命令的用法与草绘工具按钮相同,如图2-8所示。

图2-8 【草绘】下拉菜单与【草绘器】菜单

2.2 基本几何图形的绘制

  二维草绘截面的绘制是通过一些基本图元的绘制命令,将一些基本图元组合成完整图形,然后对基本图元进行编辑、修改,从而生成二维草绘图形。Pro/ENGINEER Wildfire 4.0 中文版中基本图元包括点、直线、矩形、圆和圆弧等。

  在学习草绘之前,我们先了解草绘的一些基本术语。

  (1)实体(图素或图元)——指任何几何段的单元(如直线、弧、圆、二次曲线、点或坐标系等)。当绘制草图,分割、连接几何图形段或者在几何体之外对该几何体进行定位时都需要创建实体。

  (2)参考实体——参考实体被用来在三维截面中确定草绘的几何体的位置和尺寸(比如参考平面、已知几何体的棱边等)。其自身的位置应是确定的、已知的。

  (3)约束——定义几何图元或图元间位置关系的条件。约束符号出现在应用约束的图元旁边。例如,可以约束两条线平行,这时会出现两条线平行的符号,如图2-9所示。

  (4)参数——草绘中的辅助数值。

  (5)关系——关联尺寸或参数的等式。例如,可以使用一个关系将一条直线[①]的长度设

[①] 注:Pro/ENGINEER 中的直线是指几何学中的线段,下文中的直线也指线段,不再另作说明。

置为另一条直线长度的一半,如图 2-10 所示。

(6)弱尺寸或弱约束——在没有用户确认的情况下,可以移除的尺寸或约束被称为"弱尺寸"或"弱约束"。草绘时创建的尺寸是弱尺寸。当用户自行添加尺寸或约束时,系统可以在没有任何确认的情况移除多余的"弱尺寸"或"弱约束"。"弱尺寸"或"弱约束"以灰色显示,如果不显示弱尺寸,选择主菜单【草绘/选项】命令,打开如图 2-11 所示的【草绘器优先选项】对话框,不勾选【弱尺寸】,草绘时则不会显示"弱尺寸"。

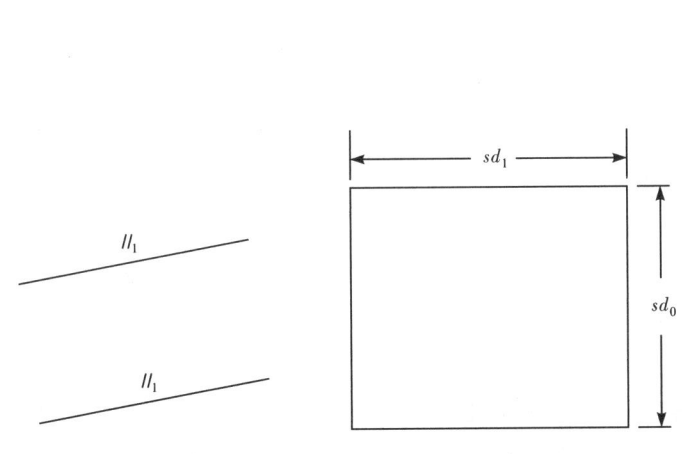

图 2-9　约束两条线平行　　　图 2-10　设置直线长度关系　　　图 2-11　打开【草绘器优先选项】对话框

(7)强尺寸或强约束——系统不能自动删除的尺寸或约束称为"强尺寸"或"强约束"。由用户创建的约束或尺寸总是强约束或强尺寸。强约束或强尺寸以银色高亮显示。

(8)冲突——冲突指多余的强约束或强尺寸(过约束)。出现这种情况时,必须要移除一个多余的约束或尺寸。

1.选取几何图元

(1)单击按钮　,在选取过滤器时,共有四种选择方式。

全部——画面上所有的项目都可以被选中。

几何——所有的几何图元(直线、矩形、圆、曲线、点、文字、坐标系等)都可以被选中。

尺寸——所有标注的尺寸都可以被选中。

约束——所有约束(水平约束、相切约束等)都可以被选中。

(2)用鼠标选取一个图元,图元变成红色,在图元上单击右键,弹出快捷菜单,选取的图元对象不同,其快捷菜单的内容也不一样,如选取圆,其快捷菜单如图 2-12 所示;如果选取一个尺寸,其快捷菜单如图 2-13 所示。当使用快捷菜单删除多个图元时,要按住"Ctrl"键,选取多个图元,再从快捷菜单中选择【删除】命令,也可以直接按"Delete"键。

2.创建直线

直线是最基本的图形元素。利用草绘工具栏中的按钮可创建四种形式的直线:创建过两点的任意直线、创建过两点的水平/垂直线、创建与两个图元相切的直线、创建过两点的中心线。

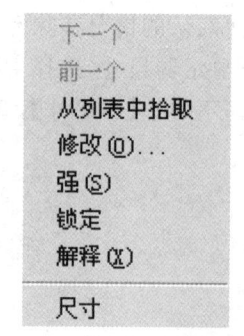

图 2-12　选取圆的快捷菜单　　　　　　　图 2-13　选取尺寸的快捷菜单

(1)过两点创建任意直线

单击按钮▬,在绘图区里用左键单击所需的两点位置(第一点为直线的起始点,第二点为直线的终点),按鼠标中键结束命令。

(2)过两点创建水平/垂直直线

单击按钮▬,在绘图区里用左键单击直线的起始点位置,然后水平移动鼠标,当直线的上方出现几何约束符号"H"时,移动至直线的终点并单击左键,按中键结束命令,完成水平直线的创建;同理,用左键单击直线的起始点位置,然后竖直移动鼠标,当直线的旁边出现几何约束符号"V"时,移动至直线的终点并单击鼠标左键,按鼠标中键结束命令,完成垂直直线的创建,如图 2-14 所示。

(3)创建与两个图元相切的直线

单击按钮▬,打开如图 2-15 所示【选取】对话框,提示用户选择切线的位置,依次单击所要相切的图元即可,如图 2-16 所示。

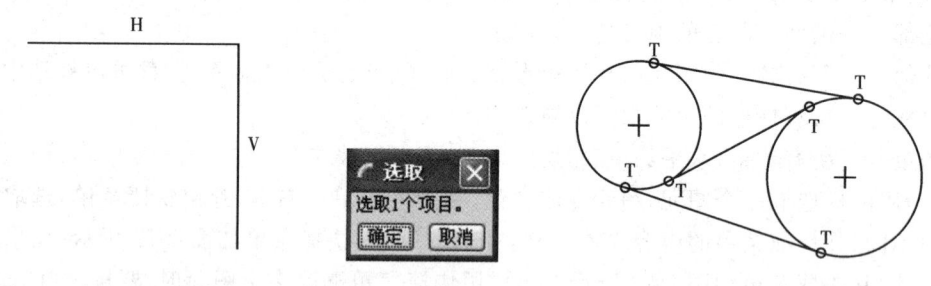

图 2-14　创建水平/垂直直线　　　图 2-15　【选取】对话框　　　图 2-16　创建与两个图元相切的直线

(4)过两点创建中心线

中心线主要用于进行特征的旋转、镜像曲线或对称约束等操作。单击 ▬ 按钮后,中心线的创建方法同其他直线的创建方法一样。

3. 创建矩形

单击▬按钮,在绘图区用鼠标左键单击所需的两点作为矩形的第一、二对角点即可,按鼠标中键结束操作,如图 2-17 所示。

4. 创建圆

有五种绘制圆的工具栏按钮 ○ ◎ ○ ○ ○ 可选择，下面分别予以介绍：

(1) 圆 ○——通过圆心和圆上的一点创建整圆，如图 2-18 所示。

(2) 同心圆 ◎——通过选取已知圆和绘图区域上的一点创建与已知圆同心的圆，如图 2-19 所示。

(3) 三点创建圆 ○——在绘图区里单击 3 个点，系统自动生成过这 3 个点的圆。

(4) 与 3 个图元相切的圆 ○——在绘图区里依次选取与之相切的 3 个图元的边线，系统自动生成与该三边相切的圆，如图 2-20 所示。

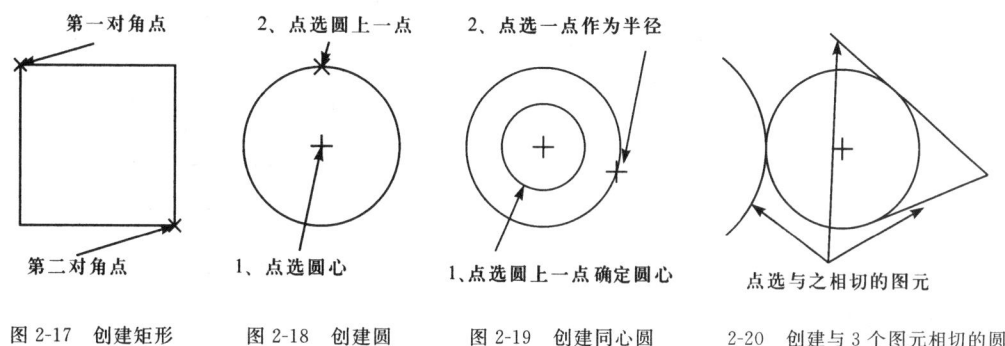

图 2-17 创建矩形　　图 2-18 创建圆　　图 2-19 创建同心圆　　2-20 创建与 3 个图元相切的圆

(5) 椭圆 ○——选取椭圆的圆心和椭圆上的一点即可，如图 2-21 所示。

5. 创建圆弧

有五种绘制圆弧的工具栏按钮 ⌒ ⌒ ⌒ ⌒ ⌒ 可选择，其方法与圆的创建方法类似，分别介绍如下：

(1) 3 点圆弧 ⌒——通过两个端点和圆弧上的一点或通过两个端点与图元相切创建圆弧，如图 2-22 所示。

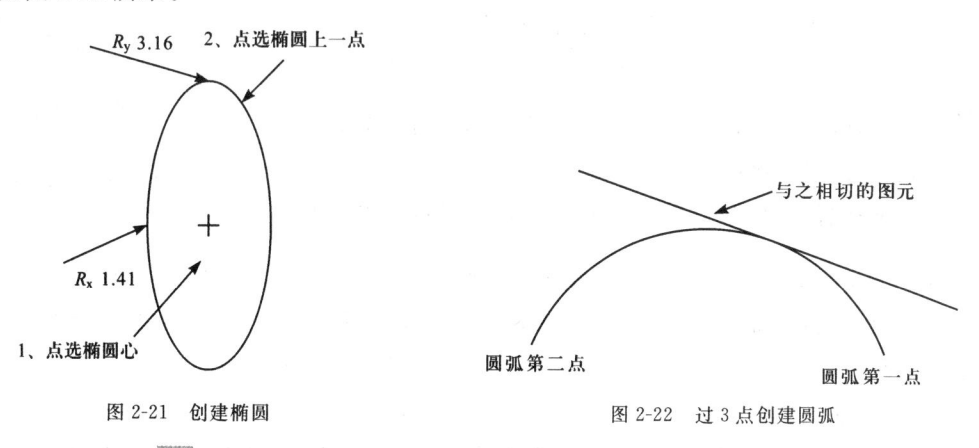

图 2-21 创建椭圆　　图 2-22 过 3 点创建圆弧

(2) 同心圆弧 ⌒——通过选取已知圆/圆弧和绘图区域上的两点作为圆弧的两个端点，即可创建与已知圆/圆弧同心的圆弧。

(3) 圆心、两端点圆弧 ⌒——在绘图区单击一点作为圆弧的中心点，然后指定弧的起始点和终点即可完成圆弧的绘制。

(4) 与 3 个图元相切的圆弧 ——在绘图区分别选取 3 个参考图元即可绘制与其相切的圆弧,如图 2-23 所示。

(5) 圆锥弧(二次曲线) ——在绘图区单击选择二次曲线的起始点,移动鼠标,单击选择二次曲线终点,再在绘图区选择一点,单击鼠标中键结束绘图命令。二次曲线主要由起始点、终点的斜率以及 RHO 值控制其形状。RHO=0.5,曲线为抛物线,如图 2-24 所示；0.05<RHO<0.5,曲线为椭圆;0.5<RHO<0.95,此曲线为双曲线。RHO 值越大其形状越尖。

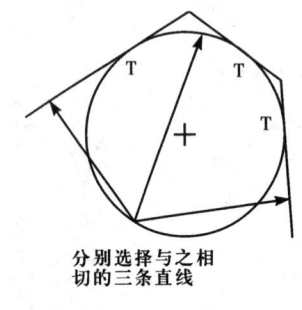

图 2-23 创建与 3 个图元相切的圆弧

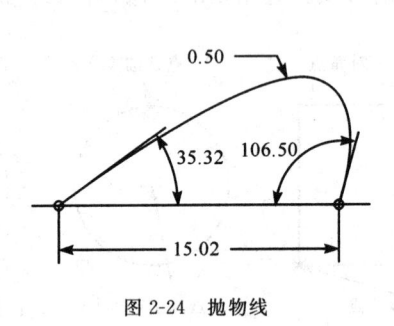

图 2-24 抛物线

6. 创建圆角

有两种绘制圆角的工具栏按钮 可选择,分别介绍如下:

(1) 圆角 ——分别选取相交的两图元拐角处,其圆角的大小取决于鼠标点击位置,如图 2-25 所示。

(2) 椭圆角 ——分别选取相交的两图元拐角处,其椭圆角的大小取决于鼠标点击位置,如图 2-25 所示。

7. 创建点、参照坐标系

(1) 点:创建点是进行辅助尺寸标注、辅助截面的绘制、复杂模型中的轨迹定位等操作时常用到的命令。单击工具栏按钮 ,在绘图区中以鼠标左键点击欲放置点的位置。如在图 2-26 中用点来标注倒圆角半径的尺寸。

(2) 参照坐标系:创建参照坐标系主要用于辅助尺寸的标

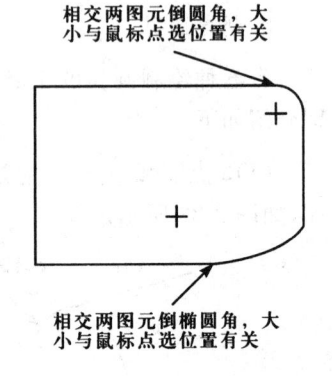

图 2-25 创建圆角和椭圆角

注、样条曲线的绘制以及混合特征的创建等方面。单击工具栏按钮 ,以鼠标左键点击欲放置坐标系的位置。如在图 2-27 中创建参照坐标系后,显示了四边形处于参照坐标系的位置。

8. 创建样条曲线

样条曲线为三阶或三阶以上的多项式所形成的曲线,即通过无数点所形成的光滑的曲线。单击工具栏按钮 ,在绘图区域里面选取曲线通过的点即可形成所需的曲线,如图 2-28 所示。

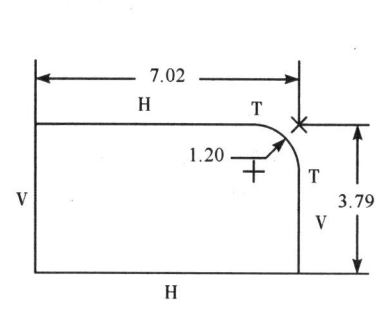

图 2-26 创建点

图 2-27 创建参照坐标系

选择主菜单【编辑/修改】命令或单击工具栏按钮，选择所绘制的样条曲线，在主视区下方将弹出如图 2-29 所示的样条曲线编辑操控板，下面分别介绍其功能。

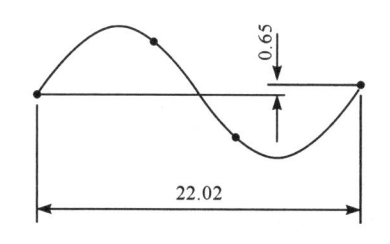

图 2-28 创建样条曲线

图 2-29 样条曲线编辑操控板

（1）单击"用内插点修改样条曲线"按钮，系统将显示样条曲线的插值点，即绘制样条曲线时鼠标所点选的点，如图 2-30 所示。选择插值点，然后按住左键不放，移动鼠标即可移动插值点的位置，从而改变样条曲线的位置。按右键，则可在弹出的快捷菜单命令删除或添加插值点。

（2）单击"用控制点修改样条曲线"按钮，系统将显示样条曲线的控制点，如图 2-31 所示。选择控制点，然后按住左键不放，移动鼠标即可移动控制点的位置，从而改变样条曲线的位置。在控制点的多边形位置上，按右键，则可在弹出的快捷菜单命令中删除或添加控制点。

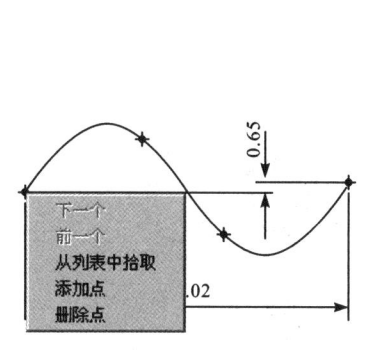

图 2-30 样条曲线的插值点和编辑工具栏

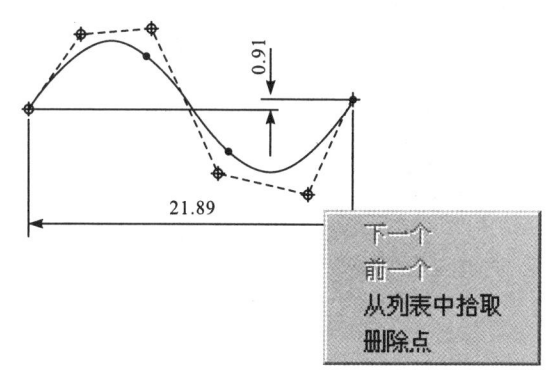

图 2-31 样条曲线的控制点和编辑工具栏

(3)单击"切换至控制多边形模式"按钮🙂，可以进行⌒（用内插点修改样条曲线）和 ⌒（用控制点修改样条曲线）之间的切换。

(4)单击"曲线分析工具"按钮，系统将显示样条曲线的曲率大小（比例）和疏密程度（密度），在曲率调整工具栏中调整【比例】项可显示样条曲线的大小，可以很方便地知道样条的光滑程度；调整【密度】项可改变样条曲线曲率的疏密程度，如图2-32所示。

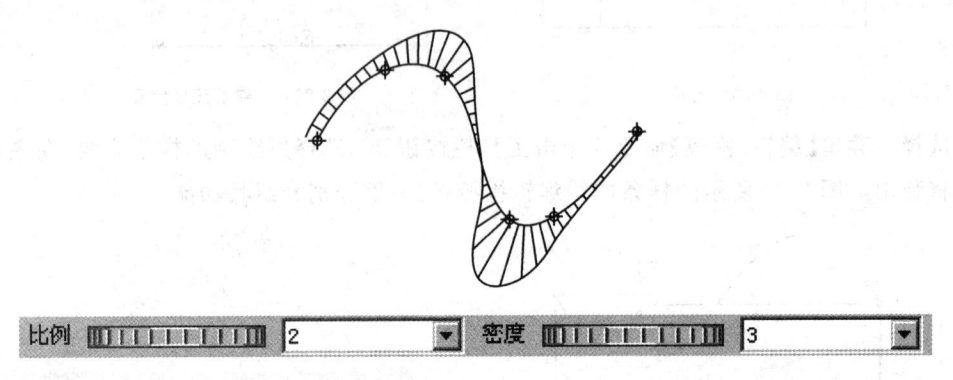

图 2-32 曲率调整工具栏

(5)单击主视区下方样条曲线编辑操控板【点】按钮，弹出如图2-33所示的上滑面板，其中【坐标值参照】主要有"草绘原点"和"局部坐标系"两种方式。"草绘原点"——样条曲线上每一点的坐标值为绝对坐标值，与当前参照坐标系无关；"局部坐标系"——样条曲线上每一点的坐标值为以当前参照坐标系为基准的相对坐标值。

(6)单击主视区下方样条曲线编辑操控板【拟合】按钮，弹出如图2-34所示的上滑面板，其中【拟合类型】主要有"稀疏"和"平滑"两种。"稀疏"——在【偏差】文本框中输入偏差量的数值，回车，则系统会通过降低原样条曲线点的数量来生成新的曲线，使新生成的曲线与原来的曲线的最大误差值在所设定的偏差值内，如图2-35所示；"平滑"——在【零星点】（正确翻译为奇数点）文本框中输入平均值的奇数点数目，如输入"5"，回车，则头尾两个曲线端点及其相邻点（共四点）的坐标值不变，而其余点 P_i 的坐标值为其前后点 P_{i-2}、P_{i-1}、P_{i+1}、P_{i+2} 的平均值，从而使曲线平滑化，如图2-36所示。

图 2-33 【点】上滑面板　　　　　　　　图 2-34 【拟合】上滑面板

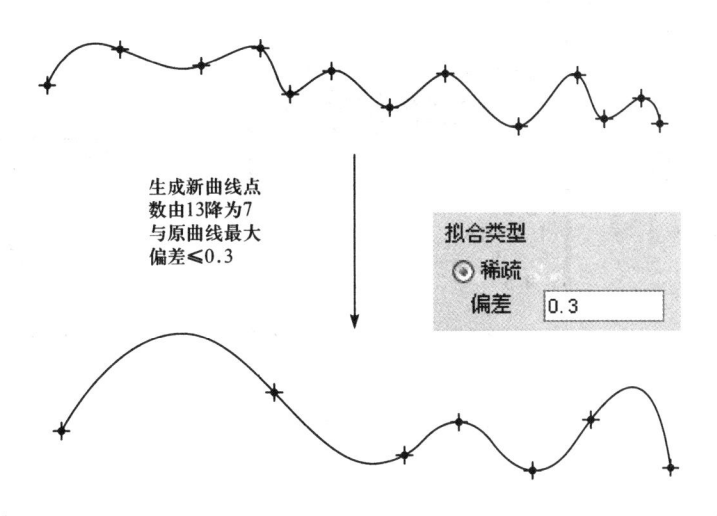

图 2-35 "稀疏"拟合类型

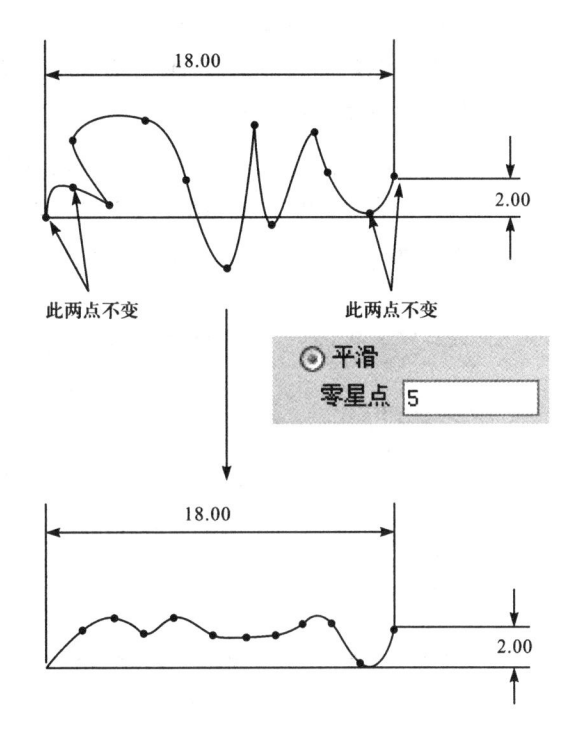

图 2-36 "平滑"拟合类型

(7)文件处理:单击主视区下方的样条曲线编辑操控板【文件】按钮,弹出如图 2-37 所示的上滑面板,可进行读入点坐标值的文件、储存点坐标值的文件、显示点坐标值的文件等处理工作,这些选项内设为灰阶,无法使用。欲使用此选项的功能,需先建立一个截面坐标系,并以此坐标系来标注样条尺寸。

单击【文件】按钮后,信息窗口会出现"选取要用作尺寸标注参照的

图 2-37 【文件】上滑面板

局部坐标系"的提示,选择所创建的截面坐标系后(图 2-38(a)),信息窗口继续提示"样条在局部坐标系中标注尺寸",然后进行下述的操作:

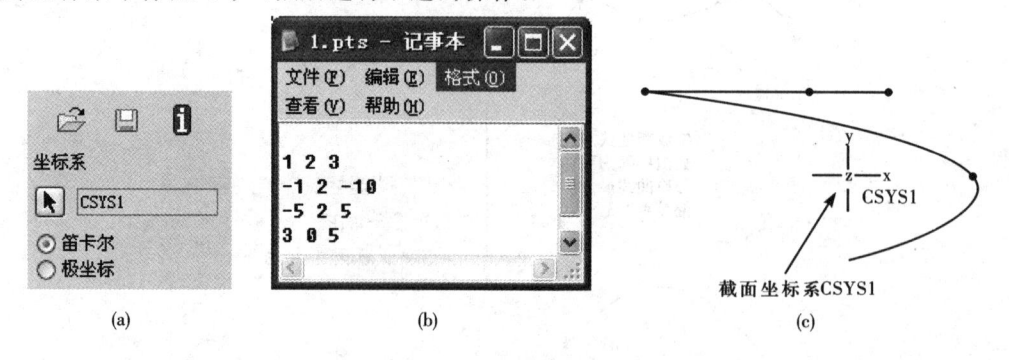

(a)　　　　　　　　(b)　　　　　　　　(c)

图 2-38　选择坐标系和读入点坐标值

①读入点坐标值:单击 按钮,读入文件名后缀为.pts 的文件,由读入的点数据创建曲线。*.pts 文件中,每一行的数据为每一个点的坐标值,而坐标系可以为直角坐标系(笛卡尔坐标)或极坐标系,图 2-38(b)中数据为样条曲线的插值点在直角坐标系中的坐标值(x、y、z 坐标之间为空格),图 2-38(c)为所生成的样条曲线。

注意:若参照坐标系通过原始样条曲线的端点,则无论 *.pts 文件中的第一点坐标是否为(0,0,0)点,所生成的新样条都经过坐标原点。

②储存点坐标值:单击 按钮,将所创建的样条曲线用当前的坐标值以 *.pts 的文件格式保存起来。通过记事本打开该文件,可看到所创建样条曲线的各点坐标值。

③显示点坐标值:单击 按钮,将在窗口上显示当前所创建的样条曲线的各点坐标值,如图 2-39 所示。

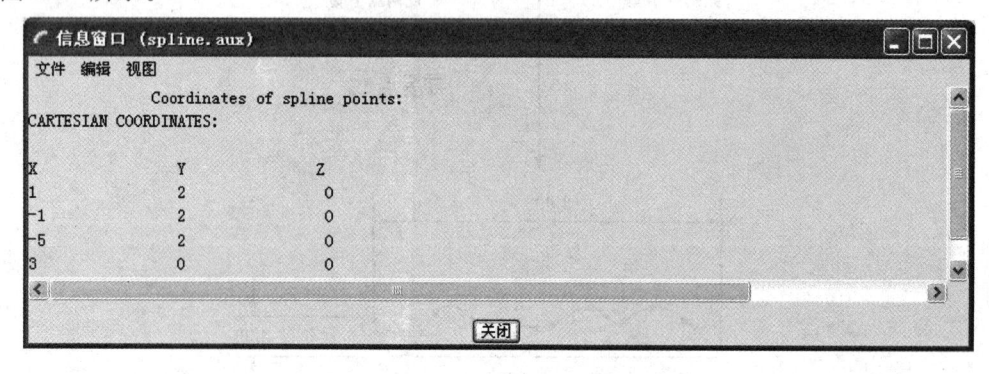

图 2-39　创建样条曲线的各点坐标值

9. 创建文本

文本也可以作为草绘的一部分,如可对文字进行拉伸、旋转等操作,文本在绘制草图时多用来添加注释。

单击工具栏按钮 ,信息窗口提示"选择行的起始点,确定文本高度和方向",在绘图区绘制一段直线,线的长度代表文字的高度,线的角度代表文字的方向,完成定义后,出现【文本】对话框,如图 2-40(a)所示。在【文本行】文本框中输入显示的文字,在【字体】下拉列表中选择字型,在【长宽比】文本框中输入文字的长宽比例,在【斜角】文本框中输入文字的倾斜角度。如选择【沿曲线放置】复选框,可以使文字按指定的曲线方向排列,其位于曲线的上、下方向可以通过按钮 ✗ 来实现,如图 2-40(b)所示。

(a)

(b)

图 2-40 【文本】对话框与创建的文本

2.3 草图的编辑

1. 修剪

修剪工具栏主要提供了三种修剪方式,分别是动态修剪、拐角修剪、分割。

动态修剪——单击草绘工具栏按钮 ✗ ,选择需要修剪掉的相交两图素的位置端,按鼠标中键结束操作,如图 2-41 所示。

拐角修剪——单击草绘工具栏按钮 ✗ ,分别选择需要保留的两相交图素的位置端,未选择的部分将被删掉,按鼠标中键结束操作,若选中的是两条未相交的直线,则自动延长至交点,如图 2-42 所示。

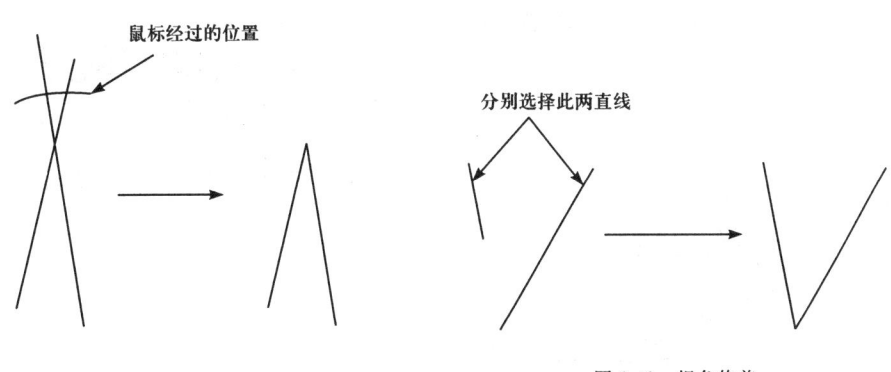

图 2-41 动态修剪

图 2-42 拐角修剪

分割——单击草绘工具栏按钮 ⊢﹤，单击需要分割的图素，系统会在单击的位置处将图素打断，若所选图素为线段，则该线段被一分为二，系统自动标注两线段的长度，按鼠标中键结束操作。

2. 镜像

在镜像之前要先绘制一条中心线作为镜像线，选择需要镜像的图素，单击草绘工具栏按钮 ，选择中心线作为镜像线，按鼠标中键结束操作，如图2-43所示。

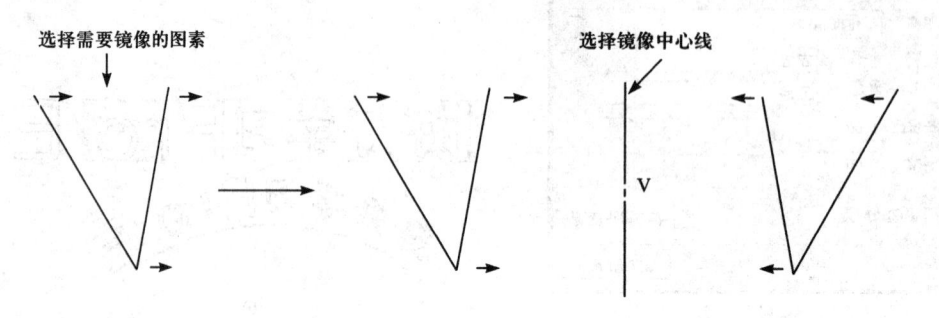

图 2-43　镜像

3. 比例缩放和旋转

系统提供的旋转工具可以对选定的图素进行移动、缩放和旋转，选择需要旋转的图素，单击草绘工具栏按钮 ，系统弹出【缩放旋转】对话框，同时缩放手柄 ╲、旋转手柄 ⟲、平移手柄 ⊗ 出现在截面图上，如图2-44右侧所示。在【比例】、【旋转】文本框中分别输入缩放值和旋转角度，或者分别操纵手柄 ╲、⟲、⊗ 进行缩放、旋转和移动操作，单击对话框中的按钮 ✓，完成操作。

4. 调色板

这是 Pro/ENGINEER Wildfire 4.0 的新增功能，单击绘图工具栏按钮 ，弹出如图2-44左侧所示的【草绘器调色板】对话框，双击选择所需的图形。然后在绘图区中选取放置的位置，在弹出的如图2-44右侧所示的【缩放旋转】对话框中，分别设置比例和旋转角度即可。

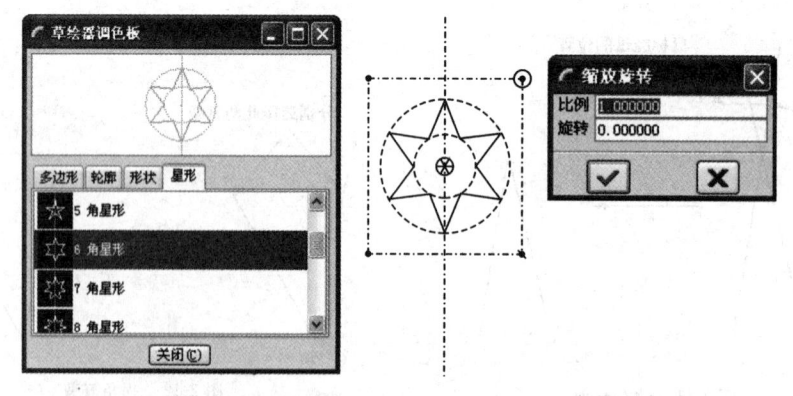

图 2-44　【草绘器调色板】对话框、操纵手柄与【缩放旋转】对话框

2.4 草图的几何约束

在草绘图中有两种约束：尺寸约束和几何约束。尺寸约束用于控制尺寸的大小，即标注尺寸；几何约束用于控制草图中几何图素的定位方向及几何图素之间的相互位置关系。在工作界面中尺寸约束显示为参数符号或数字，几何约束显示为字母符号。

1. 几何约束种类

单击草绘工具栏按钮，弹出如图 2-45 所示的【约束】对话框，各类约束的功能见表 2-2。

图 2-45 【约束】对话框

表 2-2　　　　　几何约束功能

序号	按钮	名称	功能
1		竖直约束	使直线维持竖直或两点在同一竖直线上
2		水平约束	使直线维持水平或两点在同一水平线上
3		垂直约束	使两直线相互垂直
4		相切约束	使两图素相切
5		中点约束	定义直线的中点
6		对齐约束	使两图素共线、两点重合、两点对齐或点在直线上
7		对称约束	使两图素对称
8		相等约束	等半径、直径或长度
9		平行约束	使两图素平行

2. 定义约束条件

(1) 竖直约束——单击按钮，选择直线或两点，直线或两点连线的方向被约束为竖直方向，如图 2-46 所示。

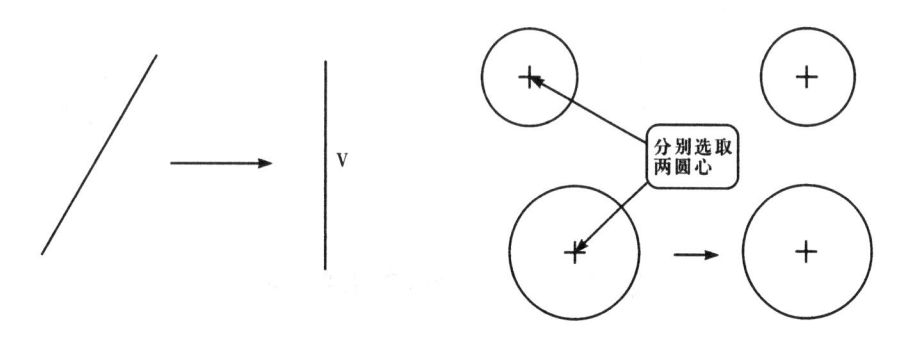

图 2-46 竖直约束

(2) 水平约束——单击按钮，选择直线或两点，直线或者两点连线的方向被约束为水平方向，其方法同竖直约束。

(3)垂直约束——单击按钮⊥,依次选择两条直线,两条直线将被约束为互相垂直,如图2-47所示。

(4)相切约束——相切主要有直线和圆相切、圆和圆相切。单击按钮✱,分别选择两图素,则两图素相切,如图2-48所示。

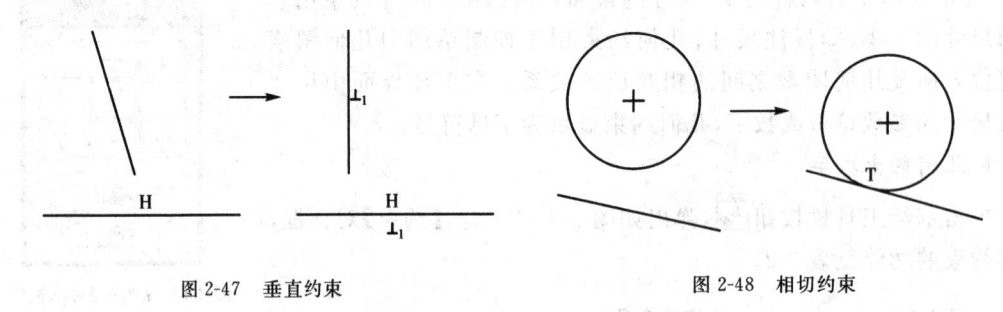

图2-47 垂直约束　　图2-48 相切约束

(5)中点约束——单击按钮✎,依次选择一个点和一条直线,选择的点被约束为所选直线的中点。

(6)对齐约束——单击按钮⊙,依次选择两点(结果为共点),或点和直线(点在直线上),或两直线(两直线重合)。

(7)对称约束——单击按钮⊹,依次选择对称的中心线和需对齐的两图素上的特征点(比如中点、端点等),如图2-49所示。

(8)相等约束——单击按钮=,依次选择需要约束为相等的两图素,必须是同类型的两图素。

(9)平行约束——单击按钮∥,依次选择需要约束为平行的两直线即可。

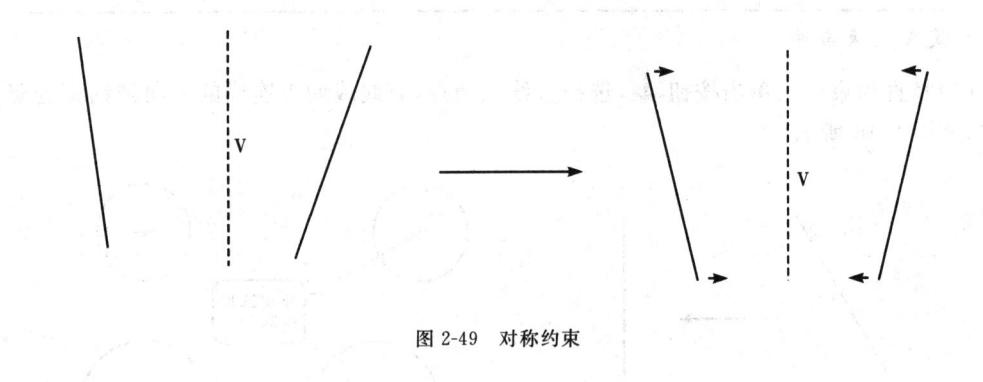

图2-49 对称约束

2.5 尺寸标注和修改

Pro/ENGINEER Wildfire 4.0中文版绘制草图的特点是尺寸参数化,即能自动捕捉用户的意图,自动进行尺寸标注,但在一些情况下,系统自动标注的尺寸往往无法完全满足设计需要,此时就必须对图形进行手工标注和修改。

1. 尺寸强化

在草绘中绘制了几何图形后,系统都会自动产生相关的尺寸约束条件。系统自动产生的尺寸叫做"弱尺寸"。这些由系统自动产生的尺寸不一定符合设计者的要求,这时需要设计者进行尺寸的强化,以最终符合设计者的意图,弱尺寸呈灰色显示,强化后的尺寸呈银色高亮显示。下面介绍几种尺寸强化的方法:

(1)直接强化——按左键单击尺寸,尺寸变成红色后,按右键,在弹出的快捷键菜单中选择【强】命令,如图 2-50 所示。也可选择主菜单【编辑/转换到/加强】命令来完成。

(2)重新标注强化——所显示的弱尺寸通过重新标注尺寸的方式来实现。

(3)修改尺寸强化——单击工具栏按钮 ,选择要修改的尺寸,在弹出如图 2-51 所示的【修改尺寸】对话框中输入所修改的数值即可。在对话框中有【再生】和【锁定比例】两个复选框,其功能如下:

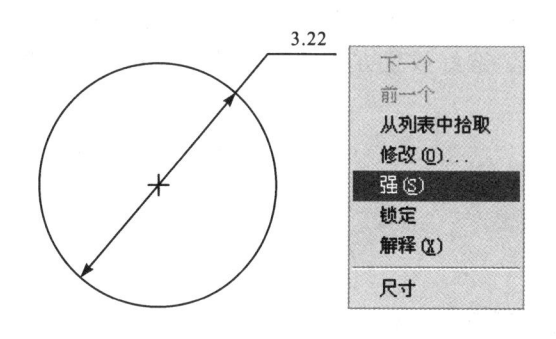

图 2-50　直接强化

图 2-51　【修改尺寸】对话框

① 再生——若勾选,则当一个尺寸数值改变时,线条的几何形状或位置立即更新变化;若不勾选,则修改完所有的尺寸后,其线条的几何形状才更新变化。

② 锁定比例——若勾选,则其未修改的尺寸自动修改与修改后的尺寸保存为原来的比例关系。例如图 2-52 中,长宽比例为 2∶1,同时选中尺寸数值"6.00"和"3.00",单击 ![icon] 按钮,修改尺寸数值"3.00"为数值"4.00",回车,则长度尺寸数值"6.00"自动变为"8.00"。

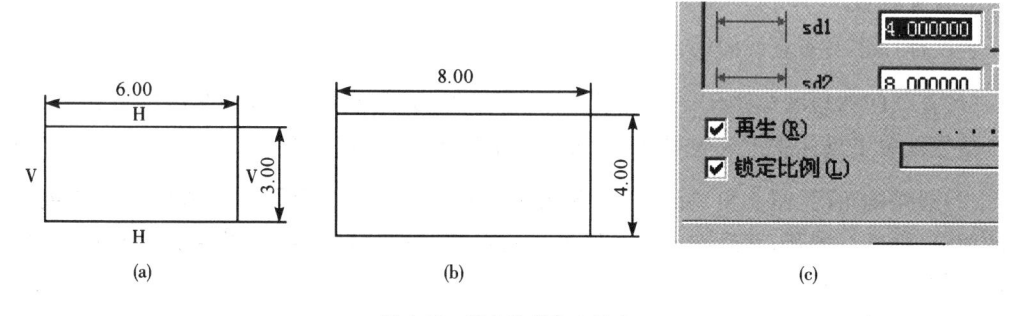

(a)　(b)　(c)

图 2-52　锁定比例修改尺寸

2. 距离标注

(1)直线长度的标注——单击工具栏按钮 ![icon],选择需要标注尺寸的直线,在适合位置处单击鼠标中键放置尺寸,再次单击鼠标中键,完成操作。

(2)平行线间距离的标注——单击工具栏按钮 ![icon],分别选择需要标注尺寸的两平行直线,在适合位置处单击鼠标中键放置尺寸,再次单击鼠标中键,完成操作。

(3)点到直线距离的标注——单击工具栏按钮,分别选择需要标注尺寸的点和直线,在适合位置处单击鼠标中键放置尺寸,再次单击鼠标中键,完成操作。

(4)两点间的距离——单击工具栏按钮,分别选择需要标注尺寸的两点,在适合位置处单击鼠标中键放置尺寸,再次单击鼠标中键,完成操作。

(5)直线和圆弧距离的标注——单击工具栏按钮,分别选择需要标注尺寸的圆弧和直线(选择方式为圆心与直线、圆周边与直线),在适合位置处单击鼠标中键放置尺寸,再次单击鼠标中键,完成操作,如图 2-53 所示。

(6)圆弧间距离的标注——单击工具栏按钮,分别选择需要标注尺寸的两圆弧(选择对象为圆心与圆心、圆周边与圆周边等),在适合位置处单击鼠标中键放置尺寸,再次单击鼠标中键,完成操作。当选择圆周边与圆周边,单击鼠标中键放置尺寸时,会弹出【尺寸定向】对话框,供用户选取"竖直"或"水平"放置方式。选好放置方式后,单击【接受】按钮,如图 2-54所示。

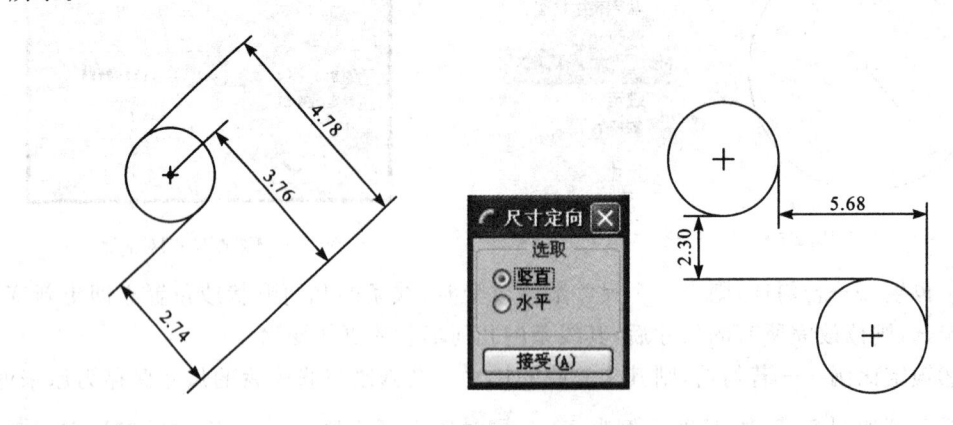

图 2-53 标注直线和圆弧的距离　　　图 2-54 标注圆弧间距离

3. 角度标注

角度标注主要有直线间的角度标注和圆弧的角度(圆心角)标注两种。

(1)直线间的角度标注——单击工具栏按钮,分别选择需要标注角度的两条直线,在适合位置处单击鼠标中键放置尺寸,再次单击鼠标中键,完成操作。

(2)圆弧的角度(圆心角)标注——单击工具栏按钮,先分别选择所要标注角度的圆弧的两端,再选择圆弧,然后在适合位置处单击鼠标中键放置尺寸,再次单击鼠标中键,完成操作,如图2-55所示。

4. 直径/半径标注

(1)半径标注——单击工具栏按钮,分别选择所要标注的圆或圆弧,在适合位置处单击鼠标中键放置尺寸,再次单击鼠标中键,完成操作,如图 2-56(a)所示。

(2)直径标注——单击工具栏按钮,双击所要标注的圆或圆弧,在适合位置处单击鼠标中键放置尺寸,再次单击鼠标中键,完成操作,如图 2-56(b)所示。

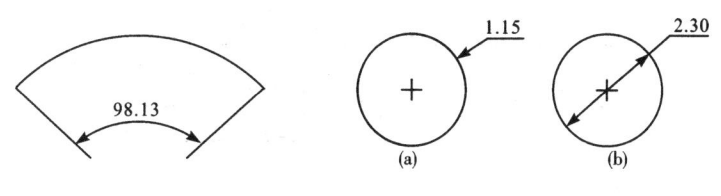

图 2-55 标注圆弧的角度   图 2-56 标注半径和直径

（3）旋转剖面的直径标注——单击工具栏按钮，依次选择旋转母线、旋转中心线，再次选择旋转母线，在适合位置处单击鼠标中键放置尺寸，再次单击鼠标中键，完成操作，如图 2-57 所示。

5. 曲率半径的标注

（1）椭圆标注——单击工具栏按钮，选择所要标注的曲线，在适合位置处单击鼠标中键，在弹出的【椭圆半径】对话框中选取"X 半径"或"Y 半径"标注方式，单击【接受】按钮，再次单击鼠标中键，完成操作，如图 2-58 所示。

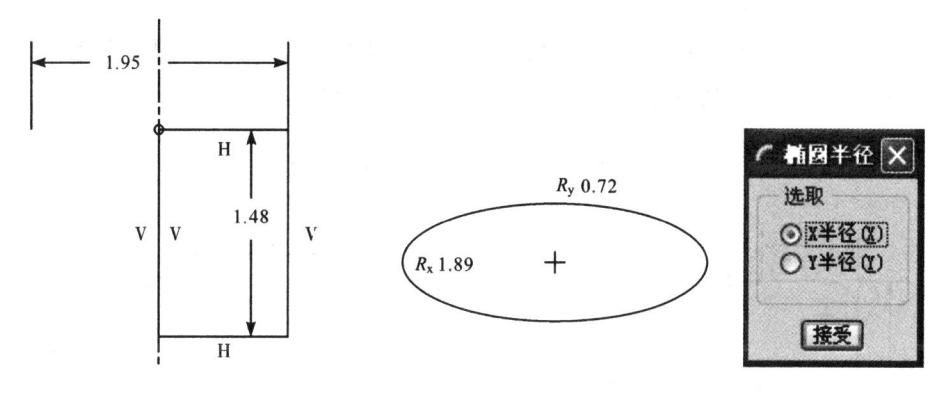

图 2-57 标注旋转剖面的直径   图 2-58 标注椭圆

（2）圆锥曲线标注——圆锥曲线的标注主要包括 RHO 值、两个端点的尺寸等。若要修改 RHO 值，则直接双击 RHO 值即可；若要改变角度尺寸的标注方式，则其步骤如下：①单击工具栏按钮，选择曲线；②选择曲线的一个端点（作为旋转轴）；③选择中心线（作为角度标注参考线），用鼠标中键指定角度的放置位置，再次单击鼠标中键，完成操作，如图 2-59 所示。

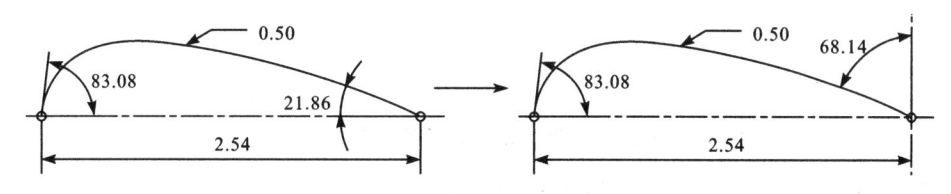

图 2-59 标注圆锥曲线

（3）样条曲线标注——系统会自动标注曲线头尾两端的相对位置，此外我们也可标注任意一点的位置和首尾两端点的角度。其步骤如下：①单击工具栏按钮，选择曲线；②选择曲线的一个端点（作为旋转轴）；③选择中心线（作为角度标注参考线），以鼠标中键指定角度的放置位置，再次单击鼠标中键，完成操作，如图 2-60 所示。

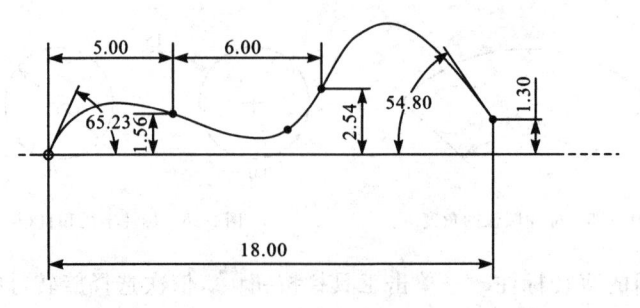

图 2-60　标注样条曲线

2.6　综合实例

任务一：绘制如图 2-61 所示的草绘截面图。

主要步骤如下：

Step1. 单击主菜单【文件/新建】命令，在【新建】对话框中选择【草绘】类型，然后在【名称】文本框中输入新建文件名称"sect1"，单击【确定】按钮，进入草绘模式。

Step2. 单击工具栏按钮，绘制如图 2-62 所示的图形。

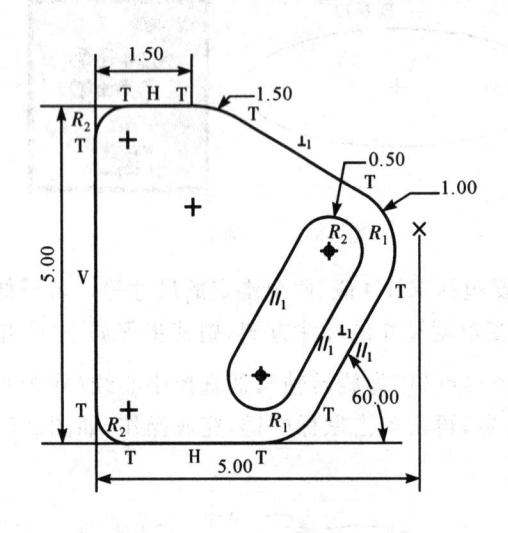

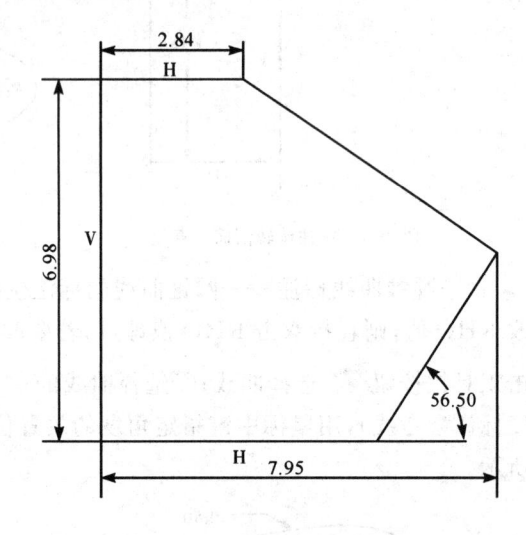

图 2-61　草绘截面图　　　　图 2-62　用直线命令绘制图形

Step3. 单击工具栏按钮，在如图 2-62 所示图形的右侧两直线的交点处作一点，用倒圆角命令倒各圆角，并标注如图 2-63 所示的尺寸。

Step4. 利用工具栏的直线、圆弧按钮等命令绘制如图 2-61 所示的长圆形，并修改各尺寸。

任务二：绘制如图 2-64 所示的草绘截面图。

图 2-63 绘制点、倒圆角、标注尺寸　　　　图 2-64 草绘截面图

主要步骤如下：

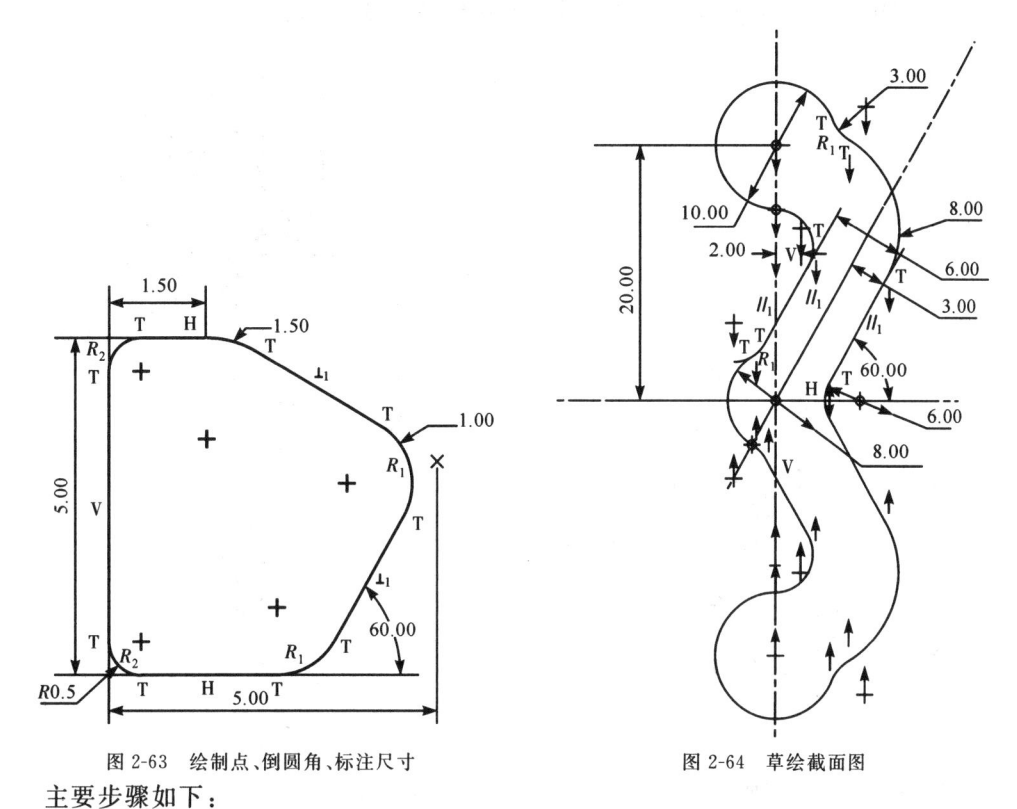

Step1. 单击主菜单【文件/新建】命令，在【新建】对话框中选择【草绘】类型，然后在【名称】文本框中输入新建文件名称"sect2"，单击【确定】按钮，进入草绘模式。

Step2. 绘制中心线、圆、圆弧，并标注如图 2-65 所示的尺寸。

Step3. 绘制直线、倒 $R3$ 的圆角，并标注尺寸，约束，修剪，如图 2-66 所示。

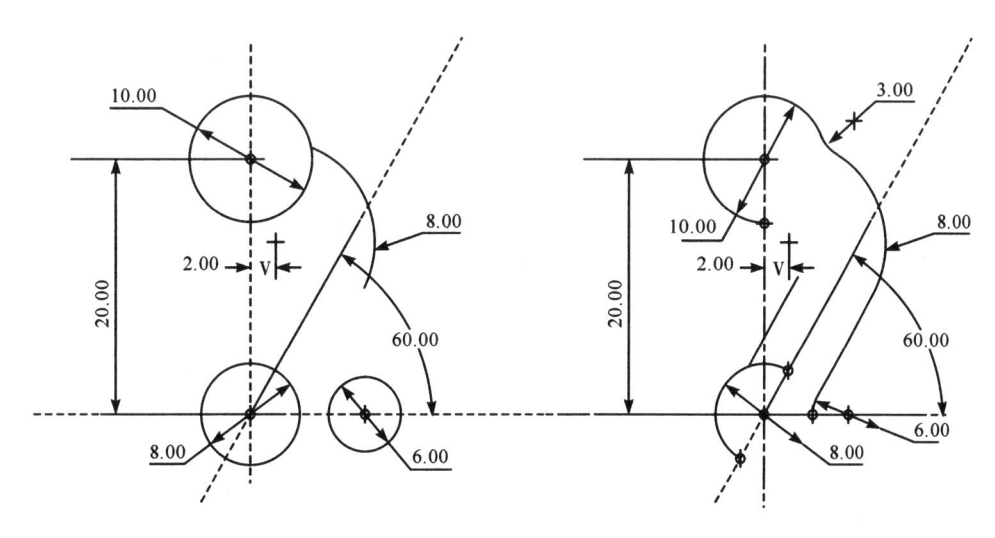

图 2-65 绘制中心线、圆、圆弧，标注尺寸　　　图 2-66 绘制直线、倒 $R3$ 圆角，标注尺寸，约束，修剪

Step4. 绘制圆、倒 $R3$ 的圆角，并标注尺寸，约束，修剪，如图 2-67 所示。

Step5. 利用镜像命令，以水平中心线作为镜像线进行镜像，如图 2-68 所示。

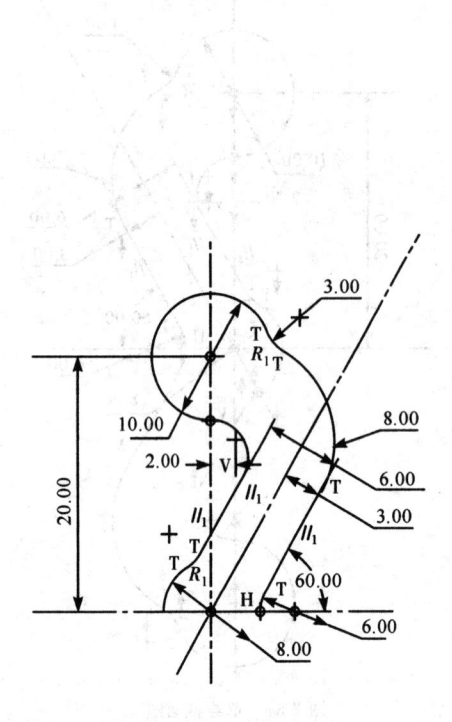

图 2-67　绘制圆、倒 R3 圆角，标注尺寸，约束，修剪 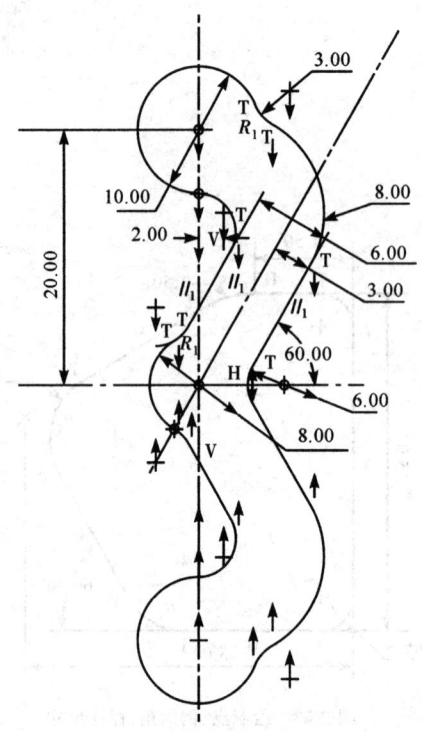　　　图 2-68　以水平中心线作为镜像线进行镜像

第3章

基本实体特征

实体特征和曲面特征是零件建模的重要特征,其中基本的实体特征有拉伸特征、旋转特征、扫描特征、混合特征等。

3.1 新建零件文件操作方法

(1)选择主菜单【文件/新建】命令或单击标准工具栏 按钮,打开【新建】对话框,如图1-13所示。

(2)在对话框的【类型】区域中选择【零件】单选按钮,在【子类型】区域中选择【实体】单选按钮,输入文件名称,最后单击【使用缺省模板】复选框去掉该复选标记,单击【确定】按钮,打开【新文件选项】对话框,如图1-14所示。

(3)在【新文件选项】对话框的【模板】下拉列表中选择【mmns_part_solid】模板,单击【确定】按钮,进入公制零件工作窗口。

(4)在三维建模中,默认的有基准平面(FRONT、TOP、RIGHT)、坐标系(PRT_CSYS_DEF),如图3-1所示,它们的打开和关闭,可以通过屏幕上的基准显示工具栏的四个按钮来控制,如图3-2所示。屏幕的右侧有基本特征所对应的快捷工具按钮,如图3-3所示。

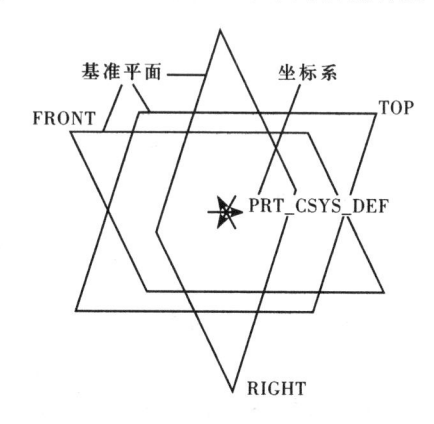

图 3-1 基准平面和坐标系　　　图 3-2 基准显示按钮　　　图 3-3 快捷工具按钮

3.2 拉伸特征

选择主菜单【插入/拉伸】命令或单击特征工具栏 按钮，在主视区下方弹出如图 3-4 所示的拉伸特征操控板。其各按钮含义如下：

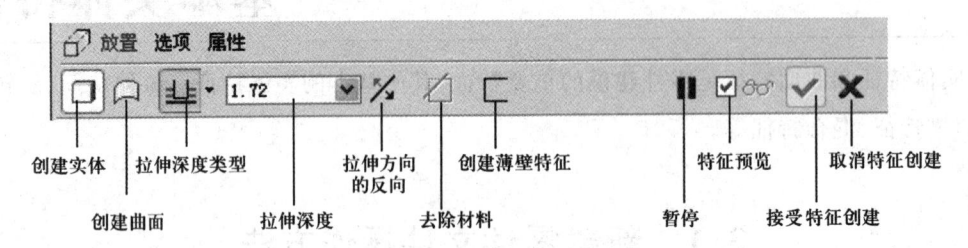

图 3-4 拉伸特征操控板

（1）【放置】——单击【放置】按钮，弹出如图 3-5 所示的上滑面板。单击【定义】按钮，弹出如图 3-6 所示的【草绘】对话框，对话框各项内容如下：

图 3-5 【放置】上滑面板

图 3-6 【草绘】对话框

① 草绘平面

【平面】——定义所要绘图的放置平面。

【使用先前的】——沿用上一个特征的草绘平面。

② 草绘方向

当指定了草绘平面之后，还需定义绘制零件剖面的方位，指定一个正交于草绘平面的平面，作为定义零件方位的【方位参考平面】，方能使草绘平面呈现二维状态，以进行剖面的绘制，其下的三个选项为：

【草绘视图方向】——绘制剖面时的视角方向。

注意：绘制剖面的方向和方位平面的方向均指法向，且剖面的法向指向屏幕，拉伸方向与剖面法向为反向。

【参照】——指定与草绘平面正交的平面作为绘制剖面时的方位参考平面（参照平面）。

【方向】——指定参照平面的放置方位，参照平面的法向朝向顶或底、左或右。下面以图例加以说明，如图 3-7 所示。

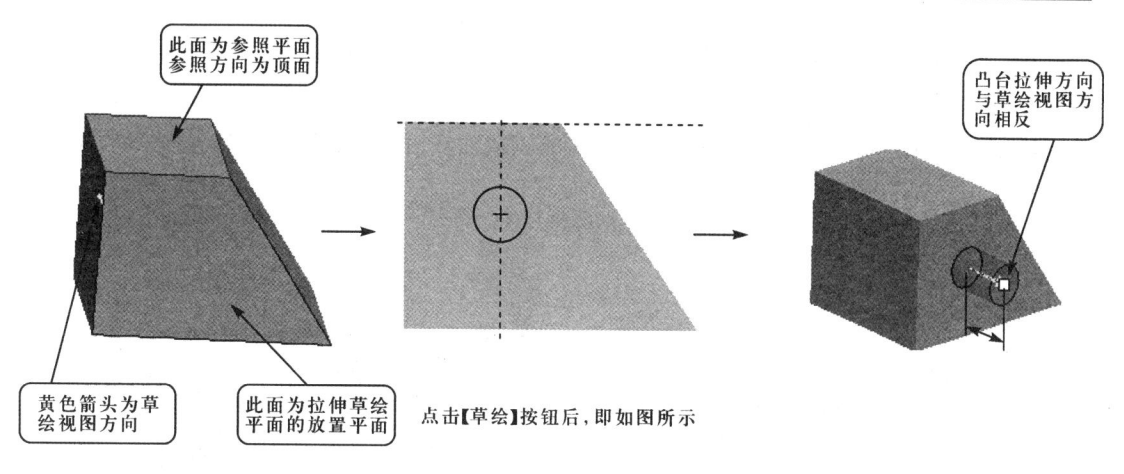

图 3-7 草绘平面与草绘方向

(2)【选项】——单击【选项】按钮,弹出如图 3-8 所示的上滑面板。单击【第 1 侧】下拉列表(图 3-9)、单击【第 2 侧】下拉列表(图 3-10),可设置两侧的拉伸深度。

图 3-8 【选项】上滑面板　　图 3-9 设置【第 1 侧】深度　　图 3-10 设置【第 2 侧】深度

深度类型:

凵——盲孔,在草绘平面的一侧沿视角方向按指定深度值拉伸截面。指定一个负的深度值会反向拉伸。

日——对称,在草绘平面的两侧,用指定深度值的一半拉伸截面。

茾——穿至,将截面拉伸至与选定的平面或曲面相交,如图 3-11 所示。

≝——到下一个,拉伸截面至下一个平面或曲面处终止,如图 3-12 所示。

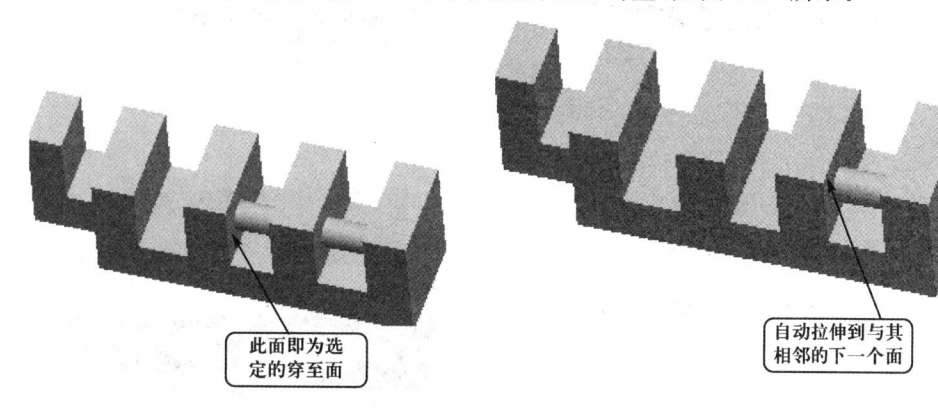

图 3-11 穿至　　　　　　　　　　　　图 3-12 到下一个

┋┋——穿透,拉伸截面使之与所有曲面相交,在特征到达最后一个平面或曲面后终止,如图3-13所示。

┋┋——到选定的,将截面拉伸至一个选定的点或曲线、曲面或平面(与穿至类似),如图3-14所示。

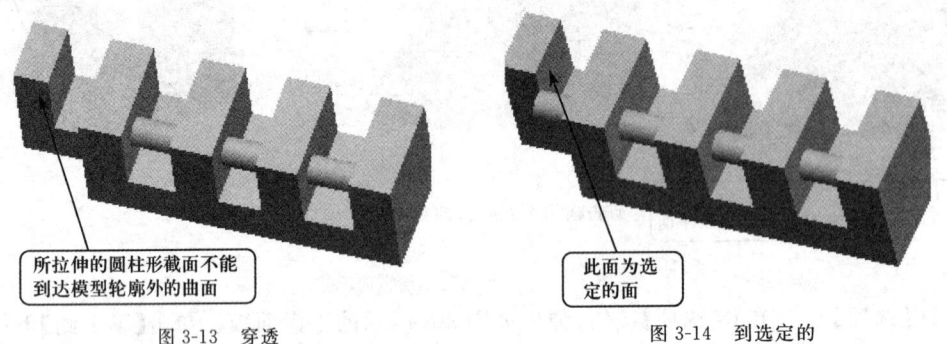

图 3-13 穿透

图 3-14 到选定的

注意:【穿至】和【到选定的】的区别,【穿至】只能选择曲面或平面,而【到选定的】除了可以选择曲面或平面外,还可以选择曲线或点。

(3)【属性】——单击【属性】按钮,显示当前的特征名称及其相关信息。

(4)用于创建切口的选项。

⌀——从实体上去除材料,如图 3-15 所示。

⌀——创建切口时改变要去除材料的方向。

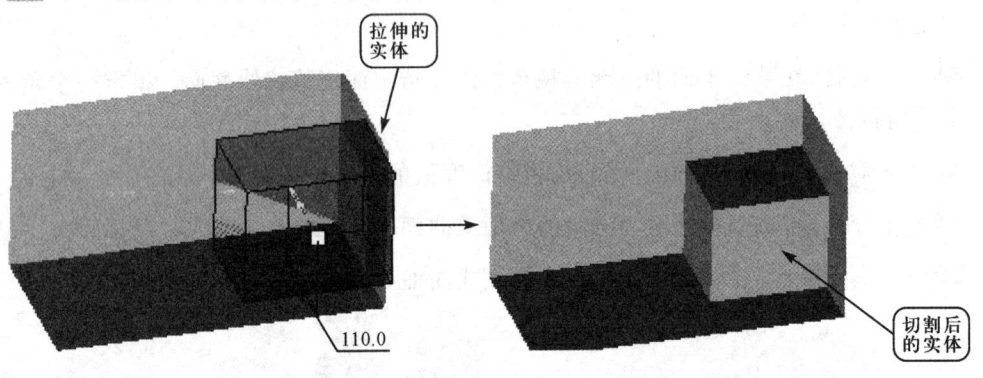

图 3-15 从实体上去除材料

(5)用于创建薄壁的选项。

▭——创建拉伸薄壁特征。

⌀——改变材料添加厚度的方向,或向两侧添加厚度,如图3-16所示。

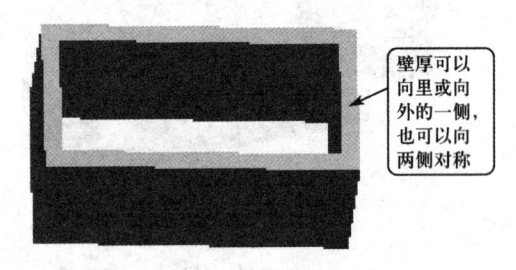

图 3-16 添加厚度材料

3.3 旋 转 特 征

旋转特征是草绘截面绕中心线旋转而创建的特征,主要用于创建回转体零件。

选择主菜单【插入/旋转】命令或单击特征工具栏 按钮,在主视区下方弹出如图 3-17 所示的旋转特征操控板。

图 3-17 旋转特征操控板

注意:(1)旋转截面中必须创建中心线。

(2)旋转截面不能位于中心线的两侧,如图 3-18 所示。

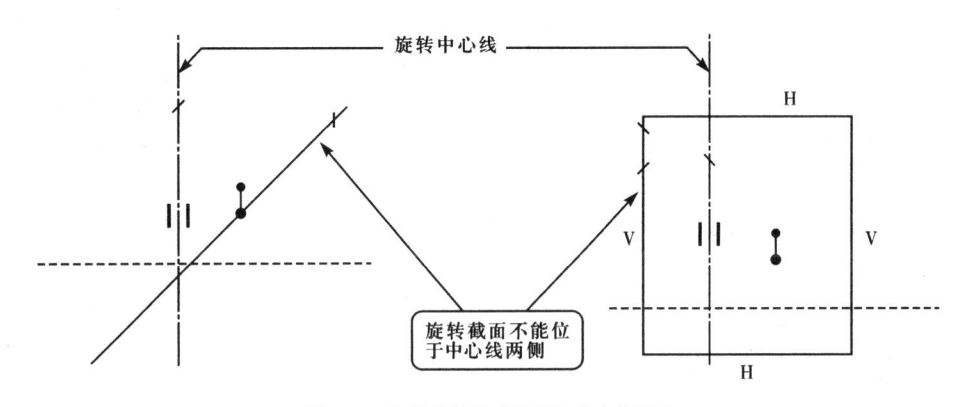

图 3-18 旋转的母线或截面与中心线相交

(3)当创建的旋转特征为实体时,其旋转截面一般要封闭。

(4)旋转截面中若有两条以上的中心线,则以绘制的第一条中心线为旋转轴。在旋转特征的草绘模式下,绘制如图 3-19 所示的旋转截面和两条中心线。

① 若第一条中心线为竖直中心线即旋转轴,则得到如图 3-20 所示的旋转特征。

② 若第一条中心线为 45°中心线即旋转轴,则得到如图 3-21 所示的旋转特征。

(5)关于旋转特征的角度类型:

——可变,从草绘平面开始以指定的角度值进行旋转。在文本框中输入角度值,或选取一个预定的角度(90°、180°、270°、360°)。

——对称,在草绘平面两侧分别从两个方向以指定角度值的一半进行旋转。

——到选定的,从草绘平面开始将截面旋转至一个选定的点、曲线、曲面或平面。

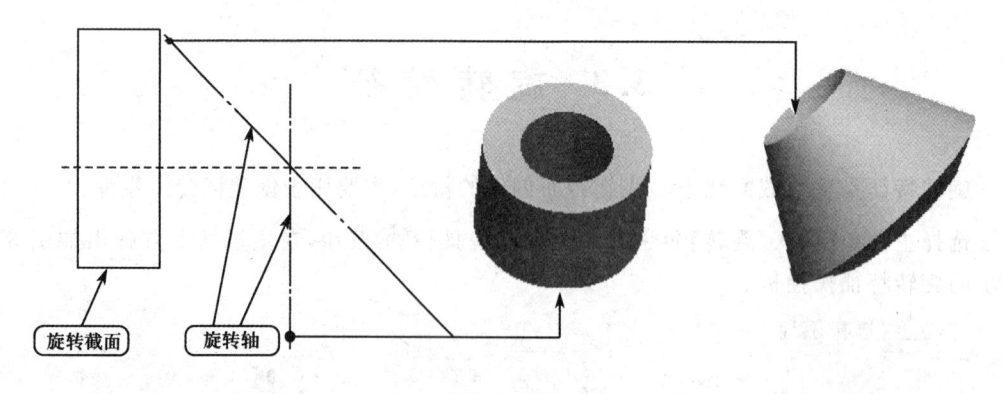

图 3-19　绘制旋转截面和两条中心线　　图 3-20　旋转特征　　图 3-21　旋转特征

表 3-1 列出了旋转特征的类型。

表 3-1　　　　　　　　　　　　　　旋转特征的类型

旋转特征的类型	图　示	旋转特征的类型	图　示
旋转实体伸出项		旋转切口	
具有指定厚度旋转 实体伸出项 （使用封闭截面创建）		旋转曲面	
具有指定厚度旋转 实体伸出项 （使用开放截面创建）			

3.4　扫描特征

扫描特征是通过绘制的或选取现有的轨迹线，将草绘截面沿着绘制的或选取现有的轨迹线扫描创建的特征。

选择主菜单【插入/扫描】命令，打开子菜单。子菜单有四种不同的显示，当屏幕无实体时，显示的子菜单如图 3-22 所示；当屏幕有实体显示时，显示的子菜单如图 3-23 所示；当屏幕只有曲面时，显示的子菜单如图 3-24 所示；当屏幕有曲面和实体时，显示的子菜单如图 3-25所示。

第 3 章 基本实体特征

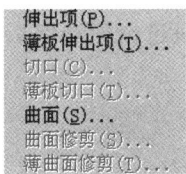

图 3-22 无实体显示的子菜单

图 3-23 有实体显示的子菜单

图 3-24 只有曲面显示的子菜单

图 3-25 有曲面和实体显示的子菜单

定义扫描轨迹规则：通常截面扫描可以使用草绘创建的轨迹，也可以使用已有的基准曲线或边界组成的轨迹。作为一般规则，该轨迹必须有相邻的参照曲面或平面。

在定义扫描时，系统检查指定轨迹的有效性，并建立法向曲面。法向曲面是指定一个曲面，其法向是用来建立轨迹的 Y 轴。下面分别说明子菜单各项功能的具体用法。

1. 伸出项

伸出项特征的基本操作流程，如图 3-26 所示。

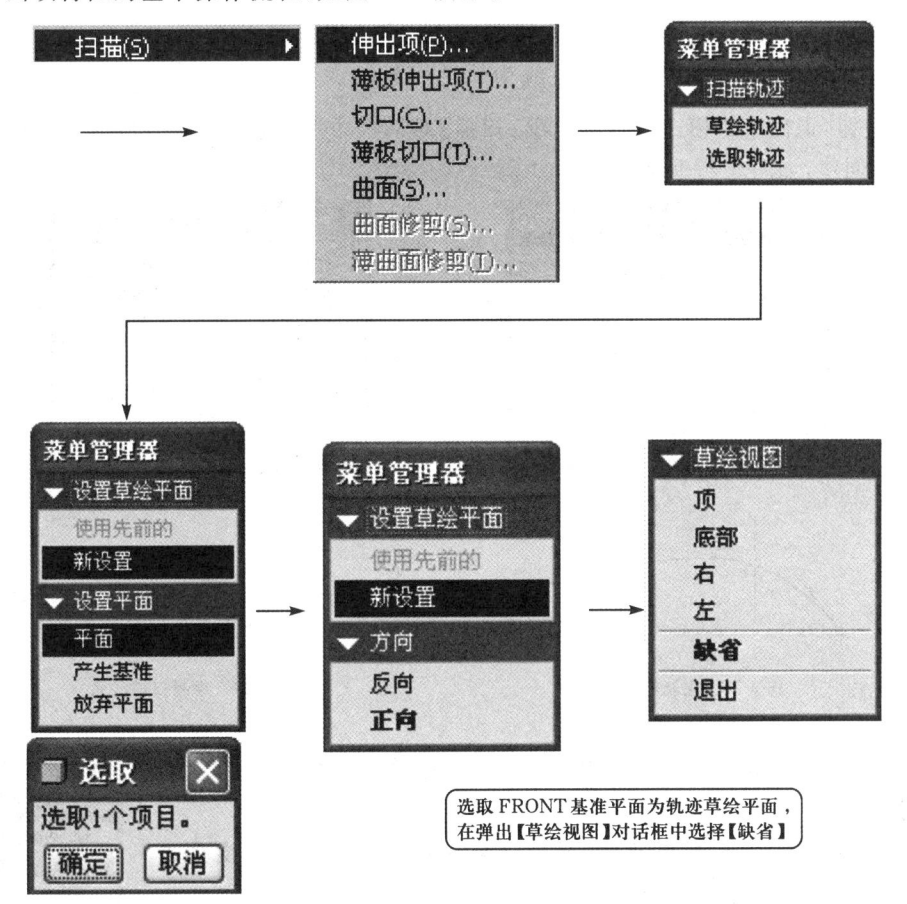

图 3-26 伸出项特征的基本操作流程

(1) 若轨迹线为草绘轨迹，则操作步骤为：选取轨迹线的草绘平面，并决定草绘轨迹时的视角方向，选取另一平面作为水平或铅垂的方向参考平面，进入草绘模式，绘制扫描所需要的轨迹线。

（2）若为选取的轨迹,则用户直接从现有零件上选取三维或二维线条,作为扫描所需的轨迹线,然后决定截面绘制时的 Y 轴方向,其扫描截面的起始点可以通过鼠标选取后用右键快捷菜单进行修改。

图 3-27 实体模型

实例演练 1:用扫描伸出项特征创建如图 3-27 所示的实体模型。

Step1. 选择主菜单【插入/扫描/伸出项/草绘轨迹】命令,选择 FRONT 基准平面作为草绘平面,选择 RIGHT 基准平面作为缺省草绘参照,单击【草绘】按钮,进入草绘模式。

Step2. 绘制如图 3-28 所示的轨迹线,单击 ✔ 按钮,进入扫描截面的草绘。

Step3. 草绘区里出现的十字中心线为轨迹线起始点,绘制如图 3-29 所示的扫描截面,单击 ✔ 按钮,退出草绘模式,在【伸出项:扫描】对话框中单击【确定】按钮,最终完成扫描实体模型的创建,如图 3-27 所示。

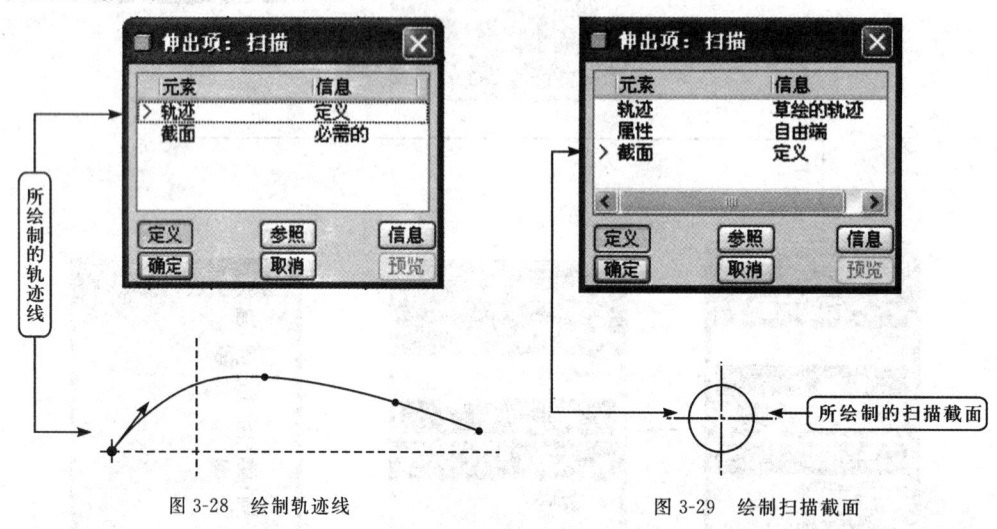

图 3-28 绘制轨迹线

图 3-29 绘制扫描截面

注意:当所绘制的轨迹为封闭的形式时,将弹出如图 3-30 所示的【属性】菜单。

【无内部因素】——扫描后,封闭轨迹和扫描截面所形成的实体内部无材料,扫描截面可以是开放或闭合的截面,如图 3-31 所示。

【增加内部因素】——扫描后,生成的实体材料位于封闭轨迹和扫描截面内部,扫描截面只能是开放的,如图 3-31 所示。

图 3-30 【属性】菜单

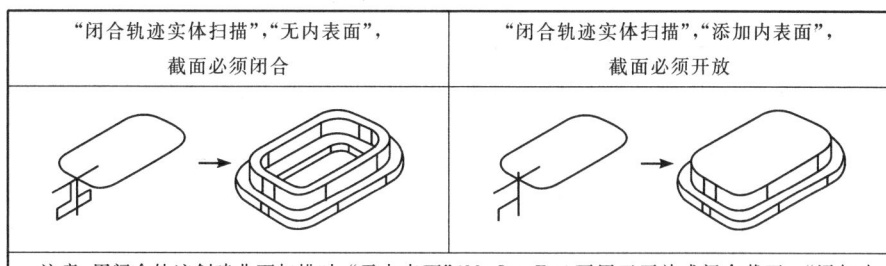

"闭合轨迹实体扫描"、"无内表面"，截面必须闭合	"闭合轨迹实体扫描"、"添加内表面"，截面必须开放

注意：用闭合轨迹创建曲面扫描时，"无内表面"（No Inn Fcs）可用于开放或闭合截面。"添加内表面"（Add Inn Fcs）只能用于开放截面。

图 3-31 扫描截面开放与闭合

2. 薄板伸出项

此操作流程与扫描伸出项特征创建类似，不同点在于完成剖面后，需确认材料增加侧，并输入薄壳实体的厚度，创建的薄板实体如图 3-32 所示。

3. 切口特征

此操作流程与扫描伸出项特征创建类似，不同点在于完成剖面后，需确认材料移除侧，创建的切口实体如图 3-33 所示。

4. 薄板切口特征

此操作流程与切口特征创建类似，不同点在于完成剖面后，需确认输入薄壳的厚度，创建的薄板切口实体如图 3-34 所示。

图 3-32 薄板实体　　图 3-33 切口实体　　图 3-34 薄板切口实体

实例演练 2：用扫描伸出项和旋转特征，创建如图 3-35 所示的水杯造型。

Step1. 建立新文件

①选择主菜单【文件/新建】命令，打开【新建】对话框。

②选择【零件】类型，在【名称】栏中输入文件名"cup"，取消【使用缺省模板】复选框的勾选。

③选择【mmns_part_solid】模板，单击【确定】按钮，进入零件模式。

图 3-35 水杯造型

Step2. 使用旋转工具初步建立杯体

①选择特征工具栏 按钮，打开旋转特征操控板。

②单击【位置】按钮，在【位置】上滑面板中单击【定义】按钮，打开【草绘】对话框。

③选择 FRONT 基准平面为草绘平面，RIGHT 基准平面为参照平面。

④单击【草绘】对话框中的【草绘】按钮，系统进入草绘模式。

⑤绘制如图 3-36 所示的一条竖直中心线和旋转截面。

⑥单击 ✓ 按钮,返回旋转特征操控板。

⑦单击 ✓ 按钮,完成旋转特征的建立,结果如图 3-37 所示。

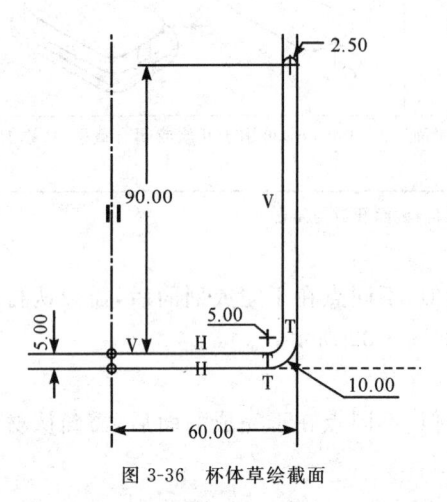

图 3-36　杯体草绘截面　　　　　　　　　图 3-37　杯体

Step3. 使用扫描工具建立水杯手柄

①选择【插入/扫描/伸出项/草绘轨迹】菜单命令。

②选择 FRONT 基准平面作为草绘轨迹平面,RIGHT 基准平面作为缺省草绘参照平面。进入轨迹草绘模式,绘制如图 3-38 所示的手柄轨迹线,单击 ✓ 按钮。在弹出如图 3-39 所示"加亮的图元是否要对齐?"的【确认】对话框中单击【是】按钮(表示扫描轨迹线和实体边界对齐)。

图 3-38　手柄轨迹线　　　　　　　　　图 3-39　【确认】对话框

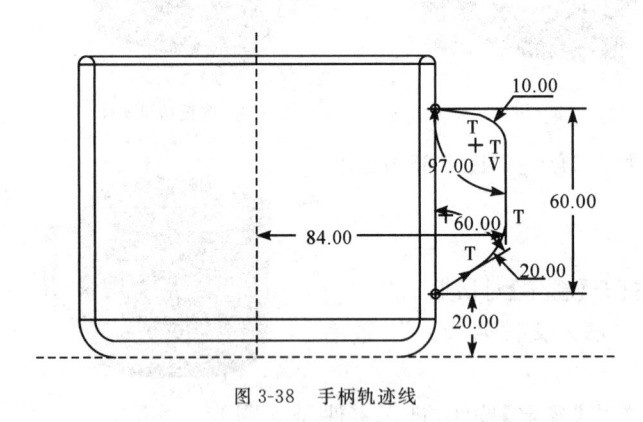

③单击【确定】按钮,弹出扫描【属性】菜单,如图 3-40 所示。若选择【自由端点】命令,扫描结果与实体表面不自动拼接,最终结果如图 3-41 所示;若选择【合并终点】命令,扫描结果与实体表面自动拼接,最终结果如图 3-42 所示。

第 3 章 基本实体特征

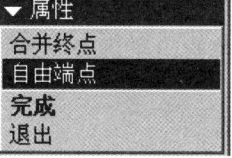

图 3-40 【属性】菜单　　图 3-41 扫描结果与实体表面不自动拼接

④选择【合并终点/完成】命令,在草绘模式中绘制如图 3-43 所示的圆作为手柄截面图。

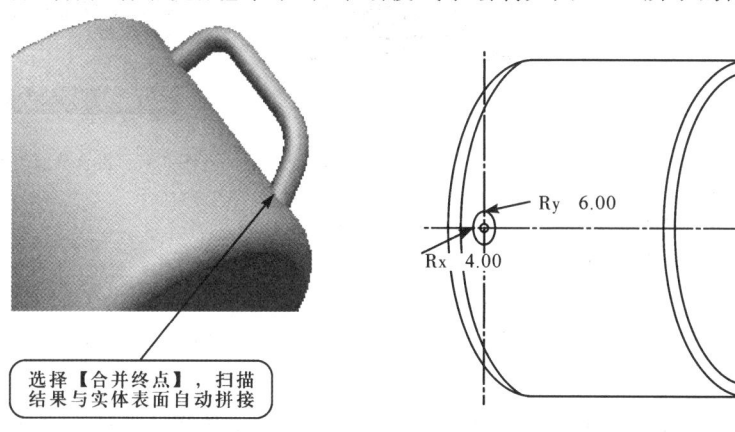

图 3-42 扫描结果与实体表面自动拼接　　图 3-43 手柄截面图

⑤单击 ✔ 按钮,单击【伸出项:扫描】对话框中的【确定】按钮,完成手柄扫描特征的建立,结果如图 3-42 所示。

注意:在【扫描轨迹】菜单中,当扫描轨迹选择【选取轨迹】时,将弹出如图 3-44 所示的【链】选取菜单。其各功能含义如下:

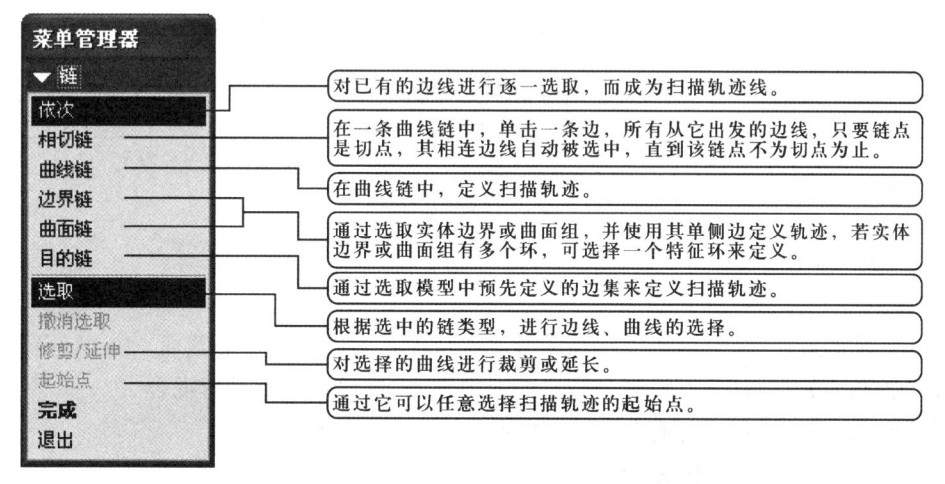

- 对已有的边线进行逐一选取,而成为扫描轨迹线。
- 在一条曲线链中,单击一条边,所有从它出发的边线,只要链点是切点,其相连边线自动被选中,直到该链点不为切点为止。
- 在曲线链中,定义扫描轨迹。
- 通过选取实体边界或曲面组,并使用其单侧边定义轨迹,若实体边界或曲面组有多个环,可选择一个特征环来定义。
- 通过选取模型中预先定义的边集来定义扫描轨迹。
- 根据选中的链类型,进行边线、曲线的选择。
- 对选择的曲线进行裁剪或延长。
- 通过它可以任意选择扫描轨迹的起始点。

图 3-44 【链】选取菜单

3.5 混合特征

混合特征是由两个或两个以上剖面混合形成的一个实体特征。选择主菜单【插入/混合】命令,弹出如图 3-45 所示的子菜单,主要有:伸出项、薄板伸出项、切口、薄板切口、曲面等项。选取其中一项后,将弹出【混合选项】菜单,该菜单给出了混合特征的三种生成方式(图3-46)以及混合截面的四种类型(图 3-47)。

图 3-45 混合特征子菜单　　图 3-46 混合方式选项　　图 3-47 混合截面类型

1. 混合特征的生成方式

混合特征的生成方式有以下三种:

【平行】——所有混合截面相互平行,如图 3-48(a)所示。

【旋转的】——混合截面绕 Y 轴旋转,最大角度可达 120°。每个截面都单独草绘,并用截面坐标系对齐,如图 3-48(b)所示。

【一般】——一般混合截面可以绕 X 轴、Y 轴和 Z 轴旋转,也可以沿这三个轴平移。每个截面都单独草绘,并用截面坐标系对齐,如图 3-48(c)所示。

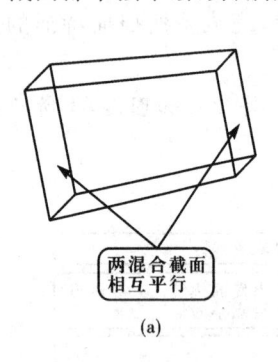

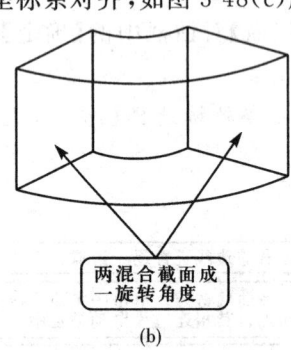

图 3-48 混合特征的生成方式

2. 混合截面的类型

混合截面的类型有以下四种:

【规则截面】——在草绘平面绘制的截面或从现有零件上选取的截面。

【投影截面】——将截面投影到指定的曲面上,该选项只用于平行混合。

【选取截面】——选取已有截面,该选项对平行混合无效。

【草绘截面】——草绘的截面。

实例演练 3:创建如图 3-49 所示的平行混合实体特征。

Step1. 建立新文件

①新建一个零件,命名为"pingxingliti"。

②选择主菜单【插入/混合/伸出项】命令,在弹出的菜单管理器中选择【平行/规则截面/草绘截面/完成】命令。

③在如图 3-50 所示的混合【属性】菜单中选择【直的/完成】命令(【直的】——截面对应点以直线相连;【光滑】——所有截面间对应点以平滑曲线相连)。

图 3-49 平行混合实体特征　　　　图 3-50 混合【属性】菜单

Step2. 草绘截面

①选择 FRONT 基准平面为草绘平面,接受默认设置,进入草绘模式。绘制如图 3-51 所示的第一截面——矩形。

②单击鼠标右键,在快捷菜单中选择【切换剖面】命令,并绘制如图 3-52 所示的第二截面——圆和中心线。

③选择主菜单【编辑/修剪/分割】命令,在圆与两条中心线的四个交点处打断,使其与第一截面矩形的顶点相对应。

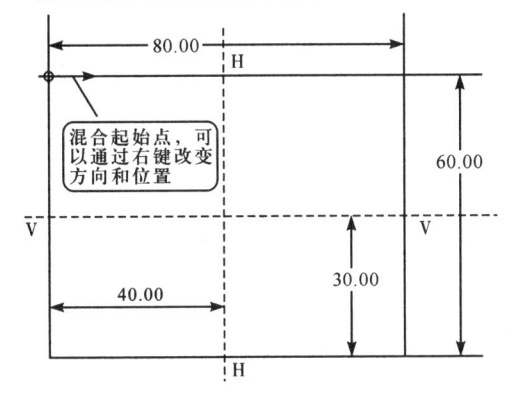

图 3-51 草绘第一截面　　　　图 3-52 草绘第二截面

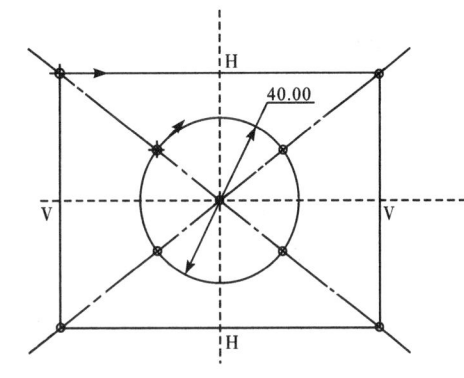

Step3. 单击 ✓ 按钮,在系统"输入截面 2 的深度"的提示下,输入截面间的距离值,完成混合特征的建立,单击【伸出项:混合,平...】对话框中的【确定】按钮,结果如图 3-49 所示。

下面请编辑修改图 3-49 为图 3-53 所示的具有混合顶点的平行混合实体。

Step1. 在模型树中选择混合特征 伸出项,然后单击鼠标右键,在弹出的快捷菜单中选择【编辑定义】命令,在弹出如图 3-54 所示的【伸出项:混合,平...】对话框中选择【截面】元素,并单击【定义】按钮,在弹出的菜单管理器中选择【草绘】命令,进入草绘模式。

Step2. 单击鼠标右键,在快捷菜单中选择【切换剖面】命令,进入第二截面,删除原有图形,然后绘制三角形,单击三角形的一顶点,如图 3-53 所示,在右键快捷菜单中选择【混合顶点】命令,单击 ✓ 按钮,再单击【伸出项:混合,平...】对话框中的【确定】按钮,结果如图3-53

所示。

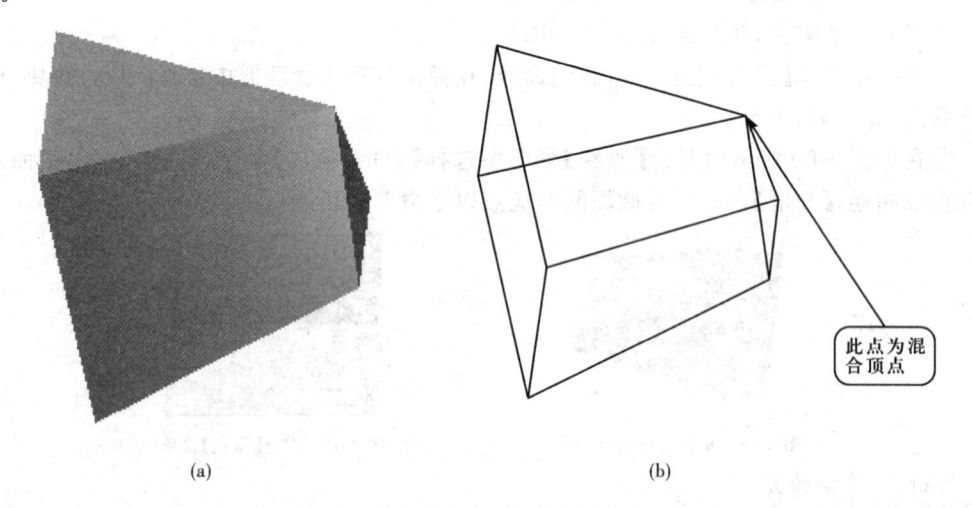

(a)　　　　　　　　　　　(b)

此点为混合顶点

图 3-53　具有混合顶点的平行混合实体

注意：混合实体对截面有如下要求：

①在进行混合特征创建时，所有截面必须要有相同数目的边。

②所有截面的起始点位置要一致。

③一个"混合顶点"可当作两个顶点用，但不能作为起始点。

实例演练 4：创建如图 3-55 所示的旋转混合实体特征。

图 3-54　【伸出项：混合，平...】对话框

Step1. 建立新文件

①新建一个零件，命名为"xuanzhuanliti"。

②选择主菜单【插入/混合/伸出项】命令，在弹出的菜单管理器中选择【旋转的/规则截面/草绘截面/完成】命令。

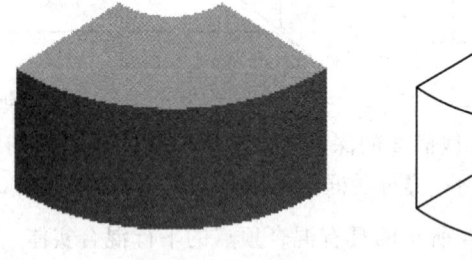

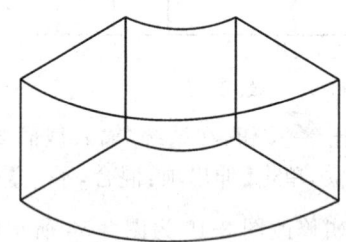

图 3-55　旋转混合实体特征

③在弹出的混合【属性】菜单中选择【光滑/开放/完成】命令。

Step2. 草绘截面

①选择 FRONT 基准平面为草绘平面，接受默认设置，进入草绘模式。选择主菜单【草绘/坐标系】命令，建立坐标系，绘制如图 3-56 所示的第一截面。

②单击 ✓ 按钮，在主视区下方弹出的【为截面 2 输入 y_axis 旋转角】栏中输入"80"，单

击☑按钮。
③选择主菜单【草绘/坐标系】命令,建立坐标系,绘制如图 3-57 所示的第二截面。

Step3. 单击 ✔ 按钮,在主视区下方弹出的【继续下一截面吗?】的提示栏中,单击【否】按钮,在【旋转混合伸出项】对话框中,单击【确定】按钮,完成旋转混合实体特征的建立,如图 3-55 所示。

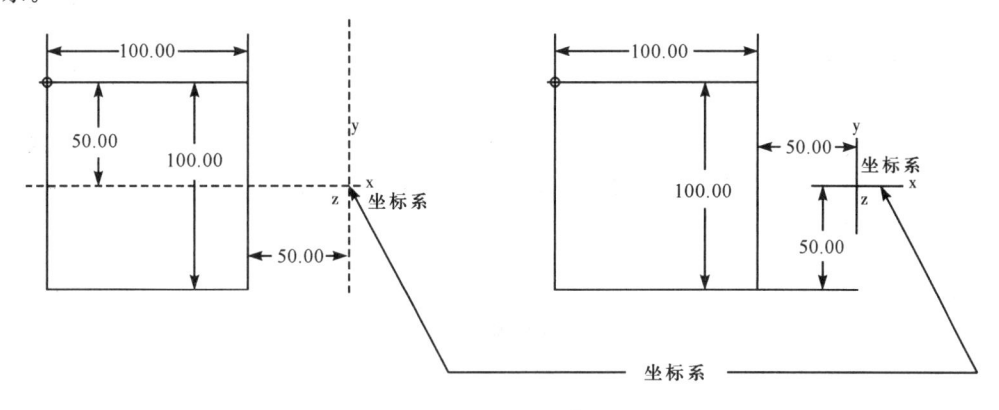

图 3-56　草绘第一截面　　　　　　　　图 3-57　草绘第二截面

实例演练 5:创建如图 3-58 所示的一般混合实体特征。

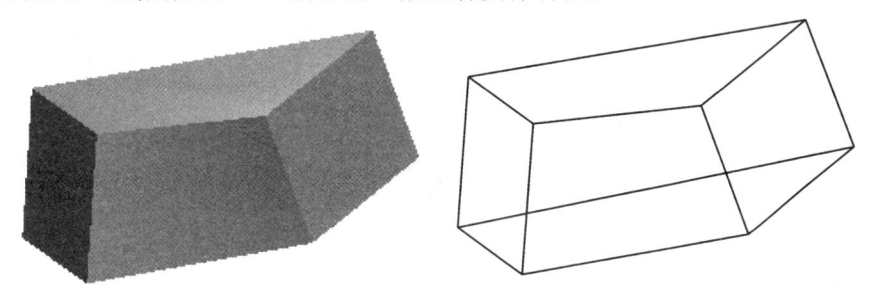

图 3-58　一般混合实体特征

Step1. 建立新文件
①新建一个零件,命名为"yibanliti"。
②选择主菜单【插入/混合/伸出项】命令,在弹出的菜单管理器中选择【一般/规则截面/草绘截面/完成】命令。
③在弹出的混合【属性】菜单中选择【光滑/完成】命令。

Step2. 草绘截面
①选择 FRONT 基准平面为草绘平面,接受默认设置,进入草绘模式。选择主菜单【草绘/坐标系】命令,建立坐标系,绘制如图 3-59 所示的第一截面。
②单击 ✔ 按钮,依次输入绕 X、Y、Z 三轴旋转的角度"10"、"20"、"45",单击☑按钮。
③选择主菜单【草绘/坐标系】命令,建立坐标系,绘制如图 3-60 所示的第二截面。

图 3-59　草绘第一截面　　　　　　　　　图 3-60　草绘第二截面

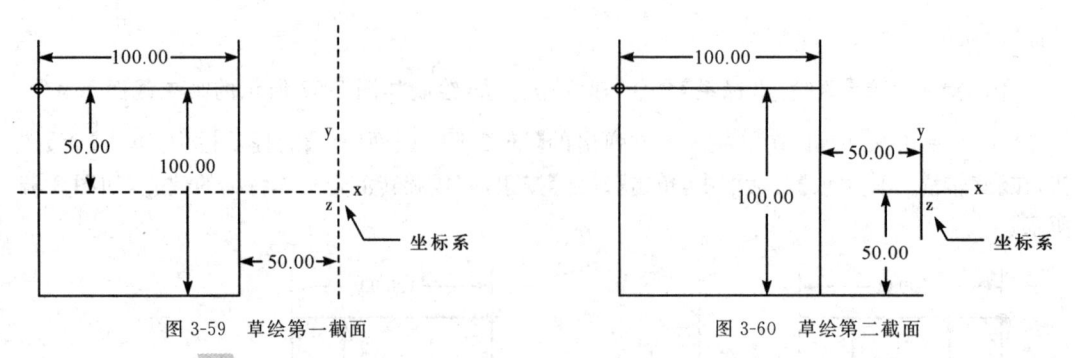

Step3. 单击 ✓ 按钮，在主视区下方弹出的【继续下一截面吗?】的提示栏中，单击【否】按钮，接着输入截面深度值"200"，在【一般混合伸出项】对话框中，单击【确定】按钮，完成一般混合实体特征的建立，如图 3-58 所示。

3.6　综合实例

任务: 绘制如图 3-61 所示的电吹风模型。

操作步骤如下:

Step1. 在标准工具栏中单击新建按钮 ⬜，在弹出的【新建】对话框【名称】文本框中输入文本名"dianchuifeng"，不使用缺省模板，在弹出的【新文件选项】对话框中选择【mmns_prt_solid】模板，单击【确定】按钮。

Step2. 单击特征工具栏 ⚙ 按钮，在弹出的旋转特征操控板中，单击【位置/定义】按钮。草绘平面选择 FRONT 基准平面，参照平面选择 RIGHT 基准平面，单击【草绘】按钮，进入草绘模式，绘制图 3-62 所示的图形，单击 ✓ 按钮，退出草绘模式，单击 ✓ 按钮，完成如图 3-63 所示的电吹风基体造型。

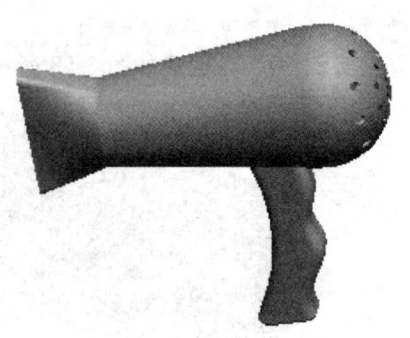

图 3-61　电吹风模型

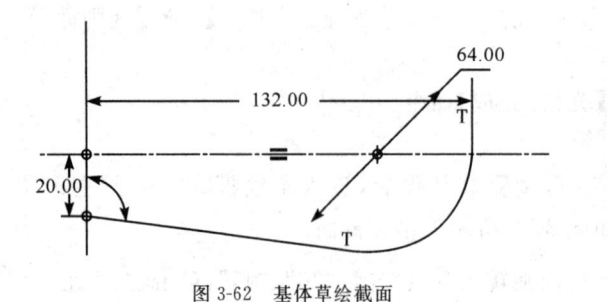

图 3-62　基体草绘截面　　　　　　　　　图 3-63　电吹风基体造型

Step3. 选择主菜单【插入/混合/伸出项】命令，在弹出的菜单管理器中选择【平行/规则截面/草绘截面】命令，在混合【属性】菜单中选择【光滑/完成】命令，选择 RIGHT 基准平面为草绘平面，TOP 基准平面为参照平面，在草绘模式中绘制如图 3-64 所示 $\phi 40$ 的圆截面，单击右键，在弹出的快捷菜单中选择【切换剖面】命令，绘制如图 3-65 所示的矩形截面，单击

☑按钮，输入截面间深度值"35"，单击☑按钮，单击【伸出项：混合，平...】对话框中的【确定】按钮，完成混合特征的建立，如图 3-66 所示。

图 3-64　φ40 的圆截面

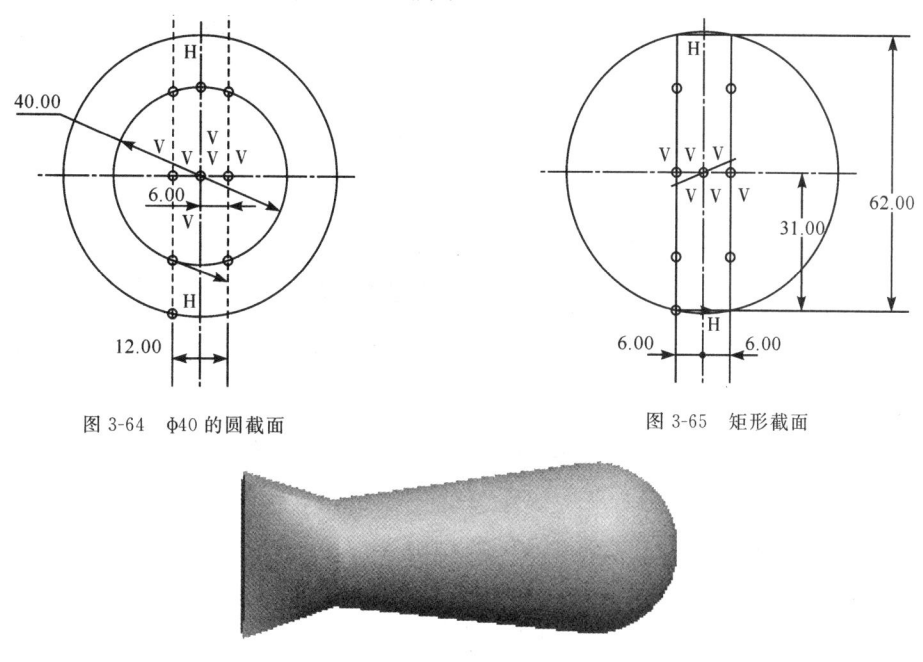

图 3-65　矩形截面

图 3-66　完成的混合特征

Step4. 单击特征工具栏☐按钮，在弹出的拉伸特征操控板中，单击【放置/定义】按钮；选择 FRONT 基准平面为草绘平面，RIGHT 基准平面为参照平面，在草绘模式中绘制如图 3-67 所示的图形，单击☑按钮，退出草绘模式，选取深度类型☐，再在深度文本框中输入深度值"18"，单击☑按钮，创建如图 3-68 所示的电吹风手柄造型。

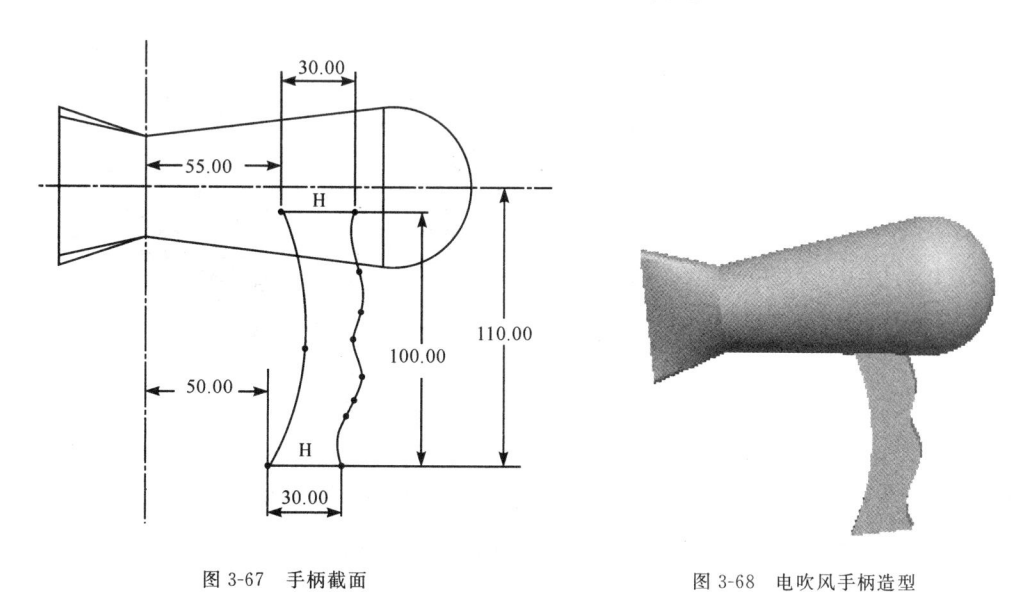

图 3-67　手柄截面

图 3-68　电吹风手柄造型

注意： 下面 Step5～Step8 的操作可在学习完第 4、5、6 章后再进行。

Step5. 单击特征工具栏 按钮，在手柄四周倒圆角 R5。单击特征工具栏 按钮，在手柄底部倒角 2×2，如图 3-69 所示。单击特征工具栏 按钮，选择如图 3-70 所示的面进行抽壳，抽壳厚度为 1.5。

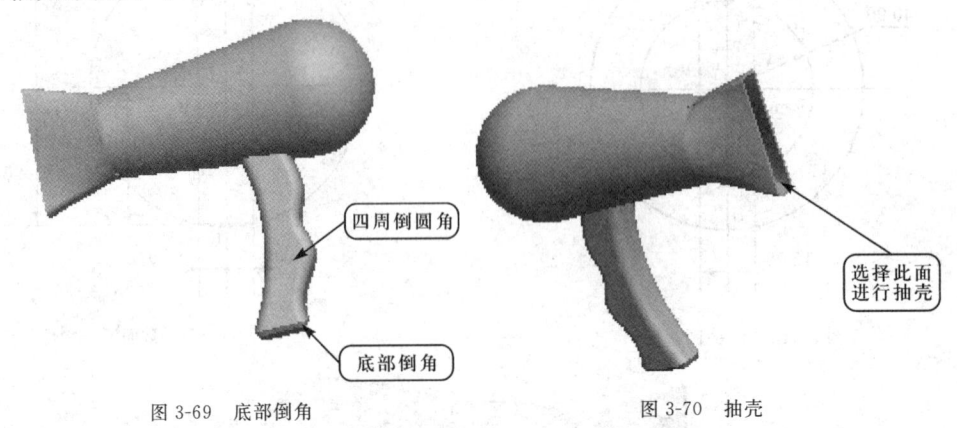

图 3-69 底部倒角

图 3-70 抽壳

Step6. 单击基准平面创建按钮 ，在弹出的【基准平面】对话框中，选取电吹风的口部端面为参照平面，再在对话框中选择【偏移】选项，输入偏距的距离值"150"（注：偏移方向朝电吹风头部），单击【确定】按钮，即得基准平面 DTM1。

Step7. 单击特征工具栏 按钮，在弹出的拉伸特征操控板中，单击【放置/定义】按钮，选择 DTM1 为草绘平面，TOP 为参照平面，在草绘模式中绘制如图 3-71 所示的三个圆，单击 按钮，退出草绘模式，选取深度类型 ，再在深度文本框中输入深度值"100"，单击去除材料按钮 ，再单击 按钮，完成如图 3-72 所示的散热孔造型。

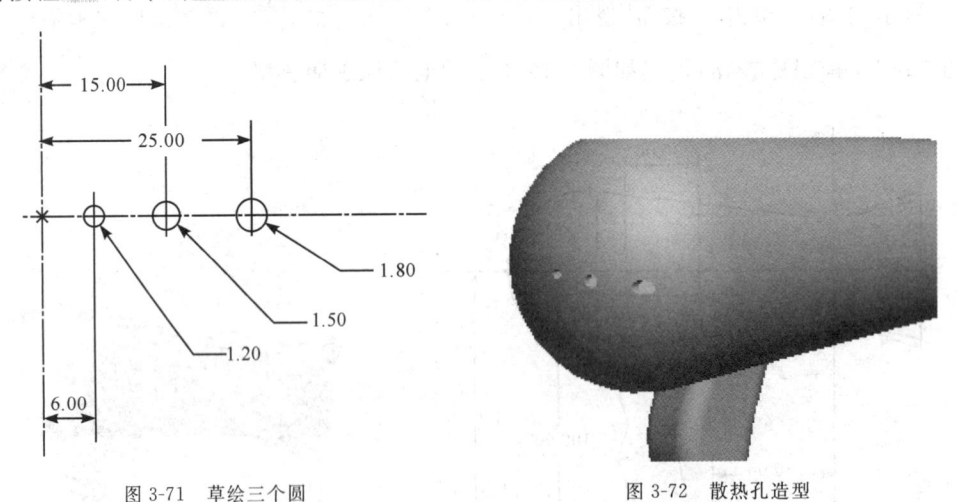

图 3-71 草绘三个圆

图 3-72 散热孔造型

Step8. 选择 Step7 生成的孔拉伸特征，单击特征工具栏 按钮，在弹出的阵列特征操控板中，选择阵列类型【轴】，再选取通过圆心的轴，在阵列数量栏中输入数量值"10"，在增量栏中输入角度增量值"36"，单击 按钮，完成如图 3-61 所示的电吹风模型。

第 4 章

基 准 特 征

基准特征是零件建模的辅助特征,其主要用途是辅助实体特征的创建。在 Pro/ENGINEER中,包括草绘、实体、曲面,都需要一个或多个基准来确定其在空间或平面的具体位置。基准特征有:基准平面、基准轴、基准曲线、基准点和基准坐标系,系统会自动定义其名称。

基准特征的建立方法:选择主菜单【插入/模型基准】命令,弹出基准特征下拉菜单(图 4-1(a)),或单击基准特征工具栏(图 4-1(b))中的基准特征按钮。

(a)【模型基准】下拉菜单   (b)基准特征工具栏

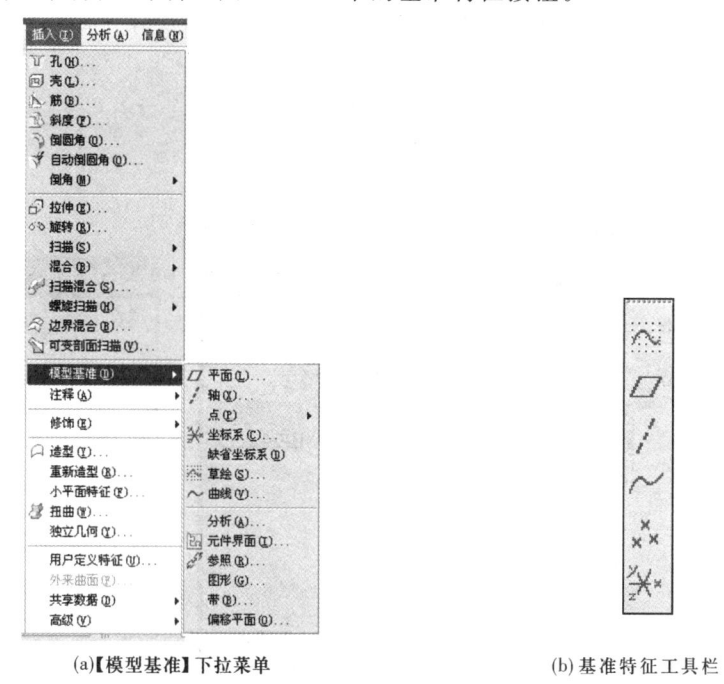

图 4-1 基准特征下拉菜单和工具栏

4.1 基 准 平 面

在新建一个零件文件时,如果选择系统默认的模板,则出现三个相互正交的基准平面,即 TOP、RIGHT、FRONT 基准平面,通常建模时要以它们作为参照。有时还需要除默认基准平面以外的其他基准平面作为参照,此时就需要新建基准平面。新建基准平面名称由系统自动定义为 DTM1、DTM2、DTM3 等。

系统默认基准平面是一个无限大的平面，它以一个四边形的形式显示在绘图区中，包括正反两面，正面观察时边界显示为褐色，背面观察时边界显示为灰褐色。

1. 基准平面

选择主菜单【插入/模型基准/平面】命令，或单击基准特征工具栏的 ▱ 按钮，弹出【基准平面】对话框，如图 4-2 所示。

对话框中各选项卡的功能含义如下：

(1)【放置】——用来设定基准平面的位置。

①【参照】——单击存在的平面、曲面、边、轴、点、坐标系等作为放置新的基准平面的定位参照。此外，可设置每一选定参照的约束，即指出所选参照有几何定位作用，约束有以下五类：

【穿过】——新基准平面通过选定的参照。

【偏移】——新基准平面偏移于选定的参照，偏移包括平移和旋转。

【平行】——新基准平面平行于选定的参照。

【法向】——新基准平面垂直于选定的参照。

【相切】——新基准平面相切于选定的参照。

选定的参照不同，对应的约束类型也不同，如图 4-3 所示。

图 4-2 【基准平面】对话框

(a) 面参照　　　　(b) 线参照　　　　(c) 点参照

图 4-3 不同的参照对应的约束类型不同

②【偏距】——依据所选定的参照，可输入新基准平面的平移距离值和旋转角度值。

(2)【显示】——包括【反向】按钮（所显示的黄色箭头的反向）和【调整轮廓】复选框。【调整轮廓】复选框可用于调整表示基准平面的四边形的大小。

(3)【属性】——用于显示当前新建基准特征的信息，也可对基准平面重命名。

2. 实例演练

(1) 创建一个偏移基准平面

①进入零件模式，在绘图区中有三个默认的基准平面：TOP、FRONT、RIGHT。

②单击基准特征工具栏中的基准平面 按钮,弹出【基准平面】对话框。

③单击 RIGHT 基准平面作为参照,对话框中显示所选定的参照 RIGHT 基准平面及【偏移】约束类型。

④在【平移】文本框中输入偏距的距离值"100",如图 4-4(a)所示。

⑤单击【确定】按钮,完成基准平面的创建,如图 4-4(b)所示。

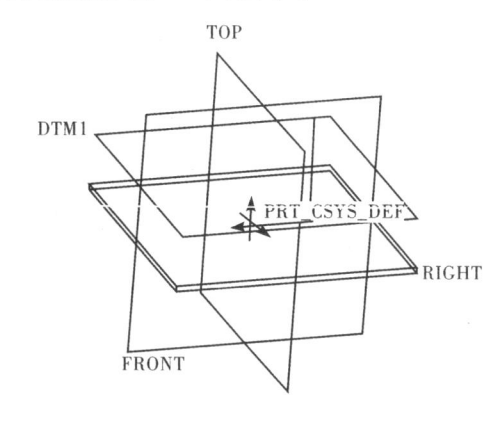

(a)【基准平面】对话框　　　　　　(b) 创建的偏移基准平面

图 4-4　【基准平面】对话框与创建的偏移基准平面

(2) 创建一个旋转基准平面

①进入零件模式,创建一尺寸为 100×80×50 的长方体。

②单击基准特征工具栏中的基准平面 按钮,弹出【基准平面】对话框。

③选择第一个参照:选取长方体顶面的左侧棱作为参照,在对话框中选择【穿过】约束选项。

④按住"Ctrl"键,选择第二个参照:选取长方体顶面作为参照,在对话框中选择【偏移】约束选项。

⑤在【旋转】文本框中输入偏距的角度值"45",表示顶面绕左侧棱旋转 45°得到新的基准平面,如图 4-5(a)所示。

⑥单击【确定】按钮完成基准平面 DTM1 的创建,如图 4-5(b)所示。

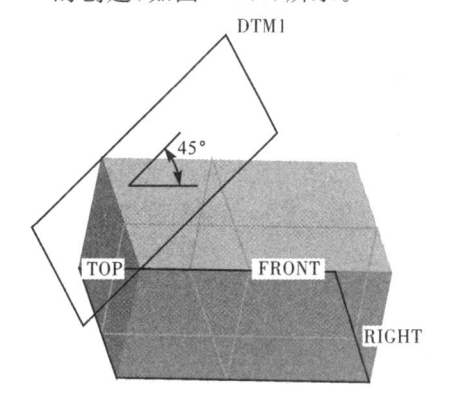

(a)【基准平面】对话框　　　　　　(b) 创建的旋转基准平面

图 4-5　【基准平面】对话框与创建的旋转基准平面

注意：①基准特征的创建往往需要多个参照才能确定位置，在选择多个参照时，一定要按住"Ctrl"键，以进行第二个和第三个参照的选择；否则，只是替换第一个参照。

②若要删除某个参照，可以先选择此参照，然后单击右键，在弹出的快捷菜单中选择【移除】命令。

4.2 基准轴

基准轴常用作尺寸标注的参照、基准平面的穿过参照、孔特征的中心参照、同轴特征的参照、特征复制的旋转中心轴和零件装配的参照等。

基准轴是一条无限长的直线，它以一段虚线的形式显示在画面上，基准轴以棕色中心线标识，由系统自动给出轴的名称。

在生成由拉伸产生圆柱特征、旋转特征和孔特征时，系统会自动产生基准轴。

1. 基准轴

选择主菜单【插入/模型基准/轴】命令，或单击基准特征工具栏的 / 按钮，弹出【基准轴】对话框，如图4-6所示。

该对话框包括【放置】、【显示】、【属性】三个选项卡，根据所选取的参照不同，各选项卡显示的内容也不相同。各选项卡的功能含义如下：

(1)【放置】——用来设定基准轴的位置。

【参照】——单击存在的平面、曲面、边、轴、点、坐标系等作为放置新的基准轴的定位参照。此外，可设置每一选定参照的约束，约束有以下三类：

【穿过】——新基准轴通过选定的参照。

【法向】——新基准轴垂直于选定的参照。此时，还需要在【偏移参照】框中进一步定义尺寸标注参照以完全定位基准轴。

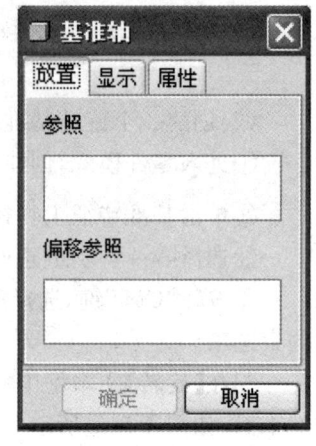

图4-6 【基准轴】对话框

【相切】——新基准轴相切于选定的参照。此时，还需要增加参照以完全定位基准轴。选定的参照不同，对应的约束类型也不同。

【偏移参照】——在选用"法向"约束时，该框被激活，用以选择尺寸标注参照。

(2)【显示】——包括调整轮廓复选框，用以调整表示基准轴的虚线的长度。

(3)【属性】——用于显示当前新建基准特征的信息，也可对基准轴重命名。

2. 实例演练

创建基准轴A_1和A_2。

(1) 单击基准特征工具栏 / 按钮，弹出【基准轴】对话框。

(2) 选取图4-7(a)中所示的平面作为基准轴的定位参照，在对话框中选择【法向】约束选项，模型中显示一基准轴及其定位方块。

(3) 拖动定位方块到定位基准，并修改定位尺寸为"50"、"30"，如图4-7(b)所示。

(4) 单击【基准轴】对话框中的【确定】按钮，完成基准轴A_1的建立，如图4-8(a)、(b)所示。

(a) 选择基准轴的定位参照平面　　　　(b) 修改定位尺寸

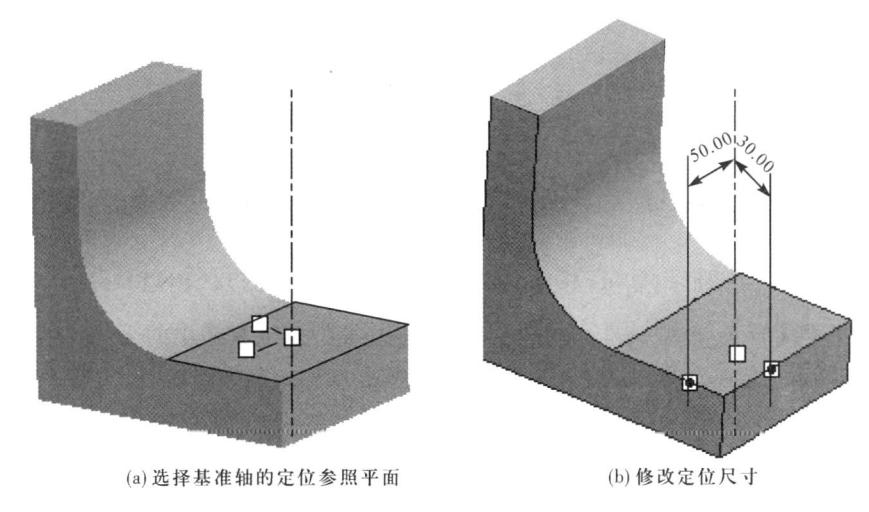

图 4-7　参照平面的选择与定位尺寸修改

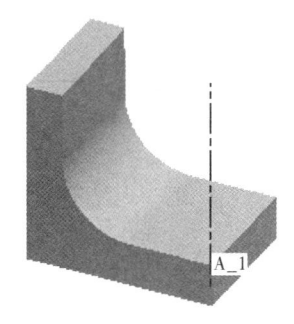

(a)【基准轴】对话框　　　　(b) 建立基准轴 A_1

图 4-8　基准轴 A_1 的建立

(5)再次单击基准特征工具栏中的　按钮,弹出【基准轴】对话框。

(6)选取图 4-9(a)中的圆弧面作为基准轴的定位参照,在对话框中选择【穿过】约束选项。

(7)单击【基准轴】对话框中的【确定】按钮,完成基准轴 A_2 的建立,如图 4-9(a)、(b)所示,该基准轴通过这段圆弧面的中心线。

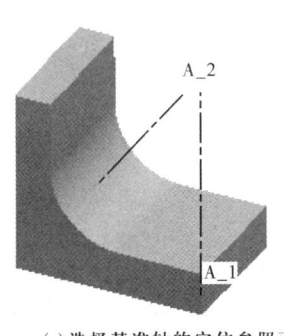

(a) 选择基准轴的定位参照面　　　　(b)【基准轴】对话框

图 4-9　参照曲面的选择与【基准轴】对话框

4.3 基准点

基准点常用于尺寸标注的参照、倒圆角的半径定义、基准轴的穿过参照、零件装配的对齐参照等。

基准点以符号"×"形式显示，并且由系统自动给出名称 PNT0、PNT1……

选择主菜单【插入/模型基准/点】命令，或单击基准特征工具栏中的按钮后的，可发现基准点包括一般基准点、草绘基准点、坐标系基准点和域基准点四类，如图 4-10 所示。

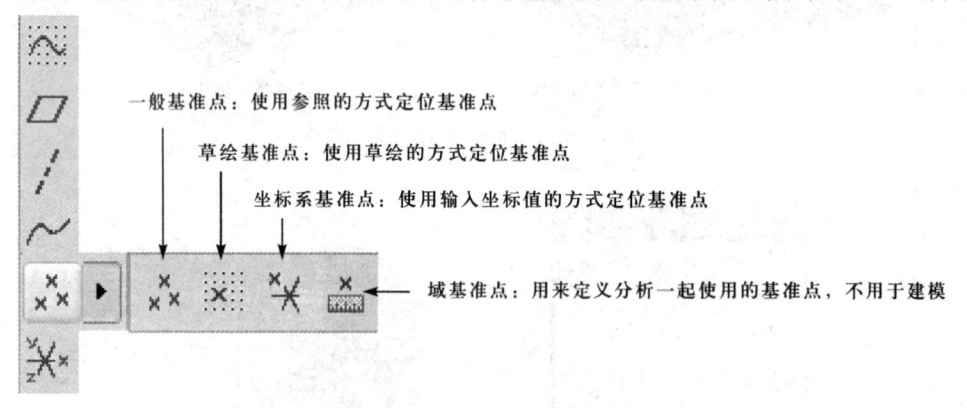

图 4-10　基准点的种类

一般基准点是以选定参照的方式来定位的，该对话框的使用方式与基准平面或基准轴类似。

4.4 基准坐标系

在建模过程中，基准坐标系是设计中的公共基准，用来精确定位特征的放置位置。显示为三条互相正交的褐色短直线，系统默认以 PRT_CSYS_DEF 来表示，其后建立的以 CS0、CS1……来表示。

基准坐标系主要用于零件的质量、质心和体积等辅助计算；在零件装配中，建立约束条件；使用加工模块时，设定程序原点；辅助建立其他基准特征；定位参照和导入其他格式文件等。

基准坐标系的建立方法与其他基准特征的建立类似，只要指定一些参照对象即可，但必须满足以下条件：

(1)定义原点的位置。
(2)定义两个坐标轴的方向，第三坐标轴的方向按照右手定则确定。

通常采用平面参照或直线参照来定义坐标轴的方向：对于平面参照，其法线方向即为坐标轴的方向；对于直线参照，坐标轴的方向与该直线平行。

4.5 基 准 曲 线

基准曲线常用于扫描特征的轨迹、定义曲面特征的边界、定义 NC 加工程序的切割路径等。曲线默认以蓝色显示。

1. 基准曲线

选择主菜单【插入/模型基准/曲线】命令,或单击基准特征工具栏中的 ∼ 按钮,弹出【曲线选项】菜单,如图 4-11(a) 所示。菜单中有四种创建基准曲线的方法。

各选项的功能含义如下:

【经过点】——通过数个参照点建立基准曲线。

【自文件】——通过编辑"*.ibl"文件,建立基准曲线。

【使用剖截面】——用截面的边界建立基准曲线。

【从方程】——利用参数方程建立基准曲线。

2. 实例演练

用【从方程】命令创建一条基准曲线。

(1) 选择主菜单【插入/模型基准/曲线】命令或单击基准特征工具栏中的 ∼ 按钮,弹出【曲线选项】菜单,如图 4-11(a) 所示,选择【从方程/完成】命令,弹出【曲线:从方程】对话框(图 4-11(b))和【得到坐标系】菜单(图 4-11(c))。

(2) 选择系统缺省的坐标系,在如图 4-11(d) 所示的【设置坐标类型】菜单中选择【笛卡尔】,系统弹出【rel.ptd－记事本】窗口,在【rel.ptd－记事本】窗口中输入如图 4-12 所示的曲线参数方程。

(a)　　　　　　　　(b)　　　　　　　　(c)　　　　　　　　(d)

图 4-11　菜单管理器

(3) 选择主菜单【文件/保存】命令和【退出】命令,退出【rel.ptd－记事本】窗口。

(4) 单击【曲线:从方程】对话框的【确定】按钮,完成基准曲线的创建,如图 4-13 所示。

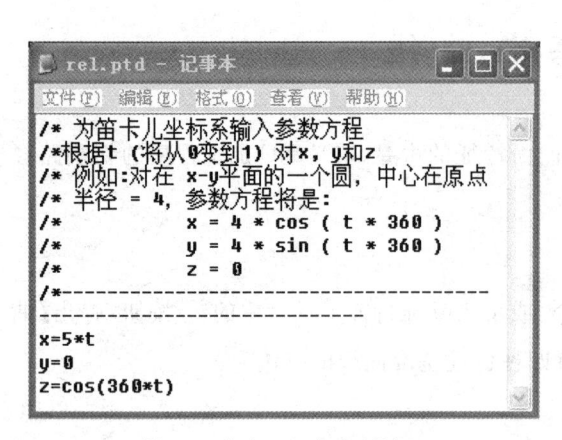

图 4-12 【rel.ptd—记事本】窗口 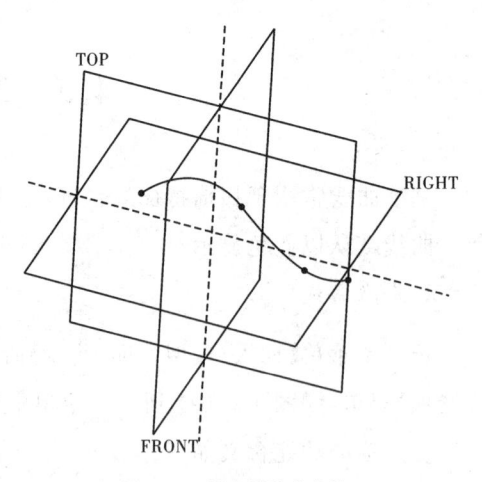　　　　　图 4-13 创建的基准曲线

4.6 综合实例

任务：创建如图 4-14 所示的端盖。

操作步骤如下：

Step1. 选择主菜单【文件/新建】命令，打开【新建】对话框，选择【零件】单选按钮，在【名称】文本框中输入新建文件名称"duangai"，单击【确定】按钮，进入零件模式。

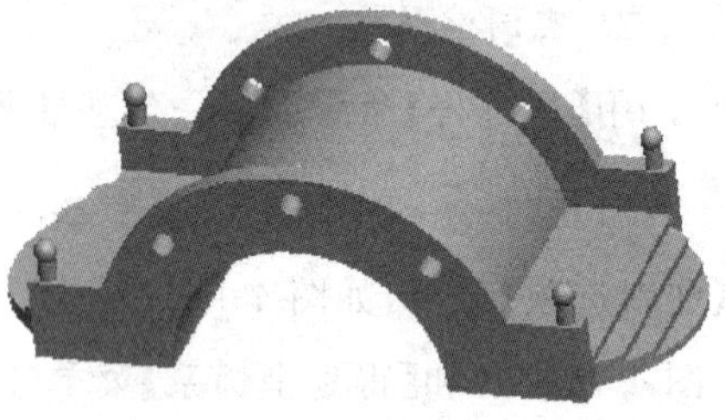

图 4-14 端盖

Step2. 单击特征工具栏 按钮，在主视区下方的拉伸特征操控板上单击【放置】按钮，再单击【定义】按钮，在弹出的草绘对话框中，选择 FRONT 基准平面为草绘平面，RIGHT 基准平面为参照平面，单击【草绘】按钮，进入草绘模式，绘制如图 4-15 所示的截面。

Step3. 单击 按钮，在拉伸特征操控板中，选取深度类型 ，再在深度文本框中输入深度"260"，单击 按钮，生成如图 4-16 所示的拉伸实体。

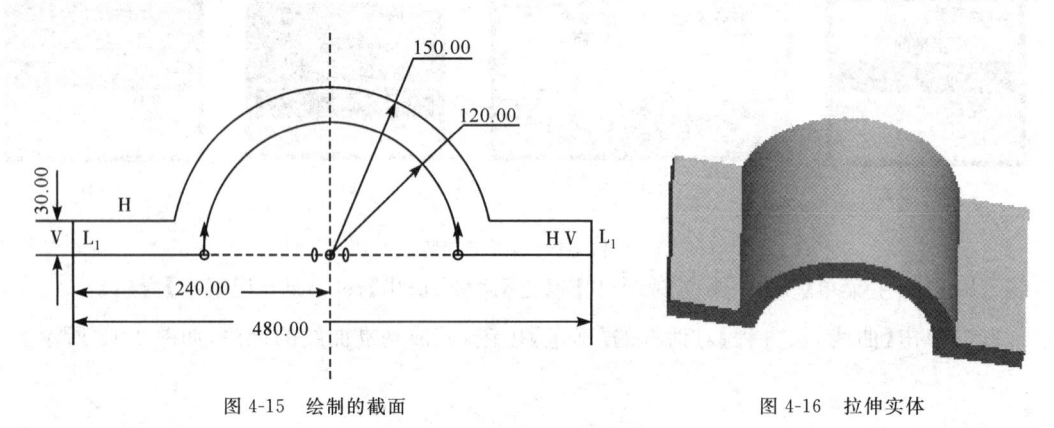

图 4-15 绘制的截面　　　　　图 4-16 拉伸实体

第 4 章 基准特征

Step4. 单击特征工具栏 按钮,在拉伸特征操控板上单击【放置】按钮,再单击【定义】按钮,在弹出的【草绘】对话框中,选择图 4-16 中的半圆形面为草绘平面,RIGHT 基准平面为参照平面,单击【草绘】按钮,进入草绘模式,绘制如图 4-17 所示的截面。

Step5. 单击 ✓ 按钮,在拉伸特征操控板中,选取深度类型 ,再在深度文本框中输入深度"20",单击 ✓ 按钮,生成如图 4-18 所示的拉伸实体。

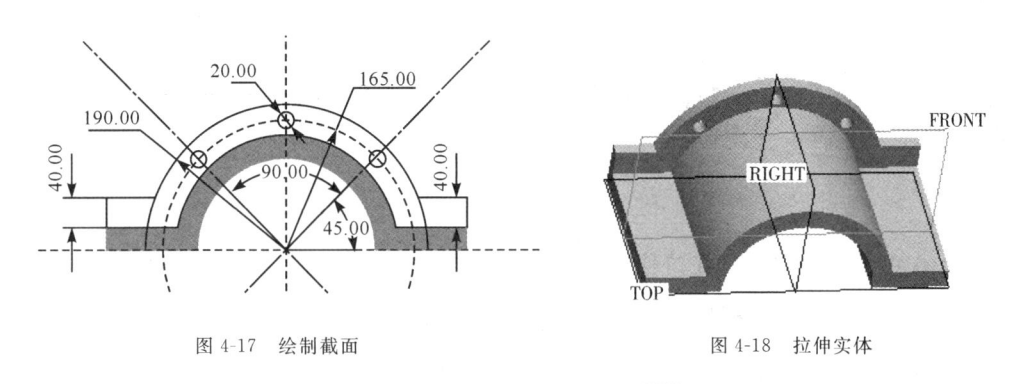

图 4-17 绘制截面　　　　　　　图 4-18 拉伸实体

Step6. 选择 Step5 所创建的拉伸实体,单击镜像按钮 ,选择基准平面 FRONT 为镜像平面,单击 ✓ 按钮,生成如图 4-19 所示的实体。

Step7. 单击特征工具栏 按钮,在拉伸特征操控板上单击【放置】按钮,再单击【定义】按钮,在弹出的【草绘】对话框中,选择 FRONT 基准平面为草绘平面,RIGHT 基准平面为参照平面,单击【草绘】按钮,进入草绘模式,绘制如图 4-20 所示的截面。

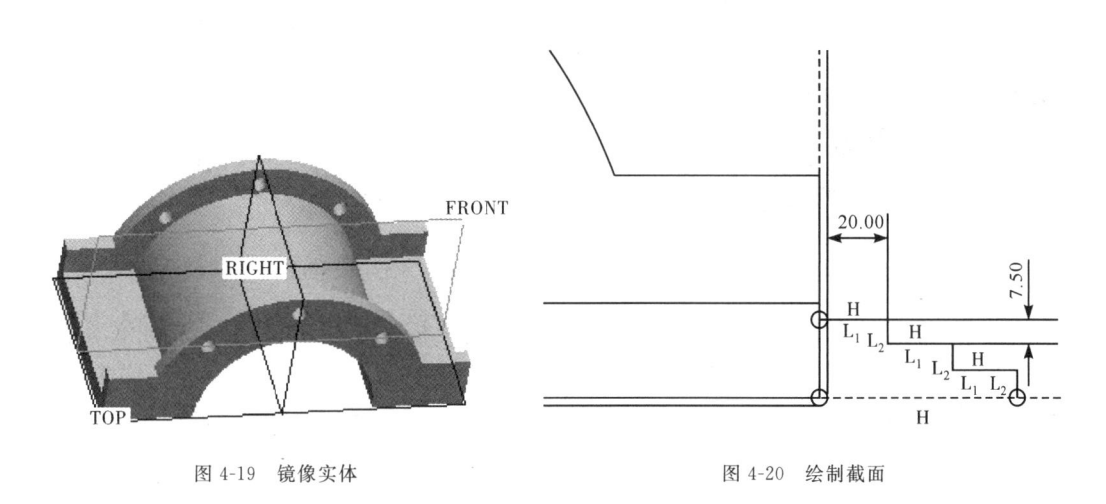

图 4-19 镜像实体　　　　　　　图 4-20 绘制截面

Step8. 单击 ✓ 按钮,在拉伸特征操控板中,选取深度类型 ,再在深度文本框中输入深度"260",单击 ✓ 按钮,生成如图 4-21 所示的拉伸实体。

Step9. 单击特征工具栏 按钮,在拉伸特征操控板上单击【放置】按钮,再单击【定义】按钮,在弹出的【草绘】对话框中,选择 TOP 基准平面为草绘平面,RIGHT 基准平面为参照平面,单击【草绘】按钮,进入草绘模式,绘制如图 4-22 所示的截面。

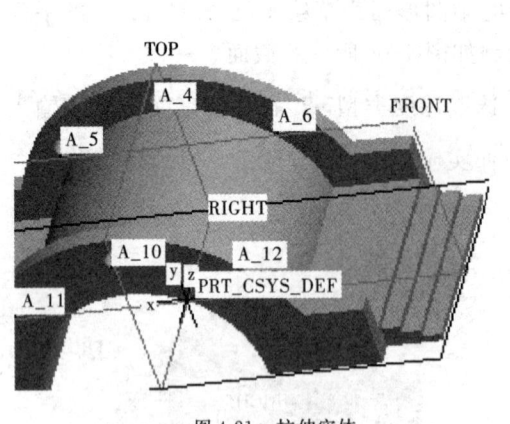

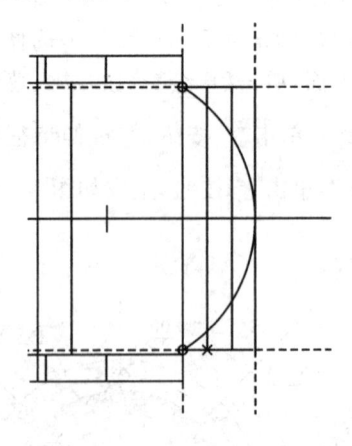

图 4-21 拉伸实体

图 4-22 绘制截面

Step10. 单击 ✓ 按钮,在拉伸特征操控板中,选取深度类型 ,再在深度文本框中输入深度值"100",选择去除材料按钮 ,单击 ✓ 按钮,生成如图 4-23 所示的拉伸实体。

Step11. 单击基准平面按钮 ,选择图 4-24 中的端面作为偏移参照平面,输入偏移值为"15",创建基准平面 DTM1。

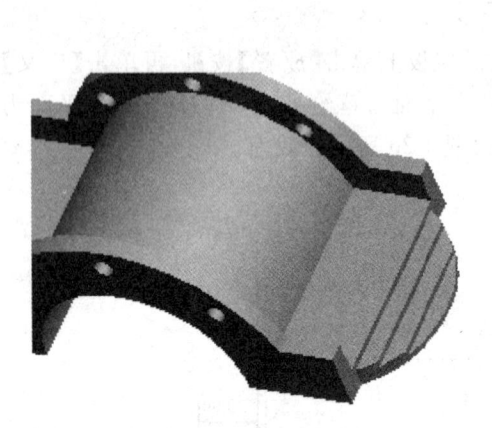

图 4-23 拉伸实体

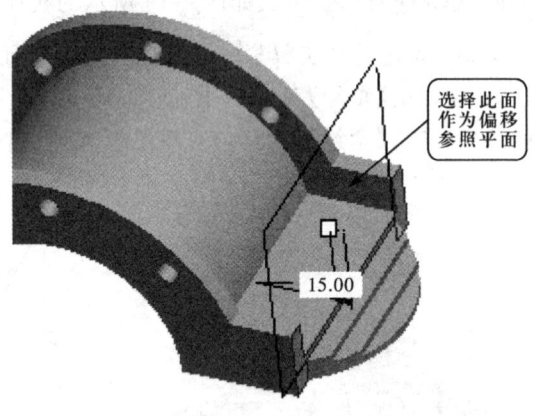

图 4-24 选择偏移参照平面

Step12. 单击特征工具栏 按钮,在旋转特征操控板上单击【位置】按钮,再单击【定义】按钮,在【草绘】对话框中,选择 DTM1 基准平面为草绘平面,FRONT 基准平面为参照平面,单击【草绘】按钮,进入草绘模式,绘制如图 4-25 所示的旋转截面和中心线。

Step13. 单击 ✓ 按钮,在旋转特征操控板上单击 ✓ 按钮,生成如图 4-26 所示的旋转实体。

Step14. 剩余特征分别进行对称镜像操作即可得到如图 4-14 所示的端盖模型。

第 4 章 基准特征

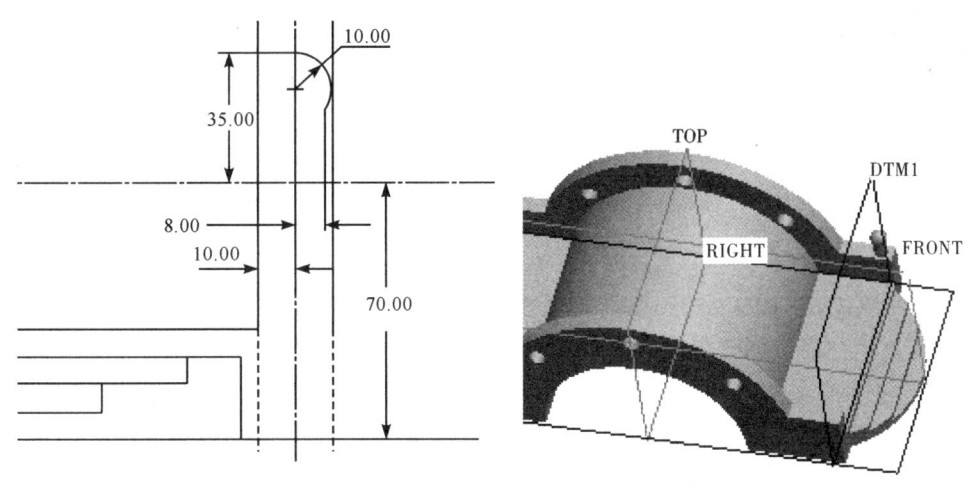

图 4-25 旋转截面和中心线

图 4-26 旋转实体

第 5 章

工程特征设计

Pro/ENGINEER Wildfire 4.0 提供了许多类型的工程特征,如孔特征、倒角特征和抽壳特征等。用户尚未创建实体特征时,工程特征设计工具为灰色不可用状态,它是一种放置实体特征,不能单独存在,必须附属于实体特征。

在零件建模过程中使用工程特征,用户一般需要给系统提供以下信息:放置工程特征的位置、定位尺寸和定形尺寸。

5.1 孔 特 征

在 Pro/ENGINEER Wildfire 4.0 中把孔分为"简单孔"、"草绘孔"和"标准孔"。除使用前面讲述的去除材料功能制作孔外,还可直接使用 Pro/ENGINEER Wildfire 4.0 提供的【孔】命令,从而更方便快捷地制作孔特征。在创建孔特征时,只需指定孔的放置平面并给定孔的定位尺寸及孔的直径、深度即可。

选择主菜单【插入/孔】命令或单击特征工具栏 按钮,在主视区下方弹出如图 5-1 所示的孔特征操控板。该操控板中各功能按钮的含义如下:

图 5-1 孔特征操控板

(1)【放置】——单击该按钮,弹出如图 5-2 所示的【放置】上滑面板,进行放置孔特征的操作。

图 5-2 【放置】上滑面板

【放置】上滑面板中各选项功能介绍如下:

①【放置】——定义孔的放置平面信息。
②【偏移参照】——定义孔的定位信息。
③【反向】——改变孔放置的方向。
④【类型】——定义孔的定位方式。包括以下几项：

【线性】——使用两个线性尺寸定位孔，标注孔中心线到实体边或基准平面的距离。

【径向】——使用一个线性尺寸和一个角度尺寸定位孔，以极坐标的方式标注孔的中心线位置。此时应指定参考轴和参考平面，以标注极坐标的半径及角度尺寸。

【直径】——使用一个线性尺寸和一个角度尺寸定位孔，以直径的尺寸标注孔的中心线位置，此时应指定参考轴和参考平面，以标注极坐标的直径及角度尺寸。

(2)【形状】——单击该按钮，弹出【形状】上滑面板，可设置孔的形状及其尺寸，并可对孔的生成方式进行设定，其尺寸也可即时修改。

(3)【注释】——当生成"标准孔"时，单击该按钮，显示该标准孔的信息。

(4)【属性】——单击该按钮，在打开的【属性】上滑面板中显示孔的名称(可进行更改)及其相关参数信息。

1. 简单孔

选择主菜单【插入/孔】命令或单击特征工具栏 按钮，弹出如图 5-3 所示的孔特征操控板。选取钻孔面，确定孔的定位方式。

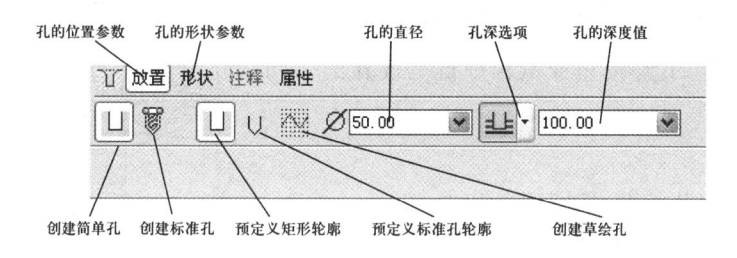

图 5-3 孔特征操控板

孔的定位方式有三种，分别为：线性、径向、直径。

(1)线性孔

线性孔通过给定两个距离尺寸定位。如图 5-4 所示，通过给定孔距左侧面及前侧面的距离确定孔的位置。操作方法为：在【放置】上滑面板中选定【线性】选项，将图中的定位把手分别拖拽到左侧面或左边线和前侧面或前边线上，输入具体的位置尺寸，给定孔径及孔深

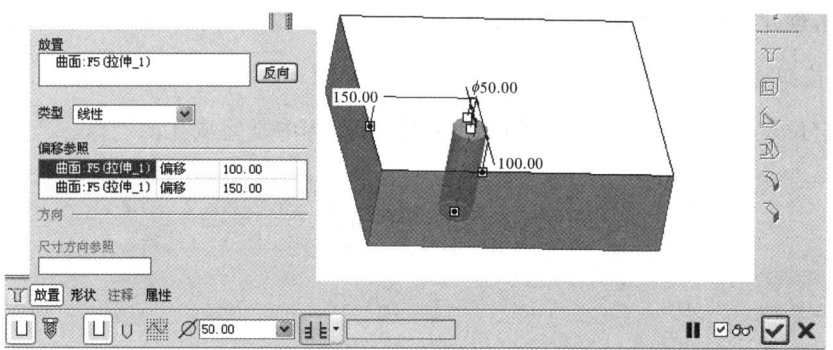

图 5-4 创建线性孔

值,也可直接拖拽操作把手,单击孔特征操控板的☑按钮或鼠标中键完成孔的创建。

(2)径向孔

径向孔通过给定极半径和极角的方式定位。如图5-5所示,通过给定孔中心距零件中心轴线的极径值及其与参考面形成的极角来确定孔的位置。

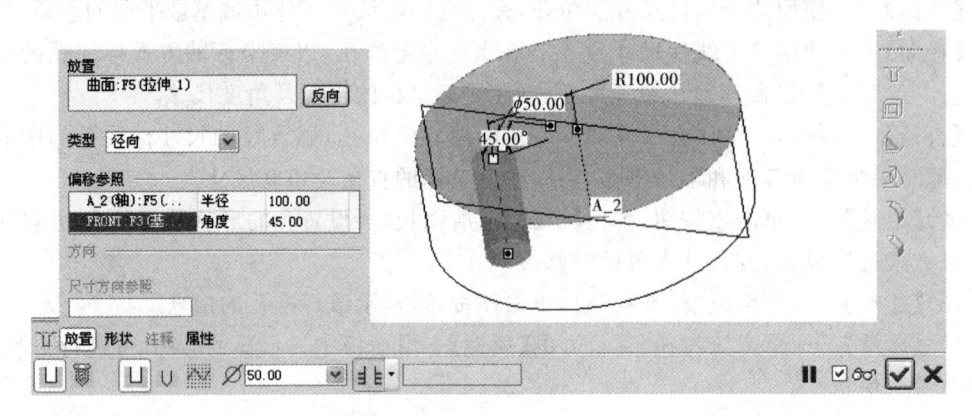

图 5-5 创建径向孔

操作方法为:在【放置】上滑面板中选定【径向】选项,将图中的定位把手分别拖拽到中心轴和参考平面上,输入具体的位置尺寸,给定孔径及孔深值,单击孔特征操控板的☑按钮或鼠标中键完成孔的创建。

(3)直径孔

直径孔与径向孔类似,如图5-6所示。

钻孔时,孔的定位方式很关键。当需要钻多个孔时,往往要作孔的阵列。线性孔只可以作矩形尺寸阵列,径向孔和直径孔只可以作圆形尺寸阵列。

图 5-6 创建直径孔

2.草绘孔

草绘孔类似于一个旋转去除材料的特征。

选择主菜单【插入/孔】命令或单击特征工具栏 ⏧ 按钮,弹出如图5-7所示的孔特征操控板。单击创建草绘孔 ⌘ 按钮,弹出如图5-8所示的草绘孔特征操控板,单击操控板的绘制剖面 ⌘ 按钮,进入草绘模式。绘制孔旋转剖面,如图5-9所示。选取钻孔面,定义孔的放置方式及定位尺寸,单击孔特征操控板的☑按钮或鼠标中键完成孔的创建。

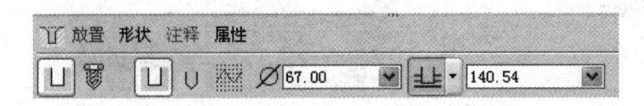

图 5-7 孔特征操控板

图 5-8 草绘孔特征操控板

图 5-9 草绘孔旋转剖面

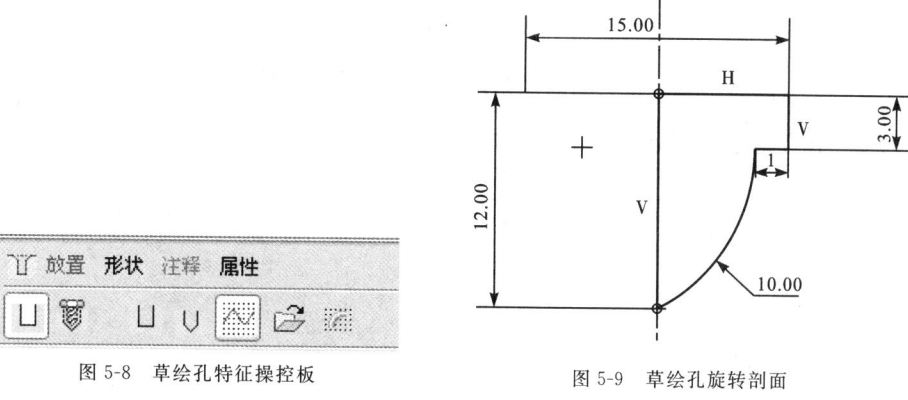

3. 标准孔

选择主菜单【插入/孔】命令或单击特征工具栏 按钮,弹出如图 5-7 所示的孔特征操控板。单击创建标准孔按钮 ,如图 5-10 所示,选择螺纹类型、螺纹尺寸、标准孔的形状。打开操控板的【形状】上滑面板,编辑孔的尺寸,选取钻孔面,定义孔的放置方式及定位尺寸,单击孔特征操控板的 按钮或鼠标中键完成孔的创建。

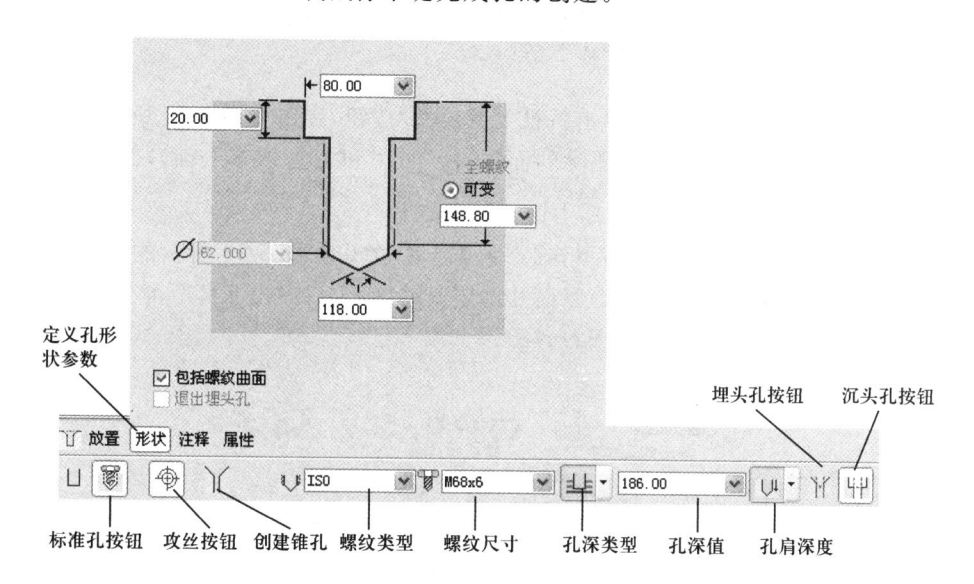

图 5-10 创建标准孔

注意:隐藏图形窗口中标准孔注释文字的方法:

Step1:在导航工具栏中显示模型树,单击导航选项卡的【设置】按钮,选择【树过滤器】,如图 5-11 所示,打开【模型树项目】对话框(图 5-12)。在对话框左侧勾选【注释】选项,以使模型树中能够显示"注释"项目,单击【确定】按钮。

Step2:此时模型树中显示出标准孔的注释项"Note"。选择"Note",单击鼠标右键,在快捷菜单中选择【拭除】命令,图形窗口的标准孔注释文字被隐藏。若要重新显示,可在模型树中点选该"Note",单击鼠标右键,在快捷菜单中选择【显示】命令。

图 5-11 选择【树过滤器】

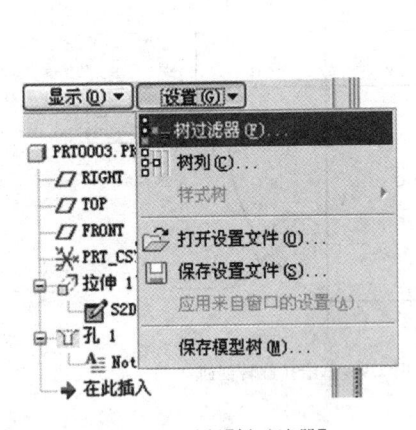

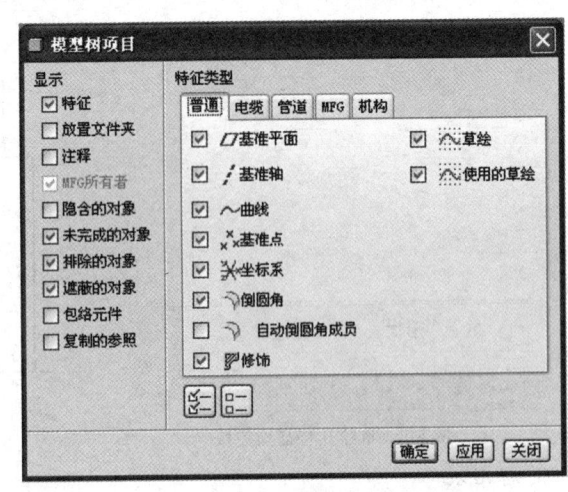

图 5-12 【模型树项目】对话框

5.2 抽壳特征

抽壳特征指将实体变成薄壳件,薄壁类零件设计时常用此功能。抽壳特征基本操作如下:

选择主菜单【插入/壳】命令或单击特征工具栏 按钮,弹出如图 5-13 所示的抽壳特征操控板。选取抽壳面即要从零件上删除的面(按住"Ctrl"键可选取多个面),给定抽壳厚度,单击抽壳特征操控板的 按钮或鼠标中键。

选取抽壳面并给定抽壳厚度后,单击【参照】选项,弹出如图 5-13 所示的【参照】上滑面板,选取【非缺省厚度】选项,单击非等厚面并给定其厚度,可以做出非等厚薄壳件。

注意:抽壳不能破坏实体表面的相切性。

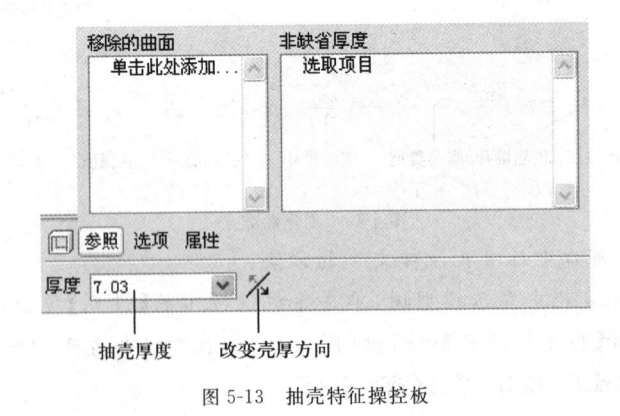

图 5-13 抽壳特征操控板

5.3 筋 特 征

筋特征是在两个或两个以上的相邻平面或回转面间添加加强筋,是一种特殊的增料特征。

根据相邻平面的类型不同,生成的筋分为直筋和旋转筋两种形式。相邻的两个面均为平面时,生成的筋称为直筋,直筋的表面是 1 个平面;相邻的两个面中至少有 1 个为回转面时,生成的筋称为旋转筋,其表面为圆锥曲面。

筋特征基本操作如下:

选择主菜单【插入/筋】命令或单击特征工具栏 按钮,弹出如图 5-14 所示的筋特征操控板,各功能按钮的含义说明如下:

图 5-14 筋特征操控板

【定义】——建立或修改筋特征的草绘截面。若对已有的筋特征进行修改时,则该按钮显示为【编辑】。

【反向】——控制筋特征的生成方向是向外还是向内,如图 5-15 所示。

(a)向内　　　　　　　　　　(b)向外

图 5-15 筋特征的生成方向

——设置筋的厚度。

——控制筋特征生成材料的方向。草绘定义完成后,该按钮变成 ,连续点击此按钮,则特征由草绘平面的一侧到另一侧再到中间,如图 5-16 所示。

(a)   (b)   (c)

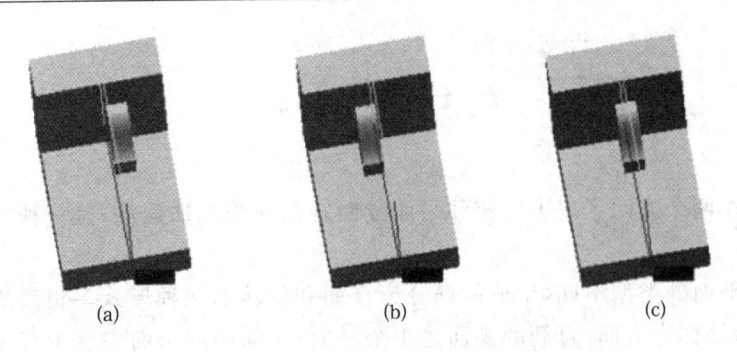

图 5-16　改变筋特征生成材料的方向

5.4　圆角特征

圆角特征在零件设计中必不可少，它有助于模型设计中造型的变化或产生平滑的效果，常用圆角类型如图 5-17 所示。

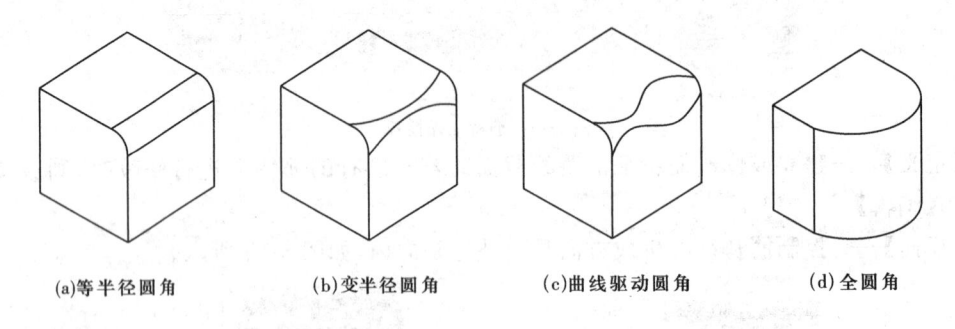

(a)等半径圆角　　(b)变半径圆角　　(c)曲线驱动圆角　　(d)全圆角

图 5-17　常用圆角类型

选择主菜单【插入/圆角】命令或单击特征工具栏 按钮，弹出如图 5-18 所示的圆角特征操控板，各功能按钮的含义说明如下：

　　——打开圆角设定模式。

　　——打开圆角过渡模式。

　　——定义圆角半径大小。

【设置】——设定模型中各圆角或圆角集的特征及大小。

【过渡】——使用前，必须激活"过渡模式"（至少选一条边才能激活），然后单击模型中的圆角过渡区域，再从【过渡】列表中选取过渡类型，单击【过渡】按钮后，在【过渡】上滑面板中显示除缺省过渡类型外的所有用户定义的过渡类型，如图 5-19 所示。

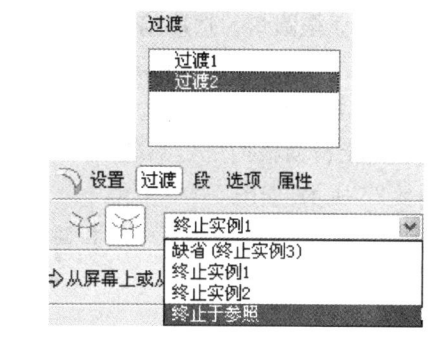

图 5-18　圆角特征操控板　　　　图 5-19　过渡类型

【段】——查看圆角特征的全部倒圆角集,查看当前倒圆角集中的全部倒圆角段,修剪、延伸或排除这些倒圆角段,以及处理放置模糊问题。

【选项】——单击该按钮,在弹出的【选项】上滑面板中选择创建实体圆角或者曲面圆角。

【属性】——单击该按钮,弹出【属性】上滑面板,显示当前圆角特征名称,单击 按钮,显示圆角特征的相关信息。

圆角特征的基本操作如下:

(1)选择主菜单【插入/圆角】命令或单击特征工具栏 按钮,弹出如图 5-18 所示的圆角特征操控板。

(2)单击【设置】按钮,在上滑面板中设定圆角类型、生成圆角的方式、圆角的参照、圆角的半径等。

(3)单击圆角过渡模式按钮 ,设置过渡区圆角的形状。

(4)单击【选项】按钮,选择生成的圆角是实体形式还是曲面形式。

(5)单击特征预览按钮 ,观察生成的圆角。

(6)单击 按钮,完成圆角特征的建立。

注意:如果想把几条边的圆角放入同一组(集)中,即同时具有一个圆角半径,应按住"Ctrl"键,然后选择要加入的边线即可。

实例演练:练习建立常用圆角的方法,制作如图 5-20 所示的零件模型。

Step1.用拉伸特征建立如图 5-21 所示的拉伸实体。

图 5-20　零件模型　　　　图 5-21　拉伸实体

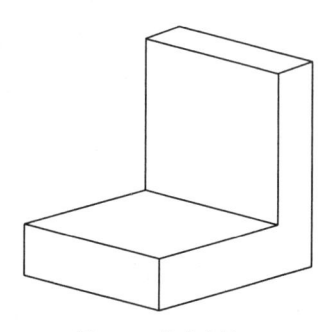

Step2. 建立全圆角。选取箭头 1 指示的平面为驱动曲面，选择箭头 2 指示的面和与该面平行的背面为参照，完成全圆角的创建，如图 5-22 所示。

Step3. 建立变半径圆角。选择边线 1 设置圆角，选择边线后，系统自动产生一个半径尺寸，在【设置】上滑面板内单击右键，从弹出的快捷菜单中选择【添加半径】命令添加半径的值，如图 5-23 所示，如图 5-24 所示。

注意：图中"0.20"、"0.50"分别指圆角控制点在圆角片上的位置比例。如"0.50"指圆角控制点位于圆角片的中点。

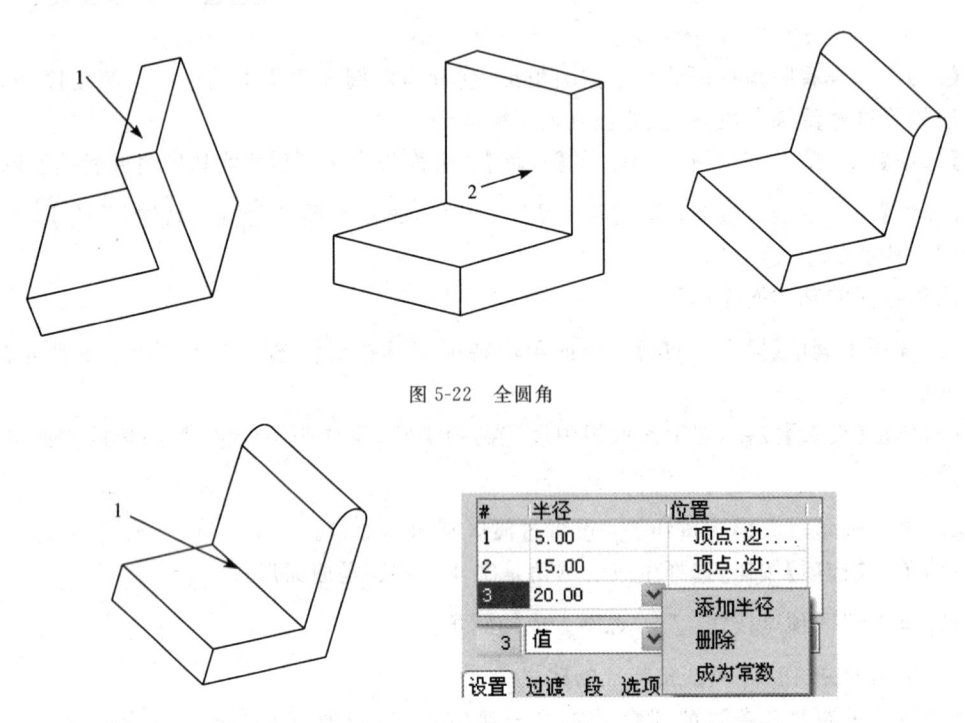

图 5-22 全圆角

图 5-23 设置边线 1 圆角半径

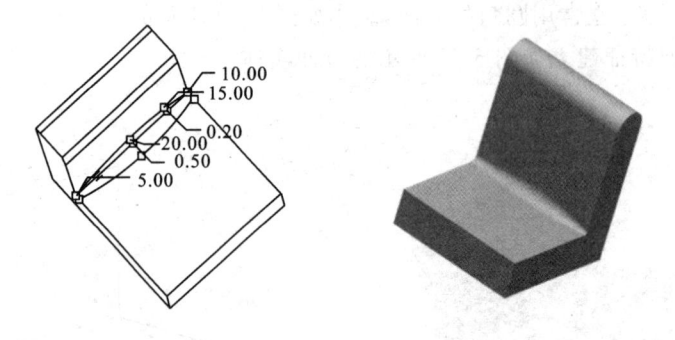

图 5-24 变半径圆角

继续添加圆角控制点，修改半径值。

Step4. 建立曲线驱动圆角。选择箭头指示的平面为草绘平面，绘制一条曲线，如图 5-25 所示。

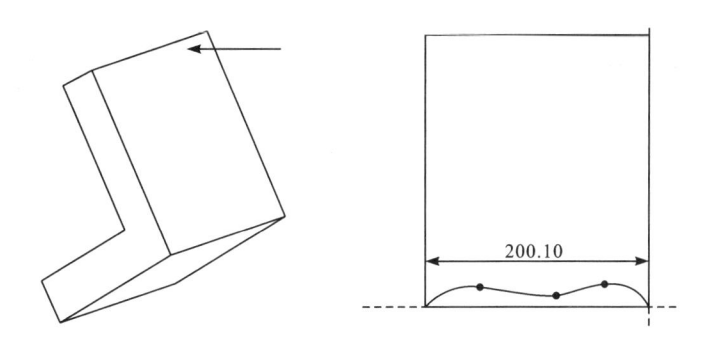

图 5-25　绘制曲线

单击【设置】上滑面板中的【通过曲线】按钮,在箭头指示的边倒圆角,结果如图 5-26 所示。

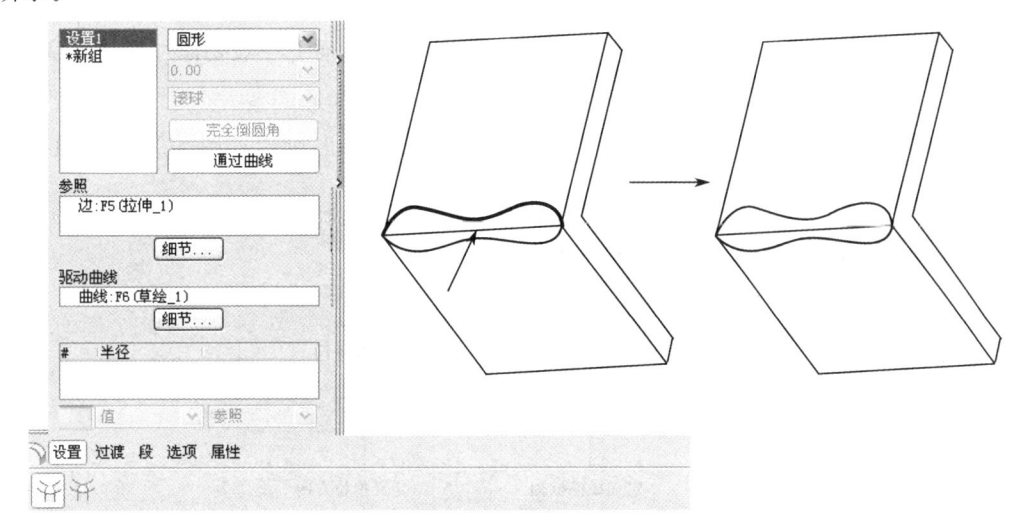

图 5-26　曲线驱动圆角

5.5　倒 角 特 征

倒角特征可以对模型的实体边或拐角进行斜切削加工,在机械零件中应用广泛。系统提供了边倒角和拐角倒角两种方式。

1. 边倒角的基本操作

选择主菜单【插入/倒角/边倒角】命令或单击特征工具栏 按钮,弹出如图 5-27 所示的倒角特征操控板,选取要倒角的边,给定倒角类型,输入倒角值(也可通过拖动把手来改变倒角值),单击倒角特征操控板的 按钮或鼠标中键。

2. 顶点倒角基本操作

选择主菜单【插入/倒角/拐角倒角】命令,弹出如图 5-28 所示【倒角(拐角):拐角】对话框,选取要倒角的顶点,分别在三个边上给定切角的位置(或输入值),在对话框中单击【确定】按钮。

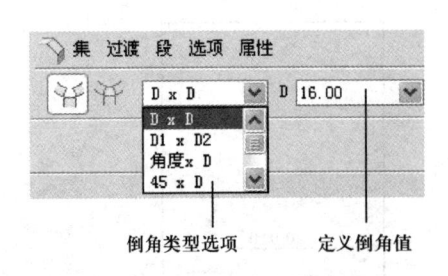

图 5-27　倒角特征操控板　　　　　　　　图 5-28　【倒角(拐角):拐角】对话框

5.6　拔　模　特　征

为了便于成型的零件从模具型腔中取出,造型时在零件侧面上一般要添加脱模斜度,可用拔模特征来完成。拔模特征基本操作如下:

(1)选择主菜单【插入/拔模】命令或单击特征工具栏 按钮,弹出如图 5-29 所示的拔模特征操控板。

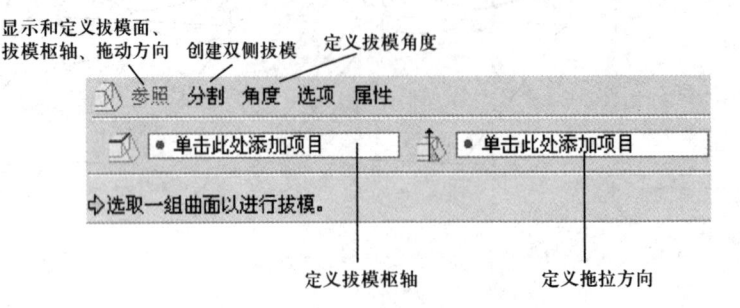

图 5-29　拔模特征操控板

(2)选取欲拔模的面,一般不要破坏表面的相切性。

(3)单击图标 的【单击此处添加项目】,选取一个平面、一条边或一条曲线作为拔模枢轴。

(4)单击图标 的【单击此处添加项目】,选取一个平面、一条边、一个轴或两个点作为拖动方向。

(5)修改拔模角度及拔模方向,单击拔模特征操控板的 按钮或鼠标中键。

注意:面的选取技巧:

①选取多个表面:按住"Ctrl"键后再依次单击所要选的表面。

②选取环曲面,如图 5-30 所示。

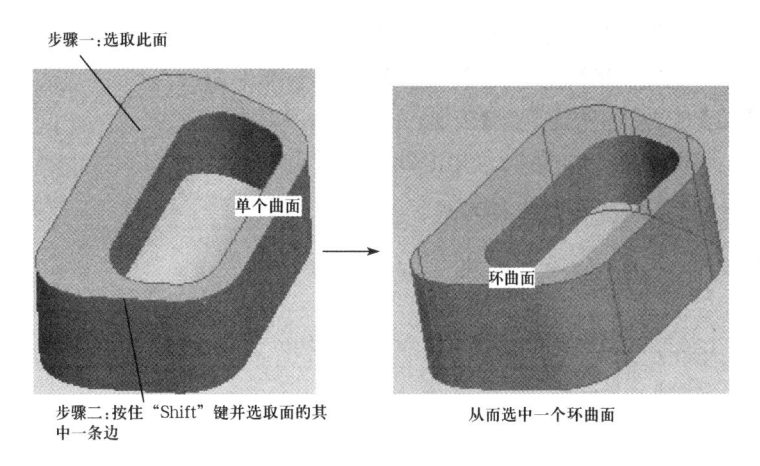

图 5-30 选取环曲面

5.7 综合实例

任务一:制作法兰盘模型。

在造型中主要使用旋转特征、孔特征、阵列特征、筋特征、倒角特征等工具来完成模型的构建。该模型的基本制作过程如图 5-31 所示。

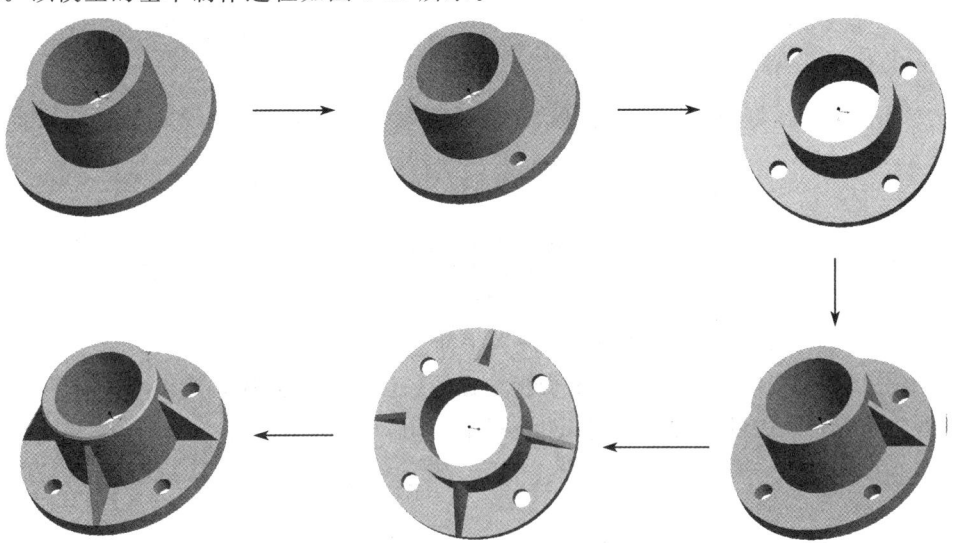

图 5-31 法兰盘模型基本制作过程

Step1. 建立新文件

①单击主菜单【文件/新建】命令,打开【新建】对话框。

②选择【零件】类型,输入新建文件名称"falan"。

③单击【确定】按钮,进入零件模式。

Step2.使用旋转特征工具建立法兰盘毛坯

①单击 按钮,打开旋转特征操控板。

②单击【位置/定义】按钮,系统弹出【草绘】对话框。
③选择 FRONT 基准平面为草绘平面,RIGHT 基准平面为参照。
④单击【草绘】对话框中的【草绘】按钮,系统进入草绘模式。
⑤绘制如图 5-32 所示的一条竖直中心线和旋转截面。
⑥单击 ✓ 按钮,返回旋转特征操控板。
⑦单击 ✓ 按钮,完成旋转特征的建立,结果如图 5-33 所示。

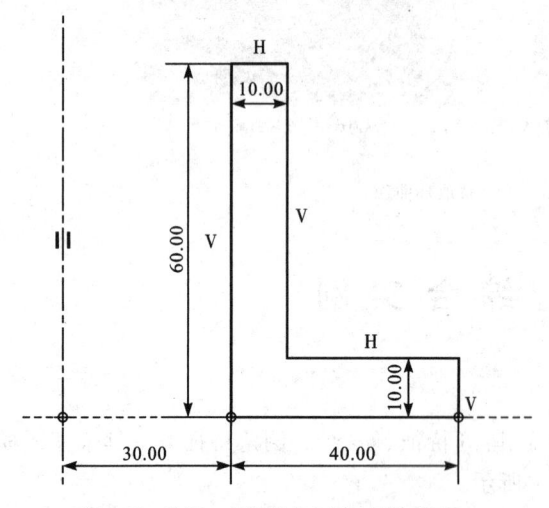

图 5-32　绘制一条竖直中心线和旋转截面

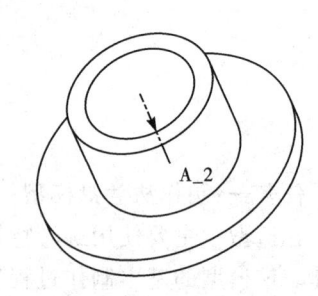

图 5-33　建立的旋转特征

Step3. 建立孔特征

①单击 按钮,打开孔特征操控板,接受系统默认设置,输入孔径为"12",通孔,如图 5-34 所示。

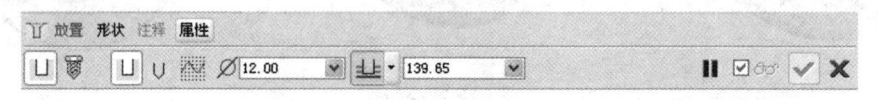

图 5-34　孔特征操控板

②选择图 5-35 中箭头指示的面为孔放置平面。
③单击【放置】按钮,在打开的上滑面板中选择【直径】定位方式放置孔,在【偏移参照】栏中,单击左键启动该栏目,以选择两个定位参照,如图 5-36 所示。

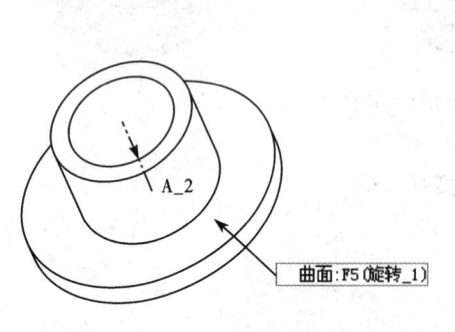

图 5-35　选择孔放置平面

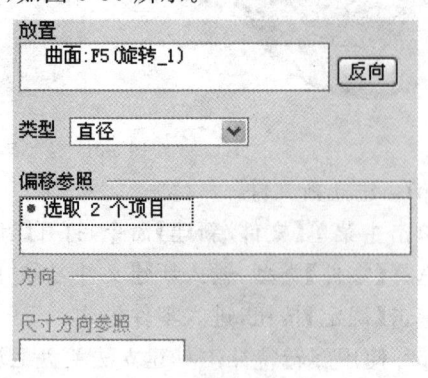

图 5-36　选择定位参照

④按住"Ctrl"键,在模型中选择基准轴线 A_2 和 RIGHT 基准平面。

⑤设定相对于基准轴线 A_2 为中心的参照圆直径为"φ110",设定相对于 RIGHT 基准平面的角度为"45.00",如图5-37所示。

⑥单击 ✓ 按钮,完成孔特征的建立。

Step4. 阵列孔特征

①在模型树中选择建立的孔特征,然后单击 按钮,打开阵列特征操控板。

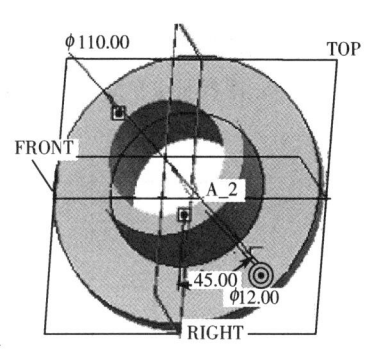

图 5-37 设定孔定位尺寸

②在模型中单击角度尺寸"45.00",在弹出的文本框中输入该尺寸方向的尺寸增量为"90.00",如图 5-38 所示。

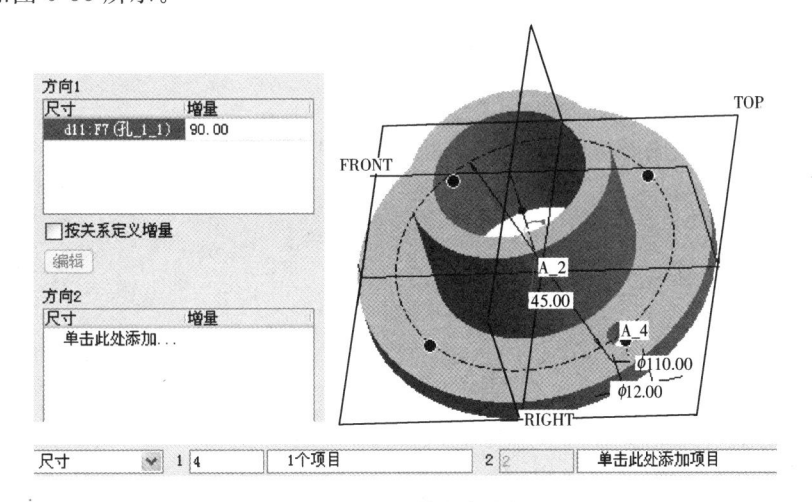

图 5-38 设置孔特征阵列选项

③在阵列特征操控板中输入阵列子特征数为"4"。

④单击 ✓ 按钮,完成孔特征的阵列,建立如图 5-39 所示的法兰盘基体。

Step5. 建立第一个筋特征

①单击 按钮,打开筋特征操控板,如图 5-40 所示。

②单击【参照】上滑面板中的【定义】按钮,打开【草绘】对话框。

③选择 FRONT 基准平面为草绘平面,RIGHT 基准平面为参照平面,单击【草绘】按钮,系统进入草绘模式。

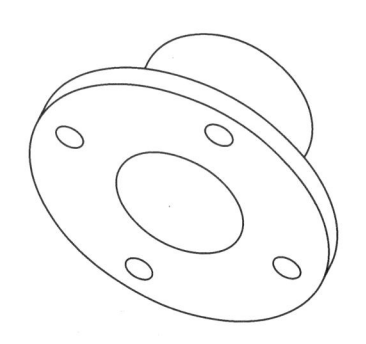

图 5-39 法兰盘基体

图 5-40 筋特征操控板

④绘制如图 5-41 所示的一条线段。

⑤单击☑按钮,返回筋特征操控板,设定筋厚度为"4"。

⑥单击【参照】上滑面板中的【反向】按钮,使材料生成方向(黄色箭头指示)如图 5-42 所示。

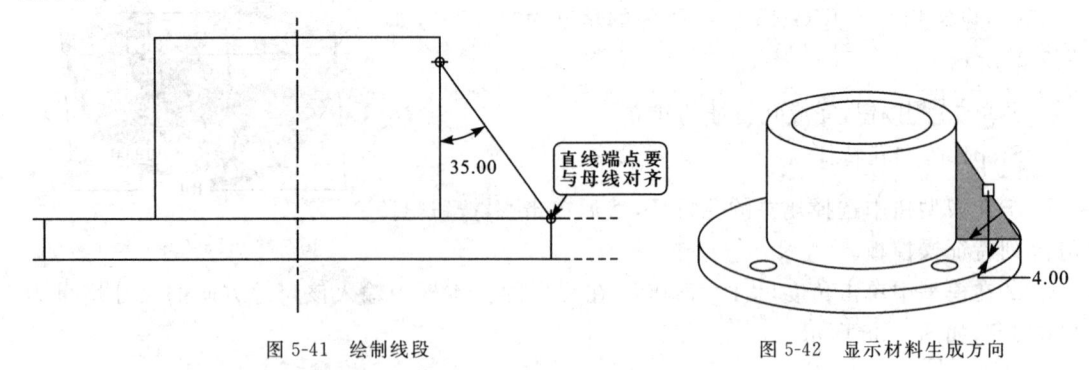

图 5-41 绘制线段　　　　　　　　　图 5-42 显示材料生成方向

⑦单击操控板中的按钮,调整筋的位置,使其中心层与 FRONT 基准平面重合。如图 5-43 所示。

⑧单击☑按钮,完成筋特征的建立,结果如图 5-44 所示。

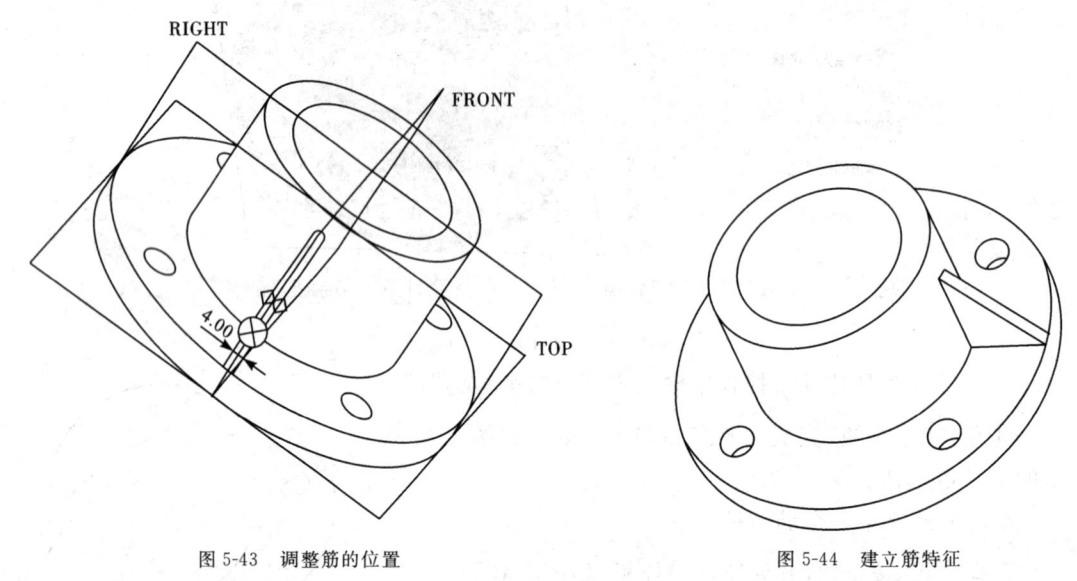

图 5-43 调整筋的位置　　　　　　　　图 5-44 建立筋特征

Step6. 阵列复制筋特征

①在模型树中选择建立的筋特征,单击按钮,打开阵列特征操控板。

②选择阵列类型为【轴】,选择基准轴线 A_2 为旋转阵列轴线。

③设定阵列个数为"4",如图 5-45 所示。

④单击☑按钮,完成筋阵列特征的建立,结果如图 5-46 所示。

Step7. 建立倒角特征

①单击按钮,打开倒角特征操控板。

②选择要倒角的边,选择倒角类型为【45×D】,输入 D 值为"1.5"。

③单击☑按钮,完成倒角特征的建立,结果如图 5-47 所示。

第 5 章 工程特征设计

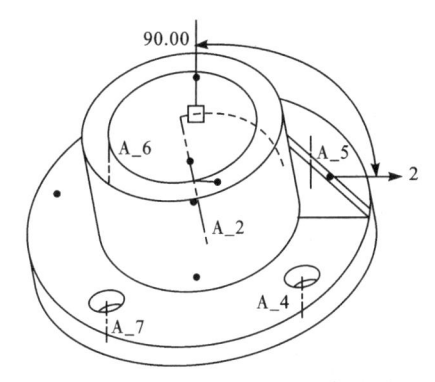

图 5-45 设置筋特征阵列选项

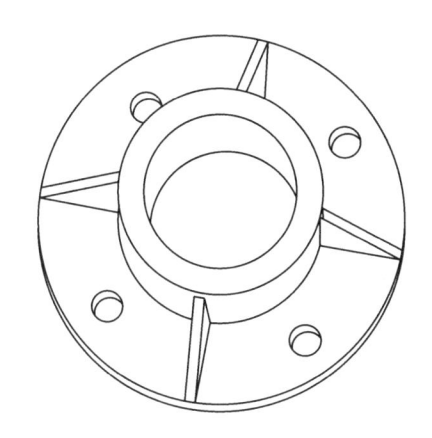

图 5-46 建立筋阵列特征   图 5-47 建立倒角特征

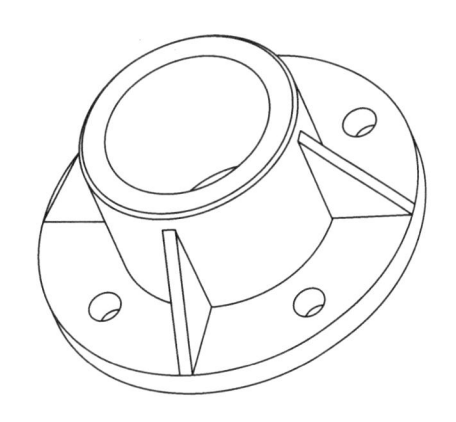

Step8. 保存模型

单击主菜单【文件/保存】命令,保存当前建立的零件模型。

任务二:建立如图 5-48、图 5-49 所示的减速箱箱盖与箱体零件模型。

在造型中先使用拉伸、切割、抽壳、孔特征、实体化、倒角、圆角、拔模等特征工具构建一个原始模型,然后通过基准平面切割实体的方法来完成两个相互配合的零件模型的构建,这种"整分"法保证了零件配合的尺寸和位置一致性的要求。

图 5-48 减速箱箱盖   图 5-49 减速箱箱体

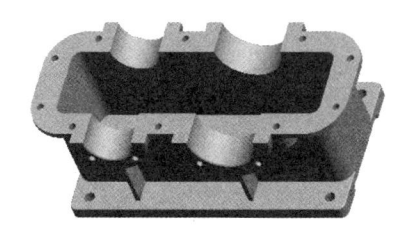

Step1. 建立新文件

①选择主菜单【文件/新建】命令,打开【新建】对话框。

②选择【零件】类型，在【名称】文本框中输入新建文件名称"gearbox"。
③单击【确定】按钮，进入零件模式。
Step2. 使用拉伸工具建立模型基体

①单击 按钮，打开拉伸特征操控板。
②选择实体、关于草绘平面双向对称拉伸，设置拉伸深度为"240"。
③单击【放置/定义】按钮，系统弹出【草绘】对话框。
④选择 FRONT 基准平面为草绘平面，RIGHT 基准平面为参照。
⑤单击【草绘】按钮，进入草绘模式。
⑥绘制如图 5-50 所示的拉伸截面 1。

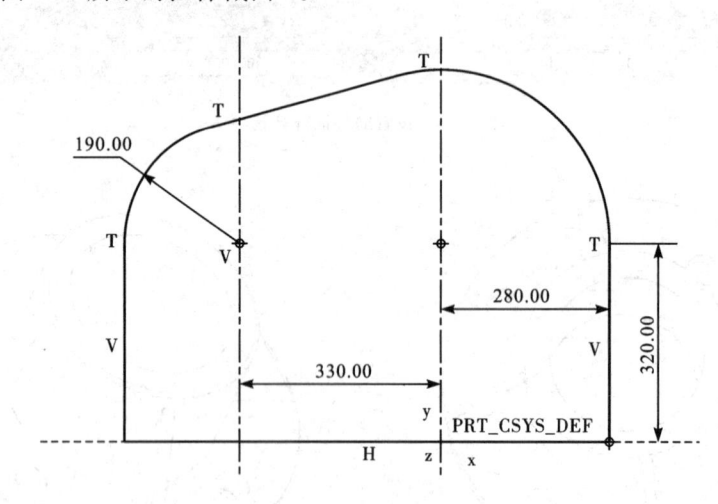

图 5-50　绘制拉伸截面 1

⑦单击 按钮，返回拉伸特征操控板。
⑧单击 按钮，完成拉伸特征 1 的建立，如图 5-51 所示。
Step3. 建立圆角

①单击 按钮，打开圆角特征操控板，设定圆角半径为"45"。
②选择图 5-52 中箭头指示的边线。

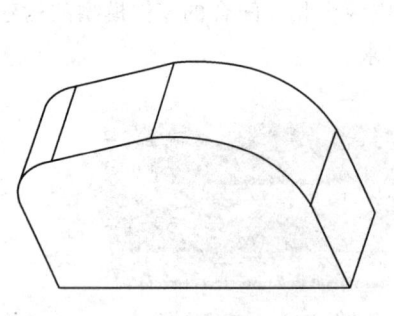

图 5-51　建立拉伸特征 1　　　　图 5-52　建立圆角特征

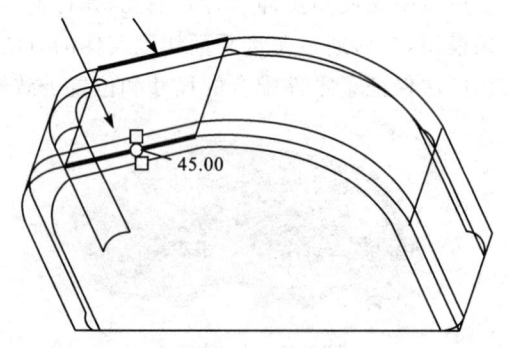

③单击 按钮，完成圆角特征的建立。

Step4. 建立抽壳特征

①单击 ▣ 按钮,打开抽壳特征操控板。

②选择图 5-51 中拉伸特征 1 的底面为抽壳表面,设定抽壳厚度为"18",默认方向抽壳。

③单击 ✓ 按钮,完成抽壳特征的建立。

Step5. 使用拉伸工具建立结合面基体

①单击 ⬜ 按钮,打开拉伸特征操控板。

②选择实体、关于草绘平面双向对称拉伸,设置拉伸深度为"38"。

③单击 ▱ 按钮,打开【基准平面】对话框,选择 TOP 基准平面,输入偏移量为"300",建立如图 5-53 所示的基准平面 DTM1。

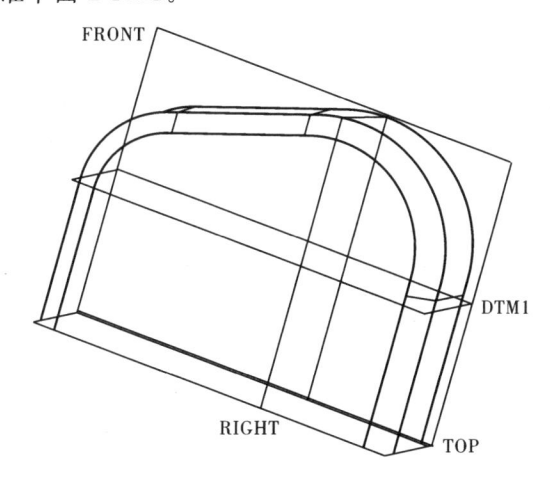

图 5-53 基准平面 DTM1

④单击【放置/定义】按钮,系统弹出【草绘】对话框。

⑤选择 DTM1 基准平面为草绘平面,RIGHT 基准平面为参照。

⑥单击【草绘】按钮,进入草绘模式。

⑦绘制拉伸截面 2,单击 ⬜ 按钮,选择模型的外轮廓线构成一圆角四边形,然后再绘制一圆角四边形,构成环状,如图 5-54 所示。

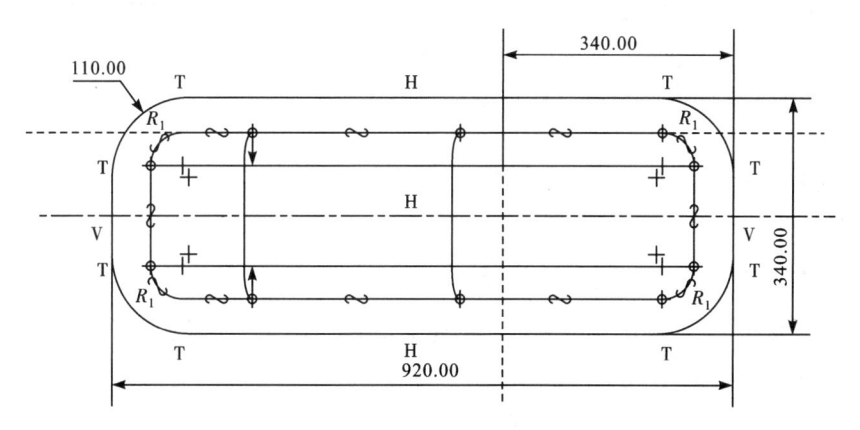

图 5-54 绘制拉伸截面 2

⑧单击✔按钮,返回拉伸特征操控板。

⑨单击✔按钮,完成本次拉伸特征2的建立,结果如图5-55所示。

Step6.使用拉伸工具建立模型底座

①单击⬜按钮,打开拉伸特征操控板。

②选择实体、单向向上拉伸,设置拉伸深度为"38"。

③单击【放置/定义】按钮,系统弹出【草绘】对话框。

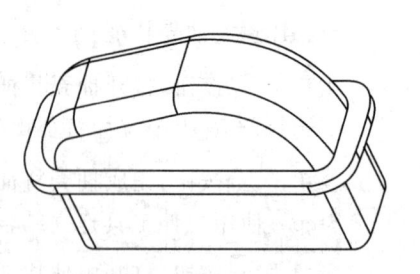

图 5-55　建立拉伸特征 2

④选择 TOP 基准平面为草绘平面,RIGHT 基准平面为参照。

⑤单击【草绘】按钮,系统进入草绘模式。

⑥绘制如图 5-56 所示的拉伸截面 3。

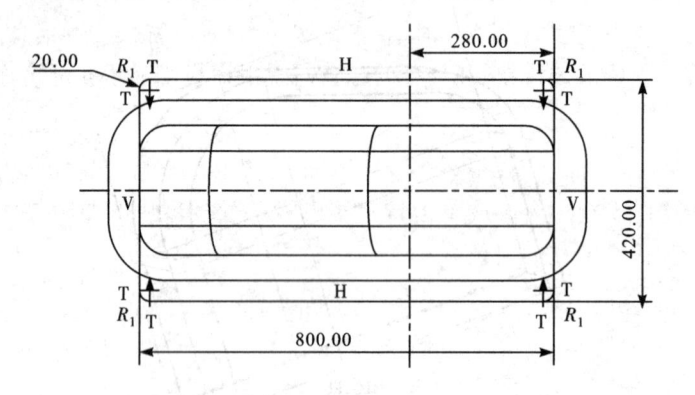

图 5-56　绘制拉伸截面 3

⑦单击✔按钮,返回拉伸特征操控板。

⑧单击✔按钮,完成本次拉伸特征 3 的建立,结果如图 5-57 所示。

Step7.使用拉伸工具建立第一个轴孔基体

①单击⬜按钮,打开拉伸特征操控板。

②选择实体、单向向上拉伸,设置拉伸深度为"80"。

③单击【放置/定义】按钮,系统弹出【草绘】对话框。

图 5-57　建立拉伸特征 3

④选择模型主体的侧面为草绘平面,RIGHT 基准平面为参照。

⑤单击【草绘】按钮,系统进入草绘模式。

⑥绘制如图 5-58 所示的拉伸截面 4。

⑦单击✔按钮,返回拉伸特征操控板。

⑧单击✔按钮,完成本次拉伸特征 4 的建立,结果如图 5-59 所示。

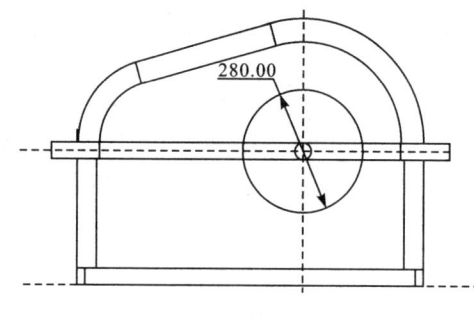

图 5-58　绘制拉伸截面 4　　　　　　　　图 5-59　建立拉伸特征 4

Step8. 使用拉伸工具建立第二个轴孔基体

①单击 按钮，打开拉伸特征操控板。

②选择实体、单向向外拉伸，设置拉伸深度为"80"。

③单击【放置/定义】按钮，系统弹出【草绘】对话框。

④选择模型主体的侧面为草绘平面，RIGHT 基准平面为参照。

⑤单击【草绘】按钮，系统进入草绘模式。

⑥绘制如图 5-60 所示的拉伸截面 5。

⑦单击 ✔ 按钮，返回拉伸特征操控板。

⑧单击 ✔ 按钮，完成本次拉伸特征 5 的建立，结果如图 5-61 所示。

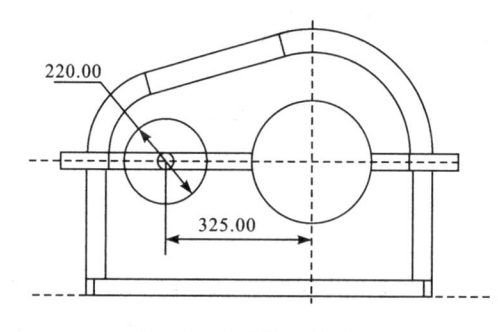

图 5-60　绘制拉伸截面 5　　　　　　　　图 5-61　建立拉伸特征 5

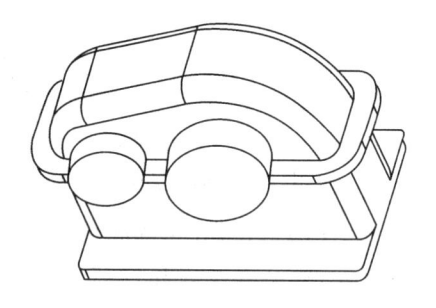

Step9. 使用拉伸工具建立凸台

①单击 按钮，打开拉伸特征操控板。

②选择实体、双向对称拉伸，设置拉伸深度为"120"。

③单击【放置/定义】按钮，系统弹出【草绘】对话框。

④选择 DTM1 基准平面为草绘平面，RIGHT 基准平面为参照。

⑤单击【草绘】按钮，系统进入草绘模式。

⑥绘制如图 5-62 所示的拉伸截面 6。

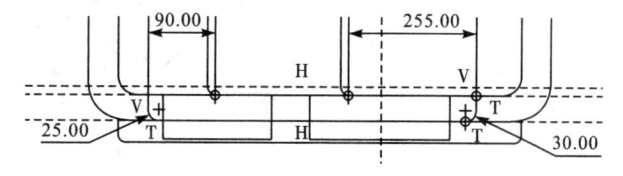

图 5-62　绘制拉伸截面 6

⑦单击✓按钮,返回拉伸特征操控板,单击✓按钮,完成本次拉伸特征6的建立,结果如图5-63所示。

Step10. 使用拉伸工具切割轴孔

①单击🗗按钮,打开拉伸特征操控板。

②选择实体、双向对称拉伸、切割,设置拉伸深度为"500"。

③单击【放置/定义】按钮,系统弹出【草绘】对话框。

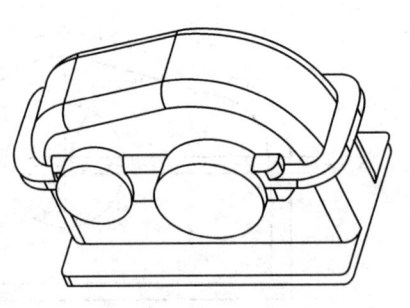

图5-63 建立拉伸特征6

④选择FRONT基准平面为草绘平面,RIGHT基准平面为参照。

⑤单击【草绘】按钮,系统进入草绘模式。

⑥绘制如图5-64所示的拉伸截面7。

⑦单击✓按钮,返回拉伸特征操控板。

⑧调整材料移除方向,单击✓按钮,完成轴孔特征的建立,结果如图5-65所示。

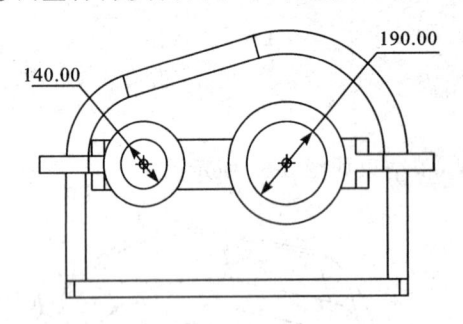

图5-64 绘制拉伸截面7

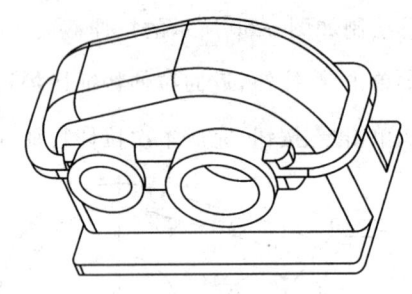

图5-65 建立轴孔特征

Step11. 使用孔工具建立第一个安装孔

①单击⏄按钮,打开孔特征操控板。

②选择凸台上表面为孔的放置平面,选择【线性】定位方式,选择FRONT基准平面、RIGHT基准平面为定位参照,设定孔径为"20",孔深为"180",设定孔中心相对于FRONT基准平面的尺寸为"145",相对于RIGHT基准平面的尺寸为"440",上述设置如图5-66所示。

③模型中各尺寸如图5-67所示。

图5-66 孔特征设置

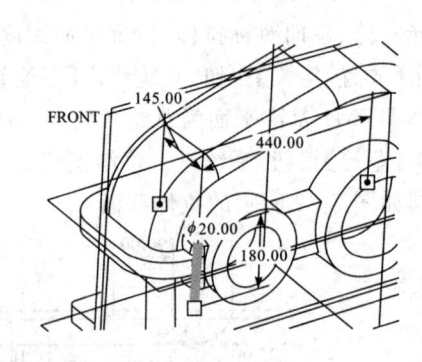

图5-67 模型中的尺寸

④单击✓按钮,完成孔特征的建立,结果如图 5-68 所示。

Step12. 复制安装孔

①选择主菜单【编辑/特征操作】命令,打开【特征】菜单。
②依次单击【复制/移动/选取/独立/完成】命令。
③选择 Step11 建立的孔特征,然后单击【完成】命令。
④在弹出的菜单中依次单击【平移/平面】命令,如图 5-69 所示。

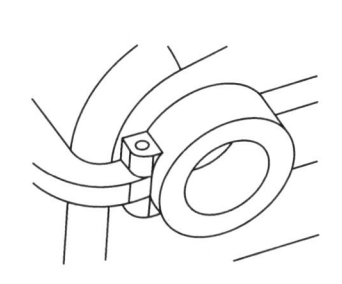

图 5-68　建立孔特征　　　　　图 5-69　单击【平移/平面】命令

⑤选择 RIGHT 基准平面为移动方向参照,单击【正向】命令,接受系统默认的方向。
⑥在信息区显示的文本框中输入偏移尺寸值为"250",按回车键。
⑦选择【完成移动/完成】命令,然后单击鼠标中键,完成第二个安装孔的建立,结果如图 5-70 所示。
⑧用同样的方法建立第三个安装孔,选择建立的第二个安装孔特征,仍以 RIGHT 基准平面为移动方向参照,输入偏移尺寸值为"340",完成第三个安装孔的建立,如图 5-71 所示。

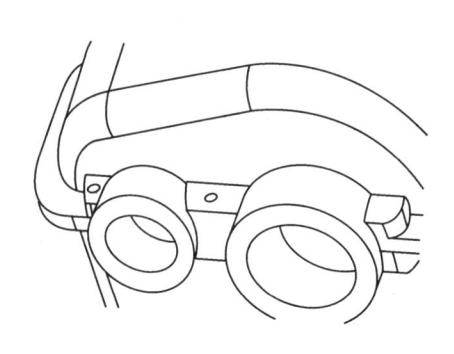

图 5-70　建立第二个安装孔　　　　　图 5-71　建立第三个安装孔

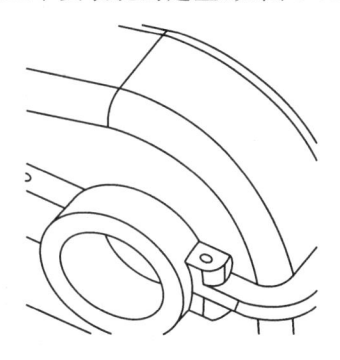

Step13. 使用孔工具建立安装孔

①单击 按钮,打开孔特征操控板。
②选择图 5-72 中指示的平面为孔的放置平面,选择【线性】定位方式,选择 FRONT 基准平面、RIGHT 基准平面为定位参照,设定孔径为"20",孔深为"50",设定孔中心相对于 FRONT 基准平面的尺寸为"80",相对于 RIGHT 基准平面的尺寸为"310"。
③单击✓按钮,完成安装孔的建立,结果如图 5-73 所示。

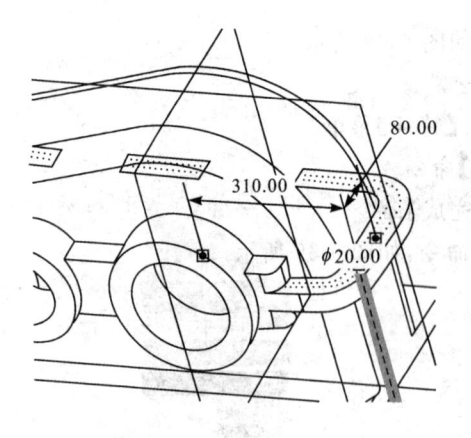

图 5-72 选择孔放置平面　　　　　图 5-73 建立安装孔

Step14. 镜像复制孔特征

①单击基准特征工具栏中的 ⬜ 按钮,打开【基准平面】对话框,选择 RIGHT 基准平面,以平移方式,偏移"120",建立一基准平面 DTM2,如图 5-74 所示。

②以 DTM2 为镜像平面复制 Step13 建立的孔特征,结果如图 5-75 所示。

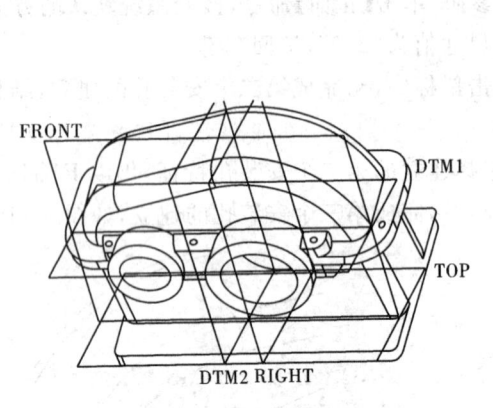

图 5-74 建立基准平面 DTM2　　　　　图 5-75 镜像复制孔特征

Step15. 建立倒角

①单击 ⬚ 按钮,打开倒角特征操控板。

②选择倒角类型为【45×D】,输入 D 的尺寸值为"3"。

③选择模型中的两个轴孔的内、外边线。

④单击 ✓ 按钮,完成倒角特征的建立,结果如图 5-76 所示。

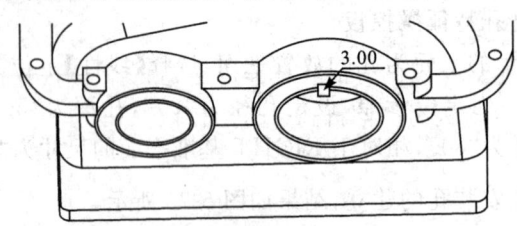

图 5-76 建立倒角特征

第 5 章　工程特征设计

Step16. 建立轴端密封安装孔

①单击 按钮,打开孔特征操控板。

②选择轴孔特征的端面为孔放置平面,选择【径向】定位类型,选择基准轴线 A_3 作为定位参照,输入半径值"120",选择 RIGHT 基准平面作为角度参照,输入角度值"45",设定孔的直径为"18",孔深为"50",孔特征操控板各选项的设置和模型尺寸如图 5-77 所示。

单击 按钮,完成孔特征的建立,结果如图 5-78 所示。

Step17. 阵列孔特征

①选择 Step16 建立的孔特征,然后单击 按钮,打开阵列特征操控板。

②选择角度尺寸"45"作为尺寸阵列的驱动尺寸参照,输入尺寸增量"90",输入阵列个数"4"。

③单击 按钮,完成孔特征的阵列复制,结果如图 5-79 所示。

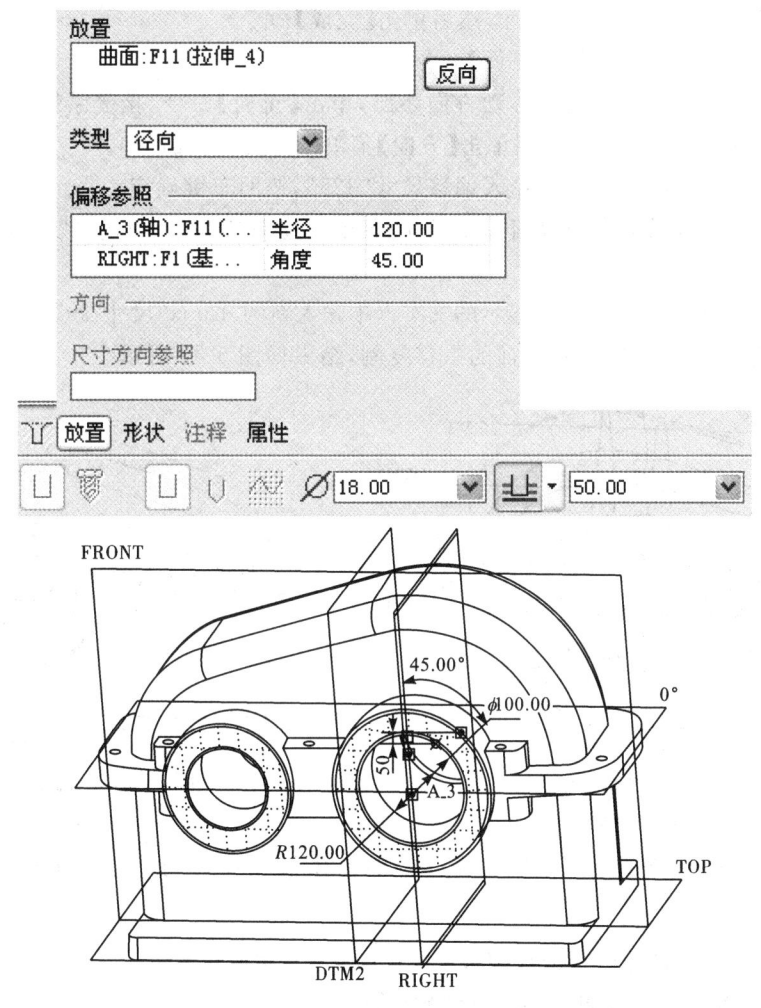

图 5-77　孔特征操控板各选项的设置和模型尺寸

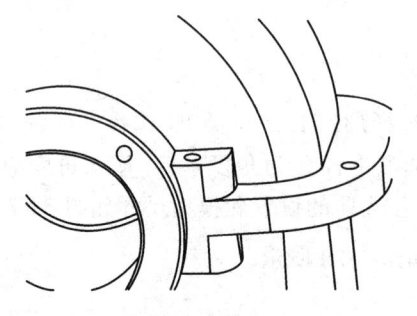

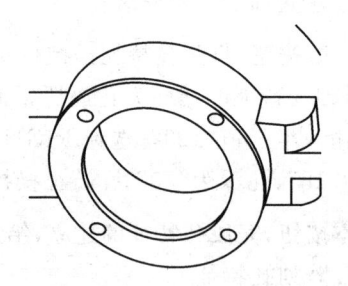

图 5-78　建立孔特征　　　　　　　图 5-79　阵列复制孔特征

Step18. 平移复制阵列特征

①单击主菜单【编辑/特征操作】命令,打开【特征】菜单。
②依次选择【复制/移动/选取/独立/完成】命令。
③选择 Step17 建立的阵列特征,然后单击【完成】命令。
④在弹出菜单中选择【平移/平面】命令。
⑤选择 RIGHT 基准平面为移动方向参照,单击【正向】命令,接受系统默认的方向(应为图 5-80 中箭头指示的方向,否则单击【方向】菜单中的【反向】命令)。
⑥在信息区显示的文本框中输入偏移尺寸"325",按回车键确定。
⑦选择【完成移动】命令,在【组可变尺寸】菜单中选中"R120"的代号"Dimx",即准备修改尺寸"R120"。
⑧单击【完成】命令,在信息区显示的文本框中输入新的"Dimx"尺寸"90",按回车键确认。
⑨单击鼠标中键,完成阵列特征的平移复制,结果如图 5-81 所示。

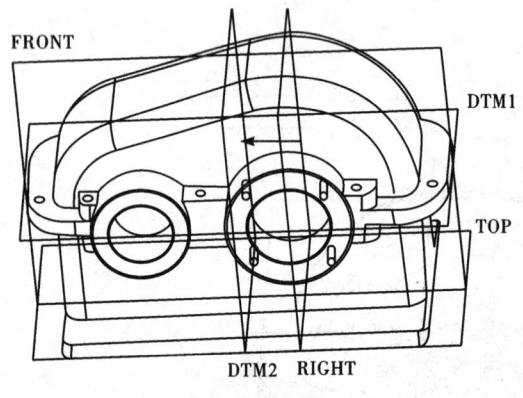

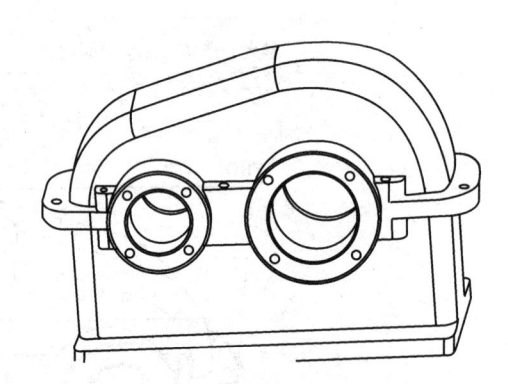

图 5-80　平移方向　　　　　　　图 5-81　平移复制阵列特征

Step19. 建立第一个筋特征

①首先建立一个平行于 DTM2,且过较小轴孔基准轴线的一基准平面 DTM3,如图 5-82 所示。
②单击 按钮,打开筋特征操控板。
③单击【参照/定义】按钮,打开【草绘】对话框。
④选择基准平面 DTM3 为草绘平面,TOP 基准平面为参照。
⑤单击【草绘】对话框中的【草绘】按钮,系统进入草绘模式。

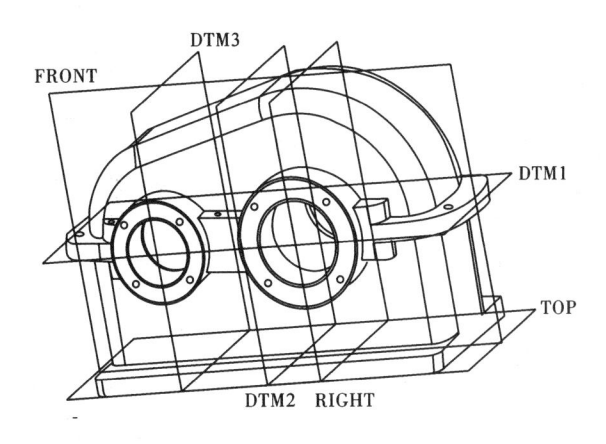

图 5-82 建立基准平面 DTM3

⑥绘制如图 5-83 所示的一条线段,注意线段两端点应与其接触的轮廓线重合。

⑦单击 ✓ 按钮,返回筋特征操控板。

⑧设定筋的厚度为"12",并调整特征生成方向,单击 ✓ 按钮完成筋特征的建立,结果如图 5-84 所示。

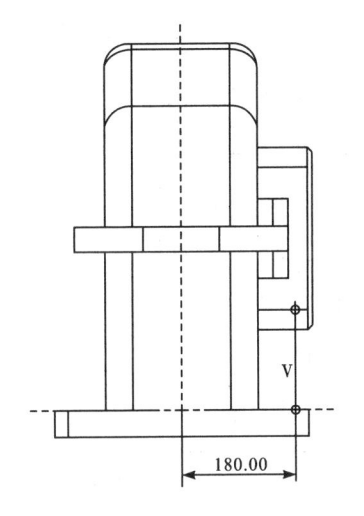

图 5-83 绘制一条线段

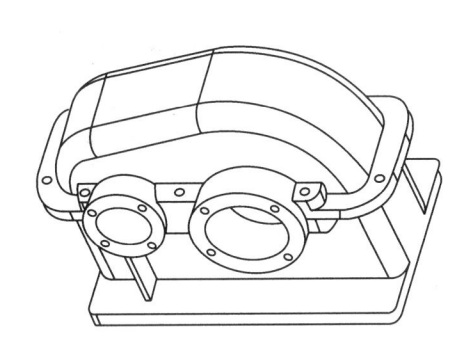

图 5-84 建立第一个筋特征

Step20. 建立第二个筋特征

①方法同上,只是选择 RIGHT 基准平面为草绘平面,绘制如图 5-85 所示的一条线段,建立厚度为"12"的筋特征。

②单击 ✓ 按钮,完成第二个筋特征的建立,结果如图 5-86 所示。

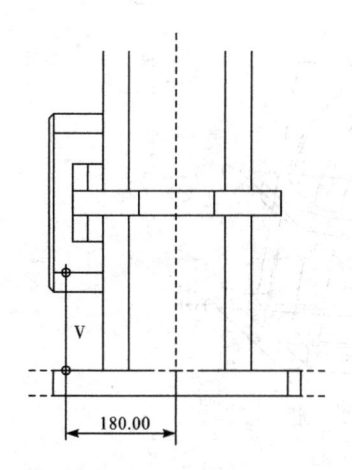

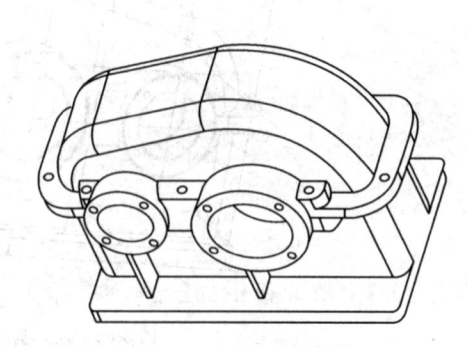

图 5-85 绘制一条线段　　　　　　　　图 5-86 建立第二个筋特征

Step21. 建立第三、四个筋特征

①方法同 Step19，选择 DTM3 基准平面为草绘平面，绘制如图 5-87 所示的线段 1，建立厚度为"12"的筋特征。

②方法同 Step20，选择 RIGHT 基准平面为草绘平面，绘制如图 5-88 所示的线段 2，建立厚度为"12"的筋特征。

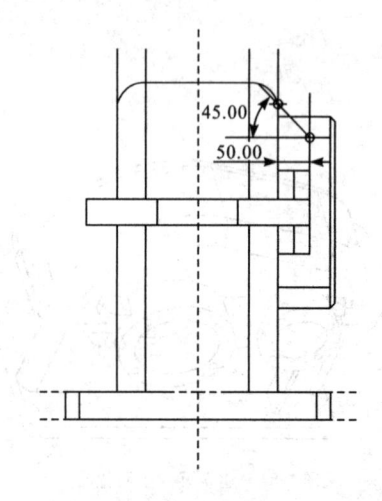

图 5-87 绘制线段 1　　　　　　　　图 5-88 绘制线段 2

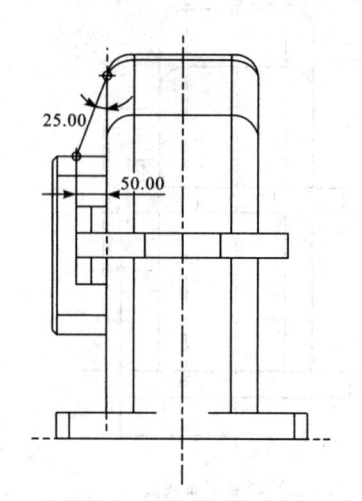

③建立的第三、四个筋特征如图 5-89 所示。

Step22. 建立底座安装孔

①单击 按钮，打开拉伸特征操控板。

②选择实体、单向拉伸、切割，设置拉伸深度为"45"。

③单击【放置/定义】按钮，系统弹出【草绘】对话框。

④选择底座上表面为草绘平面，RIGHT 基准平面为参照。

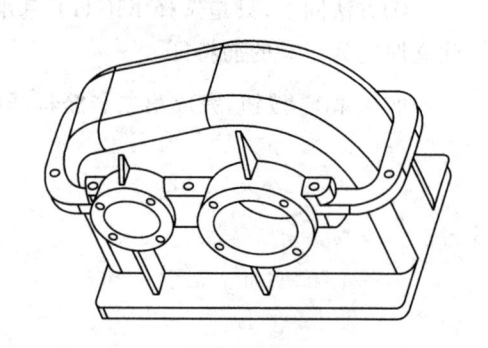

图 5-89 建立第三、四个筋特征

⑤单击【草绘】按钮,系统进入草绘模式。
⑥绘制如图 5-90 所示的拉伸截面 8。
⑦单击 ✓ 按钮,返回拉伸特征操控板。
⑧调整材料移除方向,单击 ✓ 按钮,完成底座安装孔的建立,结果如图 5-91 所示。

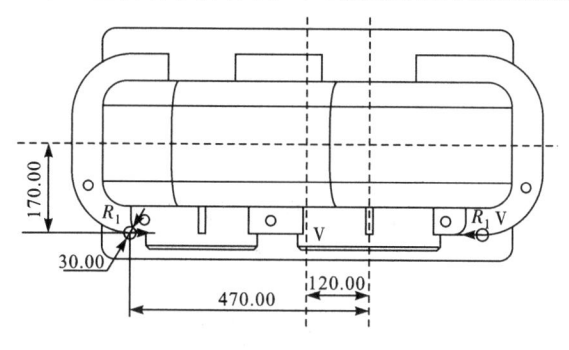

图 5-90　绘制拉伸截面 8

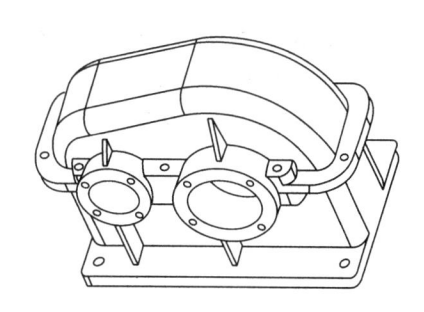

图 5-91　建立底座安装孔

Step23. 镜像复制
①按住"Shift"键,在模型树中依次单击"拉伸 4"和"拉伸 8",选中如图 5-92 所示的特征。

②单击)|(按钮,打开镜像特征操控板,选择 FRONT 基准平面为镜像平面,单击 ✓ 按钮,完成上述所选特征的镜像复制,结果如图 5-93 所示。

图 5-92　选择镜像特征

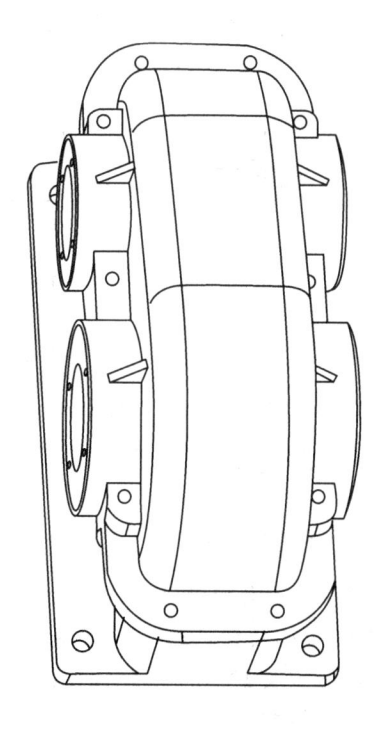

图 5-93　镜像复制

Step24. 建立圆角

①单击 按钮，打开圆角特征操控板，设定圆角半径为"3"。

②选择图 5-94 中箭头指示的边线。

③单击 按钮，完成圆角特征的建立。

Step25. 使用拉伸工具切割底座

①单击 按钮，打开拉伸特征操控板。

②选择实体、穿透、切割。

③单击【放置/定义】按钮，系统弹出【草绘】对话框。

④选择如图 5-95 所示的平面为草绘平面，选择 FRONT 基准平面为参照。

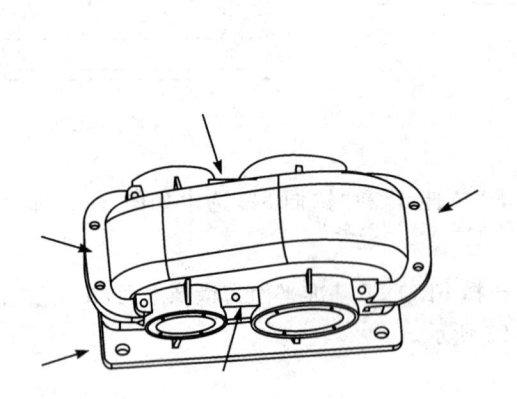

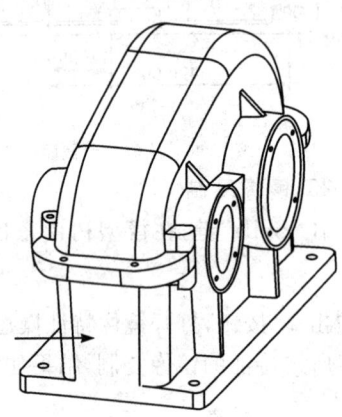

图 5-94 选择边线　　　　图 5-95 选择草绘平面

⑤单击【草绘】按钮，系统进入草绘模式。

⑥绘制如图 5-96 所示的拉伸截面 9。

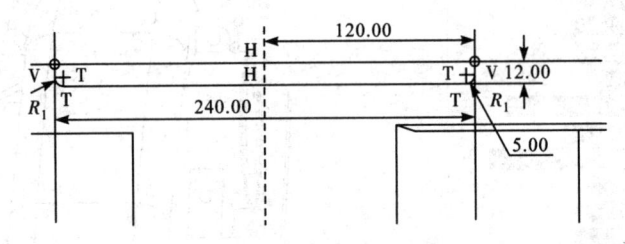

图 5-96 绘制拉伸截面 9

⑦单击 按钮，返回拉伸特征操控板。

⑧调整材料移除方向，单击 按钮，完成底座切割，结果如图 5-97 所示。

Step26. 建立排油孔基体

①单击 按钮，打开拉伸特征操控板。

②选择实体、单向拉伸，设置拉伸深度为"15"。

③单击【放置/定义】按钮，系统弹出【草绘】对话框，单击【使用先前的】按钮。

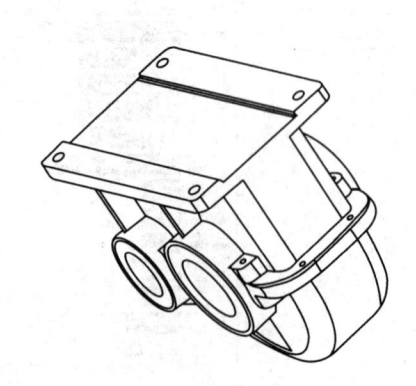

图 5-97 完成切割底座

④单击【草绘】按钮,系统进入草绘模式。

⑤绘制如图 5-98 所示的拉伸截面 10。

⑥单击 ✔ 按钮,返回拉伸特征操控板。调整拉伸方向,单击 ✔ 按钮,完成排油孔基体特征的建立,结果如图 5-99 所示。

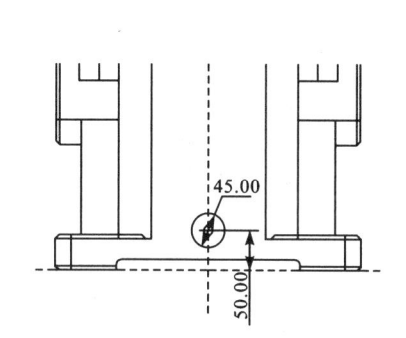

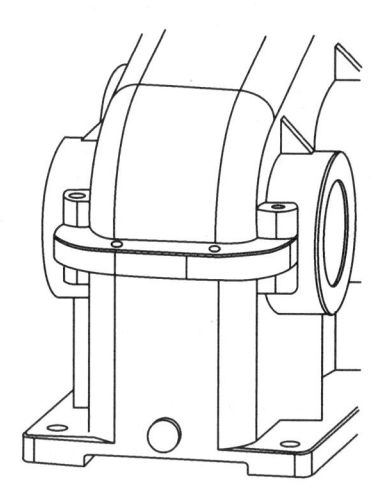

图 5-98 绘制拉伸截面 10　　　　图 5-99 建立排油孔基体特征

Step27. 建立排油孔

①单击 按钮,打开拉伸特征操控板。

②选择拉伸方式为实体、单向拉伸、切割,设置拉伸深度为"65"。

③单击【放置/定义】按钮,系统弹出【草绘】对话框,选择排油孔基体上表面为草绘平面。

④单击【草绘】按钮,系统进入草绘模式。

⑤绘制如图 5-100 所示的拉伸截面 11。

⑥单击 ✔ 按钮,返回拉伸特征操控板。调整材料去除方向,单击 ✔ 按钮,完成排油孔的建立,结果如图 5-101 所示。

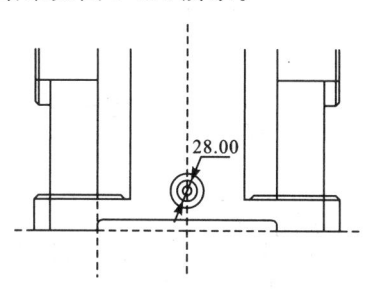

图 5-100 绘制拉伸截面 11　　　　图 5-101 建立排油孔

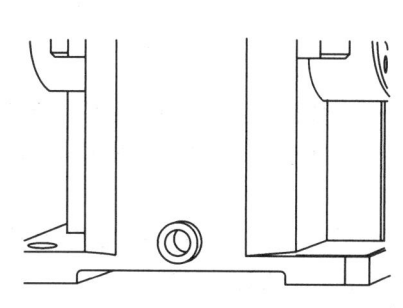

Step28. 建立注油孔基体

①建立一平行于基准平面 DTM1,且偏移距离为"310"的基准平面 DTM4,如图 5-102 所示。

②单击 按钮,打开拉伸特征操控板。

③在拉伸特征操控板上进行如图 5-103 所示的设置。

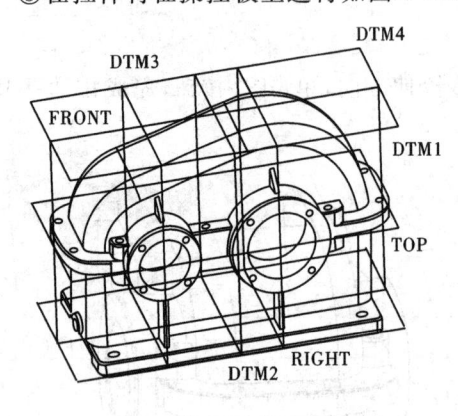

图 5-102 建立基准面 DTM4

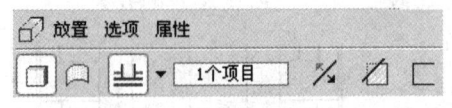

图 5-103 拉伸特征操控板设置

④单击【放置/定义】按钮,系统弹出【草绘】对话框,选择基准平面 DTM4 为草绘平面,FRONT 基准平面为参照。

⑤单击【草绘】按钮,系统进入草绘模式。

⑥绘制如图 5-104 所示的拉伸截面 12。

⑦单击 ✔ 按钮,返回拉伸特征操控板。选择如图 5-105 所示的与孔相交的第一个截面为拉伸的终止面。

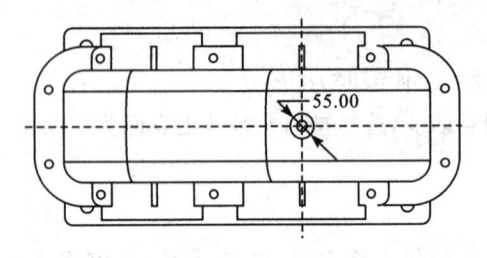

图 5-104 绘制拉伸截面 12

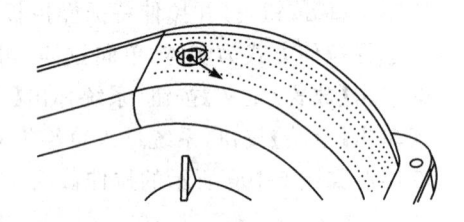

图 5-105 选择拉伸终止面

⑧单击 ✔ 按钮,完成注油孔基体特征的建立,结果如图 5-106 所示。

Step29. 建立注油孔

①单击 按钮,打开拉伸特征操控板。

②选择拉伸方式为实体、单向拉伸、切割,设置拉伸深度为"55"。

③单击【放置/定义】按钮,系统弹出【草绘】对话框,单击【使用先前的】按钮。

④单击【草绘】按钮,系统进入草绘模式。

⑤绘制如图 5-107 所示的拉伸截面 13。

⑥单击 ✔ 按钮,返回拉伸特征操控板。调整材料去除方向,单击 ✔ 按钮,完成注油孔的建立,结果如图 5-108 所示。

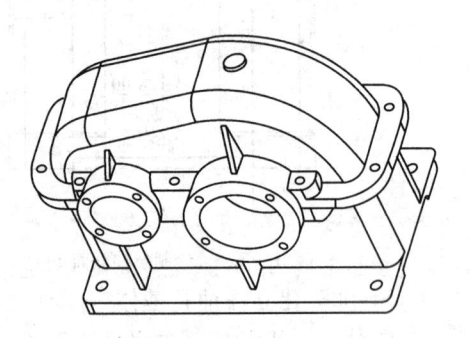

图 5-106 建立注油孔基体特征

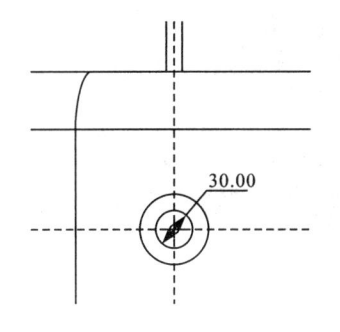

图 5-107 绘制拉伸截面 13　　　　　　　　图 5-108 建立注油孔

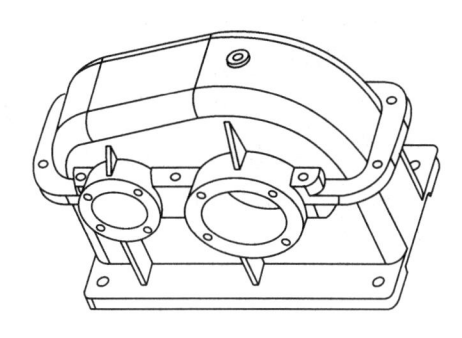

Step30. 为注油孔建立拔模斜度

①单击 按钮,打开拔模特征操控板。

②选择注油孔的上端面作为中性面,圆柱的侧面为拔模面,设定拔模角度和拔模方向,如图 5-109 所示。

③单击 按钮,完成拔模特征的建立,结果如图 5-110 所示。

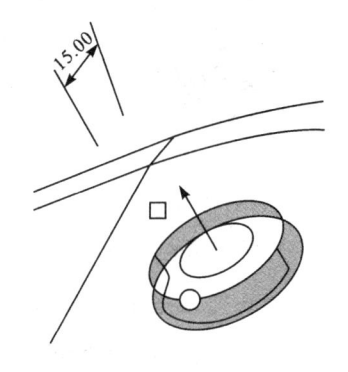

图 5-109 设定拔模角度、拔模方向　　　　　　图 5-110 建立拔模特征

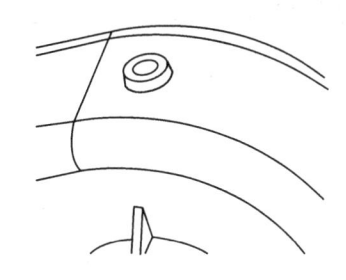

Step31. 修饰排油孔与注油孔

①单击 按钮,打开圆角特征操控板。

②设定圆角半径为"8",分别选择排油孔圆柱与箱体的相交线、注油孔圆台与箱体的相交线。

③单击 按钮,完成圆角特征的建立。

④单击 按钮,打开倒角特征操控板。

⑤设定倒角方式为"D×D",D 值设定为"2",然后选择注油孔上端面的外缘边线,单击 按钮,完成倒角特征的建立。

⑥对排油孔、注油孔修饰的结果如图 5-111 所示。

Step32. 使用基准平面切割实体,完成最终模型的建立

①选择基准平面 DTM1,然后单击主菜单【编辑/实体化】命令,打开实体化特征操控板。

②选择切割方式,调整材料移除方向,如图 5-112 所示。

③单击 按钮,完成齿轮减速箱箱盖模型的建立,如图 5-113 所示。

(a) 注油孔　　　　　　　　　(b) 排油孔

图 5-111　修饰注油孔和排油孔

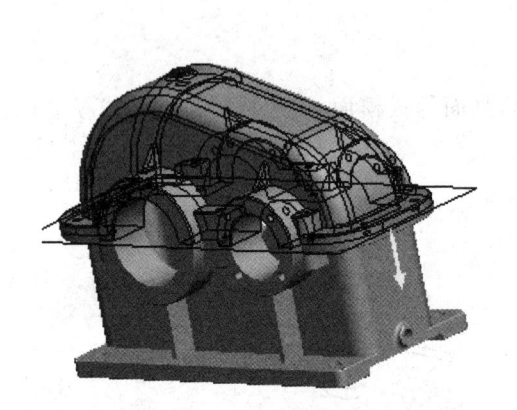

图 5-112　调整材料移除方向 　　　　图 5-113　建立齿轮减速箱箱盖模型

④单击主菜单【文件/保存副本】命令,将当前模型另存为名称"gbcap.prt"。

⑤在模型树中右击刚刚建立的实体化特征 ,选择快捷菜单中的【编辑定义】命令,重新打开实体化特征操控板,单击 按钮调整材料移除方向,如图 5-114 所示。

⑥单击 按钮,完成齿轮减速箱箱体模型的建立,结果如图 5-115 所示。

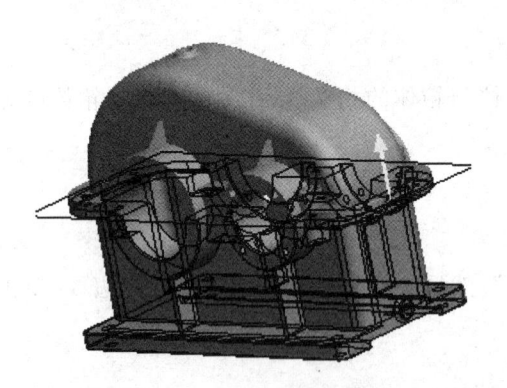

图 5-114　调整材料移除方向 　　　　图 5-115　建立齿轮减速箱箱体模型

Step33. 保存模型

单击主菜单【文件/保存】命令,保存当前的零件模型。

第6章

特征的操作

由于 Pro/ENGINEER Wildfire 4.0 以特征建模作为设计的基本单位,在模型上选取特征后,使用复制、阵列等方法创建副本,还可对其进行修改、重定义等编辑操作。因此,熟练地掌握特征的各项操作能够简化设计过程,轻松实现对设计意图的修改,使设计的产品更加完善。

6.1 特征的删除、隐含与恢复

在设计过程中,可根据设计需要从模型上删除一个或几个特征,删除的特征不能再被恢复还原。而隐含的特征,可随时将其恢复。

1. 特征删除的操作方法

(1)在模型树或零件模型上选择要删除的特征。

(2)单击鼠标右键,在快捷菜单中选择【删除】命令。

(3)在【删除】确认框中单击【确定】按钮,特征被删除。

注意:对具有父子关系的特征,删除父特征时,要给其子特征选取一种适当的处理方法,否则子特征一起被删除。

打开随书附赠光盘中第6章实例文件夹内的 ch6-1.prt 文件,删除倒圆角特征的操作如图 6-1 所示。

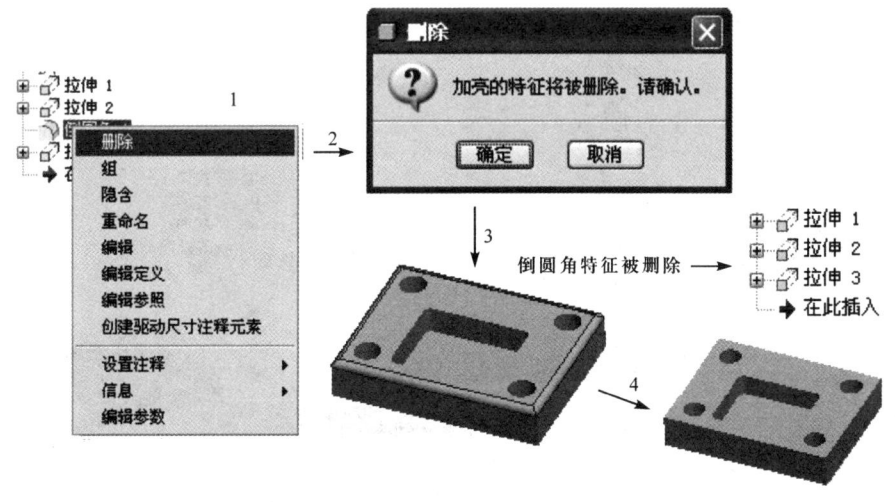

图 6-1 删除倒圆角特征

2.特征的隐含操作方法

(1)在模型树或零件模型上选择要隐含的特征。

(2)单击鼠标右键,在快捷菜单中选择【隐含】命令。

(3)在【隐含】确认框中单击【确定】按钮,特征被隐含。

打开随书附赠光盘中第 6 章实例文件夹内的 ch6-2.prt 文件,隐含槽特征的操作如图 6-2 所示。

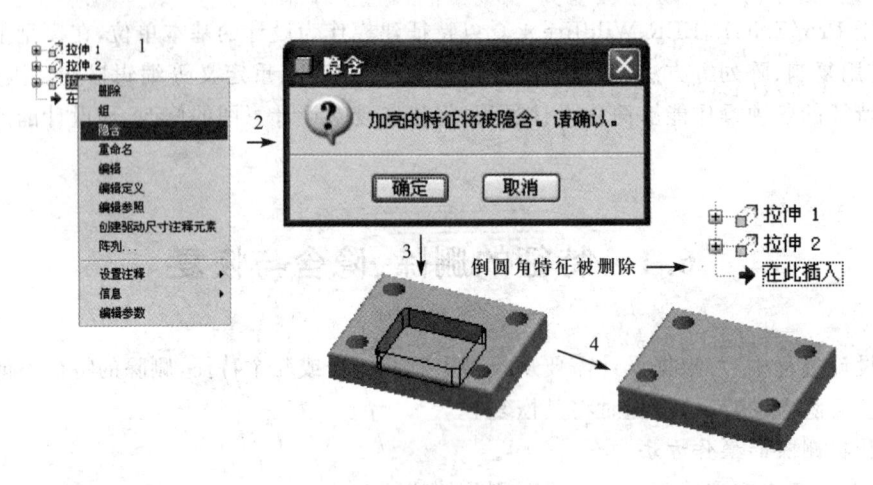

图 6-2 隐含槽特征

3.特征的恢复操作方法

(1)选择主菜单【编辑/恢复】命令。

(2)弹出三种选项,如图 6-3 所示,选择【恢复全部】命令,隐含的特征被恢复。

打开如图 6-2 所示的已隐含槽特征的零件,恢复槽特征的操作如图 6-3 所示。

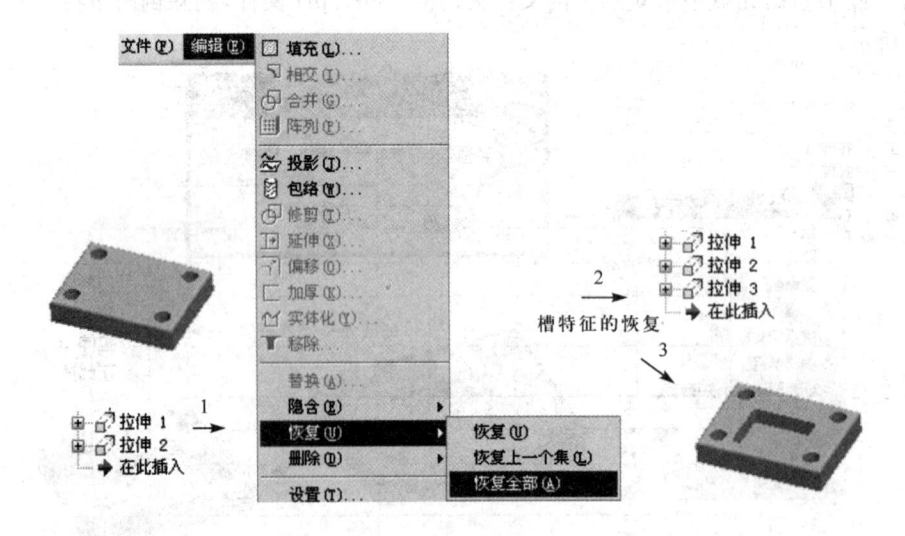

图 6-3 恢复槽特征

6.2 特征的插入

Pro/ENGINEER Wildfire 4.0 建模时,系统根据特征的创建先后顺序创建模型。若要在已创建完成的两特征间加入新特征,即插入特征,其操作方法如下:

(1)选取模型树中最后一项 ➡在此插入 。

(2)按住鼠标左键拖动 ➡在此插入 项到要插入特征的位置。

(3)创建要插入的特征。

(4)再按住鼠标左键把 ➡在此插入 项拖回到模型树最后位置。

注意:可用鼠标左键直接拖动某项特征在模型树的位置,来调整特征的相对位置,即特征的重新排序。当然,排序中要注意具有父子关系的特征不能进行重新排序。

打开随书附赠光盘中第 6 章实例文件夹内的 ch6-3.prt 文件,插入倒圆角特征的操作如图 6-4 所示。

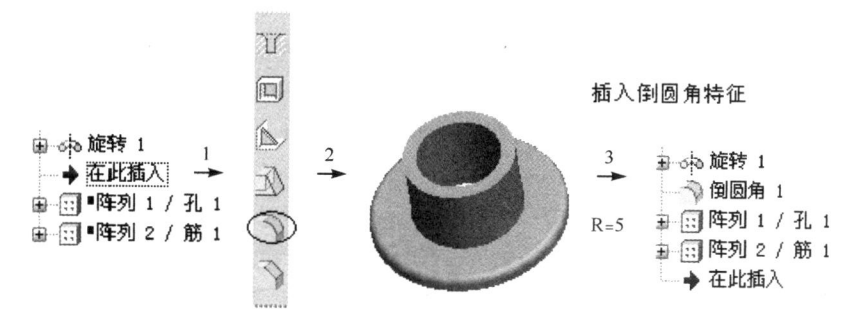

图 6-4 插入倒圆角特征

6.3 特征的修改与重定义

特征的修改操作主要用于修改特征的尺寸参数。若要修改特征的各种参数选项,就要使用特征重定义。

1.特征的修改操作方法

(1)单击模型树或绘图区中要修改的特征。

(2)单击鼠标右键,在快捷菜单中选择【编辑】命令。

(3)在模型上双击需修改的特征尺寸,单击标准工具栏上 按钮,即更新模型。

(4)完成特征的修改。

打开随书附赠光盘中第 6 章实例文件夹内的 ch6-3.prt 文件,编辑法兰盘特征高度的操作如图 6-5 所示。

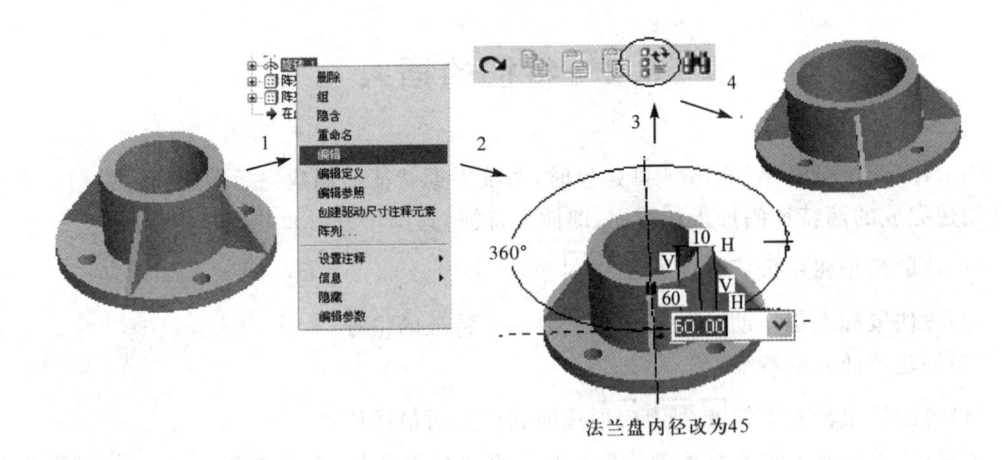

图 6-5 编辑法兰盘特征高度

2. 特征的重定义操作方法

(1) 单击模型树或绘图区中要重定义的特征。
(2) 单击鼠标右键,在快捷菜单中选择【编辑定义】命令。
(3) 弹出特征操控板,重新设定特征参数(此处修改轨迹)。
(4) 单击特征操控板中的【确认】按钮,完成特征的重定义。

打开随书附赠光盘中第 6 章实例文件夹内的 ch6-4.prt 文件,重定义手柄形状的操作如图 6-6 所示。

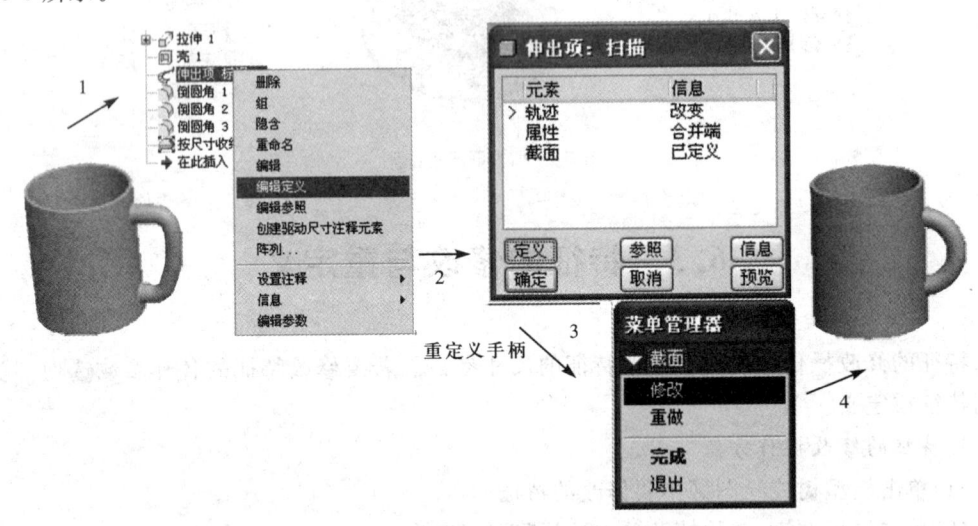

图 6-6 重定义手柄形状

6.4 特征的复制

复制是计算机常用的操作,复制操作可避免重复设计,提高设计效率。Pro/ENGINEER Wildfire 4.0 系统中的复制命令,除可以复制相同或不同模型上的特征外,还能在复制特征的同时修改特征参数选项,来得到相同或相似的复制特征。

1. 复制特征的操作方法

(1)选择主菜单【编辑/特征操作】命令。

(2)弹出【特征】菜单,选择【复制】命令,弹出【复制特征】菜单,选取特征复制的方法有【新参考】、【相同参考】、【镜像】和【移动】,如图6-7所示。

下面将分别对这四种复制特征的功能作一介绍:

【新参考】——重新设定特征的所有参照复制特征。

【相同参考】——使用原特征的所有参照复制特征。

【镜像】——创建原特征关于选定参照完全对称的新特征。

【移动】——将原特征按指定方式进行平移和旋转创建新特征。

(3)选取特征的方式有【选取】、【层】和【范围】,如图6-8所示。

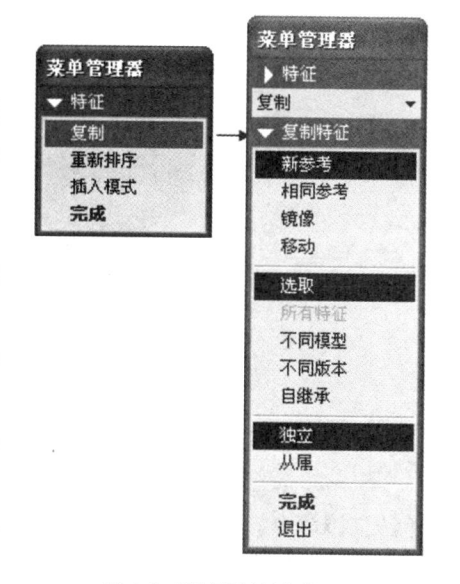

图6-7 【特征】复制菜单

下面对其部分功能作一介绍:

【选取】——直接在模型上选取特征。

【层】——选取指定图层上放置的特征。

【范围】——由特征创建的先后顺序连续选中一组特征,通过输入特征的再生序号范围来选取这一组特征。

(4)设置新特征的定位参数,若采用不同的特征复制,方法略有不同。

(5)根据设计需要修改复制特征的定形参数,在【组可变尺寸】菜单中更改定形参数。

菜单中各选项的含义如下:

【选取】——从活动模型中选取要复制的特征。

【不同模型】——从不同模型中选取要复制的特征。只有使用【新参考】时,该选项才有效。

图6-8 【特征】选取菜单和【选取】对话框

【所有特征】——所有的特征将被复制。

【不同版本】——从当前模型的不同版本中选取要复制的特征。该选项对【新参考】或【相同参考】有效。

【独立】——复制后的新特征与原特征之间不关联,凡是对原特征的操作不会影响到新特征。

【从属】——复制后的新特征与原特征之间有关联,对原特征所做的修改同样会反映在复制特征上。

2. 实例演练

(1)新参考方式复制孔,打开随书附赠光盘中第6章实例文件夹内的 ch6-5.prt 文件,操作如图 6-9 所示。

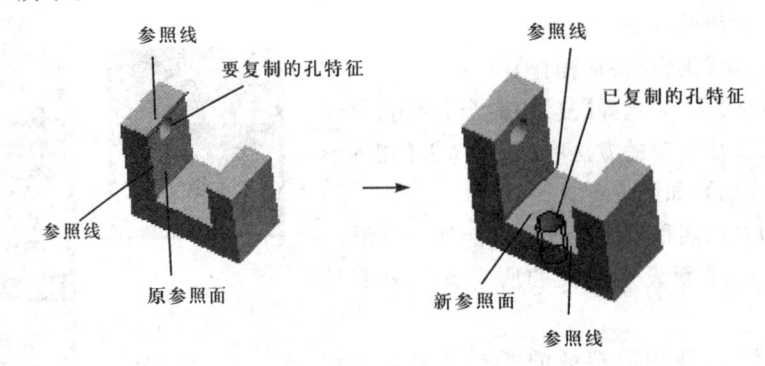

图 6-9　新参考方式复制孔

Step1.选择主菜单【编辑/特征操作】命令,在弹出的【特征】菜单中,选择【复制】命令。

Step2.选择【新参考/选取/独立/完成】命令,选取要复制的孔特征,单击【确定】按钮,选择【完成】命令。

Step3.在弹出的【组可变尺寸】菜单中修改复制孔的定位尺寸,选择【完成】命令,指定新参考面和定位边,选择【确定/完成】命令。

(2)相同参考方式复制孔,打开随书附赠光盘中第 6 章实例文件夹内的 ch6-5.prt 文件,操作如图 6-10 所示。

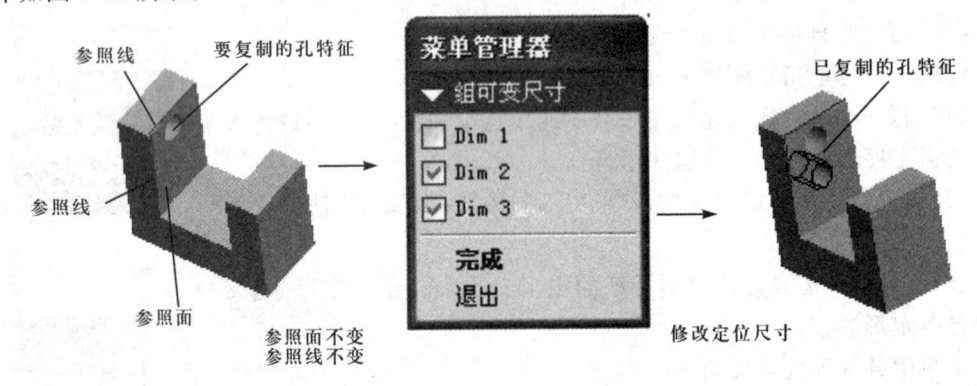

图 6-10　相同参考方式复制孔

Step1.选择主菜单【编辑/特征操作】命令,在弹出的【特征】菜单中,选择【复制】命令。

Step2.选择【相同参考/选取/独立/完成】命令,选取要复制的孔特征,单击【确定】按钮,选择【完成】命令。

Step3. 在弹出的【组可变尺寸】菜单中修改复制孔的定位尺寸分别为"70"、"110",选择【确定/完成】命令。

(3)镜像复制耳板,打开随书附赠光盘中第 6 章实例文件夹内的 ch6-6.prt 文件,操作如图 6-11 所示。

Step1.选择主菜单【编辑/特征操作】命令,在弹出的【特征】菜单中,选择【复制】命令。

Step2.选择【镜像/选取/独立/完成】命令,选取要复制的耳板,单击【确定】按钮,选择【完成】命令。

Step3.选取镜像平面为"TOP",选择【完成】命令,完成耳板的复制。

(4)移动复制(平移)踏板,打开随书附赠光盘中第 6 章实例文件夹内的 ch6-7.prt 文件,操作如图 6-12 所示。

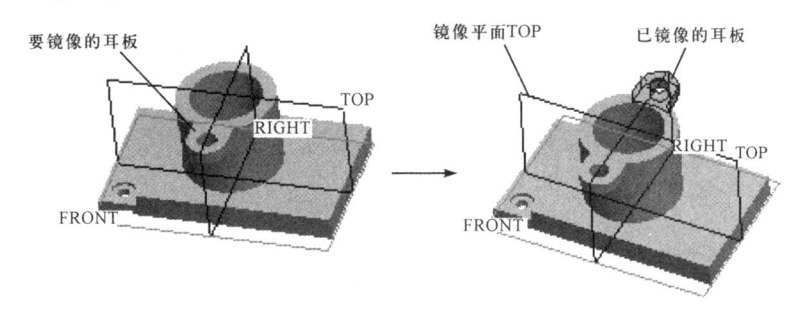

图 6-11 镜像复制耳板

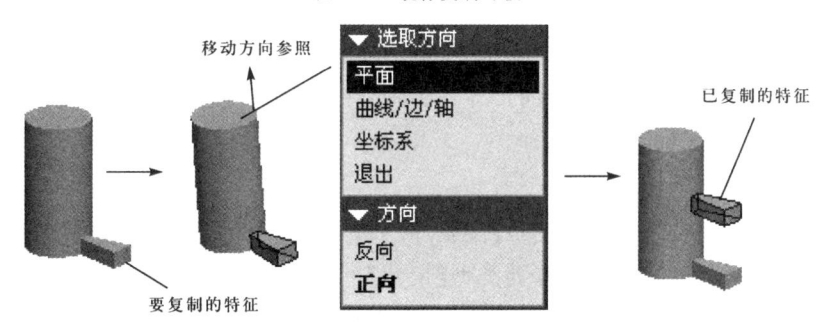

图 6-12 移动复制(平移)踏板

Step1. 选择主菜单【编辑/特征操作】命令,在弹出的【特征】菜单中,选择【复制】命令。

Step2. 选择【移动/选取/独立/完成】命令,选取要复制的踏板,单击【确定】按钮,选择【完成】命令。

Step3. 在【移动特征】菜单中选择【平移/平面】命令,选取平面作为移动方向,选取该方向为【正向】或【反向】,输入移动距离"20",选择【完成移动】命令。

Step4. 在弹出的【组可变尺寸】菜单中修改复制踏板的定形尺寸,选择【完成/确定】命令。

(5)移动复制(旋转)踏板,打开随书附赠光盘中第 6 章实例文件夹内的 ch6-7.prt 文件,操作如图 6-13 所示。

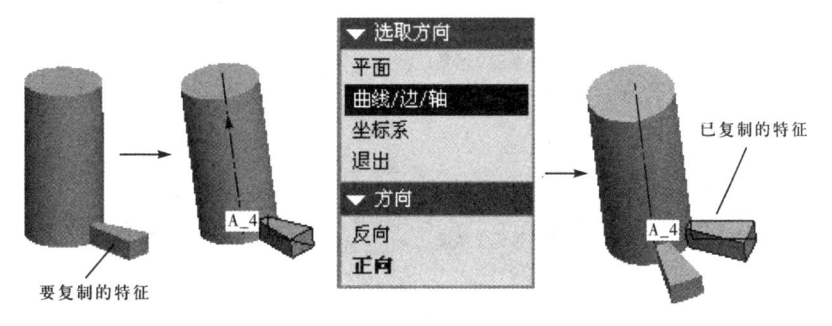

图 6-13 移动复制(旋转)踏板

Step1. 选择主菜单【编辑/特征操作】命令,在弹出的【特征】菜单中,选择【复制】命令。

Step2. 选择【移动/选取/独立/完成】命令,选取要复制的踏板,单击【确定】按钮,选择【完成】命令。

Step3. 在【移动特征】菜单中选择【旋转/曲线/边/轴】命令,选取圆柱轴作为旋转轴,选方向为【正向】或【反向】,输入旋转角度"50",选择【完成移动】命令。

Step4. 在弹出的【组可变尺寸】菜单中修改复制踏板的定形尺寸,选择【完成】命令,单击【确定】按钮。

6.5 特征的阵列

阵列是指将一定数量的特征或特征组按照规则有序的格式进行排列。Pro/ENGINEER Wildfire 4.0 系统将阵列分为尺寸阵列、方向阵列、轴阵列、填充阵列、表阵列、参照阵列和曲线阵列七种类型。

1. 创建尺寸阵列

尺寸阵列方式主要选取特征上的尺寸作为阵列的驱动尺寸。按阵列时使用驱动尺寸类型的不同有线性阵列和旋转阵列两种。

(1)创建线性阵列的操作方法

①选取需阵列的特征,选择主菜单【编辑/阵列】命令或单击▦按钮。

②弹出阵列特征操控板,选取阵列类型【尺寸】。

③单击【尺寸】按钮,选择驱动尺寸,设置尺寸增量,仅指定【方向1】驱动尺寸可创建单向尺寸阵列;同时指定【方向1】和【方向2】尺寸可创建双向尺寸阵列。

④确定阵列特征总数。

⑤单击✓按钮,完成特征的阵列。

打开随书附赠光盘中第 6 章实例文件夹内的 ch6-8.prt 文件,线性阵列的操作如图 6-14、图 6-15 所示。

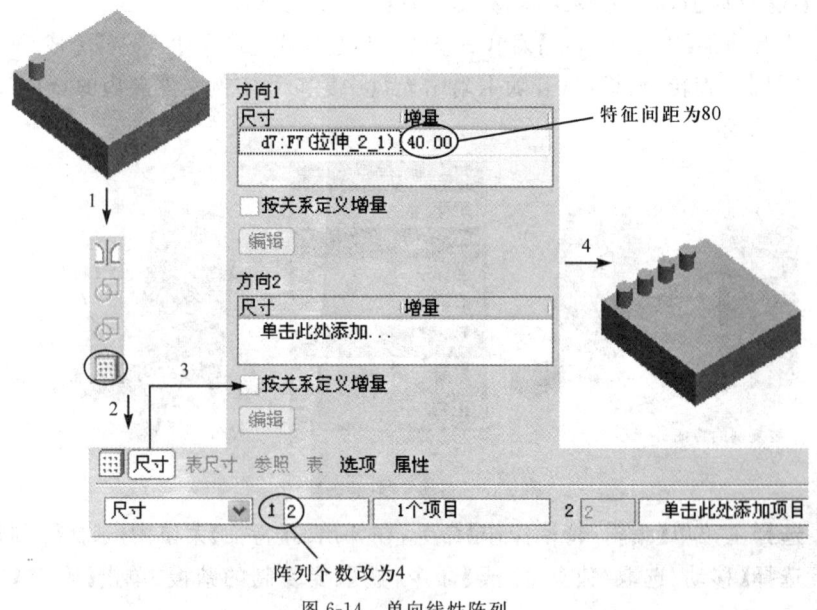

图 6-14 单向线性阵列

第 6 章 特征的操作

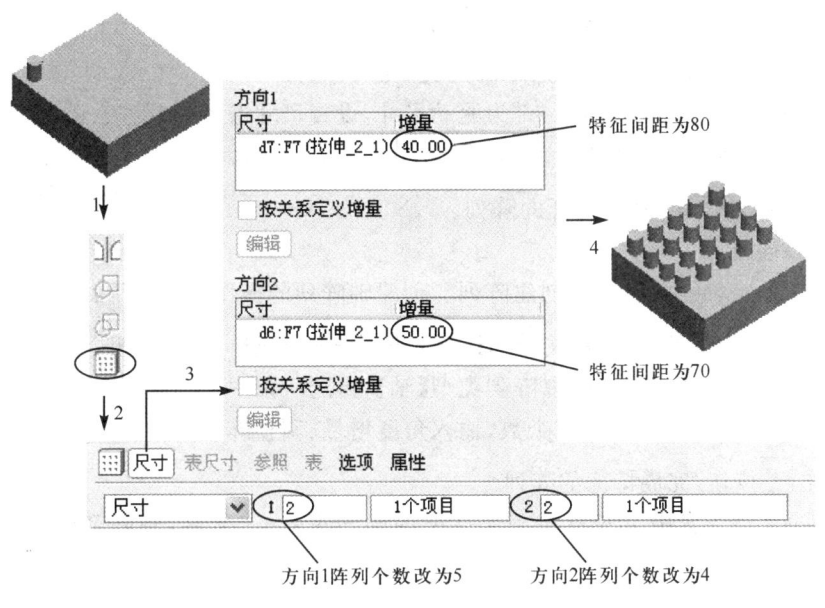

图 6-15 双向线性阵列

(2) 创建旋转阵列的操作方法

① 选取需阵列的特征,选择主菜单【编辑/阵列】命令或单击 按钮。

② 弹出阵列特征操控板,选取阵列类型【尺寸】。

③ 单击【尺寸】按钮,选择驱动尺寸(需阵列的特征必须标注出定位角度尺寸),设置尺寸增量,在第一个方向上选取角度尺寸,在第二个方向上选取其他尺寸,则可创建二维旋转阵列。

④ 确定阵列特征总数。

⑤ 单击 按钮,完成特征的阵列。

(3) 实例演练

打开随书附赠光盘中第 6 章实例文件夹内的 ch6-9.prt 文件,尺寸驱动旋转阵列的操作如图 6-16 所示。

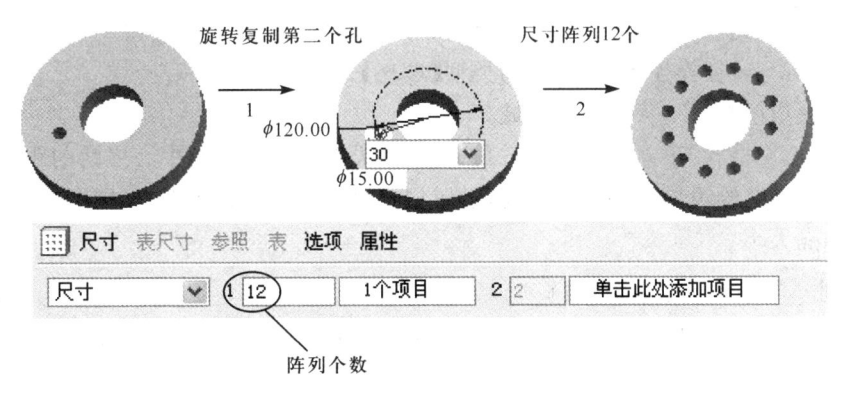

图 6-16 旋转阵列

Step1. 选取需阵列的孔,选择主菜单【编辑/特征操作】命令,旋转复制一个 30°的孔特征。

Step2. 选取复制 30°的孔特征,单击 ⊞ 按钮。
Step3. 弹出阵列特征操控板,选取阵列类型【尺寸】。
Step4. 单击【尺寸】按钮,选择 30°为驱动尺寸,设置尺寸增量"30"。
Step5. 确定阵列孔总数"12"。
Step6. 单击 ✓ 按钮,完成特征的阵列。

2. 创建轴阵列

通过绕一选定轴线的旋转来创建阵列。创建轴阵列的操作方法如下:

(1)选取需阵列的特征,选择主菜单【编辑/阵列】命令或单击 ⊞ 按钮。
(2)弹出阵列特征操控板,选取阵列类型【轴】,再选一条中心轴线作为旋转轴。
(3)在阵列操控板中输入阵列个数、输入角度增量、调整阵型参数。
(4)单击 ✓ 按钮,完成特征的阵列。

打开随书附赠光盘中第 6 章实例文件夹内的 ch6-9.prt 文件,轴阵列的操作如图 6-17 所示。

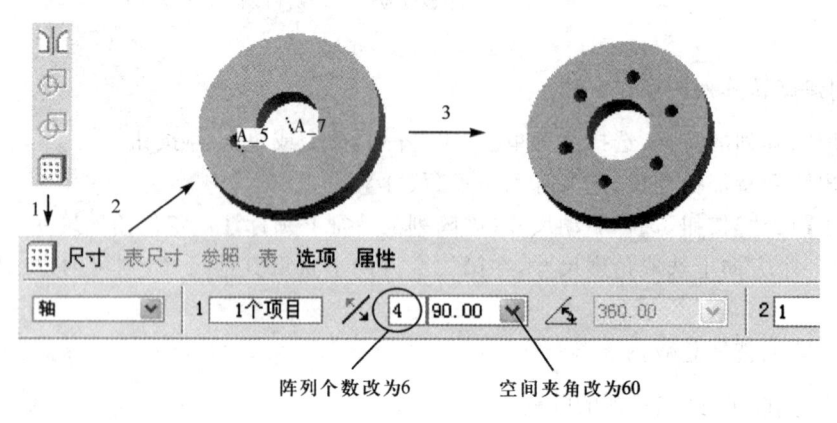

图 6-17 轴阵列

3. 创建填充阵列

通过选定栅格用特征填充指定区域来创建阵列。创建填充阵列的操作方法如下:

(1)选取需阵列的特征,选择主菜单【编辑/阵列】命令或单击 ⊞ 按钮。
(2)弹出阵列特征操控板,选取阵列类型【填充】。
(3)单击【参照】按钮,草绘填充区域。
(4)选择填充格式(正方形、菱形、三角形、圆),设置阵列子特征中心之间的距离,设置阵列子特征中心与草绘边界间的最小距离,设置栅格绕原点的旋转角度,设置圆形和螺旋形栅格的径向间隔大小。
(5)单击 ✓ 按钮,完成特征的阵列。

打开随书附赠光盘中第 6 章实例文件夹内的 ch6-10.prt 文件,填充阵列的操作如图 6-18所示。

4. 创建参照阵列

通过参照另一阵列来创建阵列。创建参照阵列的操作方法如下:

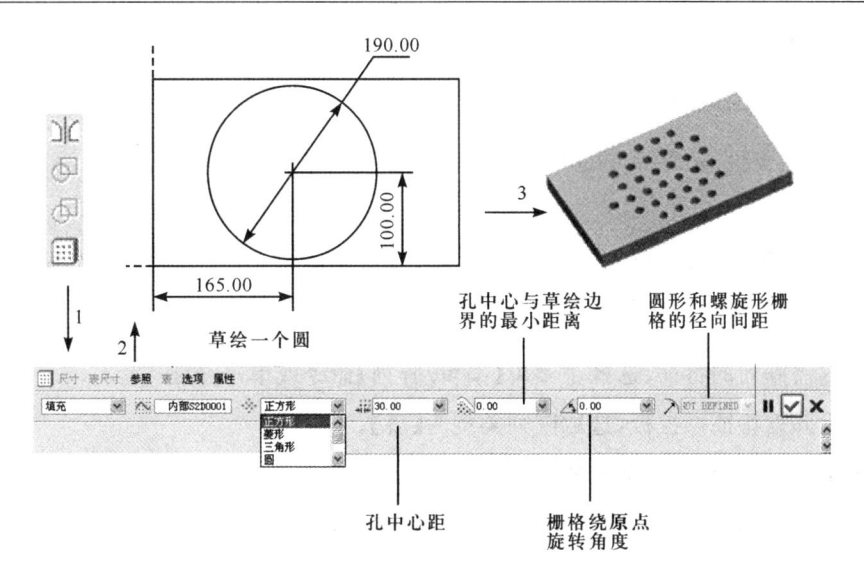

图 6-18 正方形填充阵列

(1)选取需阵列的特征,选择主菜单【编辑/阵列】命令或单击按钮。

(2)弹出阵列特征操控板,选取阵列类型【参照】。

(3)单击按钮,完成特征的阵列。

注意:创建参照阵列时,模型中必须先存在阵列。

打开随书附赠光盘中第 6 章实例文件夹内的 ch6-11.prt 文件,参照阵列的操作如图 6-19 所示。

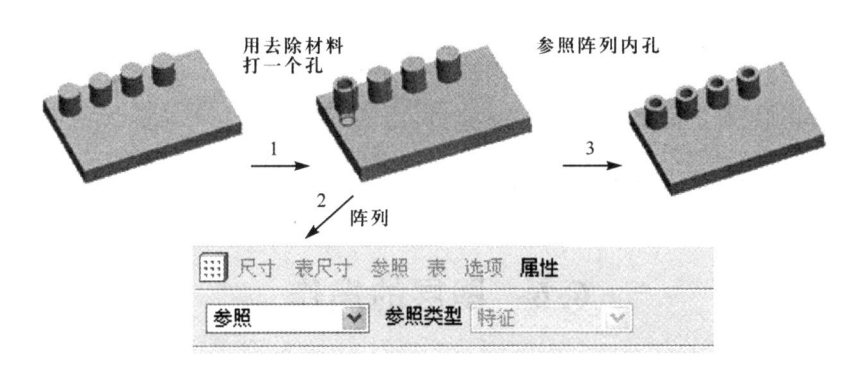

图 6-19 参照阵列

5.方向阵列

通过在一个或两个选定方向上增加阵列特征来创建阵列。创建方向阵列的操作方法如下:

(1)选取需阵列的特征,选择主菜单【编辑/阵列】命令或单击按钮。

(2)弹出阵列特征操控板,选取阵列类型【方向】。

(3)仅单击【方向 1】,设置尺寸增量,驱动尺寸可创建一维方向阵列;同时指定【方向 1】

和【方向 2】尺寸,可创建二维方向阵列。

(4)确定阵列特征总数。

(5)单击 ✓ 按钮,完成特征的阵列。

6. 表阵列

通过使用阵列表,并为每个阵列特征指定尺寸值来创建阵列,常用于创建不规则分布的特征阵列。创建表阵列的操作方法如下:

(1)选取需阵列的特征,选择主菜单【编辑/阵列】命令或单击 ▦ 按钮。

(2)弹出阵列特征操控板,选取阵列类型为【表】。

(3)单击【表尺寸】按钮,选取要阵列特征的尺寸参数。

(4)单击【编辑】按钮,编辑阵列表,选择【文件/退出】命令。

(5)单击 ✓ 按钮,完成特征的阵列。

7. 曲线阵列

通过绘制曲线,使特征按照指定的间距沿曲线创建阵列。创建曲线阵列的操作方法如下:

(1)选取需阵列的特征,选择主菜单【编辑/阵列】命令或单击 ▦ 按钮。

(2)弹出阵列特征操控板,选取阵列类型为【曲线】。

(3)单击【参照/定义】按钮,系统弹出【草绘】对话框,选取草绘平面和参照后,单击【草绘】按钮,进入草绘模式。

(4)绘制曲线,单击 ✓ 按钮,返回阵列特征操控板。

(5)设置阵列特征的间距,调整曲线的点数。

(6)单击 ✓ 按钮,完成特征的阵列。

6.6 图层的操作

图层是 CAD 设计中必不可少的工具。在设计中使用图层,可对不同类型特征分层管理,从而控制图层上特征的隐藏或显示。

1. 图层的创建步骤

(1)在模型树窗口中打开【显示】按钮的下拉菜单,选择【层树】命令,打开图层树。

(2)在右键快捷菜单中选择【新建层】命令或选择【层/新建层】命令,打开【层属性】对话框。

(3)输入新图层名,【层 Id】中可不添加内容。

(4)利用图形窗口、搜索工具、图层树或规则表,选择图层中要包括或排除的内容。

(5)单击【确定】按钮,图层创建完成。

2.图层的删除

在图层树中选中要删除的图层,单击鼠标右键,从弹出的快捷菜单中选择【删除层】即可。

6.7 综合实例

任务:带轮造型设计,产品零件图及三维效果图如图 6-20 所示。

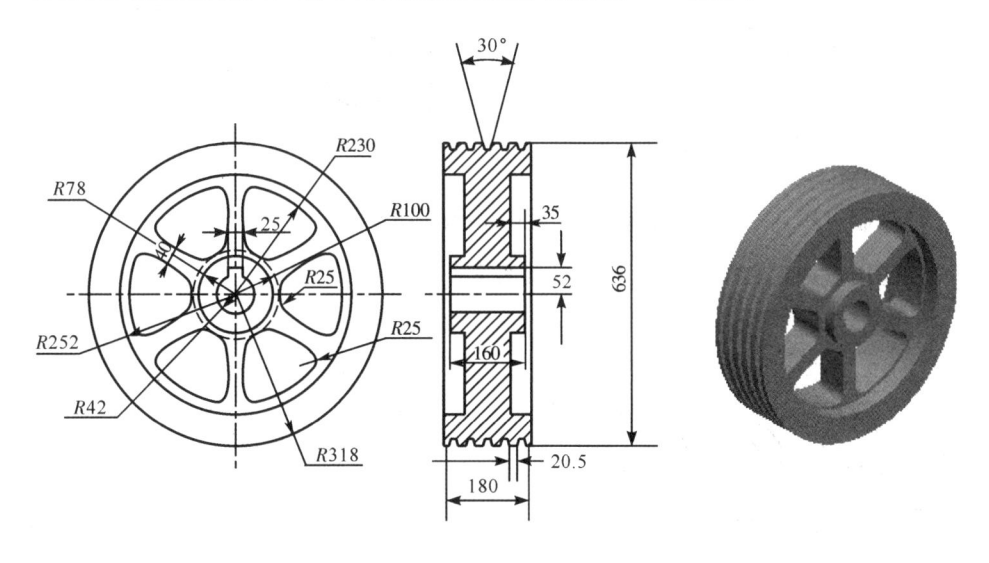

图 6-20 带轮产品零件图及三维效果图

具体操作步骤如下:

Step1.新建一个零件,命名为"dailun"。

Step2.使用旋转工具 建立带轮毛坯。在草绘模式中绘制的旋转剖面如图 6-21 所示,旋转生成的带轮毛坯模型如图 6-22 所示。

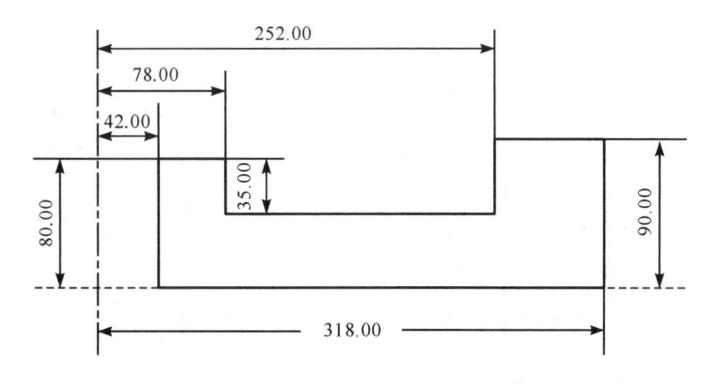

图 6-21 旋转剖面

Step3. 使用拉伸工具 ⌒ 切割出第一个轮辐孔。在草绘模式中绘制如图6-23所示的拉伸剖面。

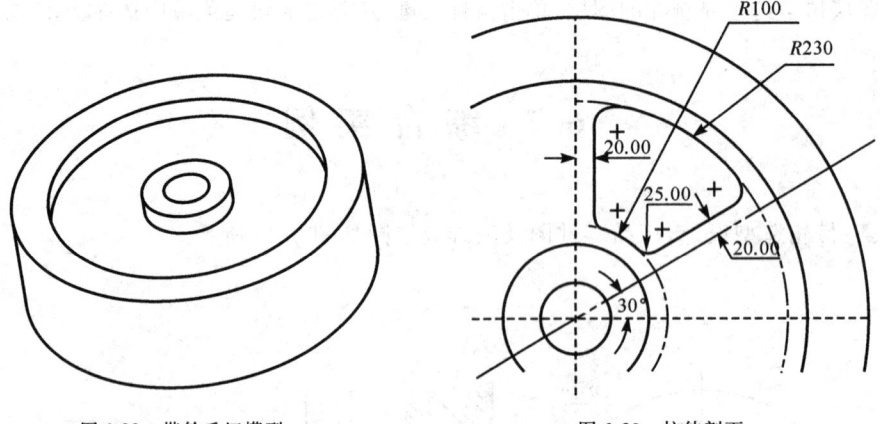

图 6-22 带轮毛坯模型

图 6-23 拉伸剖面

Step4. 复制轮辐孔，阵列轮辐孔，结果如图 6-24 所示。

Step5. 使用拉伸工具 ⌒ 切割键槽。在草绘模式下绘制如图 6-25 所示的拉伸剖面。

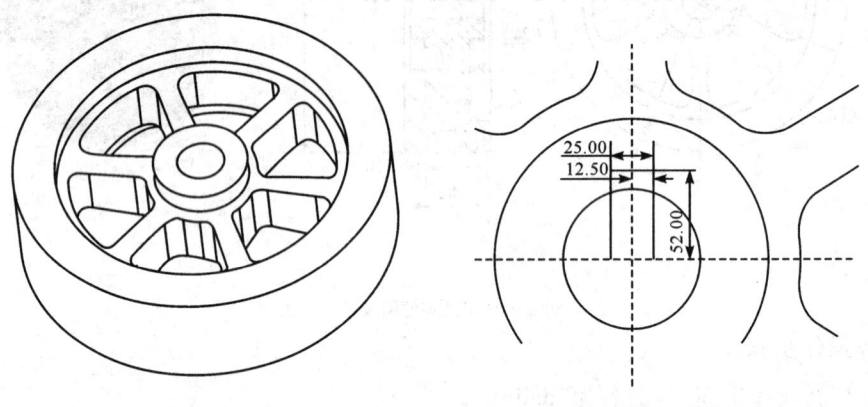

图 6-24 阵列轮辐孔

图 6-25 键槽的拉伸剖面

Step6. 使用旋转工具 ⌒ 切割 V 形带槽。在草绘模式下绘制的剖面如图 6-26 所示。

Step7. 阵列复制 V 形带槽，对模型的相应边线建立倒角特征，完成模型的建立，结果如图 6-27 所示。

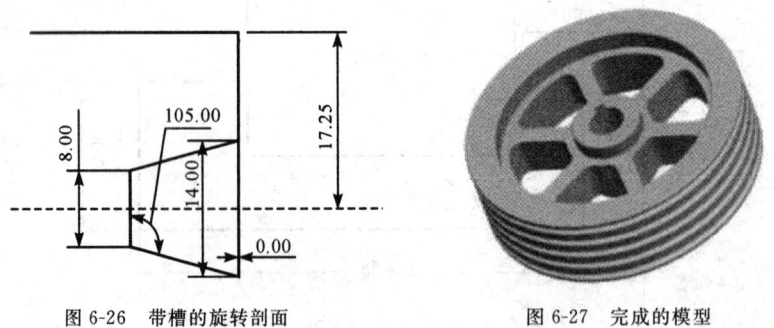

图 6-26 带槽的旋转剖面

图 6-27 完成的模型

第 7 章

高级实体特征

可变剖面扫描特征、扫描混合特征和螺旋扫描特征是 Pro/ENGINEER Wildfire 4.0 提供的高级建模特征。与扫描、混合特征相比，可变剖面扫描特征与扫描混合特征允许在扫描过程中改变截面。

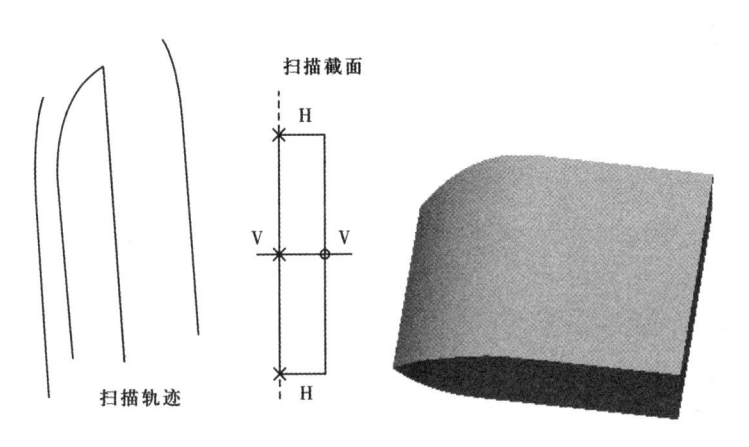

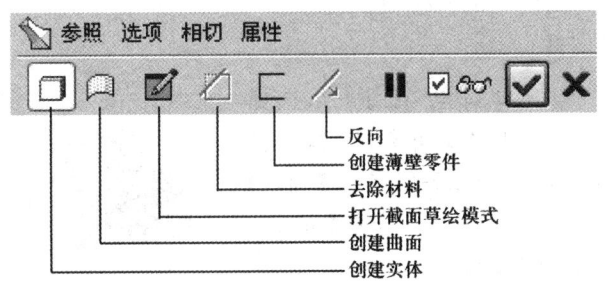

7.1 可变剖面扫描特征

可变剖面扫描特征可以通过控制截面的方向和形状，使截面沿一条或多条选定轨迹线扫描来创建实体或曲面，如图 7-1 所示。

图 7-1 可变剖面扫描特征创建实体

1. 可变剖面扫描特征操控板

选择主菜单【插入/可变剖面扫描】命令或单击 按钮，在主视区下方弹出如图 7-2 所示的可变剖面扫描特征操控板，其各项功能按钮的含义如下：

图 7-2 可变剖面扫描特征操控板

(1)【参照】——单击该按钮,打开如图 7-3(a)所示的上滑面板,其中各选项的含义如下:

【轨迹】——显示选取的轨迹,并允许用户指定轨迹类型。

【细节】——打开【链】对话框以修改链属性。

【剖面控制】——有三种可变剖面的控制形式供用户选择:

垂直于轨迹——截面总是垂直于选定的轨迹。

垂直于投影——截面的 Y 轴平行于指定方向,且 Z 轴沿指定方向与原始轨迹的投影相切。可利用方向参照采集器添加或删除参照。

恒定的法向——截面的 Z 轴平行于指定方向。可利用方向参照采集器添加或删除。

【水平/垂直控制】——确定截面绕草绘平面法向的旋转是如何沿可变剖面扫描进行控制的。

自动——截面由 XY 向自动定向。

垂直于曲面——截面的 Y 轴垂直于"原始轨迹"所在的曲面。

X 轨迹——截面的 X 轴过指定的 X 轨迹和扫描截面的交点。

(2)【选项】——单击该按钮,打开如图 7-3(b)所示的上滑面板。在该上滑面板中可选择扫描形式为"可变剖面"扫描或"恒定剖面"扫描。若扫描为曲面,在该面板设置扫描曲面的端面为开口或封闭,以及设定草绘平面在原始轨迹线上的位置。

(3)【相切】——单击该按钮,打开如图 7-3(c)所示的上滑面板。在该上滑面板中用相切轨迹选取和控制曲面。

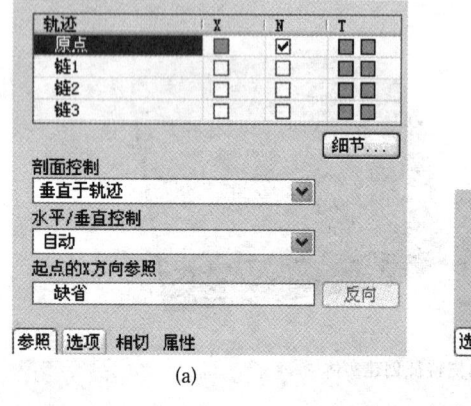

(a)　　　　　　　　　(b)　　　　　　　(c)

图 7-3　功能选项上滑面板

2. 实例演练

设计如图 7-4 所示的可变剖面模型。

Step1. 新建零件文件

单击标准工具栏"创建新对象"按钮,选择类型为【零件】,子类型为【实体】,取消【使用缺省模板】前的复选标记,输入名称"EX07-1",单击【确定】按钮,在弹出的【新文件选项】对话框中选择【mmns_part_solid】模板,单击【确定】按钮。

图 7-4　可变剖面模型

Step2. 绘制原始轨迹线

单击屏幕右方特征工具栏"草绘工具"按钮，以"FRONT"基准平面为草绘平面，绘制如图 7-5 所示的曲线作为原始轨迹线。

Step3. 绘制第一条轮廓线

单击"草绘工具"按钮，单击【使用先前的】按钮，再单击【草绘】按钮进入草绘模式，绘制如图 7-6 所示的曲线作为第一条轮廓线。

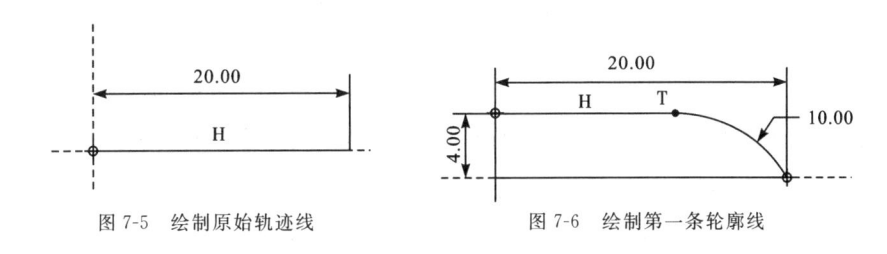

图 7-5 绘制原始轨迹线　　　　图 7-6 绘制第一条轮廓线

Step4. 绘制第二条轮廓线

单击"草绘工具"按钮，选择"TOP"基准平面为草绘平面，接受系统默认的设置，进入草绘模式，绘制如图 7-7 所示的曲线作为第二条轮廓线。

Step5. 镜像产生第三条轮廓线

选中新建立的曲线，选择"镜像工具"按钮，选择"FRONT"基准平面为镜像平面，完成第三条轮廓线的建立，如图 7-8 所示。

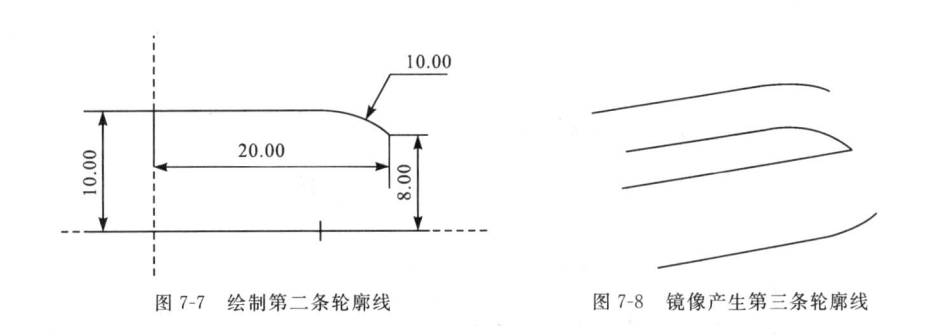

图 7-7 绘制第二条轮廓线　　　　图 7-8 镜像产生第三条轮廓线

Step6. 建立可变剖面扫描特征

①单击"可变剖面扫描工具"按钮，打开可变剖面扫描特征操控板，选择按钮，以生成实体特征。

②如图 7-9 所示，选择原始轨迹线，并确定起始位置。

③按住"Ctrl"键，选择建立的三条轮廓线，在【参照】上滑面板中，设置参照选项如图 7-10 所示。

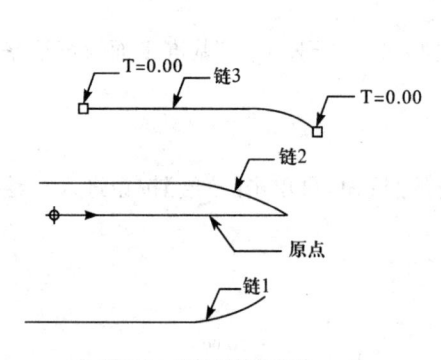

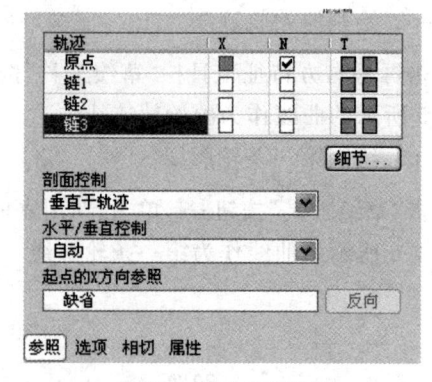

图 7-9　选择原始轨迹线　　　　　图 7-10　设置参照选项

④单击【选项】按钮,在打开的上滑面板中选择【可变剖面】单选按钮。

⑤单击 按钮,进入草绘模式,绘制如图 7-11 所示的截面。

⑥单击 按钮,完成可变剖面特征的建立,如图 7-4 所示。

Step7. 保存文件

单击主菜单【文件/保存】命令,保存当前建立的零件模型。

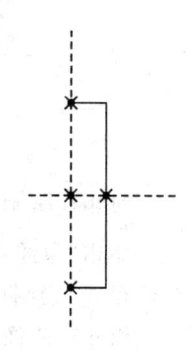

7.2　扫描混合特征

图 7-11　绘制截面

扫描混合特征是使用轨迹线与多个截面图形来创建一个实体或曲面特征。这种特征同时具有扫描和混合特征的特性。

选择主菜单【插入/扫描混合】命令,在主视区下方弹出如图 7-12 所示的扫描混合特征操控板,其各项功能按钮的含义如下:

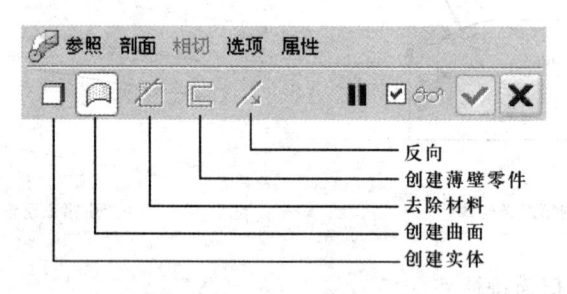

图 7-12　扫描混合特征操控板

(1)【参照】——单击该按钮,打开【参照】上滑面板,如图 7-13(a)所示,其中各选项的功能含义如下:

【轨迹】——显示选取的轨迹,并允许用户指定轨迹类型。

【细节】——打开【链】对话框以修改链属性。

【剖面控制】——有三种可变剖面的控制形式供用户选择:

垂直于轨迹——截面总是垂直于选定的轨迹。

垂直于投影——截面的 Y 轴平行于指定方向,且 Z 轴沿指定方向与原始轨迹的投影相切。可利用方向参照收集器添加或删除参照。

恒定法向——截面的 Z 轴平行于指定方向。可利用方向参照收集器添加或删除。

【水平/垂直控制】——确定截面绕草绘平面法向的旋转是如何沿可变剖面扫描进行控制的。

自动——截面由 XY 向自动定向。

垂直于曲面——截面的 Y 轴垂直于"原始轨迹"所在的曲面。

X 轨迹——截面的 X 轴过指定的 X 轨迹和扫描截面的交点。

(2)【剖面】——单击该按钮,打开【剖面】上滑面板,如图 7-13(b)所示。在该上滑面板中可选择草绘截面或选择截面,设置截面位置和旋转角度,确定截面 X 轴方向。

(3)【相切】——单击该按钮,打开【相切】上滑面板,如图 7-13(c)所示。在该上滑面板中用相切曲面参照的选取控制曲面方向。

(4)【选项】——单击该按钮,打开【选项】上滑面板,如图 7-13(d)所示。在该上滑面板中可选择曲面端面是否封闭,确定剖面的控制形式。

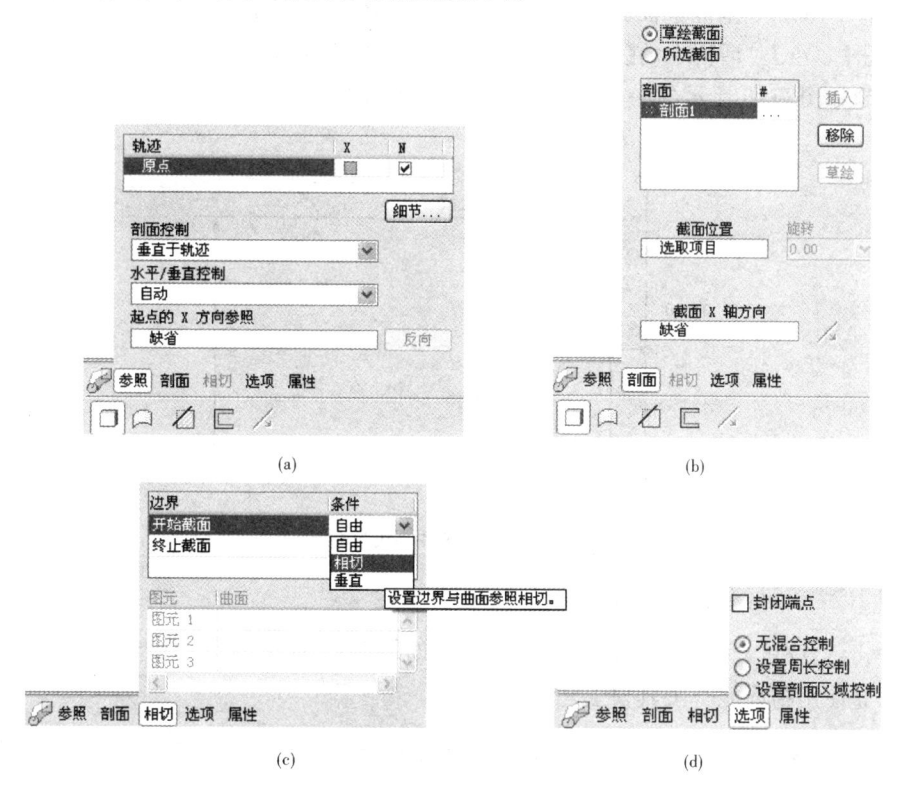

(a)

(b)

(c)

(d)

图 7-13 功能选项上滑面板

实例演练: 设计如图 7-14 所示的方向盘零件模型。

在该实例中主要使用旋转特征、扫描混合特征、拉伸减料特征、特征复制等工具来完成方向盘的构建。该方向盘的构建过程如图 7-15 所示。

具体操作步骤如下:

Step1. 建立新文件

①选择主菜单【文件/新建】命令,打开【新建】对话框。

②选择【零件】类型,在【名称】栏中输入新建文件名称

图 7-14 方向盘零件模型

"fxp"。

③单击【确定】按钮,进入零件模式。

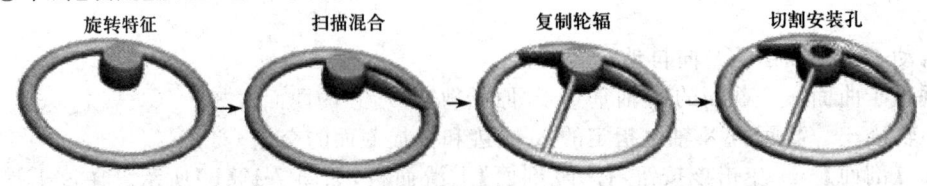

图 7-15　方向盘的构建过程

Step2. 使用旋转工具初步建立模型框架

①单击 按钮,打开旋转特征操控板。

②单击【位置】面板中的【定义】按钮,系统弹出【草绘】对话框。

③选择 FRONT 基准平面为草绘平面,RIGHT 基准平面为参照。

④单击【草绘】对话框中的【草绘】按钮,系统进入草绘模式。

⑤绘制如图 7-16 所示的一条竖直中心线和旋转截面。

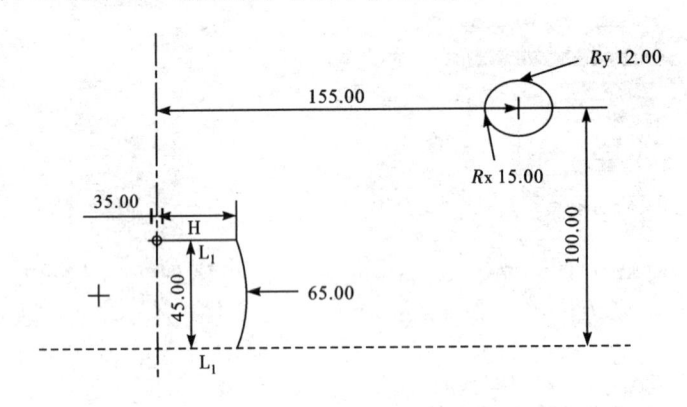

图 7-16　绘制一条竖直中心线和旋转截面

⑥单击 按钮,返回旋转特征操控板。

⑦单击 按钮,完成旋转特征的建立,结果如图 7-17 所示。

Step3. 使用扫描混合工具建立轮辐

①单击 按钮,选择 FRONT 基准平面为草绘平面,接受系统默认的视图方向,单击【草绘】按钮,进入草绘模式,绘制如图 7-18 所示的一条线段作为扫描轨迹,单击 按钮完成扫描轨迹的绘制。

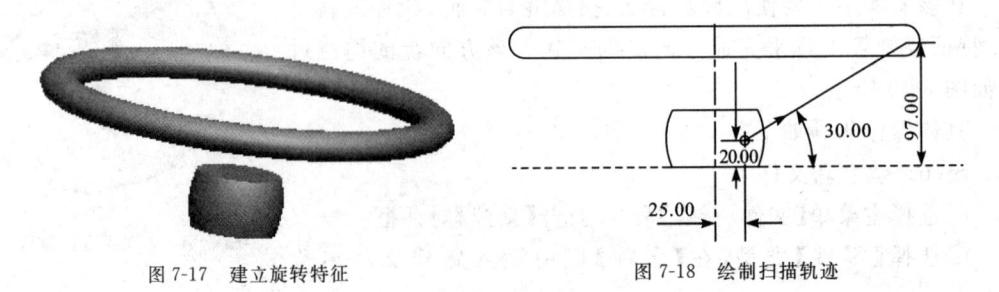

图 7-17　建立旋转特征

图 7-18　绘制扫描轨迹

②选择主菜单【插入/扫描混合】命令,打开扫描混合特征操控板。

③选择□按钮,单击【参照】按钮打开【参照】上滑面板,如图7-19所示。选择刚才新建的扫描轨迹,剖面控制为【恒定方向】,方向参照为"RIGHT"基准平面。

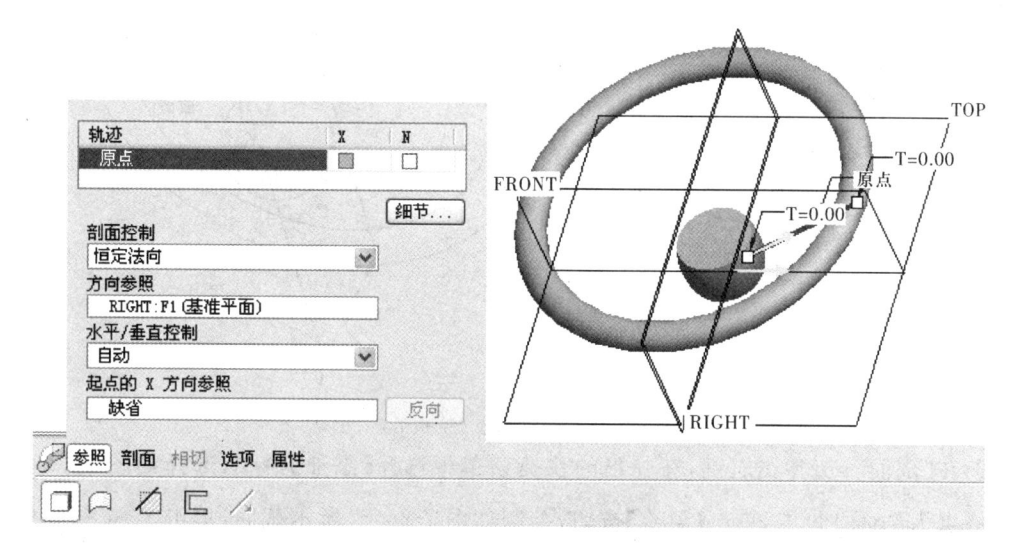

图 7-19 参照选取

④单击【剖面】按钮打开【剖面】上滑面板,单击【插入】按钮,打开如图7-20所示剖面设置上滑面板,选择扫描轨迹起点为剖面1截面位置,单击【草绘】按钮,绘制如图7-21(a)所示截面,单击✓按钮完成起始截面的绘制,结果如图7-21(b)所示。

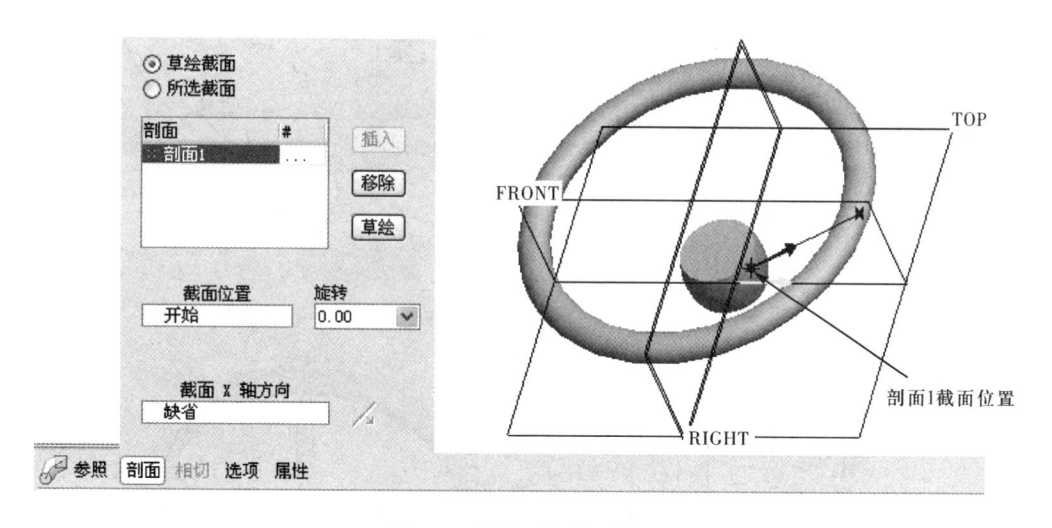

图 7-20 剖面 1 截面位置设置

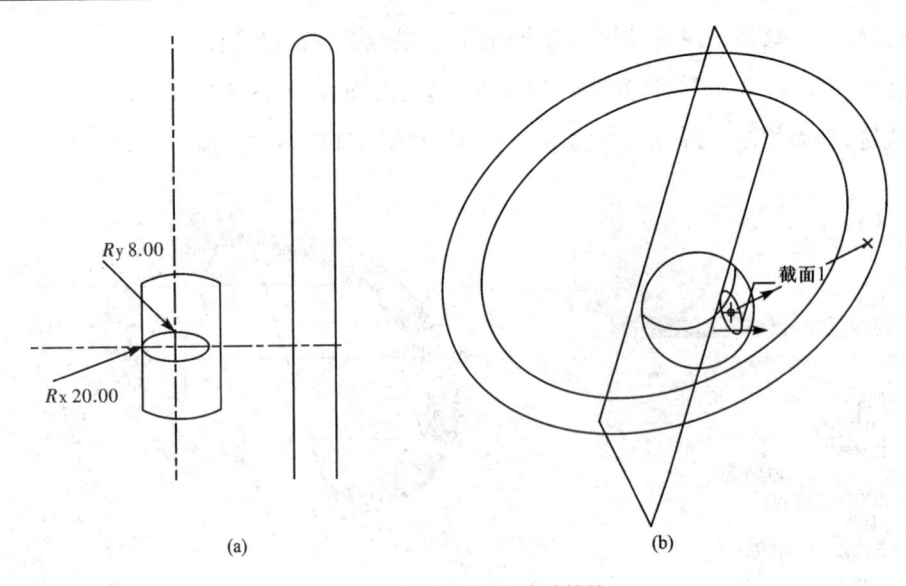

图 7-21 剖面 1 截面及完成结果

⑤在"剖面"1 处单击右键,在弹出的快捷菜单中选择【添加】命令,选择如图 7-22 所示轨迹终点为剖面 2 位置,单击【草绘】按钮,绘制如图 7-23(a)所示截面,单击 ✔ 按钮完成截面的绘制,结果如图 7-23(b)所示。

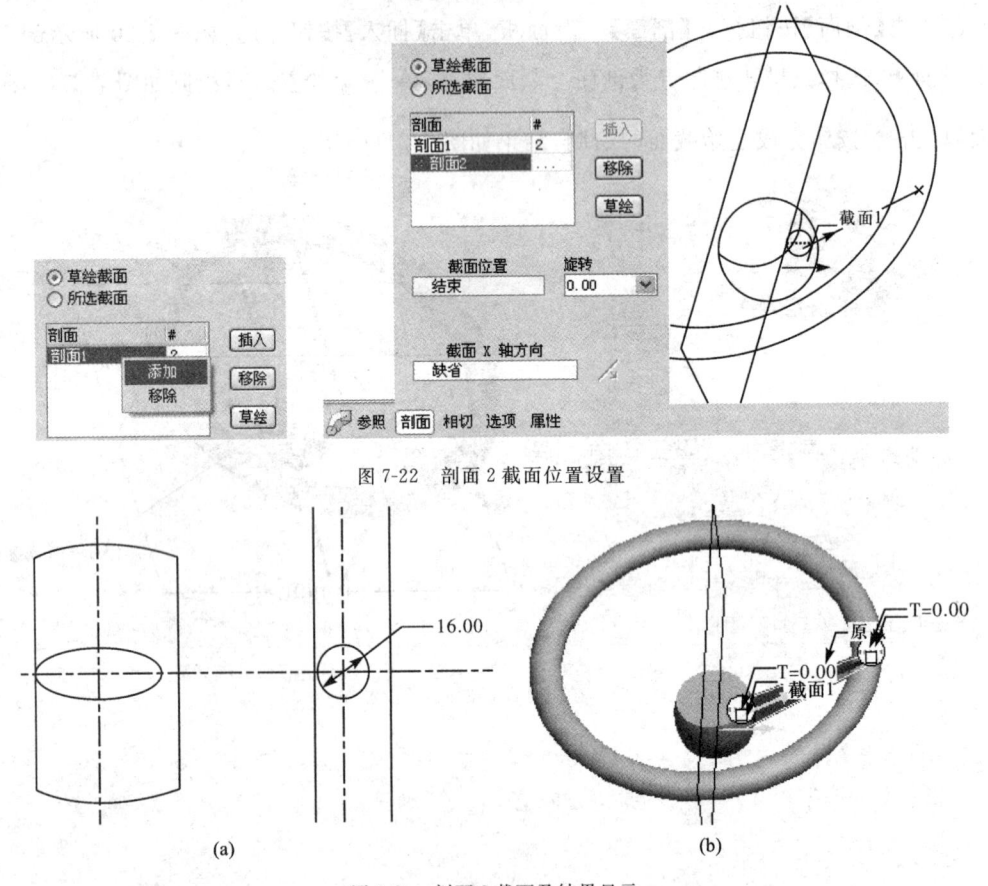

图 7-22 剖面 2 截面位置设置

图 7-23 剖面 2 截面及结果显示

上述操作完毕,单击鼠标中键,完成第一个轮辐的建立,如图 7-24 所示。

Step4. 阵列复制轮辐

①在模型树中选择建立的轮辐特征,单击 按钮,打开阵列特征操控板。

②选择阵列类型为【轴】,选择基准轴线 A_2 为旋转阵列轴线。

③设定阵列个数为"3",阵列角度"120",如图 7-25 所示。

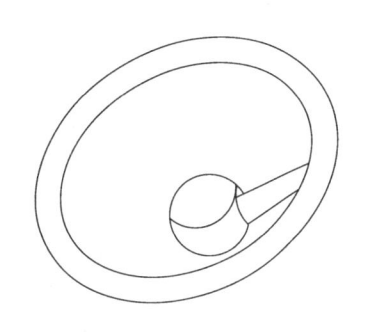

图 7-24 完成第一个轮辐

图 7-25 阵列设置

④单击 按钮,完成阵列特征的建立,如图 7-26 所示。

Step5. 切割安装孔

①单击 按钮,打开拉伸特征操控板。

②选择实体、去除材料,设定拉伸深度为"60"。

③单击【放置】上滑面板中的【定义】按钮,系统弹出【草绘】对话框。

④选择如图 7-27 所示表面为草绘平面,其他接受系统默认设置。

⑤单击【草绘】按钮,系统进入草绘模式。

⑥绘制如图 7-28 所示的拉伸截面。

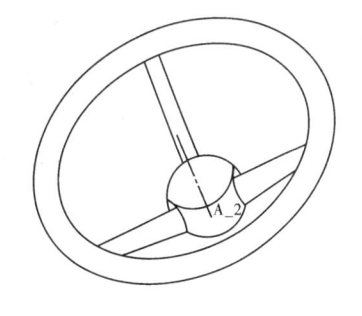

图 7-26 阵列复制轮辐

⑦单击 按钮,返回拉伸特征操控板,去除材料方向调整为向内。

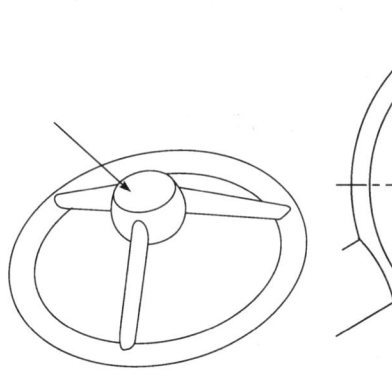

⑧单击 按钮,完成方向盘安装孔的切割,如图7-29所示。

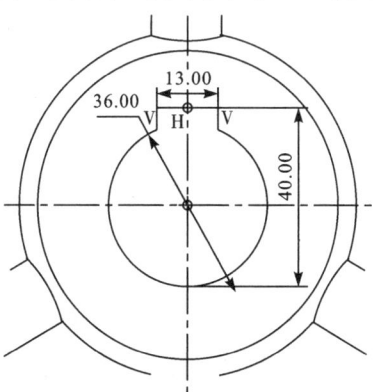

图 7-27 选择草绘平面　　图 7-28 绘制拉伸截面　　图 7-29 切割方向盘安装孔

7.3 螺旋扫描特征

螺旋扫描特征是指将一个截面沿着一条螺旋轨迹线扫描，从而生成螺旋特征。特征的建立需要有中心轴线、轮廓线、螺距和剖面四个要素。

单击主菜单【插入/螺旋扫描/伸出项】命令，打开如图 7-30 所示的螺旋扫描特征【属性】菜单，该菜单各选项功能含义如下：

【常数】——螺距数值为常数。
【可变的】——螺距数值为变量，在同一个轮廓线上，不同区段可设置不同的螺距值。
【穿过轴】——剖面在通过旋转轴的平面上。
【轨迹法向】——剖面垂直于轨迹。
【右手定则】——建立右螺旋。
【左手定则】——建立左螺旋。

实例演练： 设计如图 7-31 所示的弹簧模型。

图 7-30　【属性】菜单　　　　图 7-31　弹簧模型

Step1.新建零件文件

单击"创建新对象"按钮，打开【新建】对话框，选择类型为【零件】，子类型为【实体】，取消【使用缺省模板】前的复选标记，输入名称"EX07-3"，单击【确定】按钮，在弹出的【新文件选项】对话框中选择【mmns_part_solid】模板，单击【确定】按钮。

Step2.绘制轨迹线

选择主菜单【插入/螺旋扫描/伸出项】命令，打开【属性】菜单，选择【常数/穿过轴/右手定则/完成】命令，选择 FRONT 基准平面为草绘平面，进入草绘模式。绘制如图 7-32 所示旋转轴和轨迹线，单击 ✓ 按钮。

Step3.生成模型特征

在信息区的文本框中输入螺距值"6"，再次进入草绘模式绘制螺旋扫描截面如图 7-33 所示。在起始中心绘制一直径为"10"的圆，单击【确定】按钮，最终完成模型如图 7-31 所示。

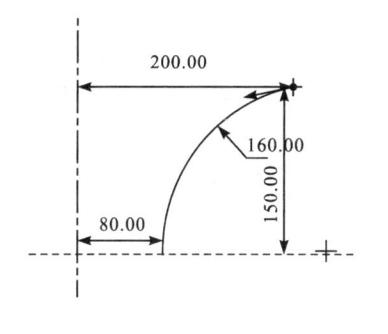

图 7-32 绘制旋转轴和轨迹线 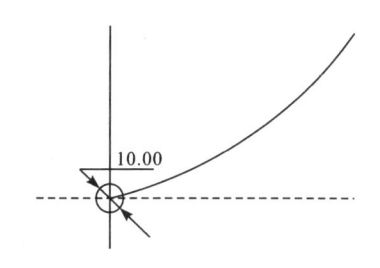　　　　图 7-33 绘制螺旋扫描截面

Step4.保存文件

单击主菜单【文件/保存】命令,保存当前建立的弹簧模型。

7.4 综合实例

任务一:六角头螺栓造型设计。

Step1.建立六角头

选择主菜单【插入/拉伸】命令,弹出拉伸特征操控板,单击【放置/定义】按钮,系统弹出【草绘】对话框,选择 RIGHT 基准平面为草绘平面,在草绘模式中绘制如图 7-34 所示的正六边形截面,单击✓按钮,返回拉伸特征操控板。输入拉伸深度"6.4",单击✓按钮,完成六角头造型设计。

Step2.创建圆柱体

选择主菜单【插入/拉伸】命令,弹出拉伸特征操控板,单击【放置/定义】按钮,系统弹出【草绘】对话框,选择六角头一端面为草绘平面,在草绘模式中绘制如图 7-35 所示的截面,单击✓按钮,返回拉伸特征操控板。输入拉伸深度"45",单击✓按钮,完成圆柱体创建。

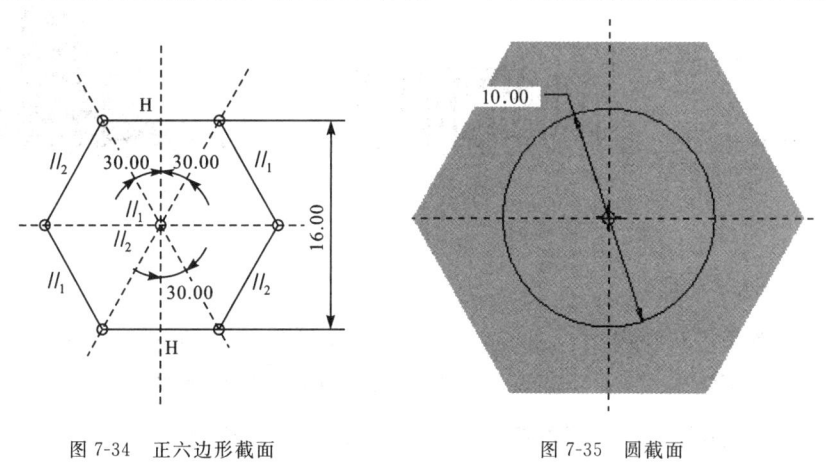

图 7-34 正六边形截面　　　　图 7-35 圆截面

Step3.创建倒角特征

将圆柱顶端倒角 45°×1,如图 7-36 所示。

Step4. 创建螺纹特征

①选择主菜单【插入/螺旋扫描/切口】命令,弹出【切剪:螺旋扫描】对话框和螺旋扫描【属性】菜单,选择【常数/穿过轴/右手定则/完成】命令。选择 TOP 基准平面为草绘平面,绘制如图 7-37 所示的一条中心线和一条轮廓线。

图 7-36 设置倒角

注意:先设置圆柱最外轮廓线为参照,中心线与圆柱回转中心重合,轮廓线与圆柱最外轮廓线重合。

②在提示区输入螺距值为"1.5",按回车键。

③绘制如图 7-38 所示的等边三角形,单击 ✓ 按钮,完成截面图形的绘制。

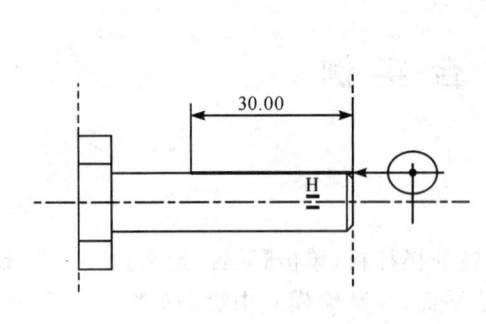

图 7-37 绘制中心线和轮廓线　　　　图 7-38 绘制等边三角形

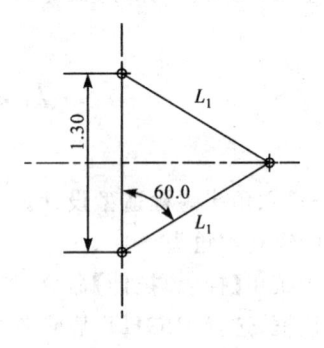

④在【切剪:螺旋扫描】对话框中,单击【确定】按钮,完成螺旋扫描特征的建立。此时螺栓模型如图 7-39 所示,在螺纹收尾处非常不光滑,如图 7-40 所示,可以使用扫描混合对螺尾进行处理使其光滑过渡。

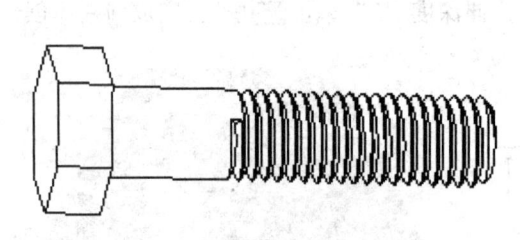

图 7-39 螺栓模型　　　　图 7-40 螺纹收尾处不光滑

Step5. 绘制平面曲线

①单击"草绘工具"按钮 ,选择 TOP 基准平面为草绘平面,选择 RIGHT 基准平面为参照平面,进入草绘模式,注意选择视图方向,使螺纹不光滑的尾部放在正面。

②在草绘工具栏中单击 □ 按钮,选择如图 7-41 所示的螺纹中心线。

③单击草绘工具栏中的 ⌒ 按钮,在草绘平面中绘制如图 7-42 所示的曲线,单击 按钮打开【约束】对话框,选择 约束,使曲线的一个端点与螺纹中心线端点相切。

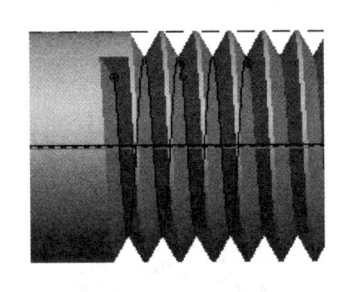

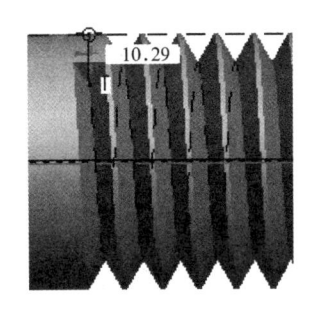

图 7-41 使用边命令绘制螺纹中心线　　图 7-42 绘制曲线

④删除刚绘制的螺纹中心线,尺寸自动生成。

⑤单击 ✔ 按钮,完成曲线的绘制。

Step6.创建扫描混合的轨迹线

使用投影命令把创建的曲线投影到曲面上。

①选择刚刚创建的曲线,单击主菜单【编辑/投影】命令,选择圆柱曲面为投影面,并选择 TOP 基准平面作为投影的方向参照。

注意:TOP 基准平面的投影方向如图 7-43 所示。否则曲线投影在后半个平面上,可以使用 ✂ 按钮改变投影方向。

图 7-43 TOP 基准平面的投影方向

②选择主菜单【插入/扫描/切口】命令,单击【参照】,在弹出的上滑面板中选择刚刚生成的投影曲线作为扫描轨迹,在【剖面控制】栏中选择"垂直于投影",在【方向参照】栏中选择基准轴 A_2。保证箭头指向六角头螺帽。使用【反向】命令可改变方向,最后选择【正向】确定方向。

③单击【剖面】上滑面板中【插入】按钮插入截面,设置截面位置如图 7-44 所示。

④创建第一个截面,接受系统默认旋转角度"0",绘制如图 7-45 所示的三角形截面。选择 □ 按钮,并选择已有螺纹的最后端面三角形的投影作为该截面图形。这个图形的准确程度也将影响最后的效果。

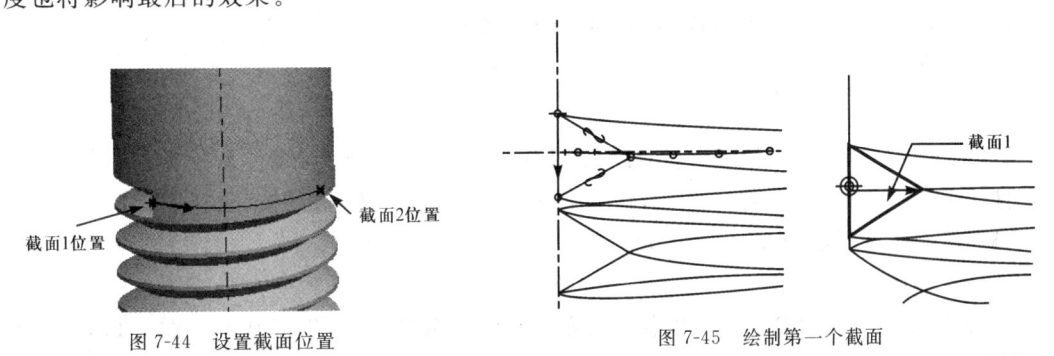

图 7-44 设置截面位置　　图 7-45 绘制第一个截面

⑤创建第二个截面。接受系统默认旋转角度"0",这个截面图形是一个点。单击 ✖ 按钮,绘制如图 7-46(a)所示截面图形。单击 ✔ 按钮,完成第二个截面的绘制。看到螺尾光滑

过渡,如图7-46(b)所示。

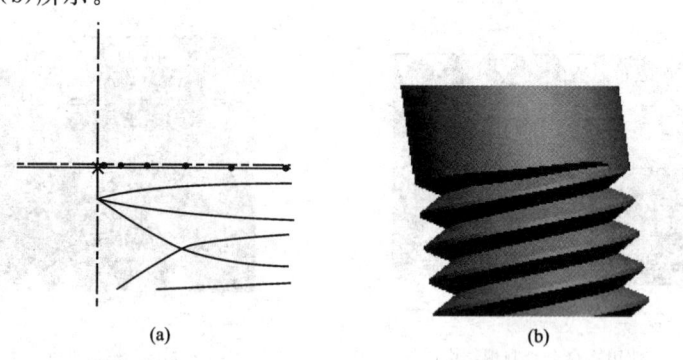

图7-46 绘制第二个截面

Step7.使用旋转命令去除六角头顶部多余材料

选择FRONT基准平面为草绘平面,绘制如图7-47所示的截面,旋转去除材料,得到如图7-48所示的模型。

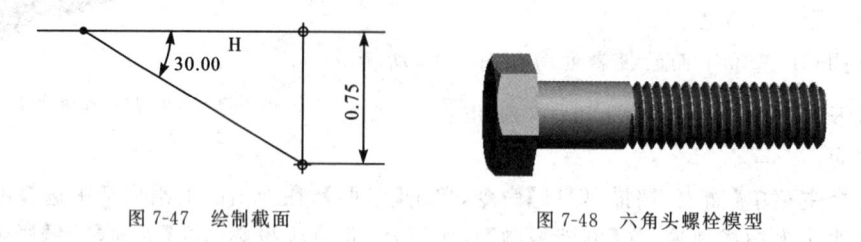

图7-47 绘制截面

图7-48 六角头螺栓模型

任务二:苹果模型设计。

通过苹果的建模过程帮助读者理解骨架折弯、可变剖面扫描等高级建模方法在设计中的应用。

(1)实例分析

本例创建的苹果模型(图7-49)不属于精确建模,读者在设计过程中不必拘泥于所给尺寸,可以充分发挥自己的想象力进行设计。设计过程中,先通过拉伸和骨架折弯创建果叶,然后通过可变剖面扫描创建果体,最后通过扫描混合方法创建苹果把。

(2)操作步骤

Step1. 新建零件文件

单击"创建新对象"按钮,打开【新建】对话框,选择类型为【零件】,子类型为【实体】,取消【使用缺省模板】前的复选标记,输入名称"apple",单击【确定】按钮,在弹出的【新文件选项】对话框中选择【mmns_part_solid】模板,单击【确定】按钮。

Step2. 创建叶子模型

①创建基准平面。以TOP基准平面为参照向上偏移"30",生成基准平面DTM1,如图7-50所示。

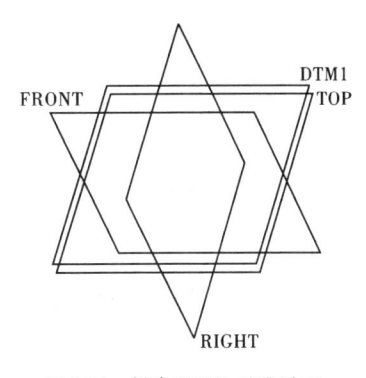

图 7-49 苹果模型　　　　　　　图 7-50 创建 DTM1 基准平面

②单击 按钮,弹出拉伸特征操控板,单击【放置/定义】按钮,在弹出的【草绘】对话框中选择 DTM1 为草绘平面,绘制如图 7-51 所示截面,单击 按钮,退出草绘模式,设置拉伸深度为"0.2",单击 按钮,创建如图 7-52 所示的叶子模型。

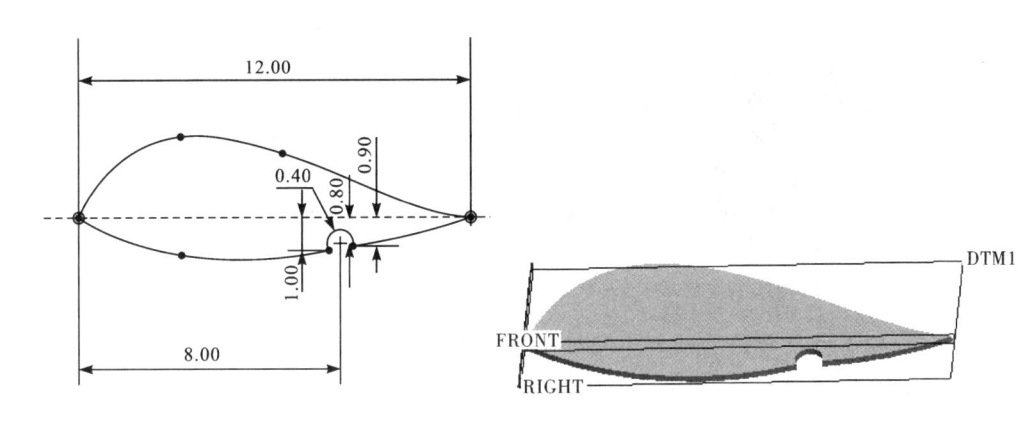

图 7-51 绘制截面　　　　　　　图 7-52 叶子模型

Step3. 创建骨架折弯特征

①单击"草绘工具"按钮 ,打开【草绘】对话框,选择 FRONT 基准平面为草绘平面,使用系统缺省参照平面,绘制如图 7-53 所示的曲线,创建的基准曲线如图 7-54 所示。

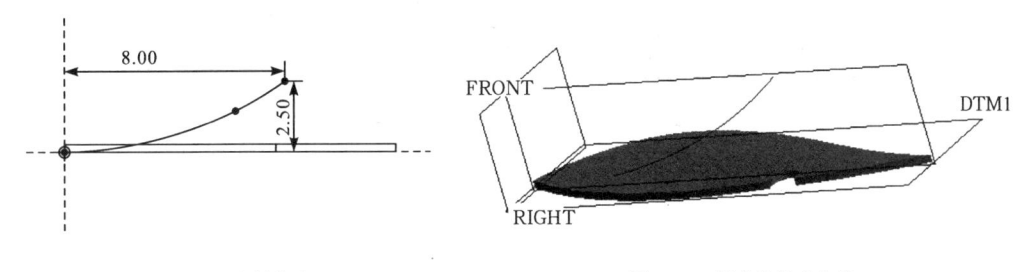

图 7-53 绘制曲线　　　　　　　图 7-54 创建的基准曲线

②选择主菜单【插入/高级/骨架折弯】命令,在弹出的【选项】菜单中,选择【选取骨架线/无属性控制/完成】命令。

③根据提示选取折弯对象,选取前面生成的叶子模型,在随后弹出的【链】菜单中接受缺

省的【依次/选取】选项,选择前面创建的基准曲线,作为折弯骨架线,单击【完成】命令,如图7-55所示。

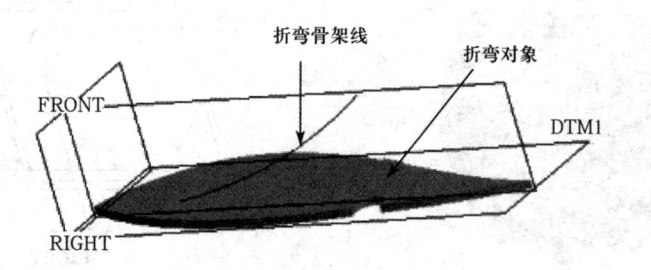

图 7-55 选取折弯对象和折弯骨架线

④在【设置平面】菜单中,选取【产生基准】命令,打开【基准平面】菜单,选取【偏距】选项,选取如图7-56所示DTM2为参照,然后在【偏距】菜单中选取【输入值】命令,输入偏距值"13",单击【完成】命令。创建的折弯特征如图7-57所示。

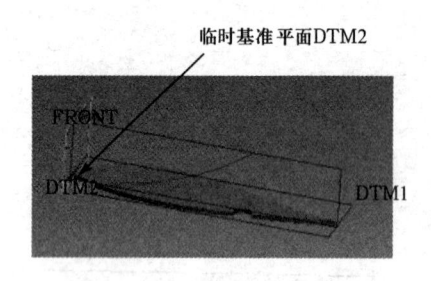

图 7-56 选取 DTM2 为参照 　　　　图 7-57 创建叶子的折弯特征

注意:输入的平面偏距用来确定对象的折弯长度,基准平面DTM2是由系统生成的临时基准面,无需设计者创建,当骨架折弯后,该平面自动隐藏。

Step4.创建基准曲线

单击"草绘工具"按钮,打开【草绘】对话框,选择TOP基准平面为草绘平面,使用系统缺省参照平面,绘制如图7-58所示的圆。

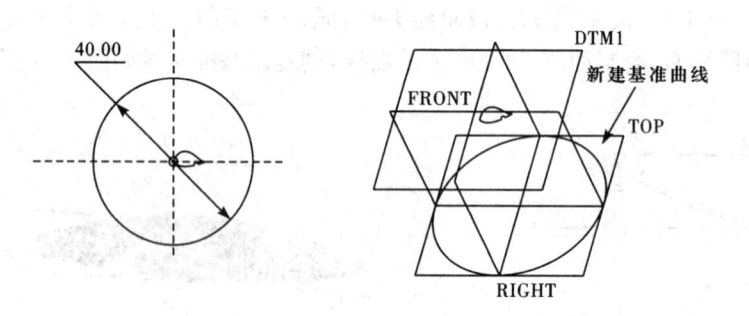

图 7-58 创建基准曲线

Step5.创建可变剖面特征——苹果主体

①选择主菜单【插入/可变剖面扫描】命令,弹出可变剖面扫描特征操控板。单击【参照】按钮,打开【参照】上滑面板,选择刚刚建立的圆形基准曲线为原始轨迹线。

②单击 按钮，进入草绘模式，绘制如图7-59所示的扫描截面，该截面必须封闭。

③选择主菜单【工具/关系】命令，打开【关系】对话框，此时剖面图上的尺寸将以符号形式显示，如图7-60所示。

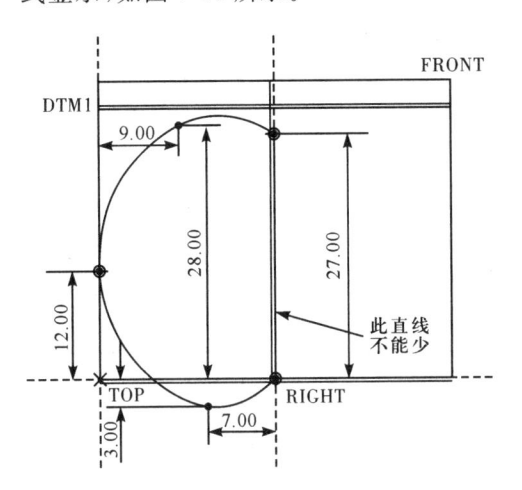

图7-59 绘制扫描截面

图7-60 剖面图上的尺寸显示

④在【关系】对话框中，为尺寸sd15添加如图7-61所示的关系式，单击【确定】按钮，关闭【关系】对话框。

sd15=3+2*sin(trajpar*360*8)

图7-61 添加关系式与苹果主体模型

⑤选择 按钮来创建实体特征，单击 按钮完成苹果主体创建。

注意：如果在生成实体过程中，不能生成最后的结果，可以删除图7-62所示的虚线，就可以得到正确的结果了。

Step6. 创建扫描混合特征——苹果把

①创建基准曲线。单击"草绘工具"按钮 ，打开【草绘】对话框，选择RIGHT基准平面为草绘平面，使用系统缺省参照平面，绘制如图7-63所示的曲线。

②选择主菜单【插入/扫描混合】命令，选取上一步完成的曲线为扫描轨迹线，选择【剖面控制】下拉列表中【垂直于轨迹】选项。

③选择【剖面】上滑面板，插入草绘，分别设置起点、终点截面为半径为"0.5"的圆和半径

为"1"的圆。完成后退出草绘模式，设计结果如图 7-49 所示。

④隐藏图形上的基准曲线，适当渲染模型，最后保存。

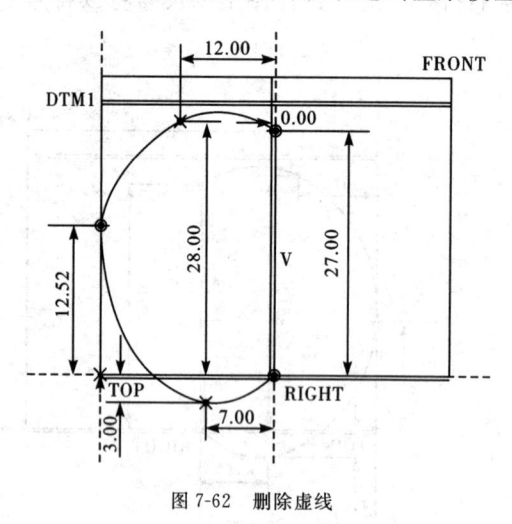

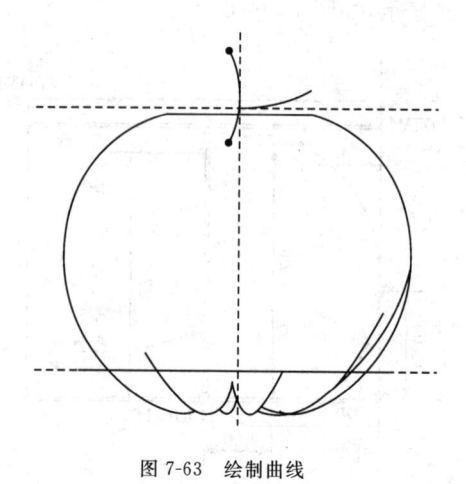

图 7-62　删除虚线

图 7-63　绘制曲线

第 8 章

曲 面 特 征

曲面特征是一种没有质量和厚度等物理属性的几何特征。在 Pro/ENGINEER Wildfire 4.0系统中基本曲面的创建方法和实体特征相同,一般有拉伸、旋转、扫描、混合等。除了基本造型方法外,对复杂的流线型曲面,要通过建立基准点、创建轮廓曲线、再用边界混合的方式及曲面编辑等功能,形成产品的流线型曲面外观。

8.1 基本曲面特征

基本曲面特征是指使用拉伸、旋转、扫描、混合等常用三维建模方法创建的曲面特征。

1. 创建平曲面的操作方法

(1)选择主菜单【编辑/填充】命令。

(2)在主视区下方的填充特征操控板上,单击【参照/定义】按钮,进入草绘模式,绘制填充区域的截面图,单击 ✔ 按钮,退出草绘模式。

(3)单击 ✔ 按钮,完成平曲面特征的创建,如图 8-1 所示。

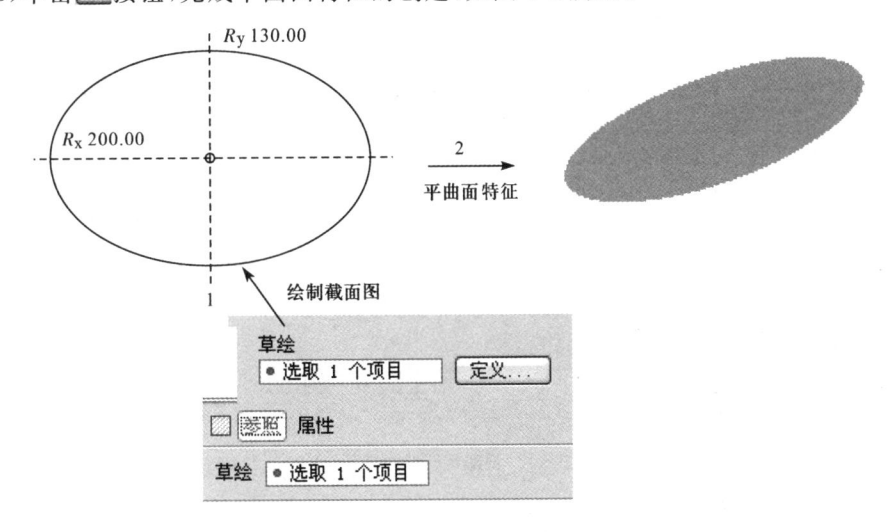

图 8-1 创建平曲面特征

2. 创建拉伸曲面的操作方法

(1)选择主菜单【插入/拉伸】命令或单击 按钮。

(2)在主视区下方的拉伸特征操控板上,单击创建曲面按钮 ,以生成曲面。

(3)单击【放置/定义】按钮,进入草绘模式,绘制截面图。

(4)输入拉伸深度,单击✓按钮,完成拉伸曲面特征的创建。

注意:拉伸曲面特征的截面图可用开放截面、闭合截面,如图 8-2、图 8-3 所示。

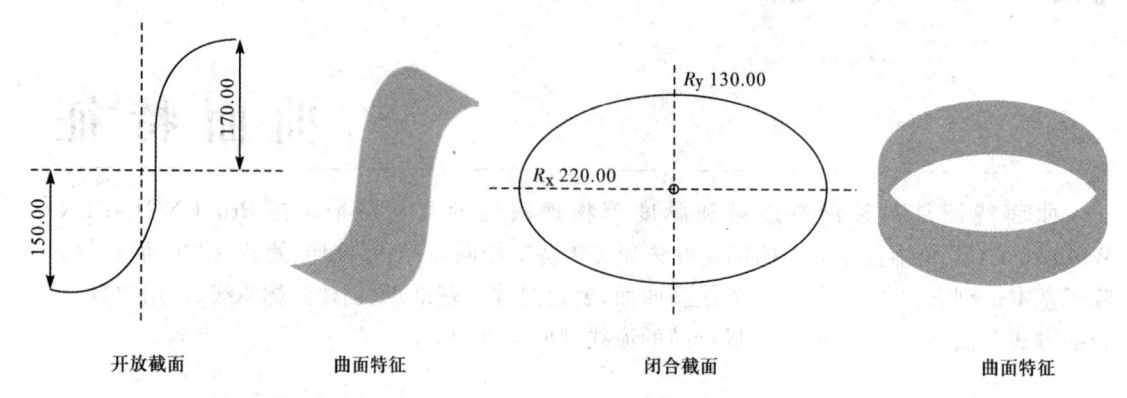

开放截面　　　曲面特征　　　　　　　闭合截面　　　曲面特征

图 8-2　拉伸曲面（开放截面）　　　　图 8-3　拉伸曲面（闭合截面）

3. 创建旋转曲面的操作方法

(1)选择主菜单【插入/旋转】命令或单击 ◊ 按钮。

(2)在主视区下方的旋转特征操控板上,单击创建曲面按钮 ⌒,以生成曲面。

(3)单击【位置/定义】按钮,进入草绘模式,绘制截面图。

(4)输入旋转角度,单击✓按钮,完成旋转曲面特征的创建。

注意:要绘制中心线作为旋转轴,旋转曲面特征如图 8-4 所示。

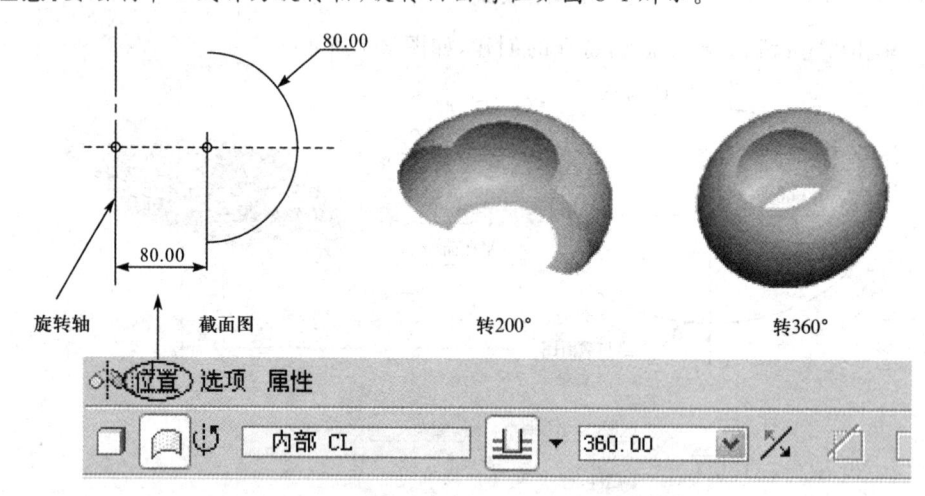

旋转轴　　　截面图　　　　　　　转200°　　　　转360°

图 8-4　创建旋转曲面特征

4. 创建扫描曲面的操作方法

(1)选择主菜单【插入/扫描/曲面】命令。

(2)在弹出的【曲面:扫描】对话框中,定义【扫描轨迹】、【属性】和【截面】。

(3)单击【确定】按钮,完成扫描曲面特征的创建。

注意:轨迹也可在建立扫描曲面特征之前建立,如图 8-5 所示。

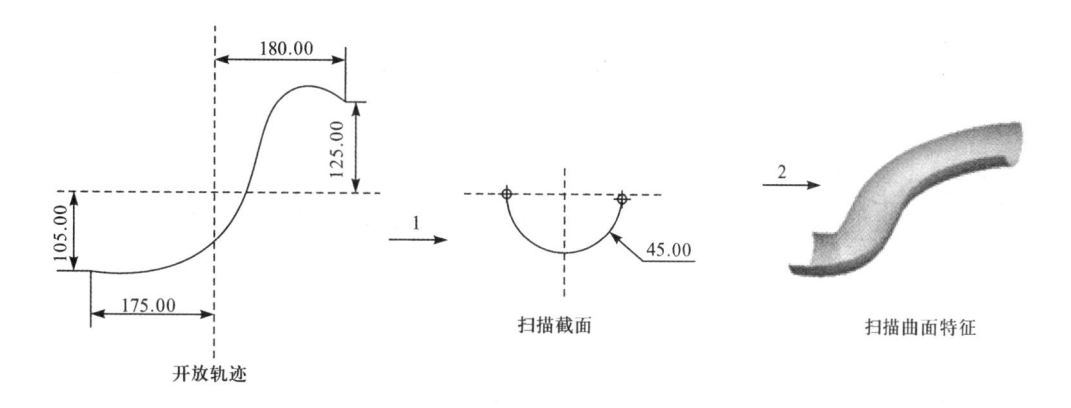

图 8-5　扫描曲面

5.创建混合曲面的操作方法
(1)选择主菜单【插入/混合/曲面】命令。
(2)在弹出的【混合选项】菜单中,选择相应的选项,选择【完成】命令。
(3)在弹出的【曲面:混合,平行,规则截面】对话框中,定义【属性】、【截面】、【方向】和【深度】。
(4)单击【确定】按钮,完成混合曲面特征的创建。

实例演练:创建如图 8-6 所示的混合曲面特征。
Step1. 选择主菜单【插入/混合/曲面】命令。
Step2. 在弹出的【混合选项】菜单中,选择【平行/规则截面/草绘截面/完成】命令。
Step3. 在弹出的【属性】菜单中,选择【直的/开放终点/完成】命令。
Step4. 选择草绘平面,草绘第一个截面圆形直径 350;绘制两条参照线,将圆截面按图 8-6 分割为三段。
Step5. 单击鼠标右键,在快捷菜单中选【切换剖面】命令;绘制第二个截面三角形如图 8-6 所示。单击 ✔ 按钮,退出草绘模式。

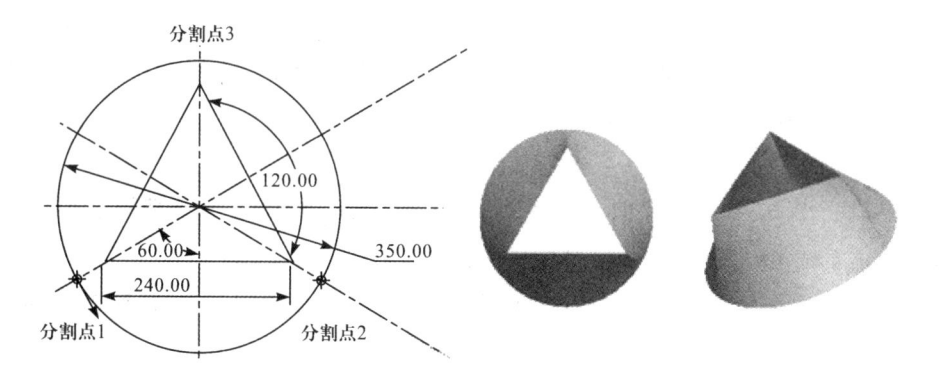

图 8-6　混合曲面特征的创建

Step6. 选择【盲孔/完成】命令,输入盲孔深度"150",单击 ✔ 按钮。
Step7. 单击【确定】按钮,完成混合曲面特征的创建。

6.曲面的复制

曲面的复制是指复制出与原曲面形状大小相同的曲面或曲线。操作方法如下：

(1)选择需复制的曲面面组，选择主菜单【编辑/复制】命令或单击 按钮。

(2)选择主菜单【编辑/粘贴】命令或单击 按钮。

(3)在主视区下方弹出复制曲面面组的操控板，单击【参照】按钮，选取需复制的曲面面组。

(4)单击【选项】按钮，在弹出的【选项】上滑面板中选择复制的类型。

(5)单击 按钮，完成曲面的复制，如图8-7所示。

【选项】上滑面板中复制类型的具体含义如下：

按原样复制所有曲面——复制曲面与原有曲面完全相同。

排除曲面并填充孔——根据需要排除不需要复制的曲面以及在选定曲面上选取要填充的孔。

复制内部边界——复制定义的边界内部的表面为曲面。

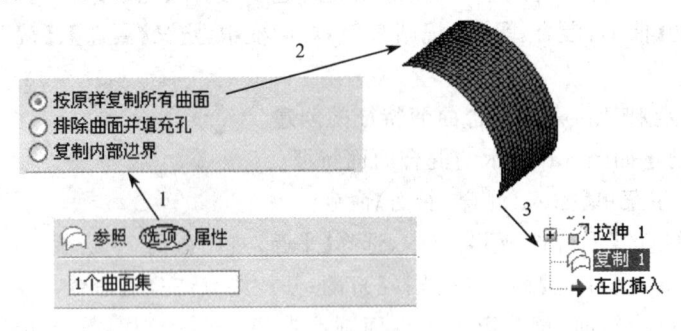

图 8-7 曲面复制

8.2 边界混合曲面特征

边界混合曲面是由边界曲线混合的曲面特征。可在一个方向或两个方向上指定边界曲线，还可指定控制曲线来调节曲面的形状。

1.创建边界混合曲面的操作方法

(1)单击 按钮，绘制边界曲线，单击 按钮，按要求绘制其余边界曲线。

(2)选择主菜单【插入/边界混合】命令或单击 按钮。

(3)在主视区下方弹出的边界混合曲面操控板上，选择相应的选项，完成边界混合曲面的创建。

2.边界混合的方式

(1)创建单一方向的边界混合曲面

创建单一方向的边界混合曲面，是指只有一个方向曲线的混合。操作方法如下：

①单击边界混合曲面操控板【曲线】按钮。

②在【第一方向】区域中依次指定曲面经过的曲线链。

③单击☑按钮,完成边界混合曲面特征的创建。

注意:①所谓【第一方向】是指方向一致且互不相交的曲线链。

②轨迹若选中【闭合混合】,曲线混合生成闭合曲面。

创建单一方向的边界混合曲面特征,如图8-8所示。

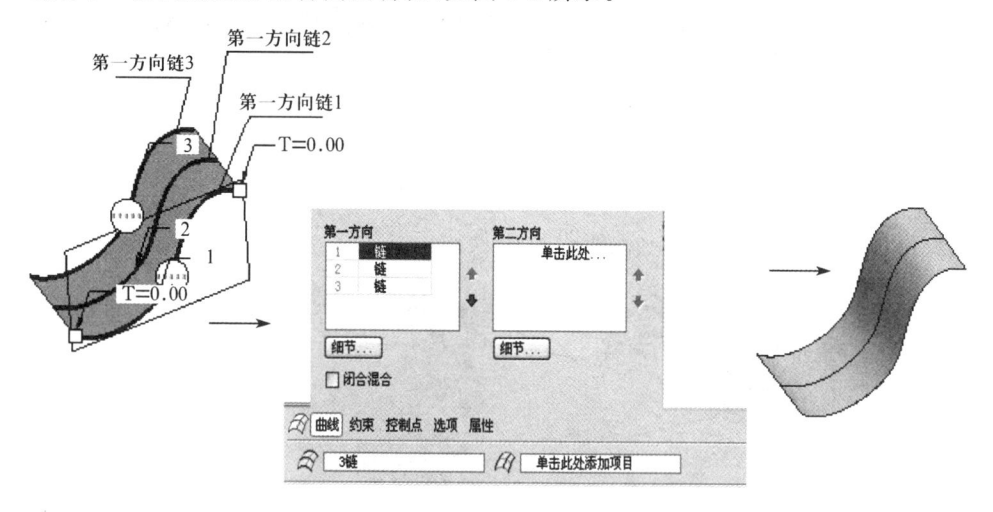

图8-8 创建单一方向的边界混合曲面特征

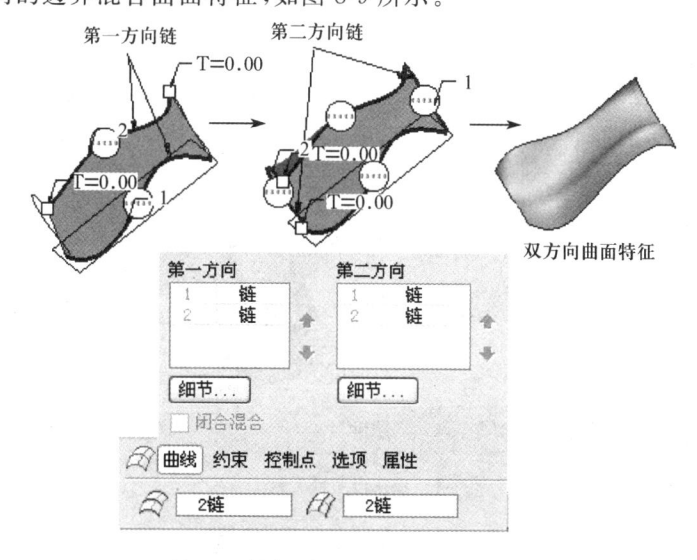

(2)创建双方向的边界混合曲面

创建双方向的边界混合曲面,是指两个方向曲线的混合。操作方法如下:

①单击边界混合曲面操控板【曲线】按钮。

②选取【第一方向】区域中第一方向曲线链,选取【第二方向】区域中第二方向曲线链。

③单击☑按钮,完成边界混合曲面特征的创建。

注意:对于在两个方向上定义的混合曲面,其外部边界必须形成一个封闭的环,且第一方向和第二方向的线要相交,相邻两个截面曲线不能相切。

创建双方向的边界混合曲面特征,如图8-9所示。

图8-9 创建双方向的边界混合曲面特征

(3)创建拟合的边界混合曲面

创建拟合的边界混合曲面,指一个方向曲线按一条拟合曲线的趋势进行混合。操作方法如下:

①单击边界混合曲面操控板【曲线】按钮,选取第一方向曲线链。

②单击边界混合曲面操控板【选项】按钮,点击【影响曲线】收集器,选取拟合曲线。

③调整平滑度范围,调整曲面片范围。

④单击☑按钮,完成边界混合曲面特征的创建。

注意: ①平滑度范围 0~1,数字越小,混合曲面越逼近选定的拟合曲线。

②曲面片范围 1~29,数字越大,混合曲面越逼近选定的拟合曲线。

创建拟合的边界混合曲面特征,如图 8-10 所示。

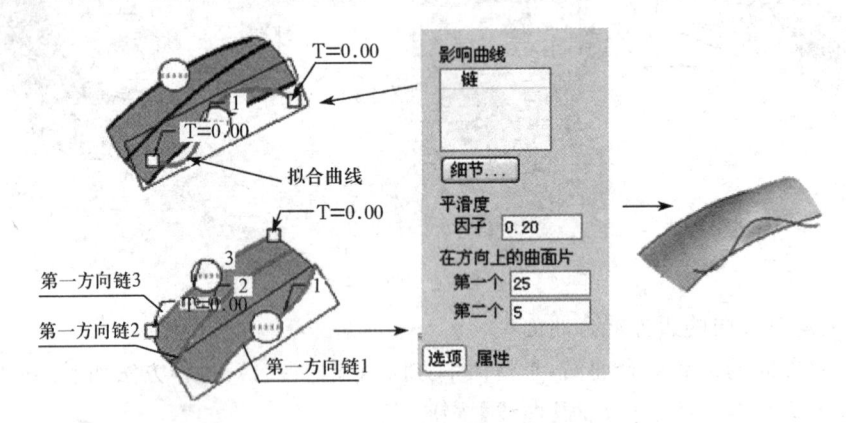

图 8-10　创建拟合的边界混合曲面特征

(4)创建混合控制边界曲面

创建混合控制边界曲面,指可通过设置控制点来控制截面混合的效果和形式。操作方法如下:

①单击边界混合曲面操控板【曲线】按钮,选取第一方向曲线链。

②单击边界混合曲面操控板【控制点】按钮,点击【控制点】收集器,选取控制点 1、2、3。

③单击☑按钮,完成边界混合曲面特征的创建。

注意: 控制点的控制类型有 5 种:自然、弧长、点到点、段至段和可延展。

创建混合控制边界曲面特征,如图 8-11、图 8-12 所示。

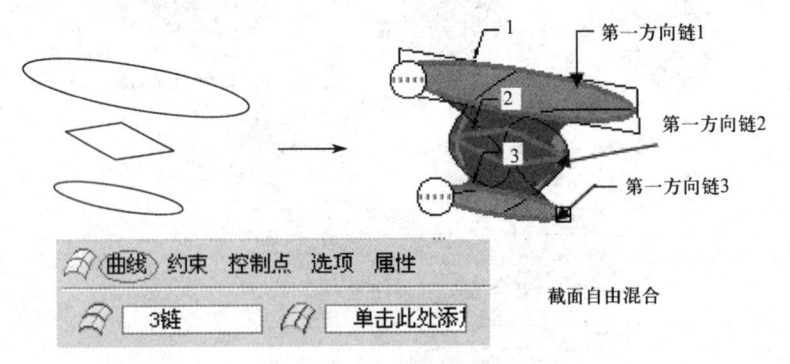

图 8-11　创建截面自由混合曲面

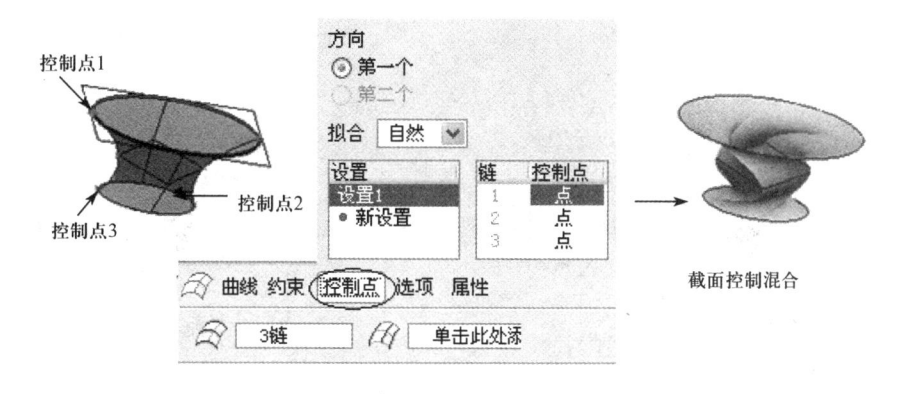

图 8-12 创建截面特殊点控制的混合曲面

(5) 创建边界条件曲面

创建边界条件曲面,指可通过设置边界条件来控制轮廓边界与相邻面组等的几何关系。操作方法如下:

① 单击边界混合曲面操控板【曲线】按钮,选取【第一方向】曲线链。

② 单击边界混合曲面操控板【约束】按钮,选择【自由】类型,选择边界条件参照面。

③ 单击 ✓ 按钮,完成边界混合曲面特征的创建,如图8-13所示。

图 8-13 创建边界混合曲面

8.3 曲面特征编辑

在完成了基本曲面的创建后,可通过合并、裁剪、延拓等方法对曲面进行编辑。

1. 曲面的镜像

曲面的镜像是指相对镜像平面对称复制选定的曲面或曲线。操作方法如下:

(1) 选择需镜像的曲面或曲线,选择主菜单【编辑/镜像】命令或单击 按钮。

(2) 在主视区下方弹出镜像曲面操控板。

(3) 单击【参照】按钮,指定"镜像平面"。

(4) 单击 ✓ 按钮,完成曲面的镜像,如图 8-14 所示。

2. 曲面的偏移

曲面的偏移是指对原曲面或曲线的法线方向偏置。操作方法如下:

(1) 选择需偏移的曲面或曲线,选择主菜单【编辑/偏移】命令或单击 按钮。

(2) 在主视区下方弹出偏移曲面操控板。

(3) 选择偏移的类型,输入偏移值并确定方向。

(4) 单击 ✓ 按钮,完成曲面的偏移,如图 8-15 所示。

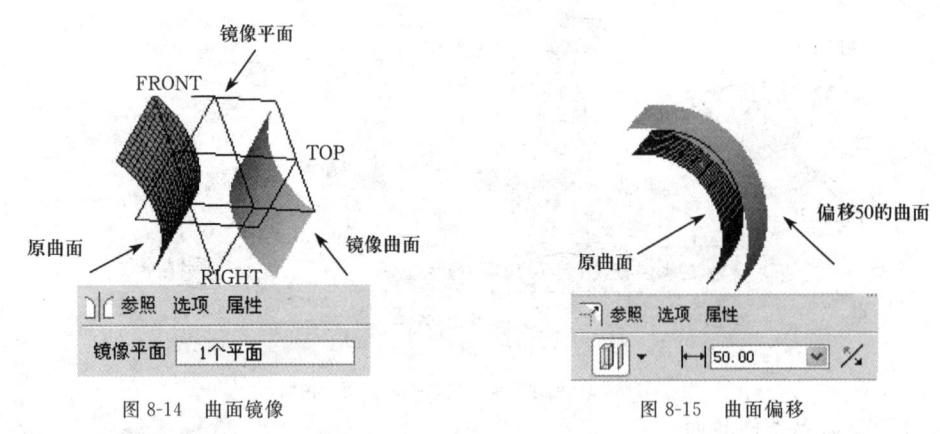

图 8-14　曲面镜像　　　　　　　　　　图 8-15　曲面偏移

3. 曲面的平移和旋转

曲面的平移是指曲面或曲线沿着定义的方向进行平移，曲面的旋转指绕定义的轴线进行旋转。操作方法如下：

(1)选择需平移或旋转的曲面、曲线，选择主菜单【编辑/复制】命令或单击 按钮。

(2)选择主菜单【编辑/选择性粘贴】命令或单击 按钮。

(3)在主视区下方弹出平移或旋转曲面操控板，单击【变换】按钮，选择【平移】或【旋转】命令，输入平移值或旋转角度，选取平移方向或旋转轴参照。

(4)单击 按钮，完成曲面的平移或旋转，如图 8-16、图 8-17 所示。

注意：若选基准平面为方向参照，则平移方向与该平面垂直。若选实体边线、基准轴线或坐标轴为参照，则平移方向与之平行。

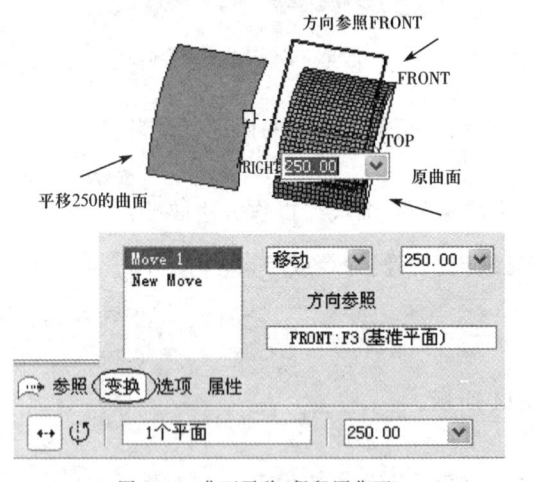

图 8-16　曲面平移（保留原曲面） 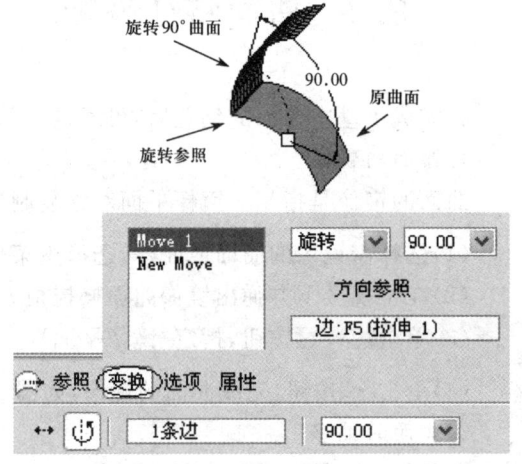　　　　图 8-17　曲面旋转（保留原曲面）

4. 曲面的合并

曲面合并可把多个曲面合并生成单一曲面，这是曲面设计中的一个重要操作。操作方法如下：

(1)选取参与合并的曲面，选择主菜单【编辑/合并】命令或单击 按钮。

(2)在主视区下方弹出合并曲面操控板，选择合并方式，调整保留合并方向。

(3)单击✓按钮,完成曲面的合并。

注意:合并方式有求交和连接两种方式,求交合并两面组自动从相交位置相互修剪,而连接合并要求一个面组的边界刚好落在另一个面上。如图8-18所示。

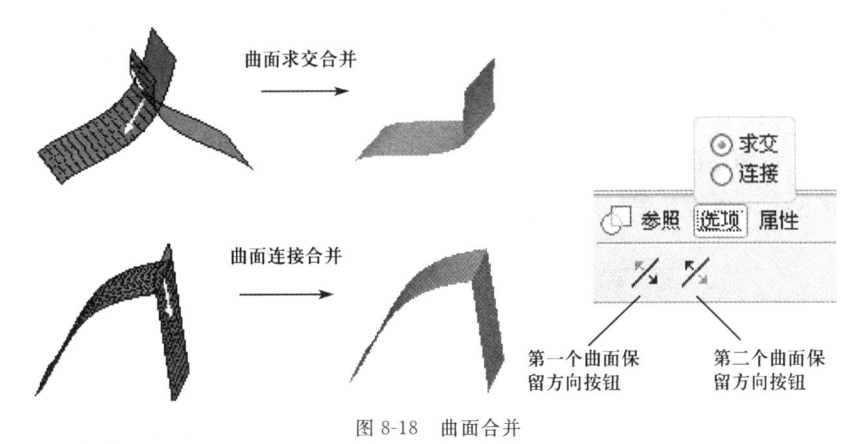

图 8-18　曲面合并

5.曲面的修剪

曲面的修剪是指除去指定曲面上多余的部分以获得理想大小和形状的曲面。操作方法如下:

(1)选取需进行修剪的曲面,选择主菜单【编辑/修剪】命令或单击 按钮。

(2)在主视区下方弹出修剪曲面操控板,选择作为修剪工具的对象,调整保留曲面方向。

(3)单击✓按钮,完成曲面的修剪。

注意:修剪工具的对象,可以是基准平面、基准曲线及曲面特征等。此外,若用曲面修剪,则该曲面必须能够将被修剪曲面分出区域,如图8-19、图8-20所示。

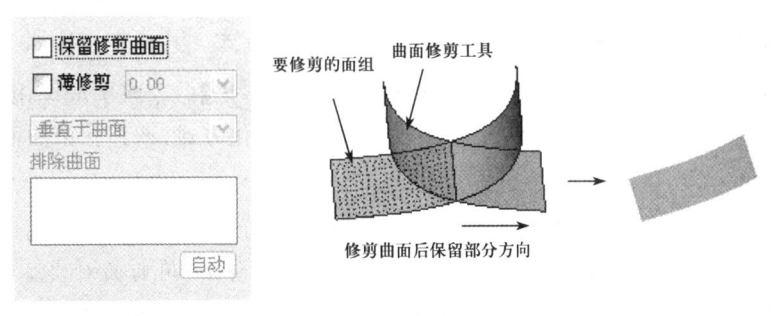

图 8-19　曲面修剪(不保留修剪曲面)

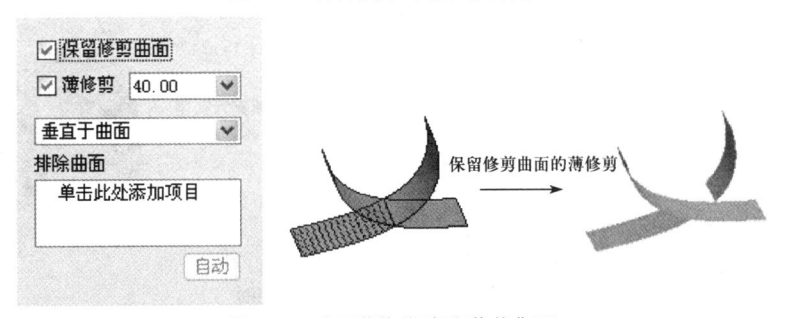

图 8-20　曲面薄修剪(保留修剪曲面)

6. 曲面的加厚

曲面的加厚是指将定义的曲面特征按照给定的方向进行加厚形成薄壁体。操作方法如下：

(1) 选取需进行加厚的曲面，选择主菜单【编辑/加厚】命令或单击 按钮。

(2) 在主视区下方弹出曲面加厚操控板。选择曲面加厚的方式，修改加厚的厚度，调整加厚的方向。

(3) 单击 按钮，完成曲面的加厚。

注意：曲面特征的加厚方式有三种，是通过 按钮来设定的，如图8-21所示。

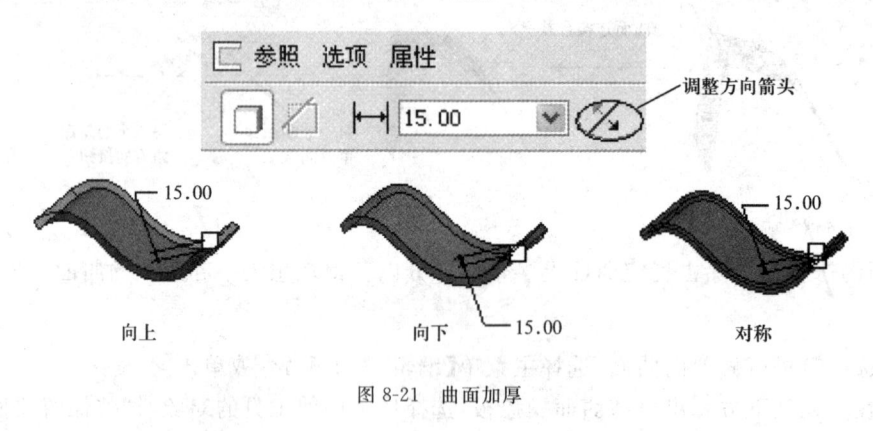

图 8-21　曲面加厚

8.4　曲面的实体化

曲面的实体化是指曲面特征转化为实体特征的一种方式。其操作方法如下：

(1) 选取需进行实体化的曲面，选择主菜单【编辑/实体化】命令或单击 按钮。

(2) 在主视区下方弹出曲面实体化操控板。选择实体化方式，调整保留曲面方向。

(3) 单击 按钮，完成曲面的实体化。

注意：曲面特征的实体化有三种方式：创建实体体积、用曲面对实体裁剪、用曲面片替代实体表面。创建实体体积，曲面面组必须封闭，如图8-22所示；用曲面对实体剪裁，曲面面组必须与实体相交且把实体分成两个部分，如图8-23所示；而用曲面片替代实体表面时，曲面边界要落在实体表面上，如图8-24所示。

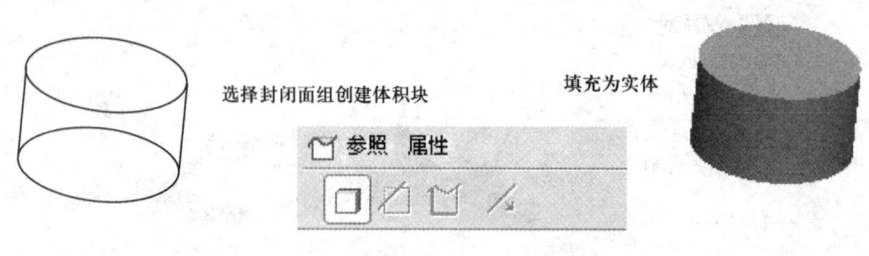

图 8-22　曲面实体化（创建实体体积）

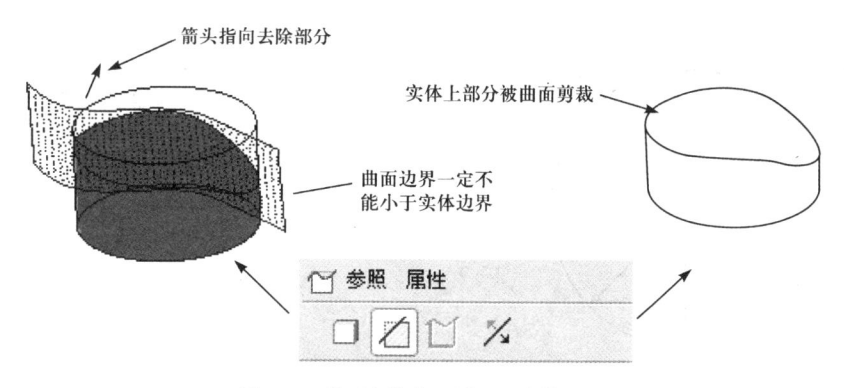

图 8-23 曲面实体化(用曲面对实体剪裁)

图 8-24 曲面实体化(用曲面片替代实体表面)

8.5 综合实例

任务一：药瓶造型设计。

Step1. 新建零件文件

选择主菜单【文件/新建】命令，在打开的【新建】对话框中，取消【使用缺省模板】前的复选标记，并命名零件的名称为"yaoping"，单击【确定】按钮，在打开【新文件选项】对话框的【模板】列表中选择【mmns_part_solid】，单击【确定】按钮。

Step2. 创建药瓶瓶体曲面

①选择主菜单【插入/混合/曲面】命令，弹出【混合选项】菜单。

②选择【平行/规则截面/草绘截面/完成】命令，弹出曲面【属性】菜单。

③选择【光滑/封闭端/完成】命令。

④选择 FRONT 基准平面为草绘平面，指定【正向】，选择【缺省】命令，在草绘模式中绘制第 1 个截面圆形，如图 8-25 所示。

⑤在右键快捷菜单中选择【切换剖面】命令，绘制第 2 个截面椭圆，如图 8-26 所示。

⑥同理,绘制第3、第4个截面分别为椭圆,如图8-27所示。

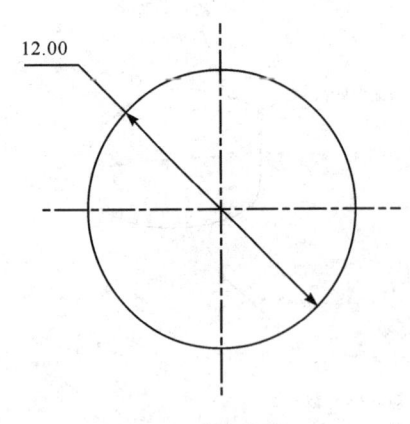

图8-25 草绘截面1

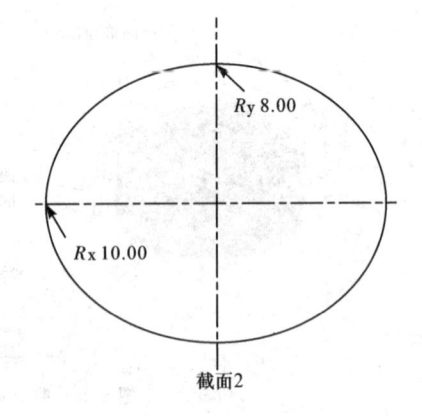

图8-26 草绘截面2

⑦单击✓按钮,退出草绘模式。

⑧弹出曲面【深度】菜单,选择【盲孔/完成】命令。

⑨输入第1个与第2个截面距离"3"单击✓按钮;输入第2个与第3个截面距离"18"单击✓按钮;输入第3个与第4个截面距离"20"单击✓按钮。

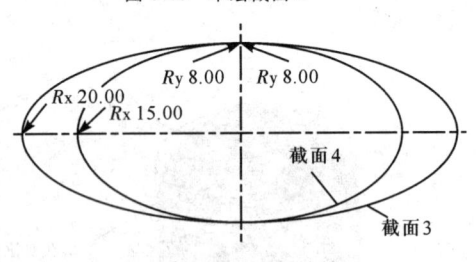

图8-27 草绘截面3和4

⑩单击【预览】按钮,预览所创建的药瓶瓶体,然后单击【确定】按钮,完成药瓶瓶体曲面造型,如图8-28所示。

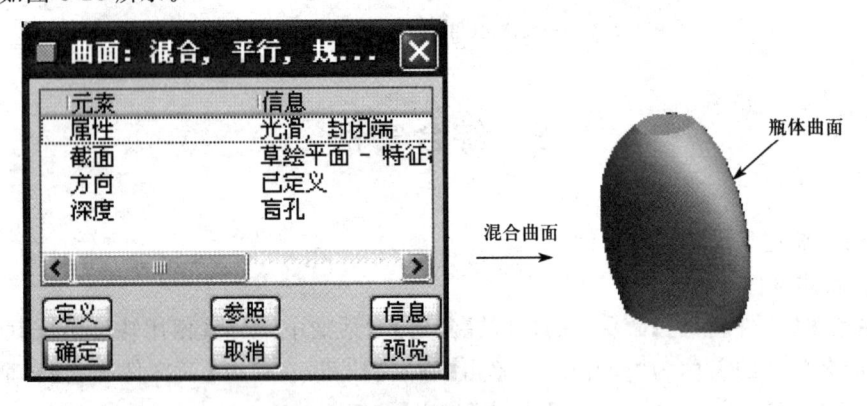

图8-28 创建药瓶瓶体曲面

Step3.创建药瓶瓶口曲面

①选择主菜单【插入/旋转/曲面】命令。

②在主视区下方弹出旋转特征操控板,单击按钮。

③选择【位置/定义】按钮,进入草绘模式,绘制瓶口截面图,单击✓退出草绘模式。

④输入旋转角度"360",单击✓按钮,完成药瓶瓶口曲面造型,如图8-29所示。

Step4.创建药瓶曲面

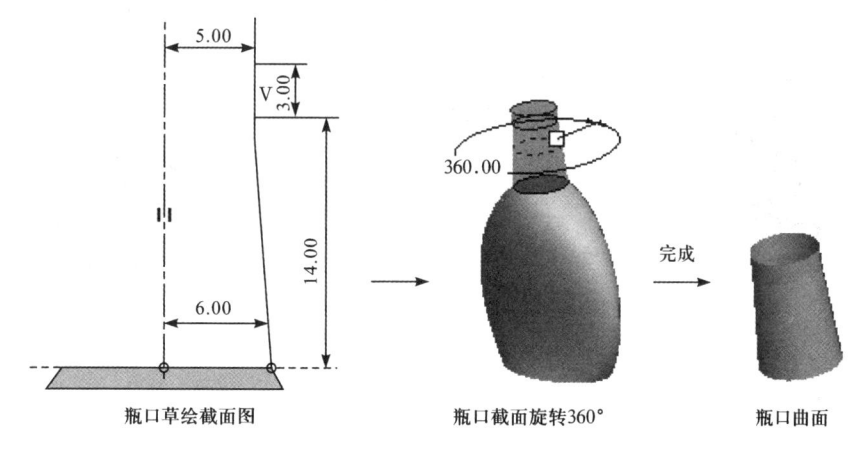

瓶口草绘截面图　　　　　瓶口截面旋转360°　　　　瓶口曲面

图 8-29　创建药瓶瓶口曲面

①选取瓶口曲面和瓶体曲面,选择主菜单【编辑/合并】命令或单击 按钮。

②在主视区下方弹出的合并曲面操控板上,单击【选项】按钮,选择【求交】合并,调整保留曲面方向。

③单击 按钮,完成药瓶曲面的造型,如图 8-30 所示。

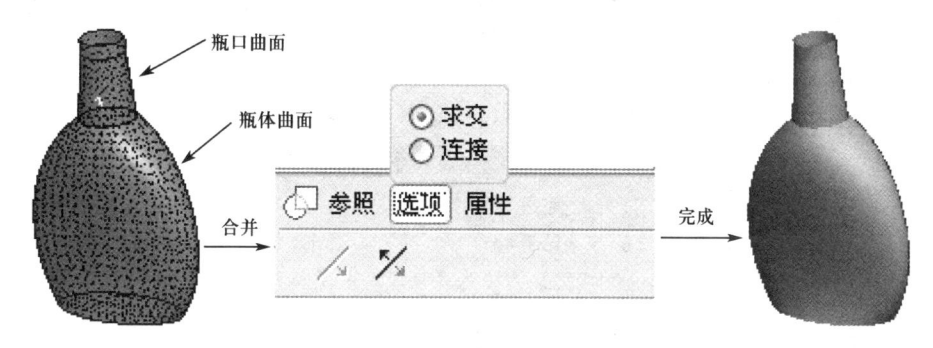

图 8-30　创建药瓶曲面

Step5. 创建药瓶实体

①选取药瓶曲面,选择主菜单【编辑/加厚】命令或单击 按钮。

②在主视区下方弹出曲面加厚操控板,单击【选项】按钮,选择【垂直于曲面】加厚,输入厚度"2",默认加厚方向。

③单击 按钮,完成药瓶实体造型,如图 8-31 所示。

任务二:灯罩造型设计

Step1. 新建零件文件

选择主菜单【文件/新建】命令,在打开的【新建】对话框中,取消【使用缺省模板】前的复选标记,并命名零件的名称为"dengzhao",单击【确定】按钮,在打开的【新文件选项】对话框的【模板】列表中选择【mmns_part_solid】,单击【确定】按钮。

Step2. 通过曲线方程创建基准曲线 1

①选择主菜单【插入/模型基准/曲线】命令或单击 按钮。

②弹出【曲线选项】菜单,如图 8-32 所示。

③选择【从方程/完成】命令,弹出【曲线:从方程】对话框(图 8-33)、【得到坐标系】菜单

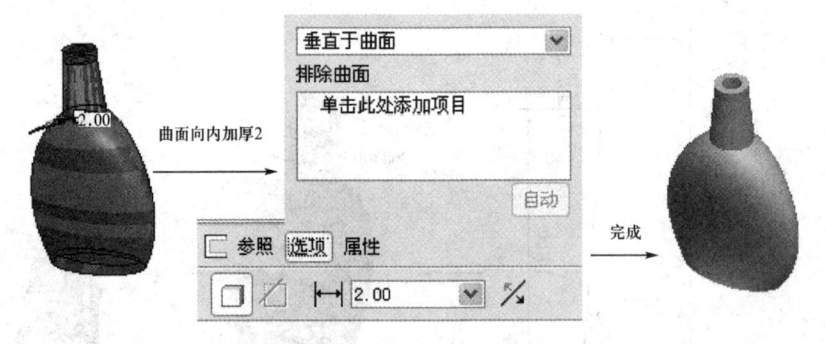

图 8-31 药瓶曲面转化为实体

和【选取】对话框,选取系统默认的 PRT_CSYS_DEF 坐标系。

④在【设置坐标类型】菜单中选择【圆柱】命令,如图 8-34 所示。

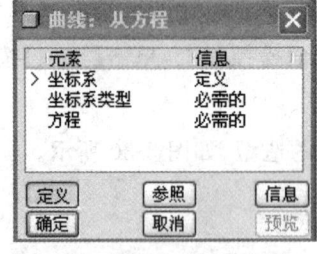

图 8-32 【曲线选项】菜单　　图 8-33 【曲线:从方程】对话框　　图 8-34 【设置坐标类型】菜单

⑤在弹出的如图 8-35 所示的记事本窗口中输入螺旋曲线方程。

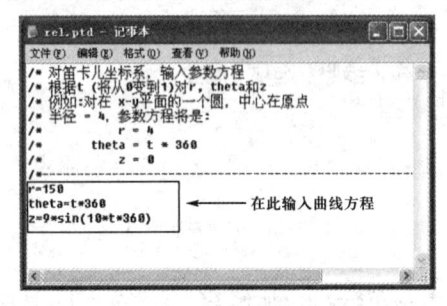

图 8-35 输入螺旋曲线方程

⑥在记事本窗口中选择【文件/保存】命令,保存曲线。

⑦在记事本窗口中选择【文件/退出】命令,退出记事本窗口。

⑧单击【预览】按钮,预览所创建的基准曲线,然后单击【确定】按钮,完成基准曲线 1 的创建,如图 8-36 所示。

Step3. 创建基准平面 DTM1

①选择主菜单【插入/模型基准/平面】命令或单击 ▱ 按钮。

②弹出如图 8-37 所示的【基准平面】对话框,选取 FRONT 基准平面为参照,偏移

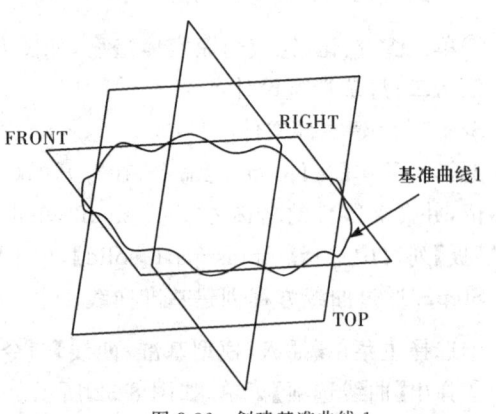

图 8-36 创建基准曲线 1

"150",创建如图 8-38 所示的基准平面 DTM1。

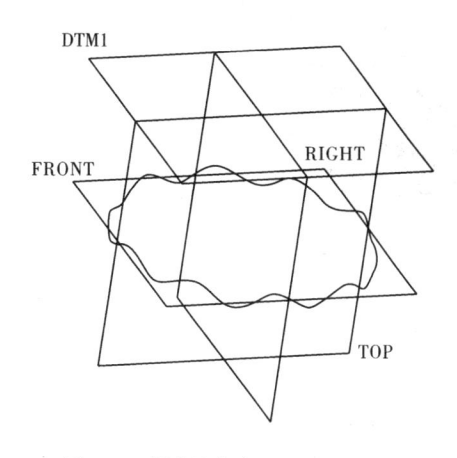

图 8-37 【基准平面】对话框   图 8-38 创建基准平面 DTM1

Step4. 创建基准曲线 2

①选择主菜单【插入/模型基准/草绘】命令或单击"草绘工具"按钮 。

②选择刚创建的基准平面 DTM1 为草绘平面,进入草绘模式,绘制截面如图 8-39 所示,单击 ✔ 按钮退出草绘模式。

③完成基准曲线 2 的创建,如图 8-40 所示。

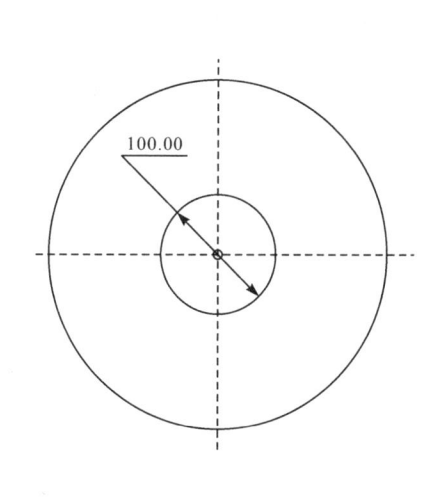

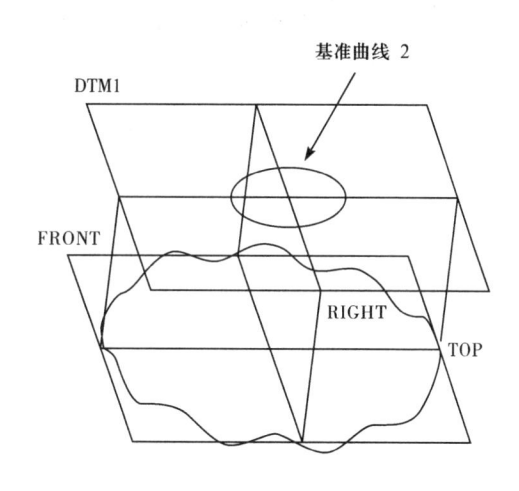

图 8-39 截面图   图 8-40 创建基准曲线 2

Step5. 创建边界混合曲面

①选择主菜单【插入/边界混合】命令或单击 按钮。

②按 Ctrl 键依次选择基准曲线 1 和基准曲线 2,如图 8-41 所示。单击 ✔ 按钮,完成灯罩曲面的造型,如图 8-42 所示。

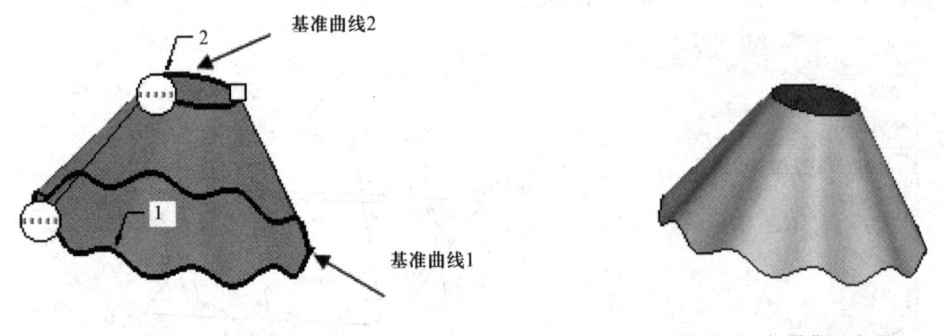

图 8-41　选择基准曲线　　　　　图 8-42　灯罩曲面造型

Step6. 创建灯罩实体

①选取灯罩曲面,选择主菜单【编辑/加厚】命令或单击 按钮。

②弹出曲面加厚操控板。单击【选项】按钮,选择【垂直于曲面】,输入厚度"3",调整加厚方向。

③单击 按钮,完成灯罩的造型,如图 8-43 所示。

图 8-43　灯罩曲面转化为实体

第 9 章

零件装配设计

完成零件设计后,利用 Pro/ENGINEER Wildfire 4.0 的装配模块,依照零件的配合关系将零件组装在一起,要求各零件之间必须满足特定的位置关系。

9.1 装配约束类型

约束就是使零件之间满足配合关系,即确定零件的相对位置。Pro/ENGINEER Wildfire 4.0 提供了 9 种约束方式,分别介绍如下:

1. 匹配

两个平面面对面地贴合在同一个平面上,如图 9-1 所示。

两平面面对面,并可使二者之间存在一个用户指定的偏移距离,叫做匹配偏移,如图 9-2 所示。

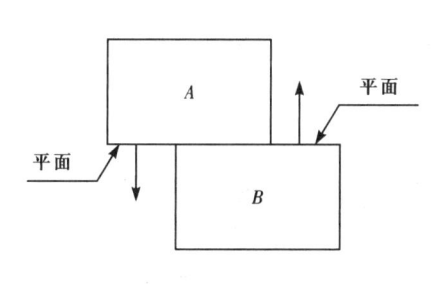

图 9-1 【匹配】约束

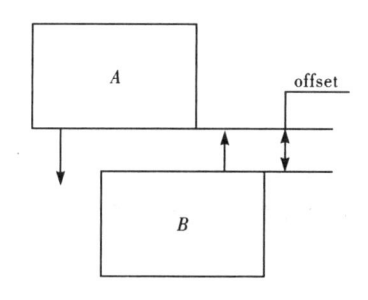

图 9-2 【匹配】偏移

2. 对齐

两个平面并非面对面贴合,而是朝向同一方向对齐,如图 9-3 所示。

两平面朝向相同且偏移一定距离,叫做对齐偏移,如图 9-4 所示。

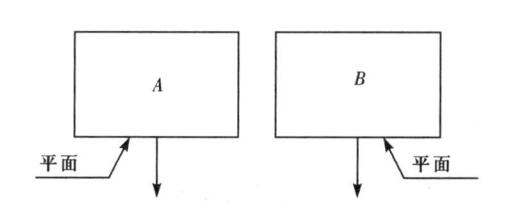

图 9-3 【匹配】约束

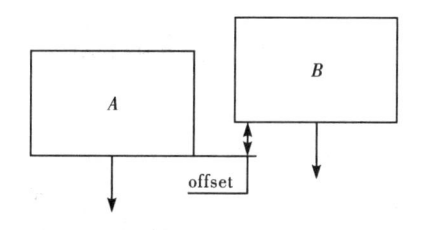

图 9-4 【对齐】偏移

3. 插入

一个回转曲面插入到另一个回转曲面中，且两回转曲面同轴，如图9-5所示。

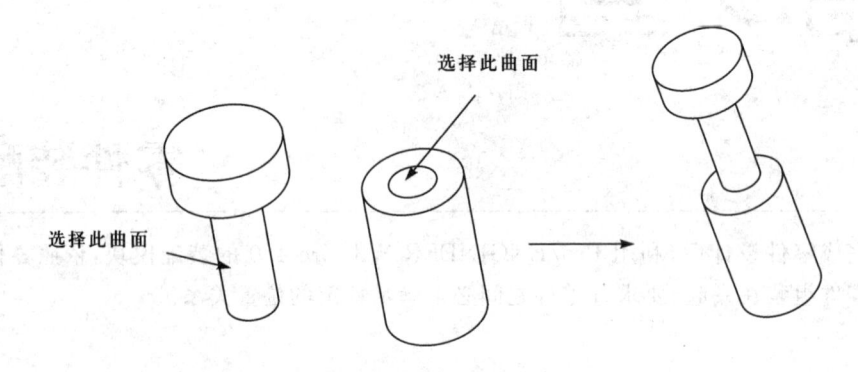

图9-5 【插入】约束

4. 相切

选择两个实体表面作为约束参照，两表面将自动调整到相切状态，如图9-6所示。

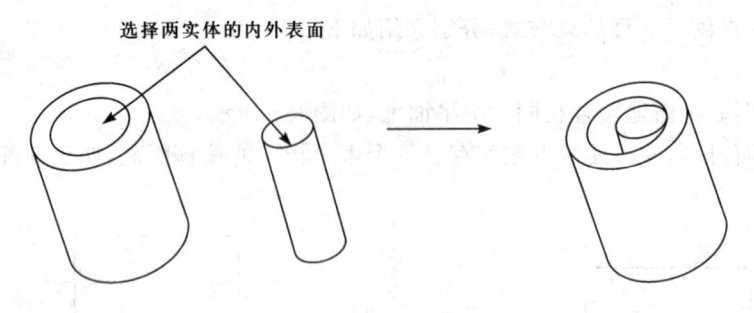

图9-6 【相切】约束

5. 坐标系

选择两个模型上的坐标系作为约束参照，两坐标系将重合，如图9-7所示。

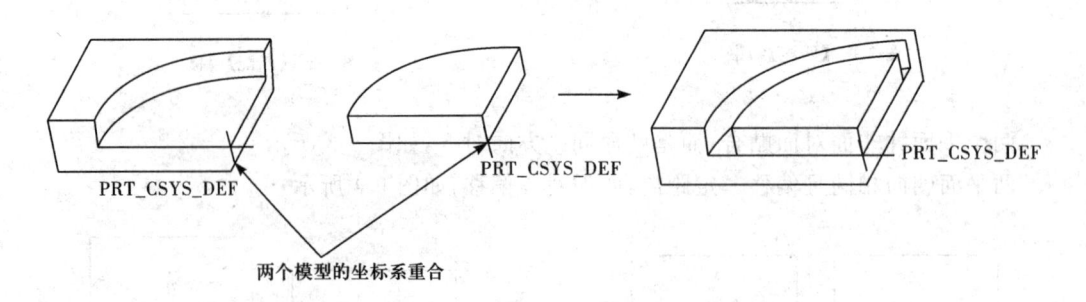

图9-7 【坐标系】约束

6. 自动

自动是系统默认的方式，系统根据选择的约束参照自动判断使用何种约束。对较简单的装配相当实用，但对于较复杂的装配则常常会判断不准。

7. 线上点

约束点对齐到直线、轴线或曲线上。

8. 曲面上点

约束点对齐到曲面上。

9. 曲面上边

约束边线对齐到曲面上。

9.2 零件装配基本操作

1. 创建零件装配文件的操作方法

选择主菜单【文件/新建】命令,弹出【新建】对话框,在【类型】区域选择【组件】,在【子类型】区域选择【设计】,在【名称】文本框中输入文件名称,取消【使用缺省模板】的勾选,单击【确定】按钮。

在弹出的【新文件选项】对话框的【模板】列表中选择【mmns_asm_design】,如图 9-9 所示,单击【确定】按钮,进入装配模式。

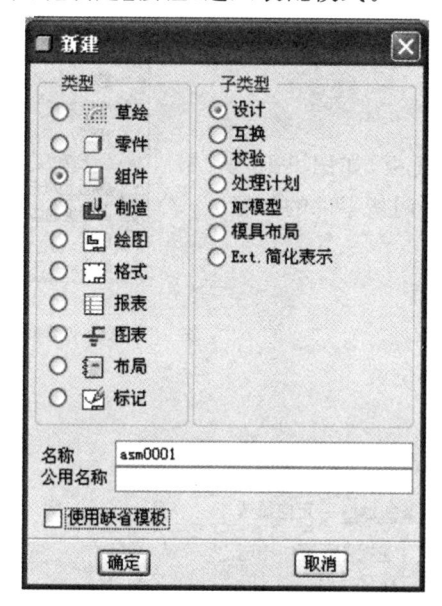

图 9-8 【新建】对话框　　　　图 9-9 【新文件选项】对话框

2. 零件装配设计的操作流程

(1) 选择主菜单【插入/元件/装配】命令或单击按钮,弹出【打开】对话框。

(2) 打开需装配的零件文件,在图形界面显示该零件,同时弹出装配设计操控板,如图 9-10 所示。

图 9-10 装配设计操控板

(3)单击操控板中【放置】按钮,弹出【放置】上滑面板,如图9-11所示。

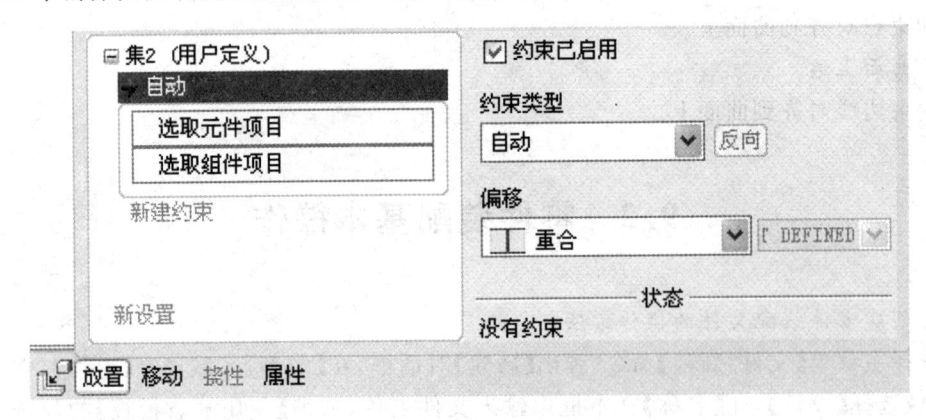

图 9-11 【放置】上滑面板

(4)单击【约束类型】选项栏内的 按钮,展开【约束类型】选项。如图9-12所示,可分别选择元件和组件的坐标系、基准平面、轴、实体平面、基准点及棱边等作为装配约束参照,单击 按钮,完成零件的装配。

3. 以移动方式调整零件位置

单击操控板中【移动】按钮,弹出【移动】上滑面板,如图9-13所示。可通过定向模式、平移、旋转和调整四种方式来调整零件的位置。具体操作如下:

(1)确定移动方式。

(2)选取图元的面、边及坐标系等作为移动参照。

图 9-12 【约束类型】选项

(3)在窗口中选择移动零件,拖拽零件到另一个位置。

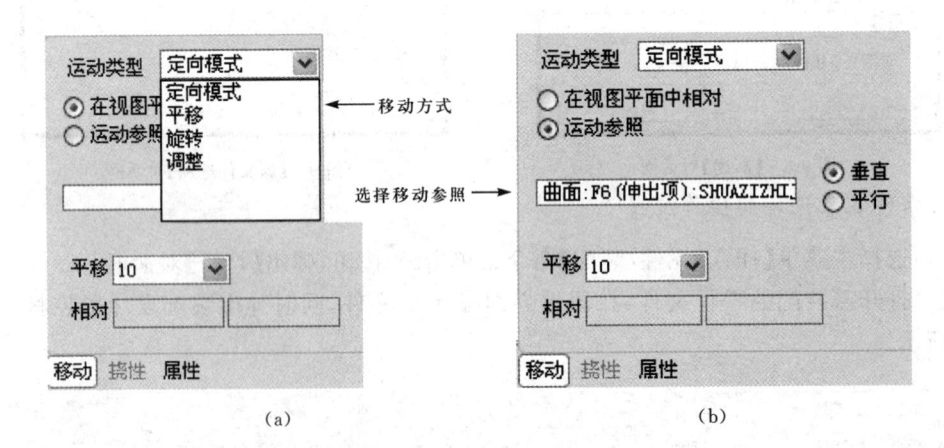

(a)　　　　　　　　　　　　(b)

图 9-13 【移动】上滑面板

9.3 装配体的编辑操作

1. 装配体的重定义

在元件的装配过程中,如要修改装配元件的约束关系,则可重新定义元件之间的装配关系。

选择需修改的元件,单击鼠标右键,在快捷菜单中选择【编辑定义】命令,可重新定义装配约束。

2. 在装配体中改动零件

在 Pro/ENGINEER Wildfire 4.0 系统中,可以直接在装配体中修改元件的尺寸。

(1)修改尺寸:单击鼠标右键,在快捷菜单中选择【激活】命令,双击需修改的特征,修改完尺寸后,单击"再生模型"按钮。

(2)建立新特征:单击鼠标右键,在快捷菜单中选择【激活】命令,创建特征。

9.4 装配设计综合实例

任务一:刷子装配设计。

提示:首先按题库"13.5 装配设计题目"第 3 题已知的刷子各零件图创建各零件。

Step1. 新建装配文件

选择主菜单【文件/新建】命令,打开【新建】对话框,在【类型】区域选择【组件】,在【子类型】区域选择【设计】,取消【使用缺省模板】前的复选标记,并命名组件的名称为"shuazi",单击【确定】按钮。在弹出的【新文件选项】对话框中,选择类型为【空】,单击【确定】按钮。

Step2. 引入第一个零件——刷子支架

①选择主菜单【插入/元件/装配】命令或单击 按钮,打开刷子支架零件模型文件"shuazizhijia.prt",弹出装配设计操控板。

②单击操控板中【放置】按钮,弹出【放置】上滑面板。在【约束类型】中选择【缺省】约束,单击装配设计操控板中 按钮,完成刷子支架的装配,如图 9-14 所示。

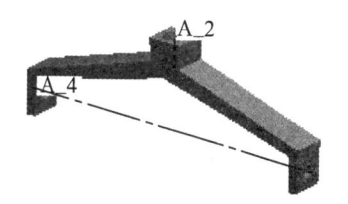

图 9-14 将刷子支架装到【空】装配模式中

Step3. 引入第二个零件——刷子插销

①选择主菜单【插入/元件/装配】命令或单击 按钮,打开刷子插销零件模型文件"shuazichaxiao.prt",弹出装配设计操控板。

②单击操控板中【放置】按钮,弹出【放置】上滑面板。在【约束类型】中选择【对齐】约束,用鼠标分别选取刷子插销和刷子支架的中心轴作为约束参照,如图 9-15 所示。

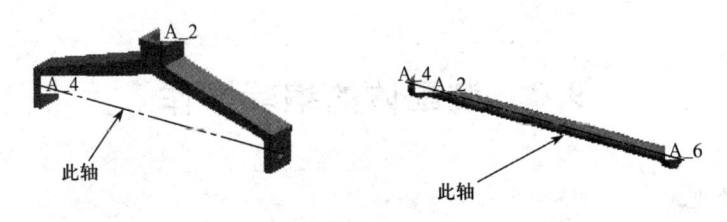

图 9-15 选取【对齐】约束参照

③在【放置】上滑面板中,单击【新建约束】,在【约束类型】中选择【对齐】约束,用鼠标分别选取刷子插销和刷子支架如图 9-16 所示的面作为约束参照。

图 9-16 再次选取【对齐】约束参照

④在【放置】上滑面板中,单击【偏移】下拉列表中的【偏距】选项,在此项右侧的文本框中输入偏移距离"4",单击装配设计操控板中 ✓ 按钮,完成刷子插销的装配,如图 9-17、图 9-18 所示。

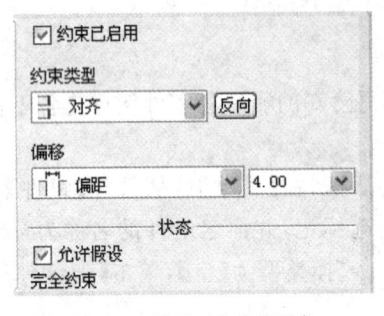

图 9-17 设置对齐偏移距离

图 9-18 装入刷子插销

Step4. 引入第三个零件——刷子滚轮

①选择主菜单【插入/元件/装配】命令或单击 按钮,打开刷子滚轮零件模型文件"shuazigunlun.prt",弹出装配设计操控板。

②单击操控板中【放置】按钮,弹出【放置】上滑面板,在【约束类型】中选择【对齐】约束,用鼠标分别选取刷子插销和刷子滚轮如图 9-19 所示的中心轴作为约束参照。

图 9-19 选取【对齐】约束参照

③在【放置】上滑面板中,新添加【匹配】约束,用鼠标分别选取刷子滚轮和刷子支架如图9-20所示的面作为约束参照。

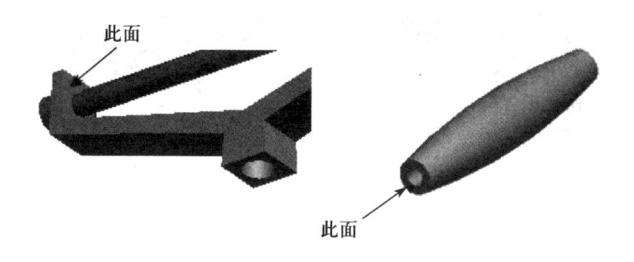

图 9-20 选取【匹配】约束参照

④在【放置】上滑面板中单击【偏移】下拉列表中【偏距】选项,在此项右侧的文本框中输入偏移距离"1",单击装配设计操控板中☑按钮,完成刷子滚轮的装配,如图9-21、图9-22所示。

图 9-21 设置匹配偏移距离

图 9-22 装入刷子滚轮

Step5. 引入第四个零件——刷子把手

①选择主菜单【插入/元件/装配】命令或单击 按钮,打开刷子把手零件模型文件"shuazibashou.prt",弹出装配设计操控板。

②单击操控板中【放置】按钮,弹出【放置】上滑面板,在【约束类型】中选择【对齐】约束,用鼠标分别选取刷子把手和刷子支架如图9-23所示的中心轴作为约束参照。

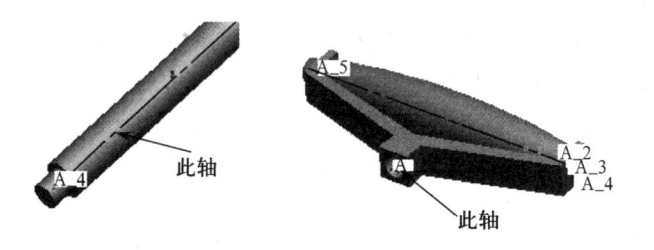

图 9-23 选取【对齐】约束参照

③在【放置】上滑面板中,新添加【匹配】约束,用鼠标分别选取刷子把手和刷子支架如图9-24所示的面作为约束参照。

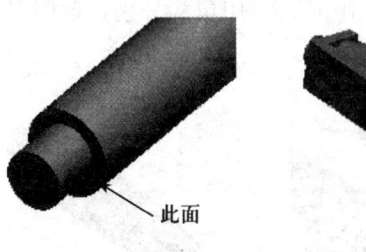

图 9-24　选取【匹配】约束参照

④在装配设计操控板中单击☑按钮，完成刷子装配体的设计，如图 9-25 所示。

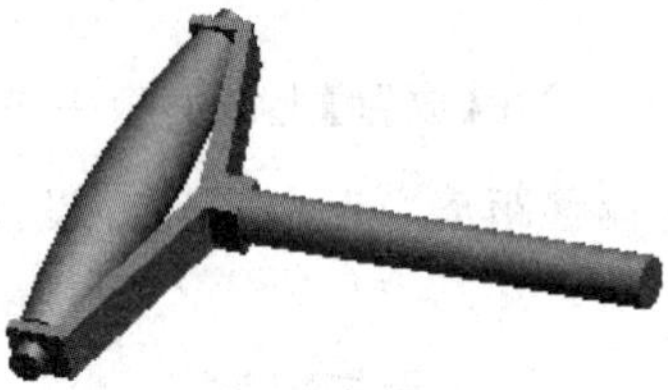

任务二：千斤顶装配。

提示：首先按题库"13.5 装配设计题目"第 4 题已知的千斤顶各零件图创建各零件。

Step1. 新建装配文件

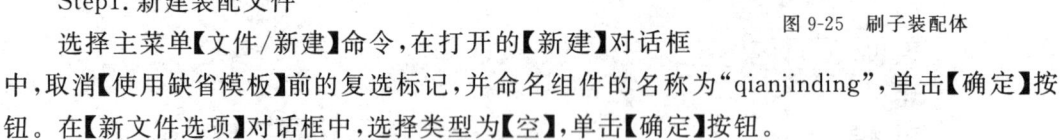

选择主菜单【文件/新建】命令，在打开的【新建】对话框中，取消【使用缺省模板】前的复选标记，并命名组件的名称为"qianjinding"，单击【确定】按钮。在【新文件选项】对话框中，选择类型为【空】，单击【确定】按钮。

图 9-25　刷子装配体

Step2. 引入第一个零件——底座

①选择主菜单【插入/元件/装配】命令或单击按钮，打开底座零件模型文件"dizuo.prt"，弹出装配设计操控板。

②单击操控板中【放置】按钮，在【放置】上滑面板的【约束类型】中选择【缺省】约束，单击☑按钮，完成底座的装配，如图 9-26 所示。

Step3. 引入第二个零件——螺套

①选择主菜单【插入/元件/装配】命令或单击按钮，打开螺套零件模型文件"luotao.prt"。

图 9-26　将底座装到【空】装配模式中

②在弹出的装配设计操控板中单击【放置】按钮，弹出【放置】上滑面板，在【约束类型】中选择【匹配】约束，用鼠标分别选取螺套和底座如图 9-27 所示的面作为约束参照。

③在弹出的【放置】上滑面板中，单击【新建约束】，在【约束类型】中选择【匹配】约束，用鼠标分别选取螺套和底座如图 9-28 所示的面作为约束参照。

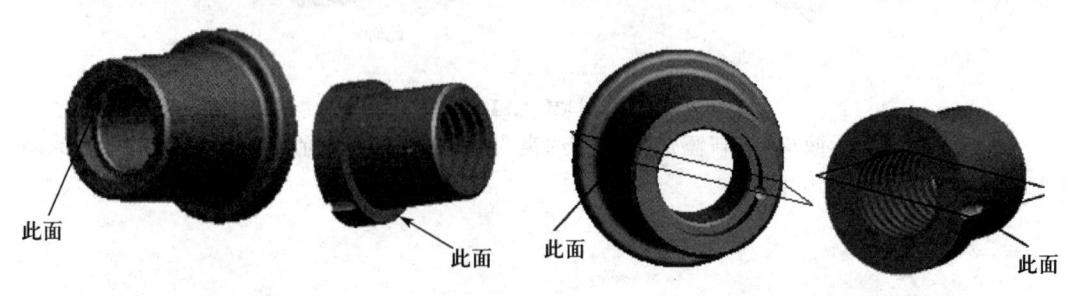

图 9-27　选取【匹配】约束参照　　　　　图 9-28　再次选取【匹配】约束参照

④在【放置】上滑面板中，新添加【对齐】约束，如图 9-29 所示。使用鼠标分别选取螺套和底座如图 9-30 所示的中心轴作为约束参照。

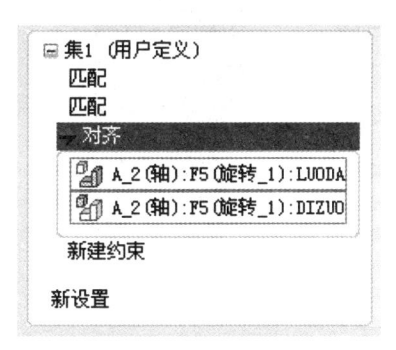

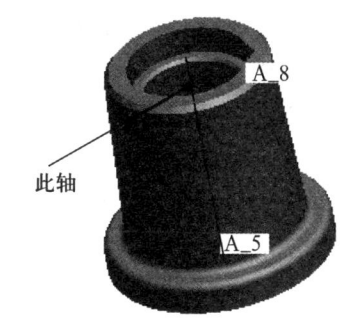

图 9-29　设置约束类型

图 9-30　选取【对齐】约束参照

⑤单击操控板☑按钮，完成螺套的装配，如图 9-31 所示。

Step4. 引入第三个零件——螺杆

①选择主菜单【插入/元件/装配】命令或单击 按钮，打开螺杆零件模型文件"luogan.prt"。

②在弹出的装配设计操控板中单击【放置】按钮，弹出【放置】上滑面板，在【约束类型】中选择【匹配】约束，用鼠标分别选取螺套和螺杆如图 9-32 所示的面作为约束参照。

③在【放置】上滑面板中，单击【新建约束】，添加【对齐】约束，如图 9-33 所示。使用鼠标分别选取螺套和螺杆如图9-34所示的中心轴作为约束参照。

图 9-31　装入螺套

图 9-32　选取【匹配】约束参照

图 9-33　设置约束类型

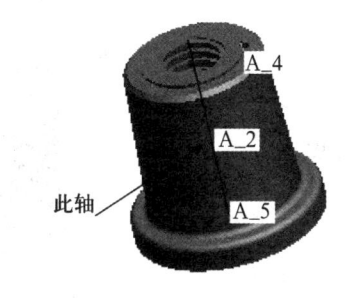

图 9-34　选取【对齐】约束参照

④单击操控板☑按钮,完成螺杆的装配,如图 9-35 所示。

Step5. 引入第四个零件——绞杠

①选择主菜单【插入/元件/装配】命令或单击📂按钮,打开绞杠零件模型文件"jiaogang.prt"。

②在弹出的装配设计操控板中单击【放置】按钮,弹出【放置】上滑面板,在【约束类型】中选择【对齐】约束,用鼠标分别选取绞杠和螺杆如图 9-36 所示的中心轴作为约束参照。

图 9-35 装入螺杆

图 9-36 选取【对齐】约束参照

③在【放置】上滑面板中,单击【新建约束】,添加【匹配】约束,如图 9-37 所示。用鼠标分别选取螺套和绞杠如图 9-38 所示的中心面作为约束参照。

④单击操控板☑按钮,完成绞杠的装配,如图 9-39 所示。

图 9-37 设置约束类型

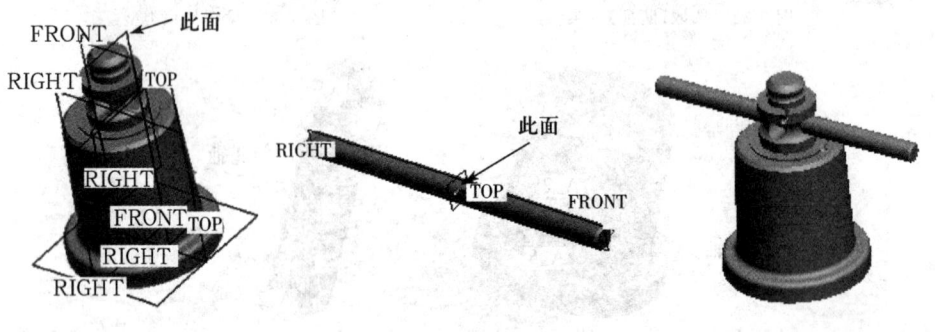

图 9-38 选取【匹配】约束参照

图 9-39 装入绞杠

Step6. 引入第五个零件——顶垫

①选择主菜单【插入/元件/装配】命令或单击 按钮，打开顶垫零件模型文件"dingdian.prt"。

②在弹出的装配设计操控板中单击【放置】按钮，弹出【放置】上滑面板，在【约束类型】中选择【匹配】约束，用鼠标分别选取顶垫和螺杆如图 9-40 所示的面作为约束参照。

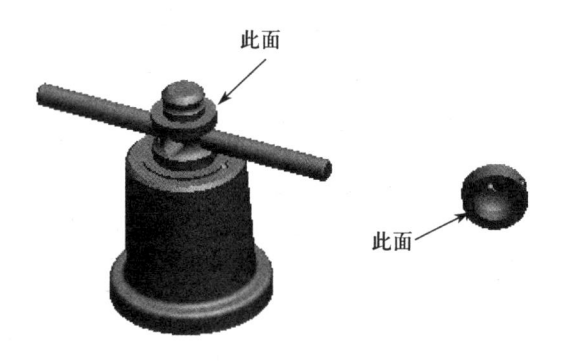

图 9-40　选取【匹配】约束参照

③在【放置】上滑面板中，新添加【对齐】约束，用鼠标分别选取螺杆和顶垫如图 9-41 所示的中心轴作为约束参照。

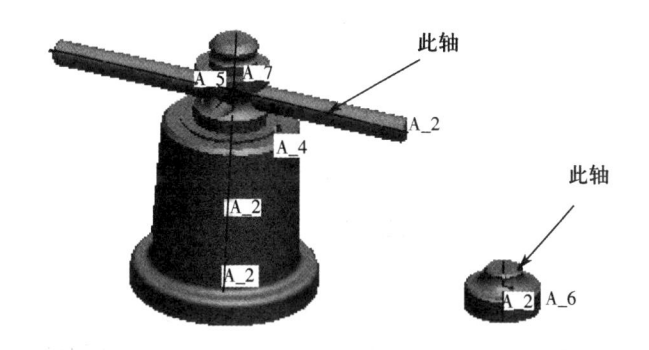

图 9-41　选取【对齐】约束参照

④单击操控板 按钮，完成千斤顶装配体的设计，如图 9-42 所示。

图 9-42　千斤顶装配体

任务三：轴承座零件及装配设计。

轴承座的参考尺寸如图 9-43 所示。操作步骤提示如下：

Step1. 使用"拉伸"工具建立模型基体。在草绘模式中绘制如图 9-44 所示的拉伸截面。

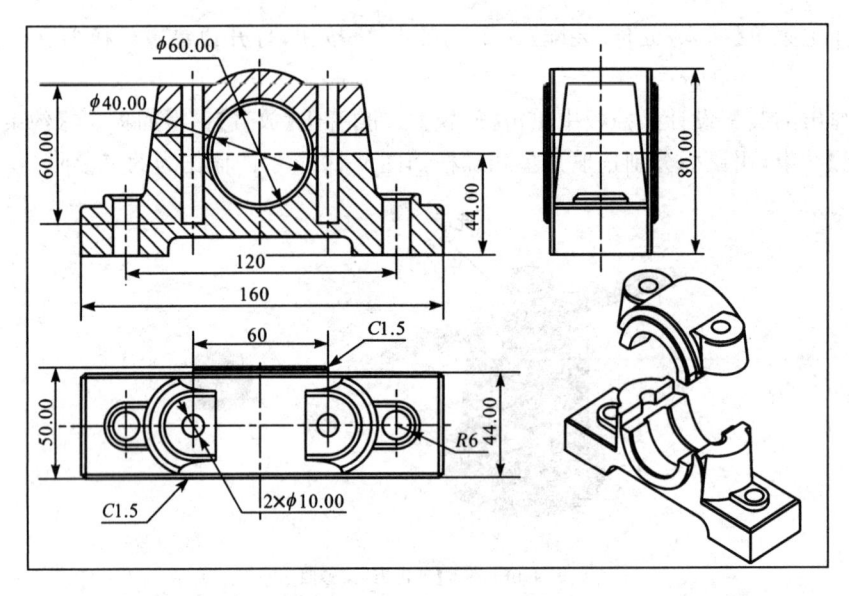

图 9-43 轴承座的参考尺寸

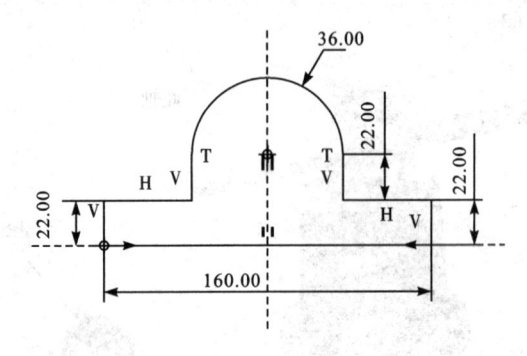

图 9-44 绘制第一个特征的拉伸截面

Step2. 使用"拉伸"工具建立轴孔基体,在草绘模式中绘制如图 9-45 所示的拉伸截面,完成的结果如图 9-46 所示。

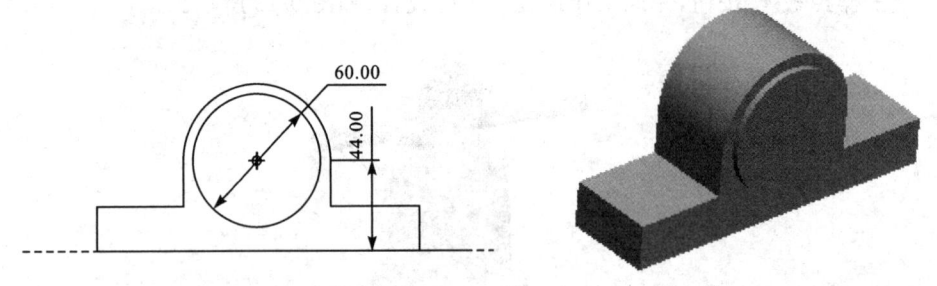

图 9-45 绘制轴孔基体的拉伸截面

图 9-46 建立的轴孔基体

Step3. 使用"拉伸"工具建立凸台。在草绘模式中绘制如图 9-47 所示的拉伸截面,凸台高度为"27",从底部向上拉伸,完成的结果如图 9-48 所示。

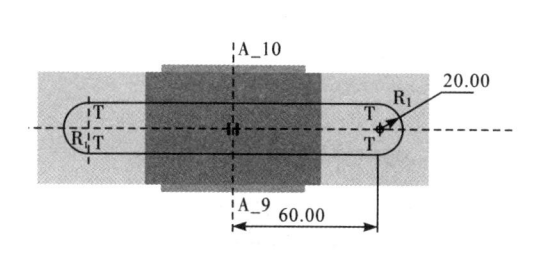

图 9-47 绘制凸台的拉伸截面 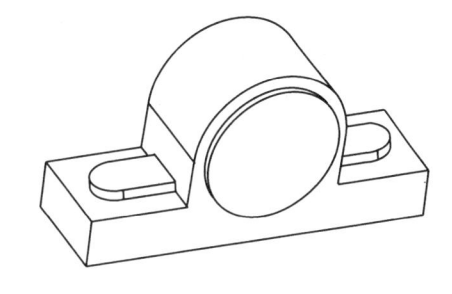　　　　　　　图 9-48 建立的凸台

Step4.使用"拉伸"工具建立固定连接的基体。在草绘模式中绘制如图 9-49 所示的拉伸截面,拉伸深度为"72",从底部向上拉伸,完成的结果如图 9-50 所示。

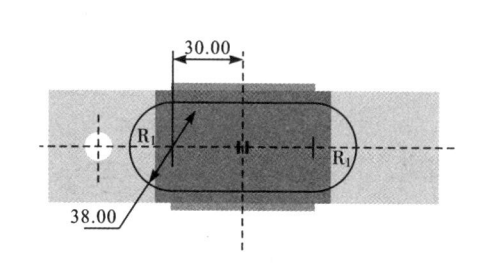

图 9-49 绘制固定连接基体的拉伸截面 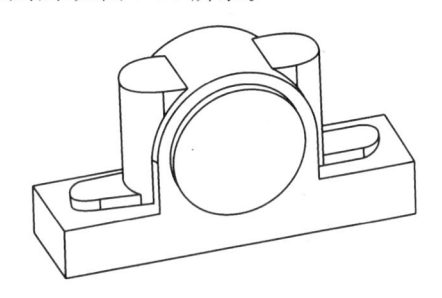　　图 9-50 建立的固定连接基体

Step5.使用"拔模"工具建立拔模特征。选择图 9-51 中箭头 1 指示的平面作为中性面和拔模方向参考,箭头 2、箭头 3 指示的曲面作为拔模面,拔模角度为"8°",完成的拔模特征如图 9-52 所示。

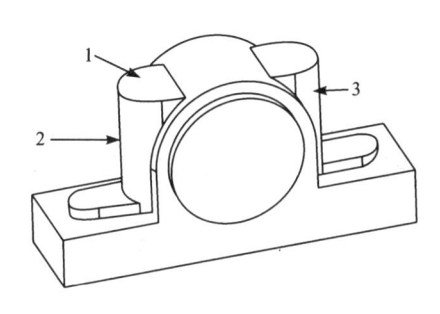

图 9-51 拔模参照选择 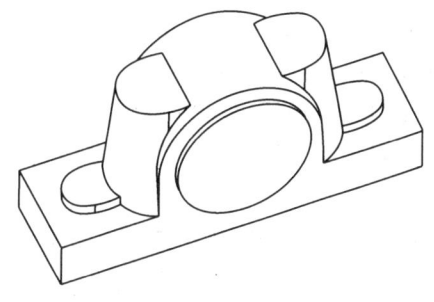　　　　　　　　图 9-52 完成的拔模特征

Step6.使用"孔"工具在底座上建立安装孔,如图 9-53 所示。

Step7.使用"拉伸"工具切割底座,如图 9-54 所示。

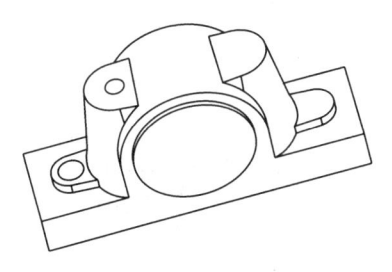

图 9-53 建立的安装孔 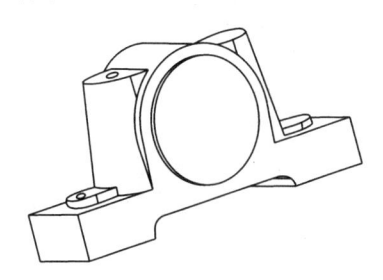　　　　　　　　图 9-54 切割底座

Step8. 镜像复制安装孔,完成的结果如图 9-55 所示。

Step9. 使用"旋转"工具切割轴承装配孔,在草绘模式中绘制如图 9-56 所示的旋转截面和旋转中心线,旋转 360°,调整材料移除方向,完成的结果如图 9-57 所示。

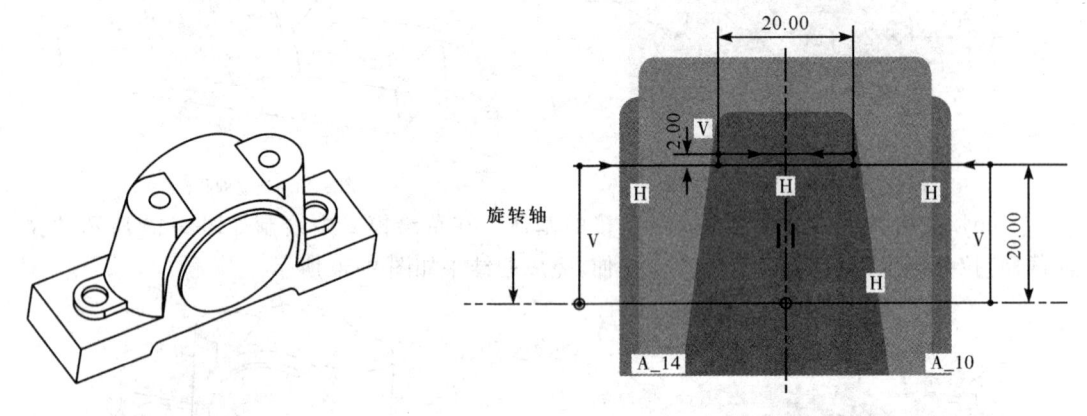

图 9-55　镜像复制安装孔

图 9-56　绘制轴承装配孔的草图

Step10. 使用"倒角"、"倒圆角"工具,对模型相应的边线进行修饰。

Step11. 使用"拉伸"工具建立切割曲面。在拉伸特征操控板选择曲面方式、关于草绘平面双向对称拉伸,设置拉伸深度为"60",在草绘模式中绘制如图 9-58 所示的折线。

Step12. 使用曲面切割实体。选择 Step11 建立的曲面,使用"实体化"工具,在实体化特征操控板选择切割方式,分别调整材料移除方向,完成轴承盖和轴承底座模型的建立,如图 9-59 所示。

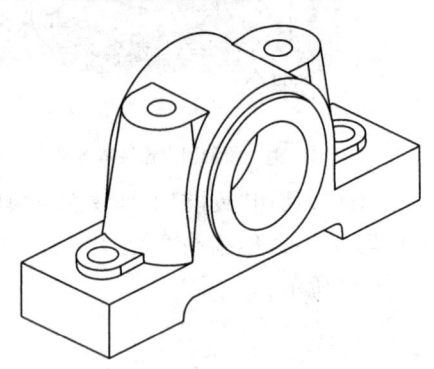

图 9-57　切割轴承装配孔后的模型

Step13. 建立如图 9-60 所示的轴承座装配图。

①选择主菜单【文件/新建】命令,在打开的【新建】对话框中,在【类型】区域选择【组件】,在【子类型】区域选择【设计】,取消【使用缺省模板】前的复选标记,并命名组件的名称为"zhouchengzuo",单击【确定】按钮,在弹出的【新文件选项】对话框的【模板】下拉列表中选择【mmns_asm_design】,单击【确定】按钮,进入装配模式。

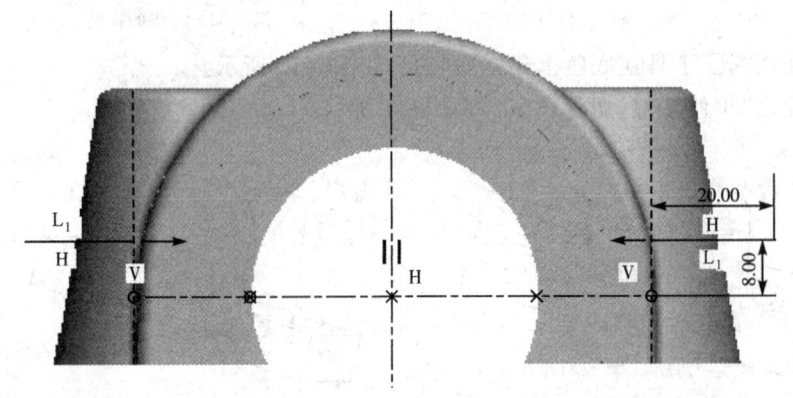

图 9-58　绘制切割曲面的草图

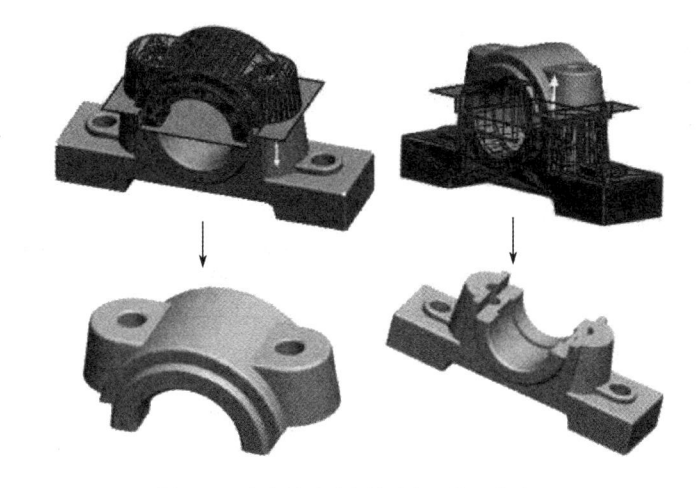

图 9-59 完成轴承盖和轴承底座模型的建立

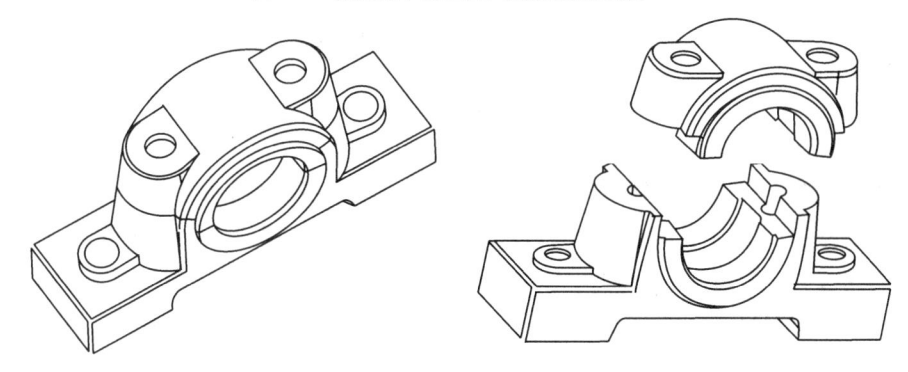

图 9-60 轴承座装配图

②装配第一个零件——滑动轴承座,采用【默认】约束进行装配。

③装配第二个零件——滑动轴承盖,采用轴【对齐】约束和【匹配】约束进行装配,如图 9-61 所示。

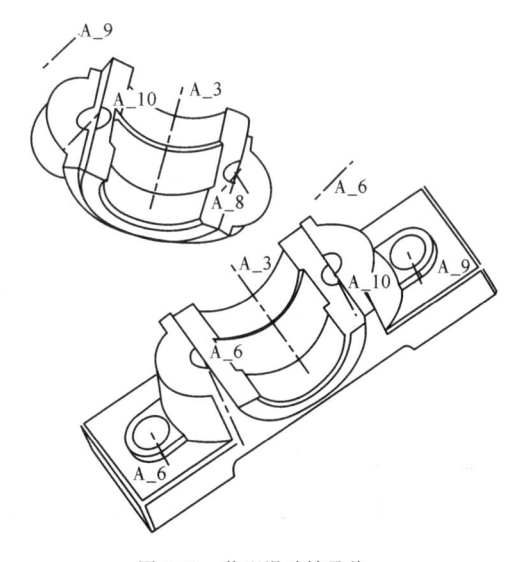

图 9-61 装配滑动轴承盖

第 10 章

Pro/ENGINEER 工程图

Pro/ENGINEER Wildfire 4.0 提供了强大的工程图功能,可以将三维模型自动生成所需的二维视图,而且工程图与模型之间是全相关的,若修改了模型,其工程图将自动更新,反之亦然。

10.1 工程图的基本操作

1. 使用缺省模板自动生成工程图

选择主菜单【文件/新建】命令,弹出如图 10-1 所示的【新建】对话框。在【类型】区域中单击【绘图】单选按钮,在【名称】文本框中输入文件名称,保留【使用缺省模板】复选框前的复选标记,单击【确定】按钮,打开如图 10-2 所示的【新制图】对话框。在【缺省模型】区域中选择欲生成工程图的模型文件,在【模板】下拉列表中选择图纸大小,单击【确定】按钮,进入工程图模式,自动生成模型的三个视图。

注意:使用缺省模板自动生成的工程图往往不符合我国制图标准,一般不宜采用。

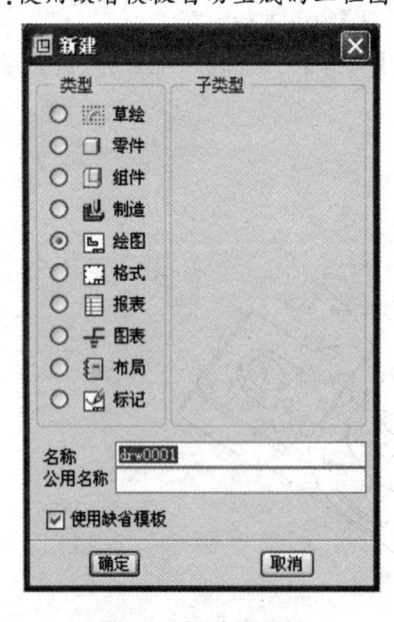

图 10-1 【新建】对话框　　　图 10-2 【新制图】对话框

2. 无模板方式生成工程图

在实际工作中经常采用无模板方式生成工程图,其操作方法如下:

(1)选择主菜单【文件/新建】命令,弹出如图 10-1 所示的【新建】对话框,在【类型】区域中单击【绘图】单选按钮,在【名称】文本框中输入文件名称,最后单击【使用缺省模板】复选框去掉复选标记,单击【确定】按钮,打开如图 10-3 所示的【新制图】对话框,选择欲生成工程图的模型文件,在【指定模板】区域中选择【格式为空】或【空】单选按钮,在【方向】和【大小】区域中选择图纸方向和大小,单击【确定】按钮,进入工程图模式,显示一张带边界的空图纸。

(2)在主视区上方的绘图工具栏中,单击创建一般视图按钮 ,或选择主菜单【插入/绘图视图/一般】命令,在图形窗口给定视图位置,打开如图 10-4 所示的【绘图视图】对话框,在此给定视图名称、视图方向,单击【确定】按钮。

图 10-3 【新制图】对话框　　　　图 10-4 【绘图视图】对话框

(3)创建投影视图:选择主菜单【插入/绘图视图/投影】命令,选择父视图,然后在图形窗口给定视图位置,则自动在该处生成相应的投影视图。

(4)修改视图:选择视图,单击鼠标右键,在快捷菜单中选择【属性】命令,打开如图 10-4 所示的【绘图视图】对话框,在此可重新定义视图名称、视图类型、可见区域、比例和剖面等。

(5)删除视图:选择视图,按"Delete"键删除视图。

注意:此时生成的工程图在很多方面都不符合我国的制图标准,如投影分角、文字标注样式等,需要详细设定工程图环境变量。

工程图模式中的显示控制与零件、装配等模式的显示控制不同,不能进行旋转操作,只能进行缩放和平移操作。

10.2　工程图环境变量

Pro/ENGINEER Wildfire 4.0 提供了不同的工程图标注供选择,如 JIS、ISO、DIN 等,其相关参数分别放在"Pro/ENGINEER Wildfire 4.0 安装目录\text\ * .dtl"文件中。

config.pro 文件(放在安装目录中的 text 目录下或起始工作目录)中的语句"drawing_

setup_file 路径*.dtl"用以加载相应文件中设置的工程图环境变量。启动 Pro/ENGI-NEER Wildfire 4.0 时,在加载 config.pro 的同时,也加载了其中指定的 *.dtl 文件。当启动时找不到 config.pro,或 config.pro 中未指定 *.dtl 文件,或 config.pro 中指定的 *.dtl 文件不存在时,自动使用"Pro/ENGINEER Wildfire 4.0 安装目录\text\prodetail.dtl"中的工程图环境变量的设置。

工程图环境变量举例见表 10-1。

表 10-1　　　　　　　　　　　　工程图环境变量举例

环　境　变　量	设　置　值	含　　　义
drawing_text_height	3.500000	工程图中的文字字高
text_thickness	0.00	文字笔画宽度
text_width_factor	0.8	文字宽高比
projection_type	third_angle/first_angle	投影分角为第三/第一角分角,我国采用第一分角 first_angle
tol_display	yes/no	显示/不显示公差
drawing_units	inch/foot/mm/cm/m	设置所有绘图参数的单位

修改工程图环境变量有如下几种方法:

(1)编辑修改某一 *.dtl 文件,并将其通过"drawing_setup_file 路径*.dtl"指定在 config.pro 中。

(2)在不使用 config.pro 的情况下,将设置值设定在"Pro/ENGINEER Wildfire 4.0 安装目录\text\prodetail.dtl"中。可以直接修改 prodetail.dtl 文件,或将做好的 *.dtl 文件命名为 prodetail.dtl。

(3)在 Pro/ENGINEER Wildfire 4.0 工程图模式中,选择主菜单【文件/属性/绘图选项】命令,打开如图 10-5 所示的【选项】对话框,用以查找或修改工程图环境变量。

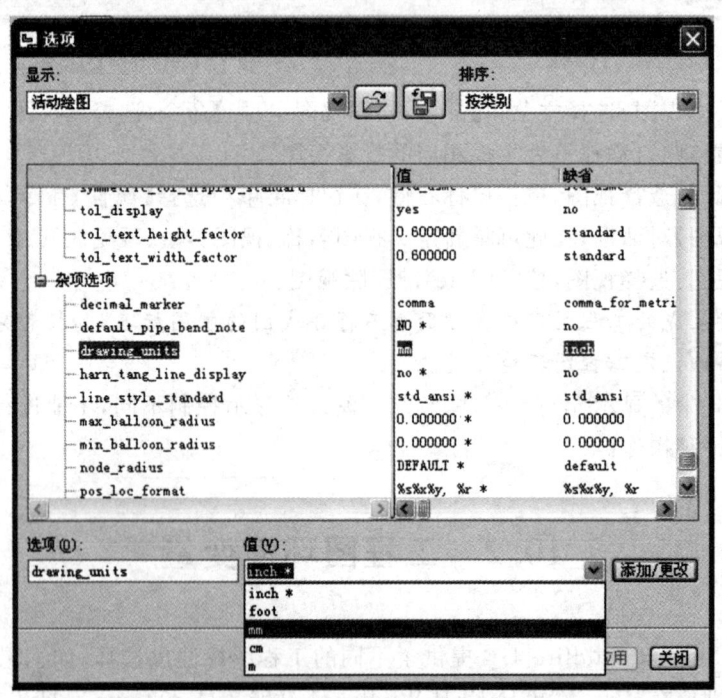

图 10-5　【选项】对话框

在创建工程图之前,应进行详细的工程图环境变量的设置,如在图 10-5 中设置工程图的单位。

10.3 图框格式与标题栏

1. 使用系统定义的图框格式

Pro/ENGINEER Wildfire 4.0 系统自带若干个图框格式(放在"Pro/ENGINEER 安装目录\Formats\"下),选用这些图框格式,可以在新建工程图文档时,选择【文件/新建】命令,打开【新建】对话框,在【类型】区域中单击【绘图】单选按钮,在【名称】文本框中输入文件名称,单击【使用缺省模板】复选框去掉复选标记,单击【确定】按钮,打开图 10-3 所示的【新制图】对话框,在【指定模板】区域中选择【使用模板】单选按钮,最后在【模板】下拉列表中选择一个系统给定的图框。

注意: Pro/ENGINEER Wildfire 4.0 自带的图框格式一般不满足我们的要求,需要自己定义图框格式。

2. 用户自定义图框格式与标题栏

(1)选择主菜单【文件/新建】命令,打开【新建】对话框,在【类型】区域中单击【绘图】单选按钮,输入文件名称,去掉【使用缺省模板】复选框前的复选标记,单击【确定】按钮,打开【新制图】对话框,在【指定模板】区域中选择【空】,然后选定图纸的方向及大小,单击【确定】按钮。

(2)进入工程图模式,定义一种图框格式。选择主菜单【表/插入/表】命令或单击工具栏中的 ▥ 按钮创建标题栏,也可以用右侧工具栏中的绘制工具绘制并编辑标题栏。

(3)将设计好的标准图框和标题栏保存(存为 FRM 格式文件),方便以后在进行工程图绘制时调用。调用方法:在新建工程图文档时打开【新制图】对话框,在【指定模板】区域选择【格式为空】,然后选定已保存的 FRM 格式文件。

注意: ①可以将其他二维软件(如 AutoCAD)中画好的图框保存为 FRM 格式来使用。
②可用上述方法在工程图模式临时制作标题栏,工程图模式中有相应的工具。

10.4 工程图的详细操作

1. 工程图视图类型

Pro/ENGINEER Wildfire 4.0 中视图类型主要有图 10-6 所示的几种,下面分别介绍各类型的功能:

【一般】——一般视图,用来创建第一个视图或三维轴测视图。

【投影】——投影视图,由前方、上方及右侧来观察物体的正向投影,必须先建立一般视图,才能创建投影视图,系统默认的投影方式为第 3 视角投影。

【详细】——局部放大图。

【辅助】——建立辅助视图。

【旋转】——旋转视图。

一般视图、投影视图、辅助视图根据其可见区域不同,又分为四种形式:全视图、半视图(只显示视图的一半)、局部视图(只显示视图的一部分,并不放大,与局部放大视图有区别)、破断视图(又称作断裂视图),如图10-7所示。

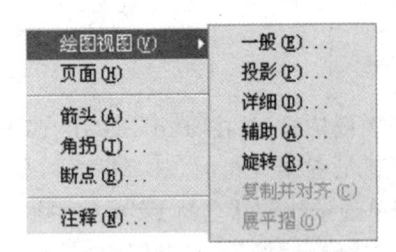

图10-6 工程图视图类型　　图10-7 视图类型

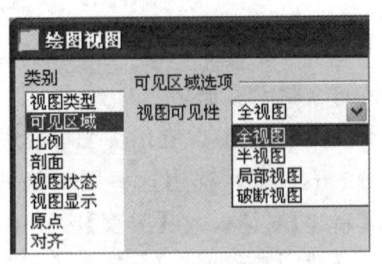

各类视图皆可制作为剖视图。对于剖视图,可分为以下几种类型,如图10-8所示。其中各类型的功能如下:

【完全】——建立全剖视图。

【一半】——建立半剖视图。

【局部】——建立局部剖视图。

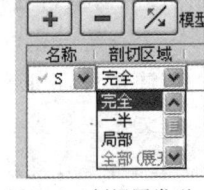

图10-8 剖视图类型

【全部(展开)】——创建的视图显示一般视图全部展开的剖面。

【全部(对齐)】——创建的视图显示一般视图、投影视图、辅助视图或全视图的对齐剖面。

注意:定义视图类型、可见区域、比例、剖面等都可以在【绘图视图】对话框中完成,这也是工程图操作的关键部分。

在图形窗口选择已创建的视图,单击鼠标右键,在快捷菜单中选择【属性】命令,便能打开【绘图视图】对话框。

2. 剖视图的操作

在图形窗口选择已创建的视图,单击鼠标右键,在快捷菜单中选择【属性】命令,打开如图10-9所示的【绘图视图】对话框,在【类别】区域中选择【剖面】选项,在【剖面选项】区域中选择【2D 截面】单选按钮,单击 ✚ 按钮,选取模型剖面或创建剖面,确定名称、剖切区域、参照、边界、箭头显示等选项,单击【确定】按钮。

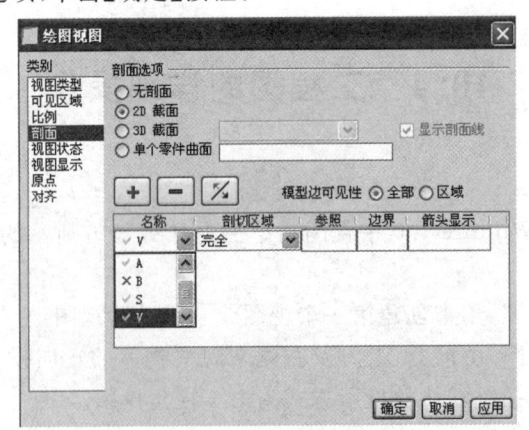

图10-9 【绘图视图】对话框

此外,也可在零件模式或装配模式中选择主菜单【视图/视图管理器】命令,在弹出的

【视图管理器】对话框的【X 截面】选项中创建剖面，在工程图中直接选择该剖面来生成剖视图。

3. 局部放大视图的操作

选择主菜单【插入/绘图视图/详细】命令，在现有视图上选取要放大区域的中心点，绕放大中心点绘制一封闭曲线，以定义放大部分，给定局部放大视图放置的位置。

在刚生成的局部放大视图上，单击鼠标右键，在快捷菜单中选择【属性】命令，打开【绘图视图】对话框，修改局部放大视图的比例等细节。

在视图的注释文字处，单击鼠标右键，弹出如图 10-10 所示的快捷菜单，选择【属性】命令，打开如图 10-11 所示的【注释属性】对话框，可以修改注释文字或文字样式。

图 10-10　快捷菜单　　　　　图 10-11　【注释属性】对话框

工程图中其他注释文字的编辑与上述方法类似。

图 10-10 所示快捷菜单中的【拭除】命令用以将注释文字隐藏。

4. 向视图的操作

单击主菜单【插入/绘图视图/辅助】命令，指定向视图斜边，给定向视图放置位置。

5. 编辑视图

(1) 调整视图位置

为防止意外移动视图，缺省状态下视图被锁定在放置位置。要调整视图位置必须先解锁视图：单击 按钮或选取视图，单击鼠标右键，在快捷菜单中取消【锁定视图移动】命令前的选择标记，则可以通过选中视图并拖动鼠标实现视图的移动。

调整视图位置时各视图间自动保持对齐关系。若不想保持对齐关系，可以打开【绘图视图】对话框，单击【对齐】按钮，取消【将此视图与其他视图对齐】复选框前复选标记。

(2) 选择视图

单击鼠标右键，通过选择弹出的快捷菜单中的命令完成大部分视图的编辑。

(3) 修改视图比例

在屏幕左下角显示工程图的比例，双击该数值，在提示栏输入新的数值，可以改变工程图的比例。对于单独指定了比例的视图(如局部放大图)，则要在【绘图视图】对话框【类别】区域中选择【比例】命令来改变视图比例。

(4)修改视图的注释文字

选中文字,单击鼠标右键,在快捷菜单中选择【属性】命令,打开如图 10-11 所示的【注释属性】对话框,可以修改注释文字或文字样式。

(5)修改剖面线

选中剖面线,单击鼠标右键,在快捷菜单中选择【属性】命令,打开【修改剖面线】菜单管理器,则可对剖面线进行相应的编辑,如图 10-12 所示。

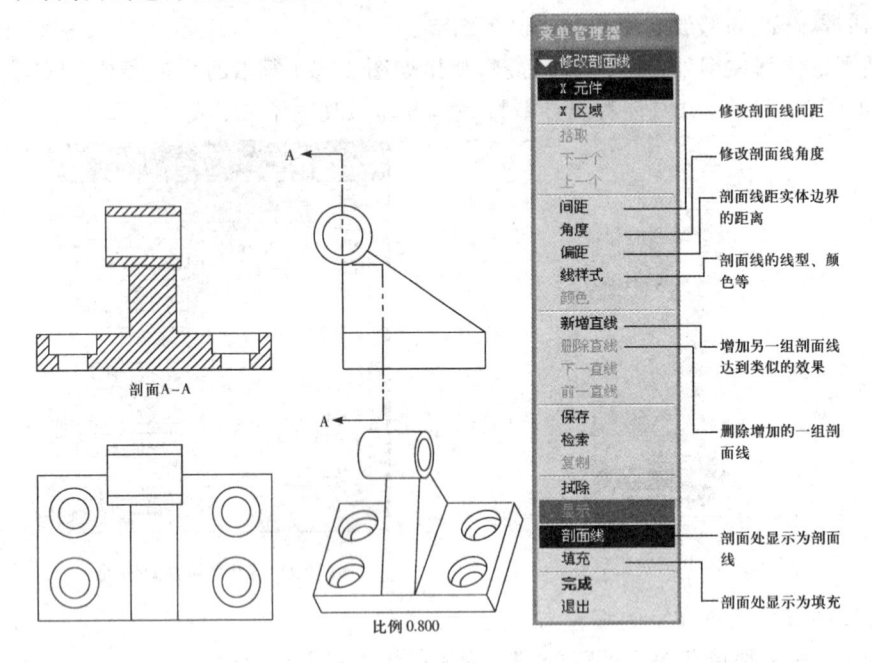

图 10-12 编辑剖面线

6. 尺寸标注

(1)标注尺寸

单击标准工具栏中 按钮,或选择主菜单【视图/显示及拭除】命令,打开如图 10-13 所示的【显示/拭除】对话框,可以显示或拭除模型尺寸、形位公差、表面粗糙度等模型上已存在的项目。

(2)调整尺寸

选中尺寸,可以通过拖动调整尺寸及尺寸数字的位置。

选中尺寸,单击鼠标右键,弹出如图 10-14 所示的快捷菜单,其主要功能含义如下:

【拭除】——隐藏尺寸。

【显示为线性】——对于直径尺寸,将其显示为长度尺寸形式。

【将项目移动到视图】——将某一尺寸切换到其他视图上。

【修改公称值】——改变尺寸值,更新视图后模型尺寸随之改变。

【反向箭头】——改变箭头方向。

【属性】——改变尺寸属性。

图 10-13 【显示/拭除】对话框

选择【属性】命令,打开如图 10-15 所示的【尺寸属性】对话框,可以详细修改尺寸标注的样式。

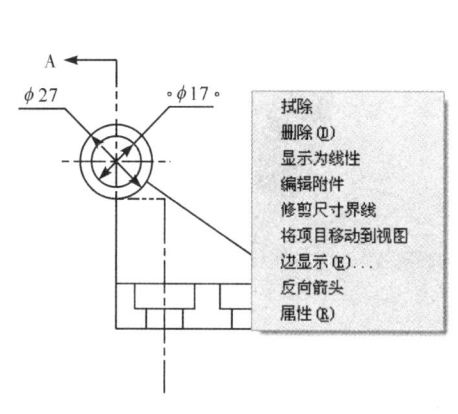

图 10-14 编辑尺寸

图 10-15 【尺寸属性】对话框

(3)尺寸公差的设置

显示公差,应先设置工程图环境变量"tol_display"="yes"。

修改公差值:选中尺寸,单击鼠标右键,在快捷菜单中选择【属性】命令,在图 10-15 所示的【尺寸属性】对话框中可以设置公差标注形式及公差值。

10.5 综 合 实 例

任务:制作如图 10-16 所示的围套零件的工程图。

该零件比较简单,只需要一个视图即可完全描述,可以采用 A4 图框格式来制作。

A4 图框格式可以自行定义,将已经定义好的 A4 图框保存在工作目录中或系统格式目录中。

1. 零件建模

Step1. 建立新文件

①选择主菜单【文件/新建】命令,打开【新建】对话框。

②选择【零件】类型,输入新建文件名称"weitao"。

③单击【确定】按钮,进入零件模式。

图 10-16 围套

Step2. 使用旋转工具建立围套主体

①单击"旋转工具"按钮 ,打开旋转特征操控板。单击【位置/定义】按钮,选择 FRONT 基准平面为草绘平面,RIGHT 基准平面为参照,单击【草绘】按钮,进入草绘模式。

②绘制如图 10-17 所示的一条水平中心线和旋转截面,单击 ✔ 按钮,退出草绘模式。

③单击 ✓ 按钮，完成旋转特征的建立，结果如图 10-18 所示。

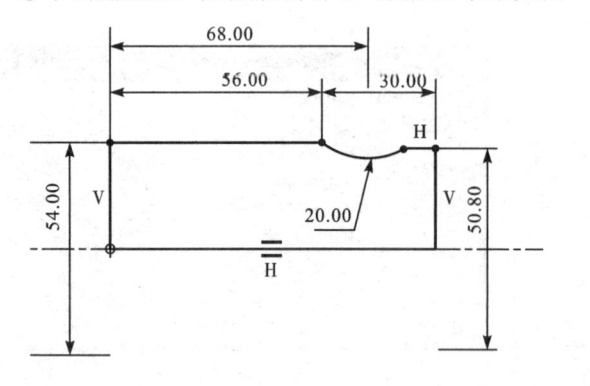

图 10-17　绘制中心线和旋转截面

图 10-18　创建的旋转特征

Step3. 建立倒角特征

单击"倒角工具"按钮 ，打开倒角特征操控板。设置参数如图 10-19 所示，选择倒角对象为如图 10-20 所示的边，结果如图 10-21 所示。

图 10-19　设置参数

图 10-20　选择倒角边

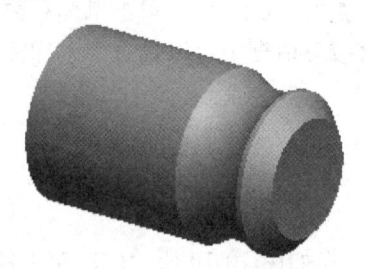

图 10-21　创建的倒角

Step4. 建立抽壳特征

单击"抽壳工具"按钮 ，打开抽壳特征操控板。设置参数如图 10-22 所示，选择如图 10-23 所示的底面为材料去除表面，结果如图 10-24 所示。

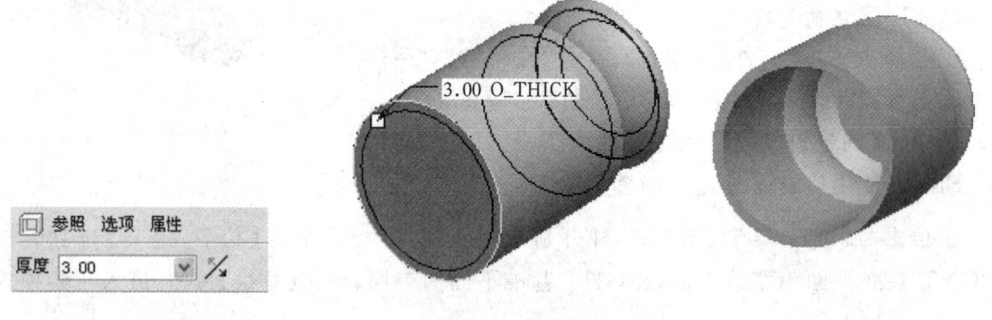

图 10-22　设置参数

图 10-23　选择抽壳的面

图 10-24　抽壳特征

第 10 章 Pro/ENGINEER 工程图

Step5. 建立边倒角特征

单击"倒角工具"按钮，打开倒角特征操控板。设置参数如图 10-25 所示，选择倒角对象为如图 10-26 所示的边，结果如图 10-27 所示。

图 10-25 设置参数

图 10-26 选择倒角边

Step6. 拉伸创建孔特征

单击"拉伸工具"按钮，打开拉伸特征操控板。设置参数如图 10-28 所示，绘制草绘截面如图10-29所示，完成结果如图 10-30 所示。

图 10-27 创建的倒角

图 10-28 设置参数

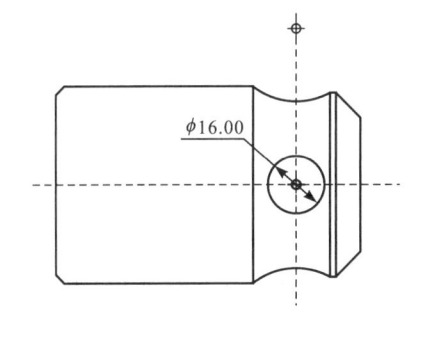

图 10-29 绘制草绘截面

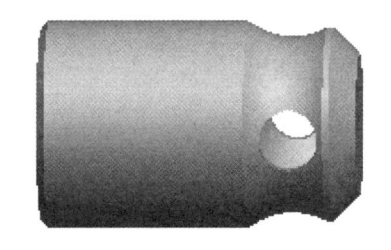

图 10-30 创建的孔

Step7. 创建剖截面

在主菜单中选择【视图/视图管理器】命令，弹出【视图管理器】对话框，选择【X 截面】选项，单击【新建】按钮，输入剖面名称"A"，回车，在弹出的【剖截面创建】菜单中选择【平面/单一/完成】命令，然后选择 FRONT 基准平面为剖截面，在【视图管理器】对话框中单击【关闭】按钮，完成剖截面 A 的创建，如图 10-31 所示。

图 10-31 【视图管理器】对话框与【剖截面创建】菜单

2. 创建工程图

Step1. 视图制作

①单击【文件/新建】命令,弹出【新建】对话框,选择【绘图】类型,在【名称】文本框中输入"weitao"作为工程图名称,取消【使用缺省模板】复选框前的复选标记,如图 10-32 所示。

②单击【确定】按钮,打开【新制图】对话框,选择【WEITAO.PRT】,将格式设置为已经保存的 A4 图框,如图 10-33 所示。

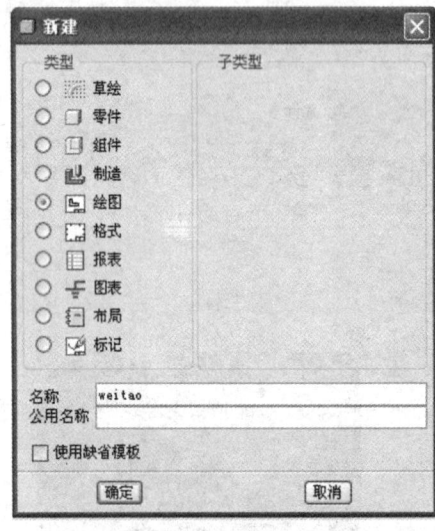

图 10-32 【新建】对话框　　图 10-33 【新制图】对话框

③单击【确定】按钮,进入到围套的工程图制作环境中,选择【插入/绘图视图/一般】命令添加视图,如图 10-34 所示。

④在绘图区单击一点为视图的放置位置,弹出如图 10-35 所示的【绘图视图】对话框,在【类别】区域中选择【剖面】命令,在【剖面选项】区域中选择【2D 截面】单选按钮,单击 ✚ 按钮,在【名称】下拉列表中选择剖截面 A,单击对话框中的【确定】按钮,创建的视图如图10-36所示。

图 10-34　创建一般视图　　　　　　图 10-35　【绘图视图】对话框

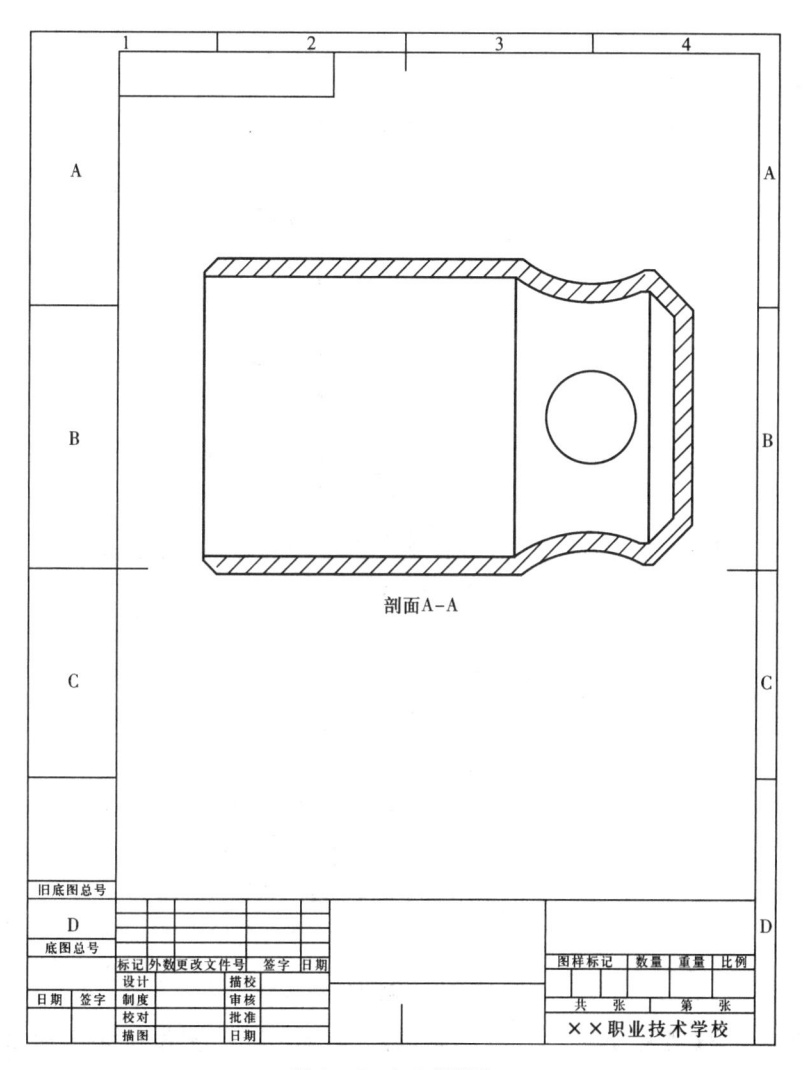

图 10-36　A-A 剖视图

Step2. 创建尺寸、基准、几何公差及表面粗糙度

①在导航工具栏中单击【模型树】 按钮,打开模型树,在模型树内通过选择右键快捷菜单命令来分别显示各特征尺寸,并进行一定的编辑,完成后如图 10-37 所示。

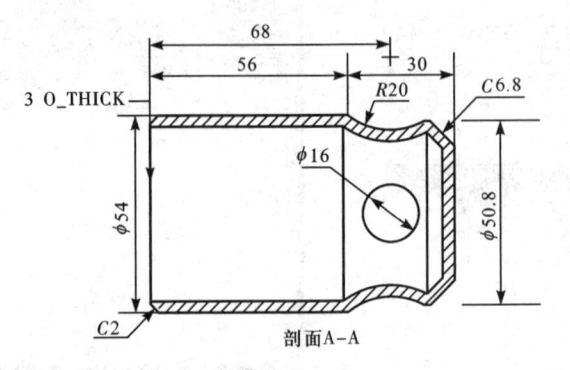

图 10-37 创建尺寸

②创建基准轴。选择"基准轴工具"按钮 ,打开如图 10-38 所示的对话框。输入名称"V",单击 按钮,再单击【定义】按钮,弹出【基准轴】菜单。选择【过柱面】命令,选择如图 10-39 所示面,单击【确定】按钮即生成基准轴 V。

图 10-38 【轴】对话框和【基准轴】菜单

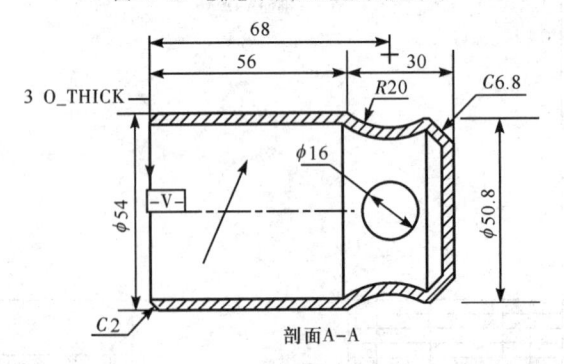

图 10-39 创建基准轴

③选择主菜单【插入/几何公差】命令或单击"创建几何公差"按钮 添加几何公差。

第 10 章 Pro/ENGINEER 工程图

④打开【几何公差】对话框,在公差符号栏中选择圆跳动符号 ↗ 按钮,在【参照类型】中选择【曲面】选项,然后单击【选取图元】按钮,选择基准轴 V 所在平面,然后在【放置类型】中选择【法向引线】选项,如图 10-40 所示。

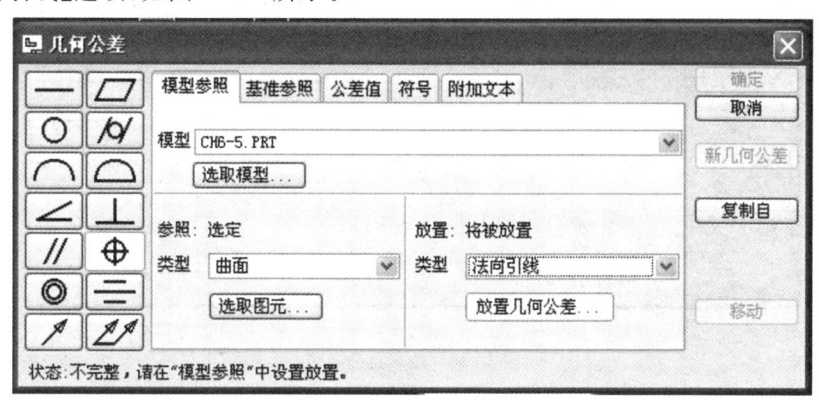

图 10-40 【几何公差】对话框

⑤打开【导引形式】菜单,选择【箭头】命令,如图 10-41 所示。
⑥系统提示选择公差的附着图元,在图中选择如图 10-42 所示的倒角边。

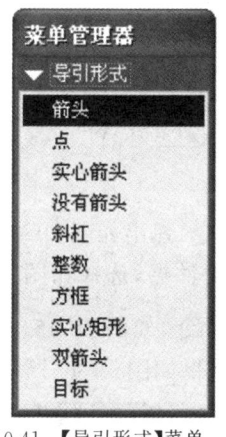

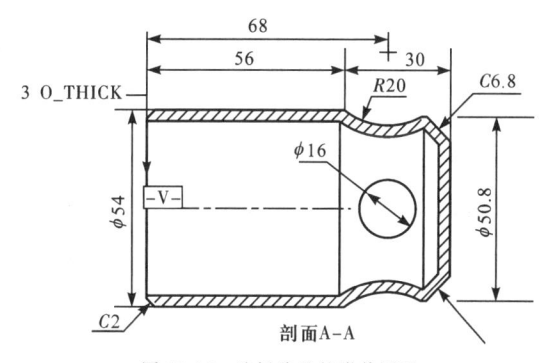

图 10-41 【导引形式】菜单　　　　图 10-42 选择公差的附着图元

⑦在合适位置单击一点作为放置位置,即出现几何公差的预览,继续打开【基准参照】选项卡,在【首要】选项卡的【基本】下拉列表框内选择基准轴 V,如图 10-43 所示。

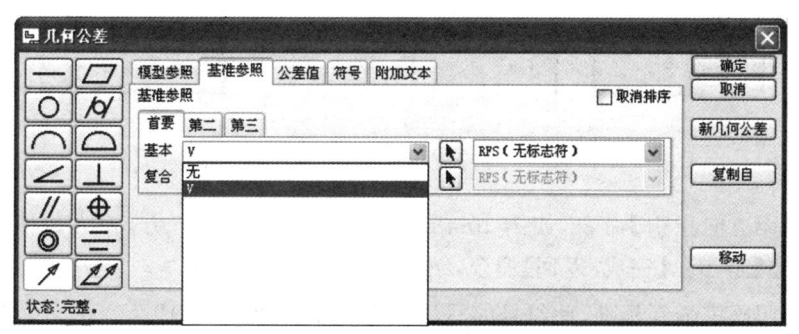

图 10-43 选择基准

⑧在【几何公差】对话框中打开【公差值】选项卡,在其中的【总公差】文本框中输入"0.04",如图10-44所示。单击【确定】按钮完成几何公差的创建,如图10-45所示。

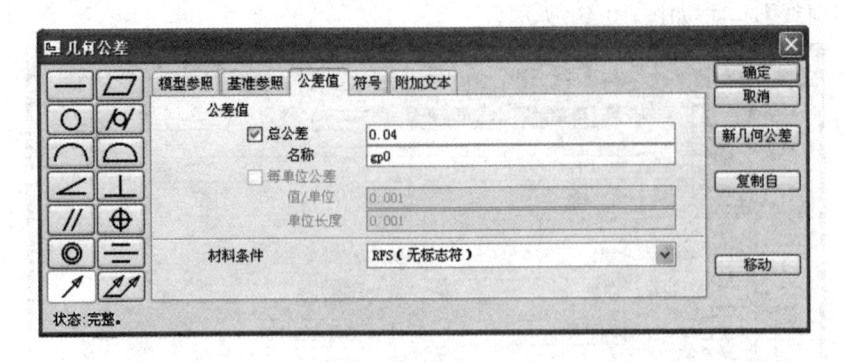

图10-44 输入总公差值

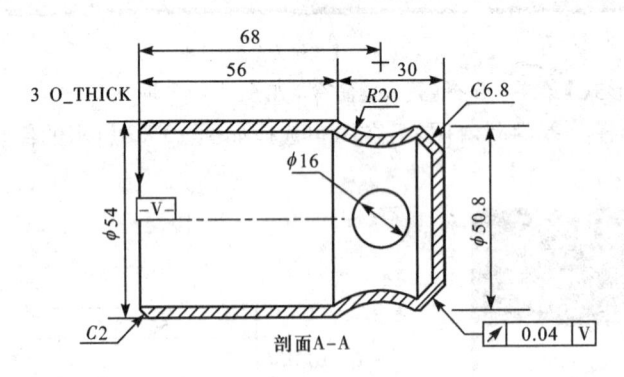

图10-45 创建的几何公差

⑨创建表面粗糙度。选择主菜单【插入/表面光洁度】命令,弹出如图10-46(a)所示的菜单,选择【检索】命令,弹出【打开】对话框。选择"machined"文件夹,选择如图10-46(b)所示的 standard1.sym 符号,打开【实例依附】菜单,选择【法向】命令,如图10-46(c)所示。再选择需要标注表面光洁度的边,输入数值"6.3",按 Enter 键,结果如图10-47 所示。

图10-46 创建表面粗糙度

再选择【无方向指引】命令,如图10-48所示。单击图纸右下方,输入数值"12.5",按 Enter 键,单击【退出】、【完成/返回】命令,结果如图10-49所示。

注意,按照国家最新标准,此符号的写法应为"$\sqrt{Ra\ 12.5}(\sqrt{})$"。

Step3. 编辑技术要求及完成标题栏

①选择主菜单【插入/注释】命令,打开【注释类型】菜单管理器,接受默认选项并选择【制作注释】选项,如图 10-50 所示。

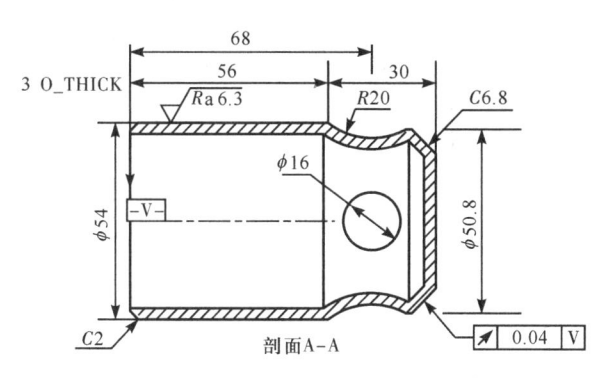

图 10-47 创建的表面粗糙度

图 10-48 选择【无方向指引】命令

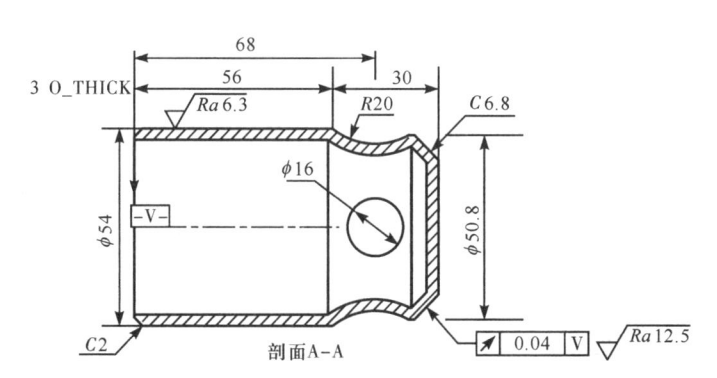

图 10-49 创建完后的表面粗糙度

图 10-50 【注释类型】菜单

②在图纸中合适位置单击一点,在消息区输入注释文本,如"技术要求",连续按"Enter"键两次,如图 10-51 所示。再选择【完成/返回】命令。

③在绘图区选择"技术要求",单击鼠标右键,在弹出的快捷菜单中选择【属性】命令,打开【注释属性】对话框,选择【文本】选项卡,直接在文本区中输入技术要求的内容,如图 10-52 所示。单击【确定】按钮,完成技术要求的创建。

④在标题栏还有一些需要填写的内容,也可按照插入注释的方法将其制作完成,如图 10-53 所示。

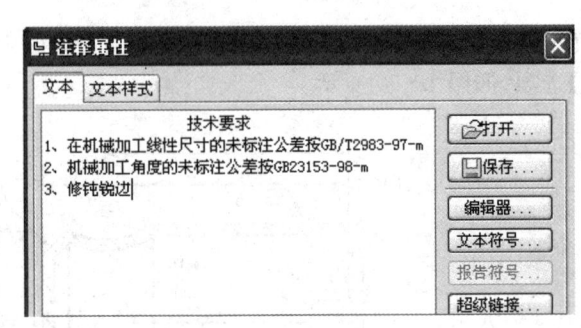

图 10-51 输入注释文本　　　　图 10-52 输入技术要求

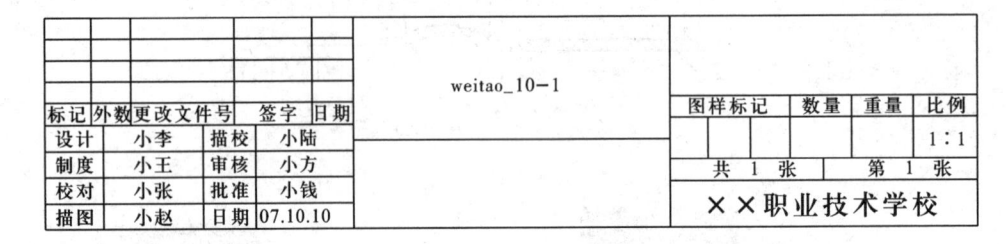

图 10-53 填写标题栏

另外，有些图框上有反签区，可采用以下方法：首先输入"weitao"，然后单击鼠标右键，在快捷菜单中选择【属性】命令，打开【注释属性】对话框的【文本样式】选项卡，在其中的【角度】文本框内输入"180"，如图 10-54 所示。

图 10-54 创建反签区

注意：在创建工程图之前，要通过文件属性修改参数，具体作法如下：
选择主菜单【文件/属性/绘图选项】命令，打开如图 10-55 所示的【选项】对话框。选择其中的 "text_orientation" 值改为 "parallel_diam_horiz"，"draw_arrow_style" 值改为 "filled"，单击【添加/更改】、【应用】按钮。才能使图中文字平行尺寸放置，尺寸箭头为实心，如图 10-56 所示。

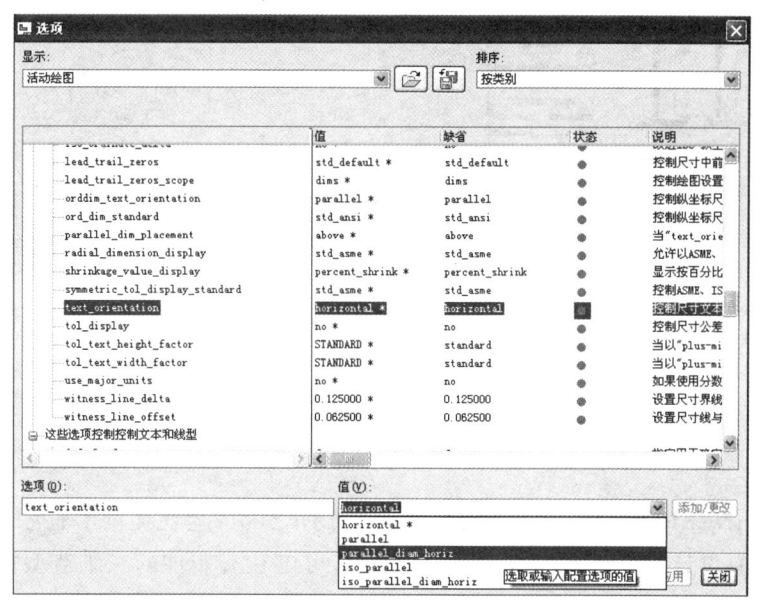

图 10-55 【选项】对话框

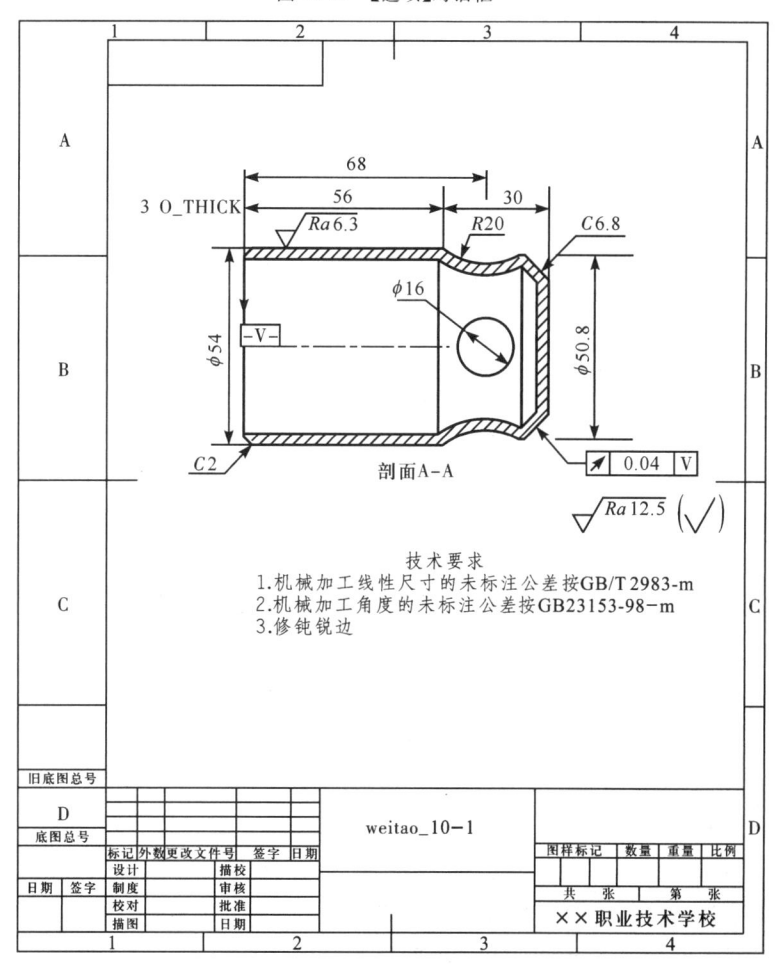

图 10-56 完成的围套工程图

第11章 模具设计

11.1 模具设计简介

Pro/ENGINEER Wildfire 4.0 中的 Pro/MOLDESIGN 模块提供了非常方便实用的三维环境下的模具设计与分析工具。利用这些工具,可以在有制件的三维造型情况下建立模具装配模型、设计分型面、浇注系统及冷却系统,生成模具成型零件的三维造型,从而完成模具核心部分的设计工作;还可进行拔模检测、厚度检测、分型面检测、投影面积计算、充模仿真、开模仿真、干涉检测等,可使模具设计更为合理、准确,且能避免设计中不必要的重复劳动。利用系统外挂的模架设计专家系统(如 EMX5.0)或者装配模块,可以进行模具的模架设计和总装配,然后利用工程图模块生成二维工程图纸。

此外,利用 Pro/ENGINEER Wildfire 4.0 的塑料顾问(Plastic Advisor),可以对已设计完成的模具的流动及填充情况进行分析研究,以便在模具投入制造之前发现存在的设计问题,并有目的地进行改进设计,减少因设计失误造成的不必要损失。

11.2 模具设计的一般流程

基于 Pro/ENGINEER Wildfire 4.0 模具设计的一般流程如下:
(1)创建模具模型:装配或创建参照模型和工件;
(2)在参照模型上进行拔模检测,以确定它是否能顺利地脱模;
(3)设置模具模型的收缩率;
(4)定义体积块和分型面用以将模具分割成单独的元件;
(5)抽取模具体积块以生成模具元件;
(6)增加浇口、流道和水线作为模具特征;
(7)填充模具型腔以创建制模;
(8)创建浇注件;
(9)定义开模步骤;
(10)使用"塑料顾问"执行"模具填充"检测;
(11)估计模具的初步尺寸并选取合适的模具基础元件;
(12)如果需要,可装配模具基础元件;

(13)完成详细设计,包括对推出系统、水线和工程图进行布局。

下面通过五个实例重点介绍(1)~(9)步的内容。

11.3 综 合 实 例

任务一:名片盒盖模具设计。

1. 设计任务

设计题目:名片盒盖模具设计。

产品零件图及三维图如图 11-1 所示。材料:PC(聚碳酸酯);收缩率:0.4%~0.7%。

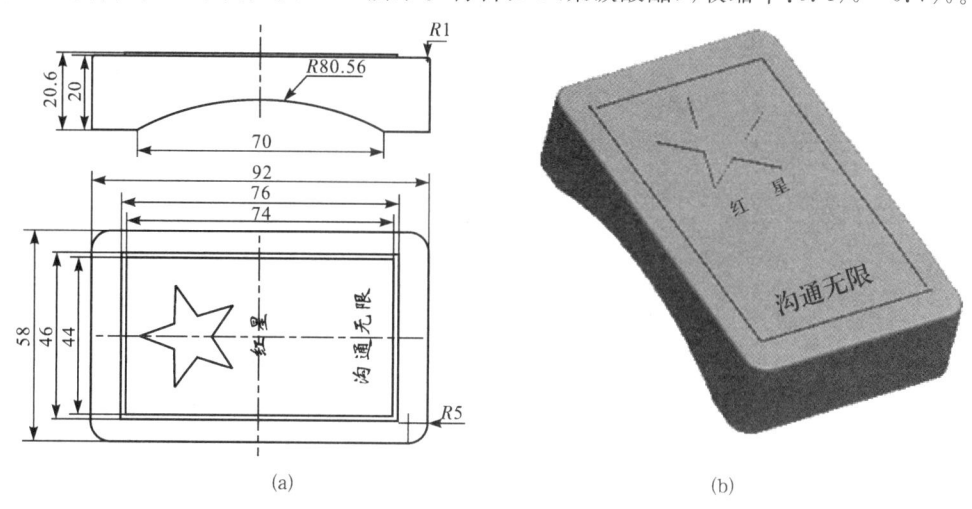

图 11-1 名片盒盖产品零件图及三维图

2. 设计方法

此零件的形状结构较为简单,在模具设计时既不需要抽芯也不需要滑块,只需要设计一个分型面,利用复制曲面和拉伸曲面的合并来创建出分型面,将工件分割成体积块,然后抽取模具元件,设计流道,生成铸件,最后打开模具。

设计操作如下:创建工件→创建分型面→分割体积块→抽取模具元件→创建浇注系统→生成铸件→打开模具。

3. 名片盒盖模具设计

Step1. 设置工作目录

①在 E 盘建立名片盒盖模具工程目录"E:\MING-PIAN-HE-GAI",然后将随本书附赠的光盘中的第 11 章实例文件夹内的"ming-pian-he-gai.prt"文件复制到"MING-PIAN-HE-GAI"目录中。

②打开 Pro/ENGINEER Wildfire 4.0 操作界面,在主菜单中选择【文件/设置工作目录】,打开【选择工作目录】对话框,选择建立好的【MING-PIAN-HE-GAI】目录,单击【确定】按钮。

Step2. 新建模具设计文件

①单击标准工具栏中的 按钮,或选择【文件/新建】命令,打开【新建】对话框,如图

11-2所示。

②在【新建】对话框的【类型】区域中选择【制造】单选按钮,在【子类型】区域中选择【模具型腔】单选按钮,在【名称】文本框中输入文件名"MING-PIAN-HE-GAI",最后单击【使用缺省模板】复选框去掉该复选标记,单击【确定】按钮,打开【新文件选项】对话框,如图11-3所示。

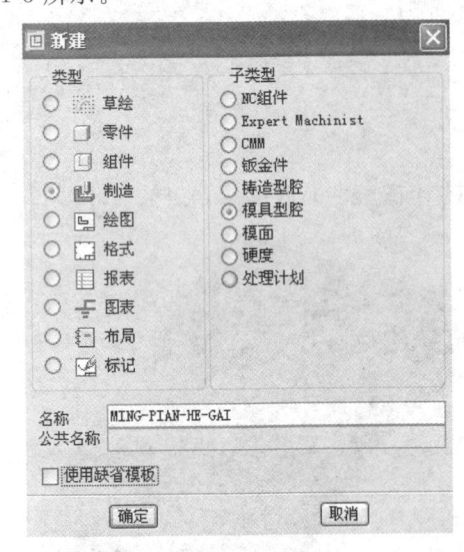

图 11-2 【新建】对话框　　　　图 11-3 【新文件选项】对话框

③在【新文件选项】对话框中选择【mmns_mfg_mold】模板,单击【确定】按钮,进入模具设计模式,此时屏幕左边的模型树中加入了一个装配文件名【MING-PIAN-HE-GAI.ASM】,在图形区可看到3个正交的基准平面。

④单击标准工具栏中的 按钮,保存文件。

Step3. 建立模具模型

①在菜单管理器中选择【模具模型/装配/参照模型】命令,弹出【打开】对话框。

②在【打开】对话框中选择"ming-pian-he-gai.prt"零件,单击【打开】按钮,参考零件出现在屏幕上。

图 11-4 装配设计操控板

③在主视区下方的装配设计操控板(图 11-4)上单击【放置】按钮,弹出【放置】上滑面板,在【约束类型】下拉列表中选择【对齐】约束,在【对齐】区域中单击【选取元件项目】,用鼠标选择参考零件的"RIGHT"基准平面,再单击【选取组件项目】,用鼠标选择装配模型的"MOLD_RIGHT"基准平面,此时,参考零件的"RIGHT"基准平面与装配模型的"MOLD_RIGHT"基准平面对齐。

单击【新建约束】,在【约束类型】下拉列表中选择【对齐】约束;再单击【选取元件项目】,用鼠标选择参考零件的"FRONT"基准平面;然后单击【选取组件项目】,用鼠标选择装配模型的"MOLD_FRONT"基准平面。此时,参考零件的"FRONT"基准平面与装配模型的

"MOLD_FRONT"基准平面对齐。

同理，将参考零件的"TOP"与装配模型的"MAIN_PARTING_PLN"基准平面对齐。

三次"对齐"操作已经消除参考零件的所有自由度，此时装配设计操控板的【状态】显示为"完全约束"，单击✓按钮，打开如图 11-5 所示的【创建参照模型】对话框。

④接受【创建参照模型】对话框中默认的参照模型名称"MING-PIAN-HE-GAI_REF"（或输入自定义的参照模型名称），单击【确定】按钮，完成参考零件的装配，在菜单管理器中选择【完成/返回】命令回到系统主菜单，装配好的参考零件模型如图 11-6 所示。

图 11-5 【创建参照模型】对话框

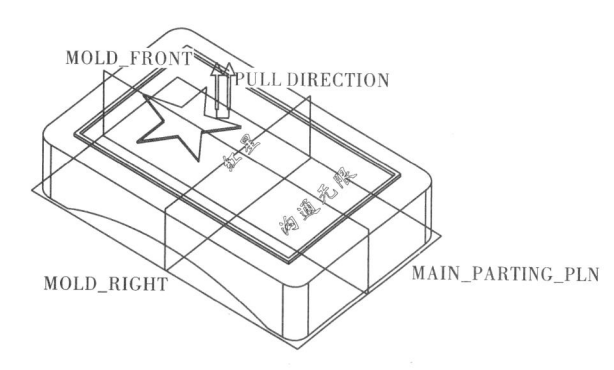

图 11-6 装配好的参考零件模型

Step4. 建立毛坯模型

①在菜单管理器中选择【模具模型/创建/工件/手动】命令，打开如图 11-7 所示的【元件创建】对话框。

②在【元件创建】对话框中输入名称为"ming-pian-he-gai-wrk"，点击【确定】按钮。同时打开【创建选项】对话框，选择【创建特征】，点击【确定】按钮，如图 11-8 所示。

图 11-7 【元件创建】对话框

图 11-8 【创建选项】对话框

③在菜单管理器中选择【加材料/拉伸/实体/完成】命令，在主视区下方的拉伸特征操控板上单击【放置/定义】按钮，打开【草绘】对话框，选择 MAIN_PARTING_PLN 基准平面为草绘平面，RIGHT 基准平面为参考，单击【草绘】按钮，进入草绘模式，选取参照，绘制如图

11-9所示的截面,单击✓按钮,在拉伸特征操控板上单击【选项】按钮,打开【选项】上滑面板,设置如图11-10所示。

④单击✓按钮,再单击【完成/返回】命令回到主菜单,完成工件的创建。

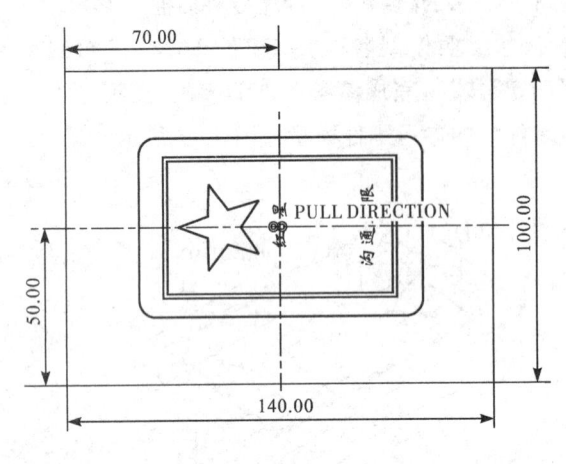

图 11-9 工件截面

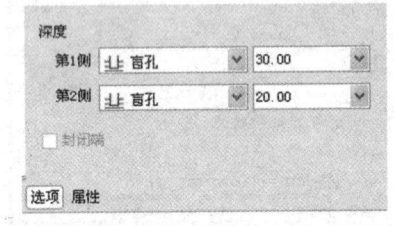

图 11-10 设置【选项】上滑面板

Step5. 设置收缩率

①在菜单管理器中选择【收缩/按尺寸】命令,系统打开【按尺寸收缩】对话框,在【公式】一栏选用公式"1+S",在【比率】一栏输入收缩率"0.005",设置如图11-11所示,然后单击✓按钮。

②在菜单管理器中选择【完成/返回】命令,完成收缩率设置,回到系统主菜单。

③单击🖫按钮保存文件。

Step6. 设计浇道系统

①在菜单管理器中选择【特征/型腔组件/实体/切减材料/旋转/完成】命令。

②在主视区下方的旋转特征操控板上单击【位置/定义】按钮,打开【草绘】对话框。

③选择如图11-12所示的MOLD_FRONT基准平面作为草绘平面,MOLD_RIGHT基准平面为参照,单击【草绘】对话框中的【草绘】按钮。

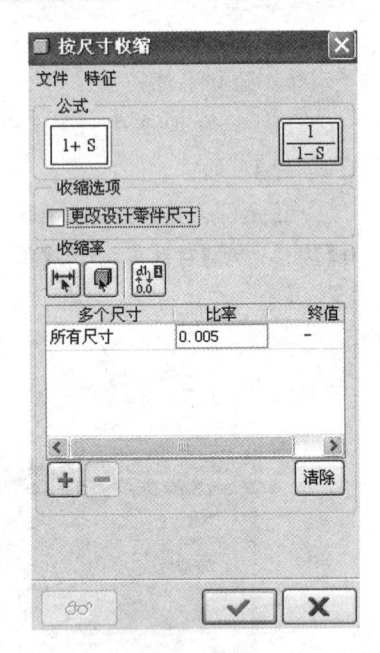

图 11-11 【按尺寸收缩】对话框

④选择主菜单【草绘/参照】命令,系统默认MOLD_RIGHT基准平面和MAIN_PARTING_PIN基准平面为参照,再选取如图11-13所示的边线为参照,单击【参照】对话框中的【关闭】按钮。

第 11 章 模具设计

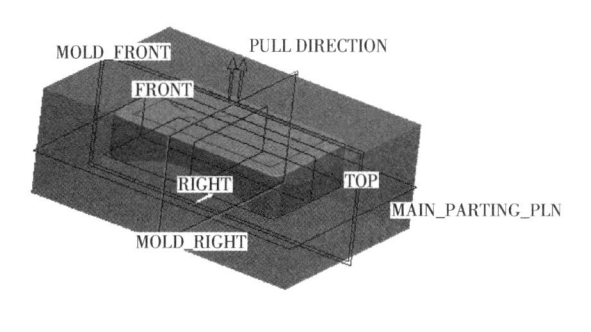

图 11-12 选择草绘平面　　　　　图 11-13 流道截面

⑤在截面图绘制环境中单击 ╲ 按钮绘制如图 11-13 所示的截面,截面放大图如图11-14所示。

⑥在截面图绘制环境中单击 ┆ 按钮建立旋转中心线,单击 ✓ 按钮完成截面绘制,单击 ✓ 按钮完成流道建立。

⑦在菜单管理器中选择【完成/返回】命令,返回系统主菜单,建立的浇道系统如图11-15所示。

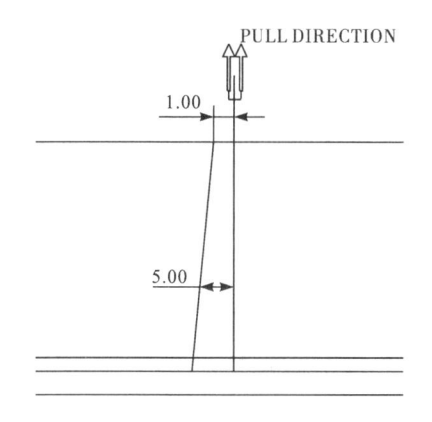

图 11-14 流道截面放大图　　　　　图 11-15 浇道系统

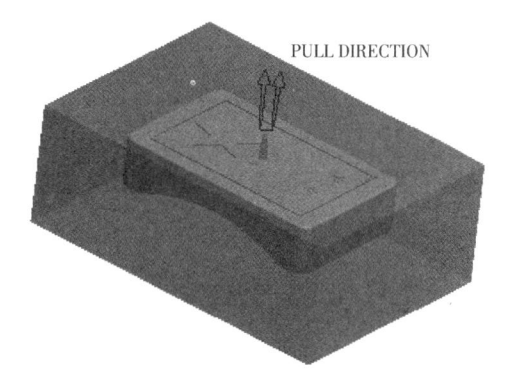

⑧单击 🖫 按钮保存文件。

Step7. 设计分型面

(1)创建曲面复制特征。

①单击"分型曲面工具"按钮 ▱。

②如图 11-16 所示,在模型树上单击选择"MING-PIAN-HE-GAI-WPK. PRT",按右键弹出快捷菜单,在快捷菜单中选择【隐藏】命令隐藏毛坯,以便于选择参考零件上的曲面。

③单击参考零件,然后按住 Ctrl 键,用鼠标逐一选取如图 11-17 所示模型盒里的所有曲面。

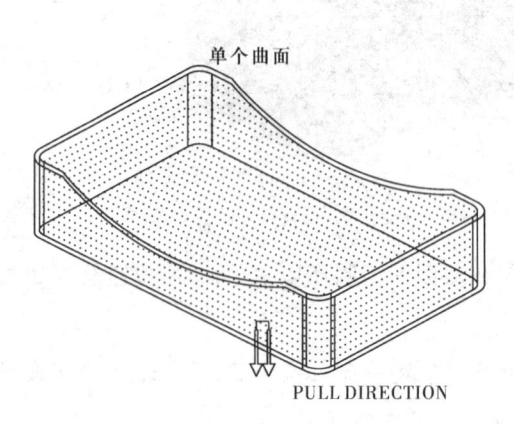

图 11-16 选择【隐藏】命令　　　　　　　图 11-17 曲面复制

④先单击标准工具栏 按钮,然后单击 按钮。单击 按钮,完成曲面复制。此时还在分型面建立状态,不要退出,接着进行下面的操作。

(2)新建拉伸曲面特征。

①首先恢复隐藏的毛坯模型,然后在特征工具栏中单击 按钮,在主视区下方的拉伸操控板上单击【放置/定义】,打开【草绘】对话框,单击鼠标选择如图 11-18 所示的毛坯的前面为草绘平面,系统提示选择【顶】,单击鼠标选择毛坯的顶面为"顶"参照面。

②选择毛坯模型的互相垂直的边作为绘图参考,选择绘图参考后进入截面图绘制环境,单击 按钮和 按钮绘制如图 11-19 所示的截面。

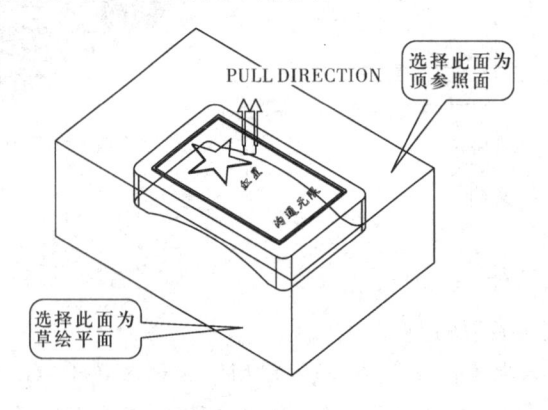

图 11-18 草绘平面与顶参照面

③在截面绘制环境中单击 按钮,选取【盲孔】深度类型,输入曲面拉伸的深度 100(等于毛坯的宽度),单击 按钮完成拉伸曲面建立。注意不要退出,接着进行下面的操作。

第 11 章　模具设计

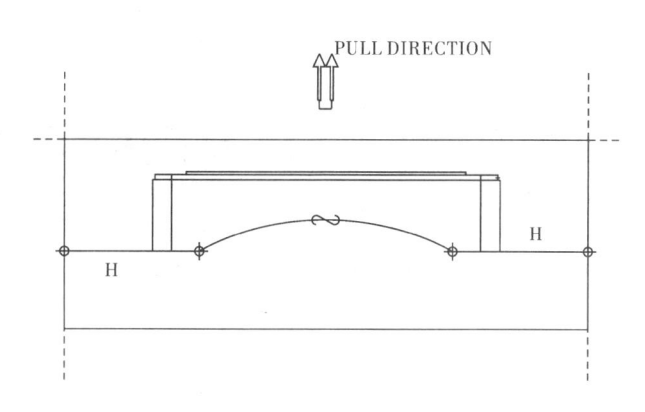

图 11-19　曲面截面

(3) 曲面合并特征。

按住 Ctrl 键,依次选取前两步做的分型面(才能激活特征工具栏"合并工具"按钮),单击特征工具栏"合并工具"按钮，最后单击 ☑ 按钮完成曲面合并,生成的分型面(隐藏毛坯模型和参考模型),如图 11-20 所示。

(4) 然后单击 ☑ 按钮,恢复隐藏的毛坯模型和参考模型,此时分型面的图形如图 11-21 所示。

(5) 单击 按钮保存文件。

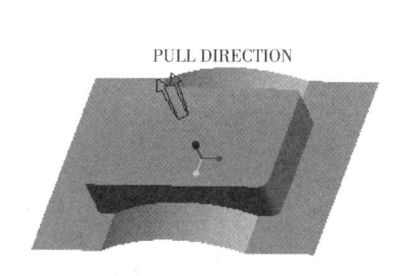

图 11-20　隐藏毛坯和参考模型后的分型面　　　图 11-21　恢复隐藏后的分型面

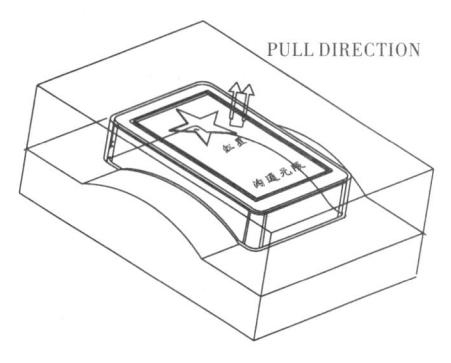

Step8. 拆模

① 单击"分割为新的模具体积块"按钮，在菜单管理器中选择【两个体积块/所有工件/完成】命令,打开如图 11-22 所示的【分割】对话框。

② 系统提示选择分型面,用鼠标在屏幕上单击上一步生成的分型面,分别单击【选取】和【分割】对话框【确定】按钮,打开如图 11-23 所示的【体积块名称】对话框。

③ 在对话框中输入分模后屏幕上加亮显示部分的名称:MING-PIAN-HE-GAI-TM,单击【确定】按钮,再次打开如图 11-24 所示的【体积块名称】对话框。

④ 在对话框中输入分模后屏幕上另一加亮显示部分的名

图 11-22　【分割】对话框

称：MING-PIAN-HE-GAI-AM，单击【确定】按钮，完成拆模。

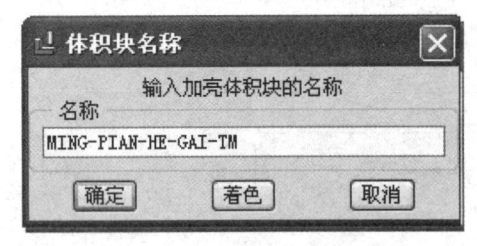

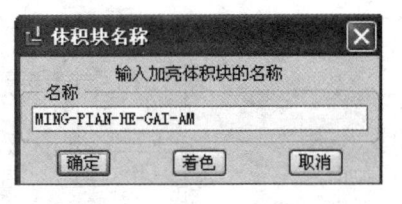

图 11-23 【体积块名称】对话框   图 11-24 【体积块名称】对话框

Step9. 提取凸、凹模

①在菜单管理器中选择【模具元件/抽取】命令，打开如图 11-25 所示的【创建模具元件】对话框。

②在【创建模具元件】对话框中单击 按钮，选取所有体积块，然后单击【确定】按钮，完成模具凸、凹模的提取。在菜单管理器中选择【完成/返回】命令，回到系统主菜单。

此时屏幕左边的模型树中加入了凸模文件名"MING-PIAN-HE-GAI-TM.PRT"和凹模文件名"MING-PIAN-HE-GAI-AM.PRT"，如图 11-26 所示。

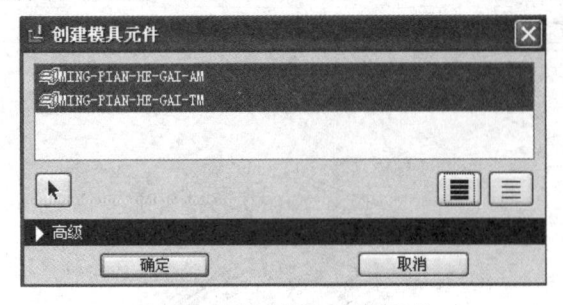

图 11-25 【创建模具元件】对话框   图 11-26 模型树

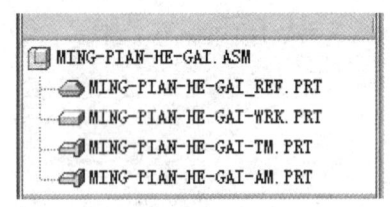

③单击 按钮保存文件。

Step10. 填充

①在菜单管理器中选择【铸模/创建】命令，系统提示输入填充成品件的名称。

②在提示输入栏分别输入零件和模具零件公用名称"MING-PIAN-HE-GAI-ZJ"，单击 按钮完成成品件填充。此时模型树中加入了成品件文件名【MING-PIAN-HE-GAI-ZJ.PRT】，如图 11-27 所示。

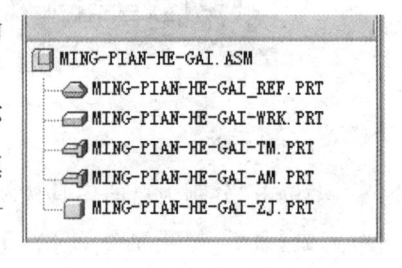

图 11-27 模型树

③单击 按钮保存文件。

Step11. 定义开模步骤

(1) 隐藏参考零件、毛坯及分型面

①单击 按钮，打开如图 11-28 所示的【遮蔽－撤消遮蔽】对话框。

②在【遮蔽－撤消遮蔽】对话框中选择【遮蔽】选项卡，然后在【可见元件】区域中选择【MING-PIAN-HE-GAI_REF】和【MING-PIAN-HE-GAI-WRK】，单击对话框下部【遮蔽】按钮，参考零件和毛坯被隐藏，只留下上模、下模和填充成品件。

③在如图 11-29 所示的模型树中选择"合并 1【PART_SURF_1】",在右键菜单中选择【隐藏】命令,分型面被隐藏。

图 11-28 遮蔽元件

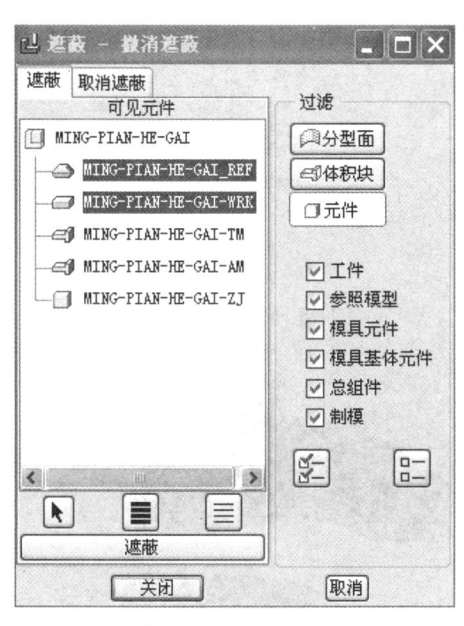

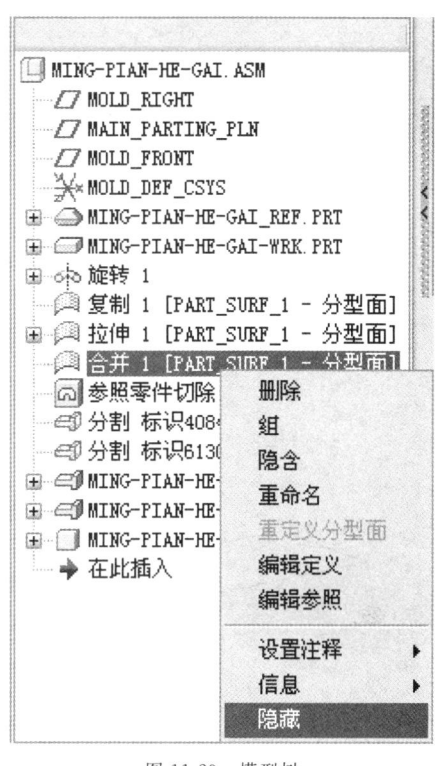

图 11-29 模型树

(2)定义第一步开模

①在菜单管理器中选择"模具进料孔/定义间距/定义移动"命令。

②按提示选择开模的零件,用鼠标在模型树中单击"MING-PIAN-HE-GAI-AM.PRT"。

③在【选取】对话框中单击【确定】按钮,系统提示选取开模方向,用鼠标单击选择如图 11-30 所示的凹模的垂直棱边定义开模的方向。

④在【选取】对话框中单击【确定】按钮,在系统提示输入栏中输入开模距离"120",单击按钮,然后在菜单管理器中选择【完成】命令,完成第一步开模动作,如图 11-31 所示。

(3)第二步开模

①在菜单管理器中选择【定义间距/定义移动】命令。

②系统提示选择开模零件,用鼠标在模型树中单击选择"MING-PIAN-HE-GAI-ZJ.PRT"。

③在【选取】对话框中单击【确定】按钮,系统提示选取开模方向,用鼠标单击选择如图 11-32 所示的凸模的垂直棱边定义开模的方向。

④在【选取】对话框中单击【确定】按钮,在系统提示输入栏中输入开模距离"60",单击按钮,然后在菜单管理器中选择【完成】命令,完成第二步开模动作,如图 11-33 所示。

⑤在菜单管理器中选择【完成/返回】命令回到系统主菜单。

(4)保存

单击 按钮保存文件,名片盒盖产品模具设计过程结束。

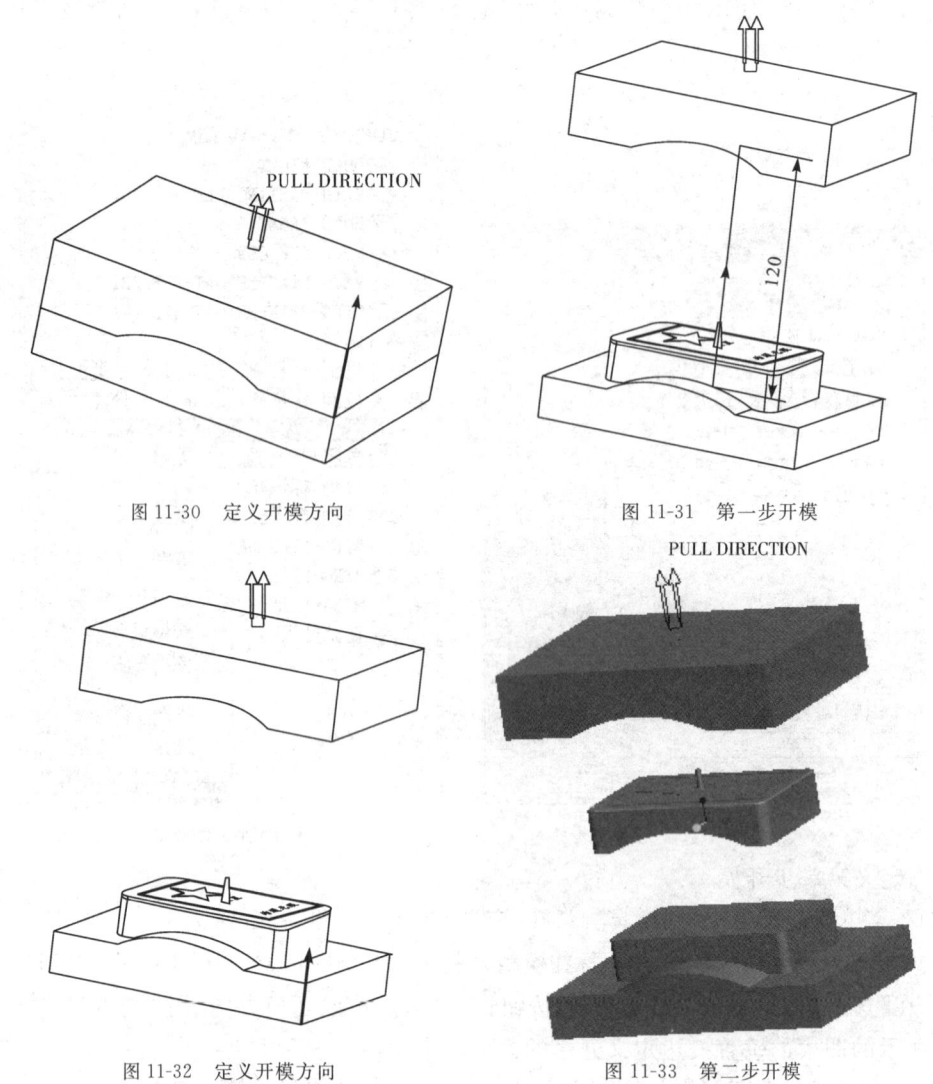

图 11-30　定义开模方向　　　　　　　图 11-31　第一步开模

图 11-32　定义开模方向　　　　　　　图 11-33　第二步开模

任务二:名片盒底模具设计。

产品更新换代时,模具需要进行相应的变更。如果产品的变更不大,则可以直接在原来模具设计的基础上进行模具变更,可以更大地提高设计效率,缩短产品设计和生产周期,所以在 Pro/ENGINEER Wildfire 4.0 中掌握设计变更技术是非常重要的。

1. 设计任务

设计题目:名片盒底模具设计。

产品零件图及三维图如图 11-34 所示。材料:PC(聚碳酸酯);收缩率:$0.4\%\sim0.7\%$。

设计要求:将任务一模具设计依据的参考零件"MING-PIAN-HE-GAI. PRT"变更为如图 11-34 所示的新零件"MING-PIAN-HE-DI. PRT",然后依照模具设计变更的流程进行变更设计,从而得到新造型零件的模具设计。

2. 设计方法

名片盒底与名片盒盖形状基本相同,主要区别在两个方面:第一,名片盒底的长和宽分别小于名片盒盖的长和宽;第二,名片盒底上有一圆通孔且没有装饰图案。通过名片盒盖模

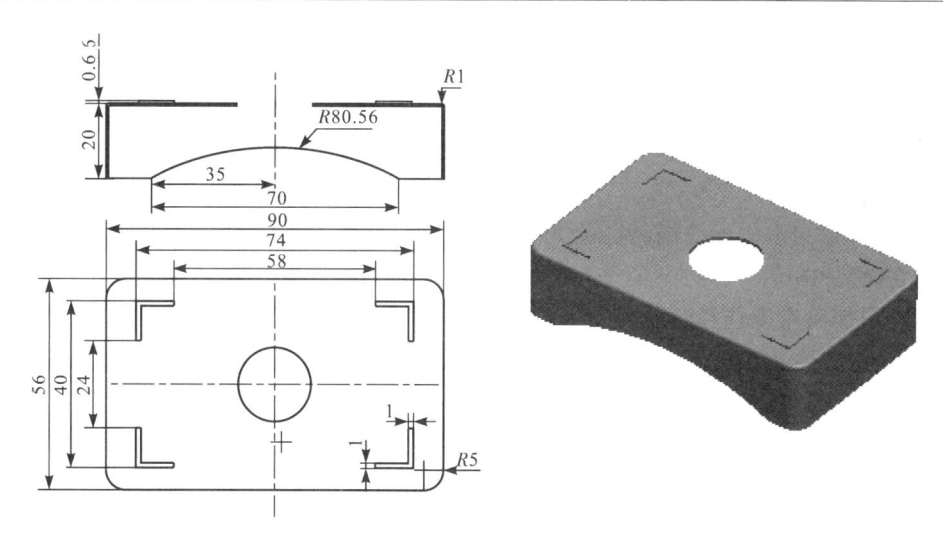

图 11-34 名片盒底产品零件图及三维图

具设计的变更得到名片盒底的模具设计的操作流程:原零件→尺寸变更→去除顶部凸棱特征→创建顶部新凸起特征→创建顶部通孔→模具中参考零件再生→修改原分型面的复制部分→创建拉伸曲面→曲面合并出新分型面→模具再生。

3. 名片盒底模具设计

Step1. 设置工作目录

①首先在 E 盘建立名片盒底模具工程目录"E:\MING-PIAN-HE-DI",然后将"E:\MING-PIAN-HE-GAI"目录中的所有文件复制到"MING-PIAN-HE-DI"目录中。

②打开 Pro/ENGINEER Wildfire 4.0 操作界面,在主菜单中选择【文件/设置工作目录】,打开【选择工作目录】对话框,选择建立好的"MING-PIAN-HE-DI"目录,点击【确定】按钮。

Step2. 更改参考零件

(1) 名片盒盖尺寸的变更

①在主菜单栏中选择【文件/打开】命令,弹出【文件打开】对话框。

②在【文件打开】对话框中双击【ming-pian-he-gai.prt】,打开参考零件。

③如图 11-35 所示,在【模型树】中的【拉伸 1】上单击鼠标右键,打开如图 11-36 所示的快捷菜单。

图 11-35　模型树　　　　　　　　图 11-36　快捷菜单

④在快捷菜单中选择【编辑】命令，在屏幕上双击需要修改的尺寸后键入新的尺寸，即将"92"、"58"分别改为"90"、"56"，修改前、后的尺寸如图11-37(a)、(b)所示。

⑤在编辑工具条中单击"再生"按钮 ，结束参考零件的修改。

⑥单击 按钮保存文件。

(2) 名片盒盖上表面凸棱特征的变更

①在模型树中的"拉伸4"(建立上表面图案的特征操作)上单击鼠标右键，弹出快捷菜单。

②在快捷菜单中选择【删除】命令，在屏幕上打开【删除】对话框，单击【确定】按钮，从零件上删除此特征。

③在模型树中用鼠标右键单击"拉伸3"，在弹出的快捷菜单中选择【编辑定义】命令。

④在拉伸特征操控板中单击【放置/编辑】按钮，打开【草绘】对话框，单击【草绘】按钮，在草绘模式中将原截面图改变为如图11-38所示的截面。

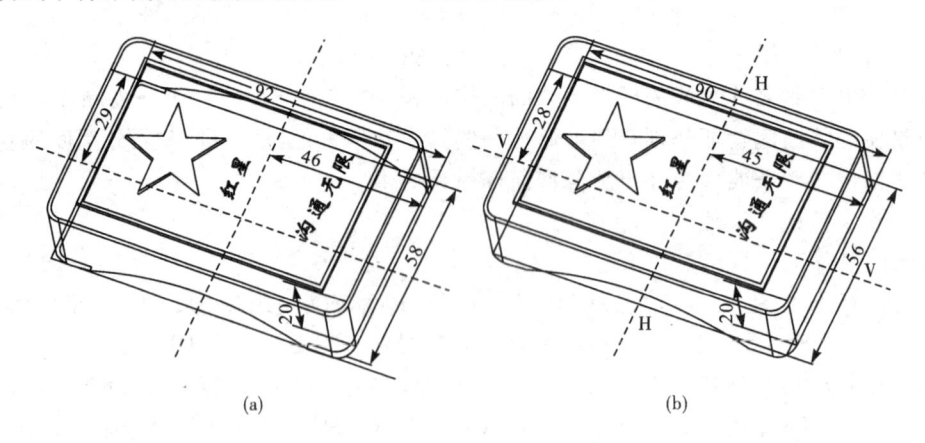

(a)　　　　　　　　　　(b)

图 11-37　修改尺寸

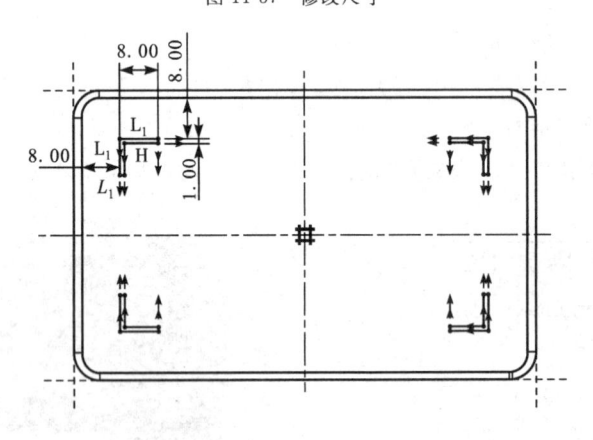

图 11-38　变更后的截面

⑤单击 按钮，截面绘制完成，单击 按钮，完成上表面的特征变更，如图11-39所示。

⑥单击 按钮保存变更后的文件。

第 11 章 模具设计

(3)名片盒底孔的变更

①单击工具栏上的 ⬜ 按钮,在主视区下方的拉伸特征操控板上单击【放置/定义】按钮,弹出【草绘】对话框。

②用鼠标选择如图 11-40 所示的盒盖内部的顶面为草绘平面,再选择 RIGHT 基准平面为参照,进入截面图绘制环境。

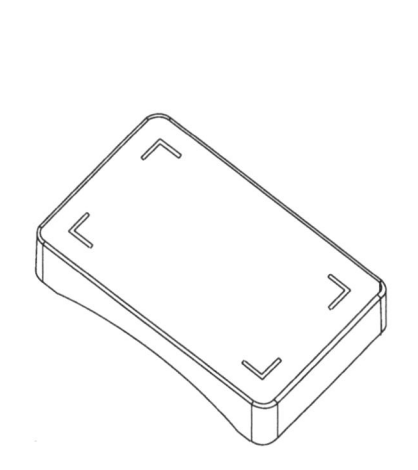

图 11-39 变更后的特征　　　　图 11-40 草绘平面的选择

③单击 ⭕ 按钮,绘制如图 11-41 所示的直径为 20 的圆。

④单击 ✔ 按钮,退出草绘模式。在拉伸特征操控板的深度栏中输入深度"1"(名片盒的厚度),单击 ⬜ 按钮(选中为切除材料,不选为增加材料)使其为切除材料,然后单击 ✔ 按钮,完成参考零件的修改,修改后的参考零件如图 11-42 所示。

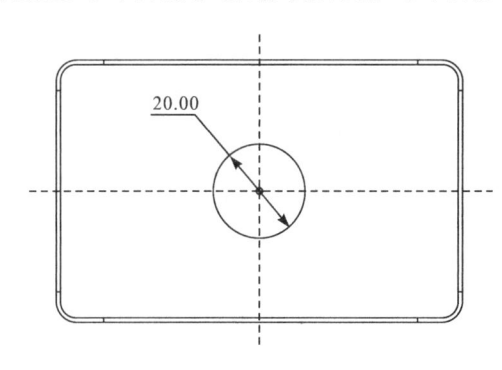

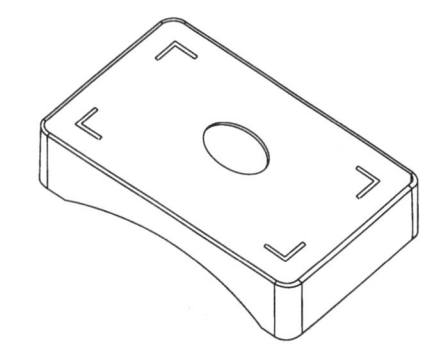

图 11-41 截面图　　　　图 11-42 修改后的参考零件

⑤单击 💾 按钮,保存变更后的文件。

Step3. 读取模具设计文件

①在主菜单栏中选择【文件/打开】命令,弹出【文件打开】对话框。

②在【文件打开】对话框中选择之前建立的"MING-PIAN-HE-DI"目录下的"ming-pian-he-gai.mfg",单击【打开】按钮,打开选择的模具设计文件。

Step4. 打开显示特征的选项

①在图 11-43 所示的模型树中单击上部的【设置】按钮,在打开的下拉菜单中单击【树过

滤器】，打开如图11-44所示的【模型树项目】对话框。

②在【模型树项目】对话框中的【显示】区域中选中【特征】复选框，单击对话框下面的【确定】按钮。

③打开模具设计特征后的模型树如图11-45所示，模型树中显示出了在模具设计中创建的基本特征，包括设计参考平面、参考坐标系、分型面。

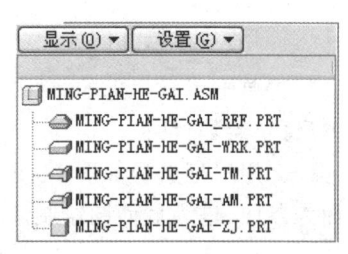

图11-43 模型树

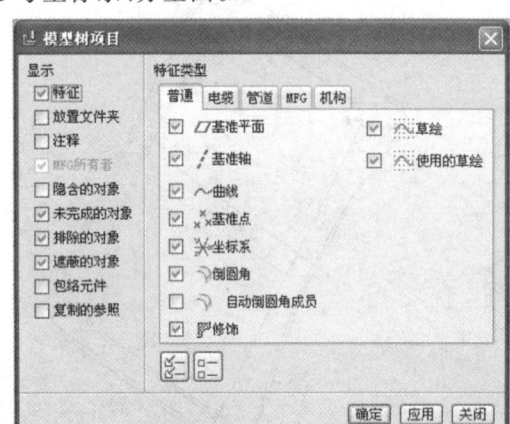

图11-44 【模型树项目】对话框

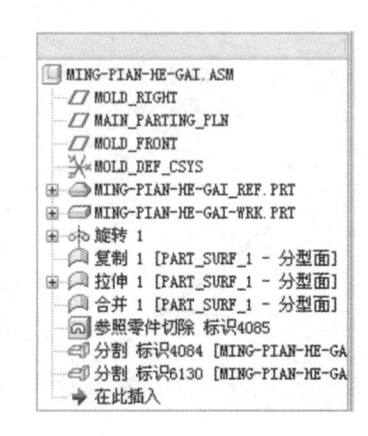

图11-45 模型树

Step5. 进入插入模式

①在菜单管理器中选择【特征/型腔组件/特征操作/插入模式】命令，如图11-46所示，打开如图11-47所示的【插入模式】菜单。

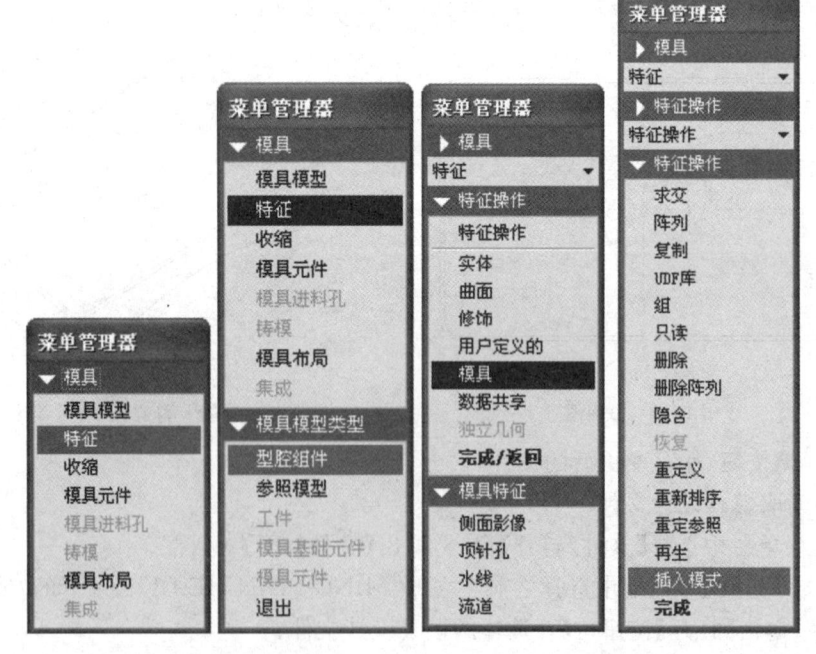

图11-46 选择【特征/型腔组件/特征操作/插入模式】命令

②在【插入模式】菜单中选择【激活】命令,打开如图 11-48 所示的【选取特征】菜单,选择【选取】命令进入下一步。

③在如图 11-49 所示的插入模式模型树中用鼠标选择分型面的最后一个特征【合并 1】进入插入模式。

④在菜单管理器中选择【完成】、【完成/返回】命令回到系统主菜单。

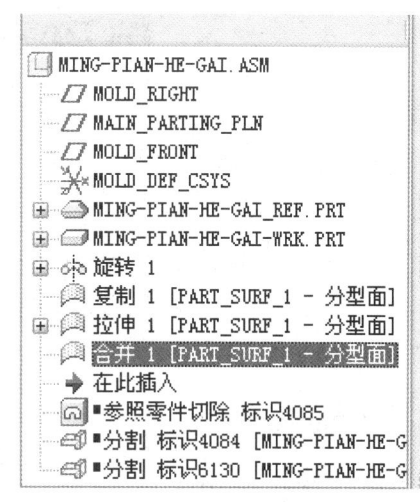

图 11-47 【插入模式】菜单　　图 11-48 【选取特征】菜单　　图 11-49 插入模式模型树

Step6.更新参考零件

在工具栏中单击"再生"按钮，参考件更新完毕,更新后的参考零件如图 11-50 所示。

Step7.修改分型面

在模型树中选择"复制 1[PART_SUFR_1－分型面]",在右键快捷菜单中选择【编辑定义】命令。在如图 11-51 所示的曲面复制操控板中,单击【选项】按钮,在弹出的【选项】上滑面板中单击【排除曲面并填充孔】单选按钮,在【填充孔/曲面】的"选取项目"区域中单击,然后在绘图区中选择要填充的孔,单击　　按钮。

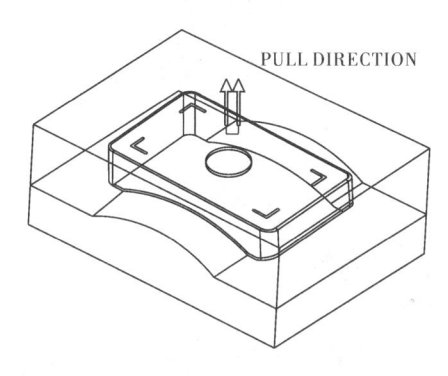

图 11-50 更新后的参考零件　　图 11-51 【曲面复制】操控板

Step8.取消插入模式

①如图 11-52 所示,在菜单管理器中依次选择【特征/型腔组件/特征操作/插入模式】命令,打开【插入模式】菜单。

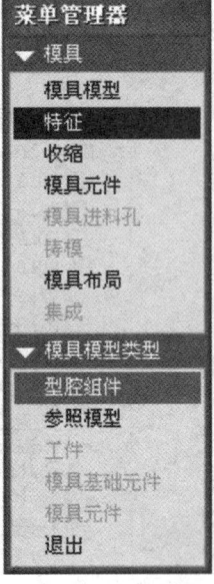

图 11-52 选择【特征/型腔组件/特征操作/插入模式】命令

②在【插入模式】菜单中选择【取消】命令，系统提示"激活插入模式时是否恢复隐藏的特征和元件"，在提示栏中单击【是】按钮完成操作。

③在菜单管理器中选择【完成】、【完成/返回】命令回到系统主菜单。

Step9. 隐藏参考零件、毛坯及分型面

①单击 按钮，打开【遮蔽-撤消遮蔽】对话框。

②在【遮蔽-撤消遮蔽】对话框中选择【遮蔽】选项卡，然后在【可见元件】区域中选择"MING-PIAN-HE-GAI_REF"和"MING-PIAN-HE-GAI-WRK"，单击【遮蔽】按钮，参考零件和毛坯被遮蔽。

③在模型树中选择"合并 1[PART_SURF_1]"，在右键快捷菜单中选择【隐藏】命令。

Step10. 更新模具设计

在工具栏中选择"再生"按钮 ，参考件自动更新。

Step11. 开模检查变更后的模具

①在菜单管理器中选择【模具进料孔】命令即可观察填充件和模具凸、凹模的变化，如图11-53所示。开模模拟中，可以清楚地看到填充件变成了名片盒底形状。

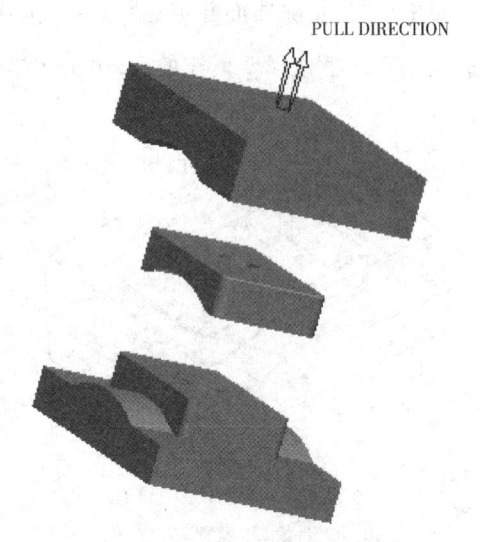

图 11-53 填充件和模具凸凹模

②在菜单管理器中选择【完成/返回】命令,回到系统主菜单。

③单击 按钮保存文件,模具设计变更过程结束。

任务三:手柄模具设计。

1. 设计任务

设计题目:手柄模具设计。

产品三维图如图 11-54 所示(具体尺寸见随书附赠的光盘中第 11 章实例文件)。材料:PS(聚苯乙烯);收缩率:$0.2\% \sim 1.0\%$。

2. 手柄模具设计

Step1. 设置工作目录

①首先在 E 盘建立手柄模具工程目录"E:\HANDLE",然后将随本书附赠光盘中第 11 章实例文件夹内的"handle.prt"文件复制到"HANDLE"目录中。

图 11-54 手柄产品三维图

②打开 Pro/ENGINEER Wildfire 4.0 操作界面,在主菜单中选择【文件/设置工作目录】,打开【选择工作目录】对话框,选择建立好的"HANDLE"目录,点击【确定】按钮,设置工作目录完毕。

Step2. 新建模具设计文件

①单击标准工具栏中的 按钮,打开【新建】对话框。

②在【新建】对话框的【类型】区域中选择【制造】单选按钮,在【子类型】区域中选择【模具型腔】单选按钮,在【名称】文本框中输入文件名"HANDLE-MOLD",最后单击【使用缺省模板】复选框去掉该复选标记,单击【确定】按钮,打开【新文件选项】对话框。

③在【新文件选项】对话框的【模板】下拉列表中选择【mmns_mfg_mold】,单击【确定】按钮进入模具设计模式。

④保存文件。

Step3. 建立模具模型

①在菜单管理器中选择【模具模型/装配/参照模型】命令,弹出【打开】对话框。

②在【打开】对话框中选择"handle.prt"零件,并单击【打开】按钮,参考零件出现在屏幕上。

③在如图 11-55 所示的装配设计操控板的【约束类型】下拉列表中选择【 缺省】约束,将参照模型按默认放置,单击 按钮。

图 11-55 装配设计操控板

④在系统弹出的如图 11-56 所示【创建参照模型】对话框中,接受参照模型默认的名称,再单击【确定】按钮,完成参考零件的装配。在菜单管理器中选择【完成/返回】命令,回到系统主菜单,装配好的参考零件模型如图 11-57 所示。

图 11-56 【创建参照模型】对话框　　　　图 11-57 参考零件模型

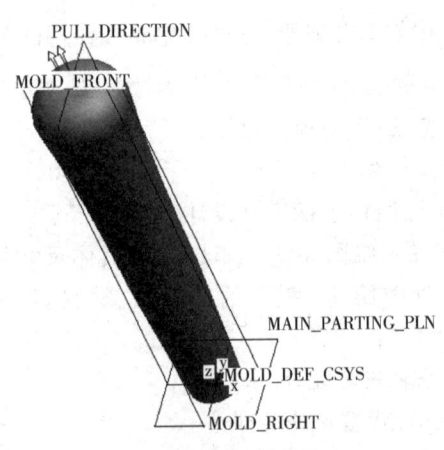

Step4. 建立毛坯模型

①在菜单管理器中选择【模具模型/创建/工件/手动】命令,打开【元件创建】对话框。

②在【元件创建】对话框中输入名称"handle-mold-wp",点击【确定】按钮。同时打开【创建选项】对话框,选择【创建特征】单选按钮,单击【确定】按钮。

③在菜单管理器中选择【加材料/拉伸/实体/完成】命令,在主视区下方的拉伸特征操控板上单击【放置/定义】按钮,打开【草绘】对话框,选择 MOLD_FRONT 基准平面为草绘平面,MAIN_PARTING_PLN 基准平面为参照,单击【草绘】按钮进入草绘模式,绘制如图 11-58 所示的截面,完成后单击 ✔ 按钮退出草绘模式。

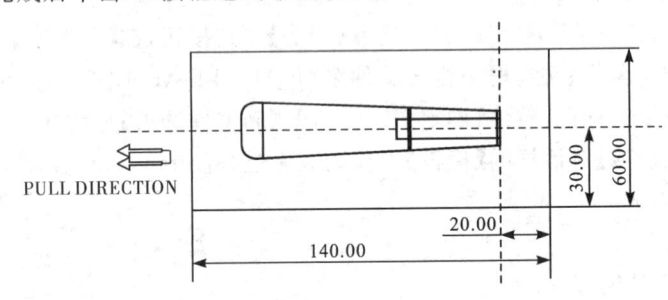

图 11-58 工件截面

④在拉伸特征操控板中,选取深度类型 ⊟ (即"对称"),再在深度文本框中输入深度"60",并按回车键。单击 ✔ 按钮,再单击【完成/返回】命令回到主菜单,完成工件的创建。

Step5. 设置收缩率

①在菜单管理器中选择【收缩/按尺寸】命令,系统打开【按尺寸收缩】对话框,在【公式】一栏选用公式"1+S",在【比率】一栏输入收缩率"0.005",然后单击 ✔ 按钮。

②在菜单管理器中选择【完成/返回】命令,完成收缩率设置,回到系统主菜单。

③保存文件。

Step6. 设计型芯分型面

①创建曲面复制特征,单击"分型曲面工具"按钮 ▭。

②然后按住 Ctrl 键,用鼠标逐一选取内孔表面。复制后粘贴。

③在模型树上选择"HANDLE-MOLD-WP.PRT",按右键弹出快捷菜单,在快捷菜单中选择【遮蔽】命令遮蔽毛坯,以便选择参考零件上的曲面。

④选择复制的分型面的半圆弧,如图 11-59 所示,然后选择主菜单【编辑/延伸】命令,弹出如图 11-60 所示的延伸特征操控板,按住 Shift 键选择另一半圆弧,然后单击"将曲面延伸到参照平面"按钮,撤销毛坯的遮蔽,单击【参照】按钮,在弹出的【参照】上滑面板中单击【参照平面】的选取项目区域,选择如图 11-59 所示的延伸终止面。单击 按钮,得到如图 11-61 所示的型芯分型面。

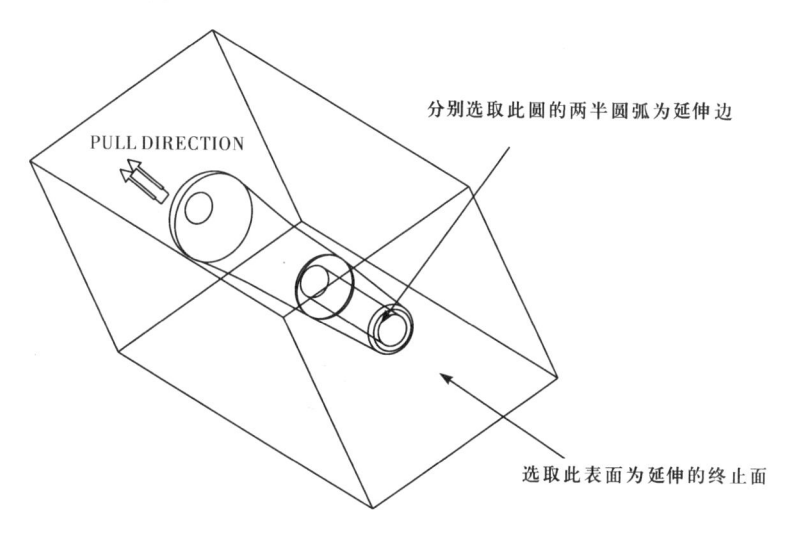

图 11-59　选取延伸边与延伸的终止面

图 11-60　延伸特征操控板

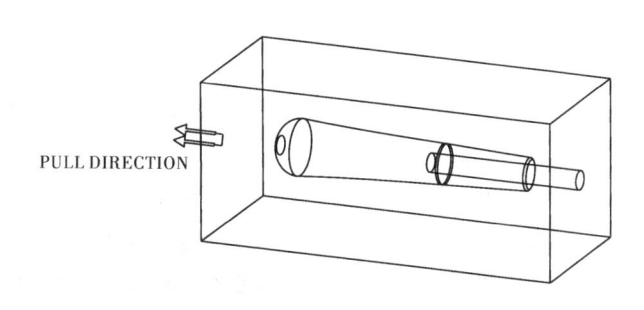

图 11-61　型芯分型面

Step7. 设计主分型面

①单击"分型曲面工具"按钮 ▢，在特征工具栏中单击 ⬚ 按钮，在主视区下方的拉伸特征操控板上单击【放置/定义】，打开【草绘】对话框，选择如图11-62所示的毛坯的前面为草绘平面，系统提示选择【顶】，选择毛坯的顶面为【顶】参照。

②选择毛坯模型的两条边作为绘图参考，选择绘图参考后进入截面图绘制环境，单击 ＼ 按钮绘制如图11-63所示的直线截面。

③在截面绘制环境中单击 ✓ 按钮，选取深度类型 ⊥，选择 ＼ 如图11-62所示的毛坯的后表面为拉伸终止面。单击 ✓ 按钮，完成拉伸曲面建立。完成后的主分型面如图11-62所示。

④保存文件。

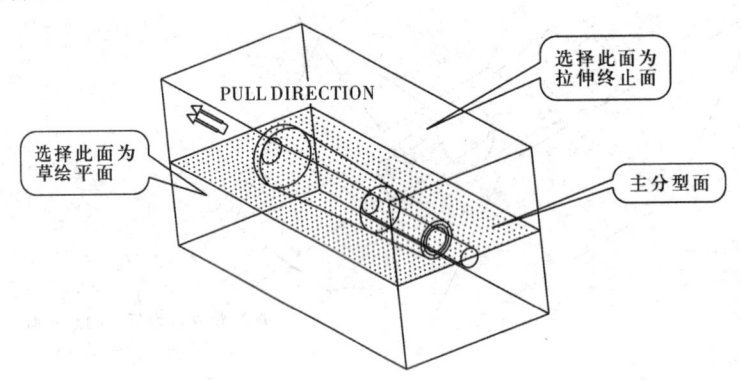

图11-62 绘图平面、拉伸终止面的选取与完成后的主分型面

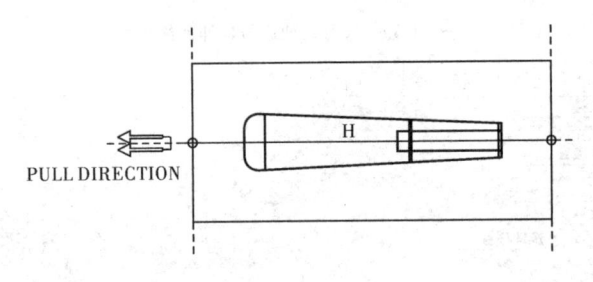

图11-63 绘制的直线截面

Step8. 设计浇道系统
(1) 创建流道
①在菜单管理器中选择【特征/型腔组件/实体/切减材料/旋转/完成】命令。
②在主视区下方的旋转特征操控板上单击【位置/定义】按钮，打开【草绘】对话框。
③选择MOLD_FRONT基准平面为草绘平面，选择MAIN_PARTING_PLN基准平面作为参照，单击【草绘】对话框中的【草绘】按钮，打开【参照】对话框。
④选择毛坯模型的两垂直边作为绘图参考，单击【参照】对话框中的【关闭】按钮进入截面图绘制环境。

⑤在截面图绘制环境中单击 ╲ 按钮绘制如图 11-64 所示的截面,单击 ⋮ 按钮绘制回转中心线,单击 ✔ 按钮完成截面绘制。

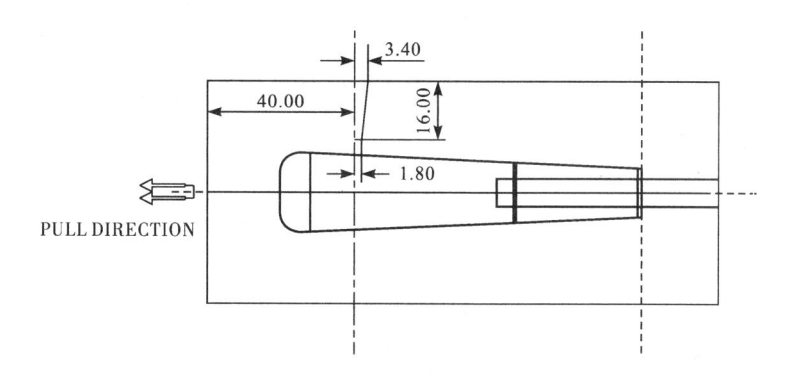

图 11-64　绘制的截面

⑥在旋转特征操控板中,单击【相交】按钮,在出现的如图 11-65 所示的操作界面中单击【自动更新】复选框去掉该复选标记,选取【添加实例】,让系统自动选择与特征相交的零件,并自动将特征从这些零件中挖去。

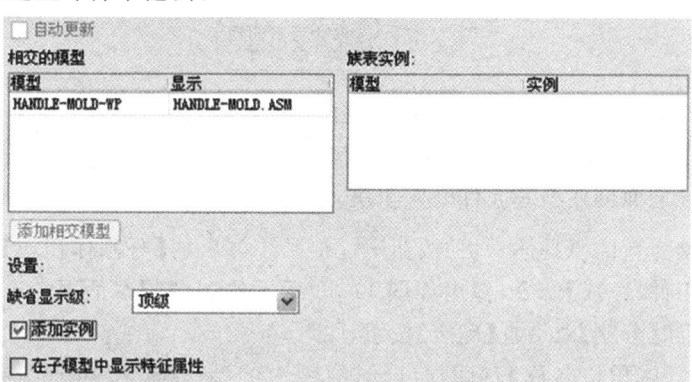

图 11-65　【相交】的操作界面

⑦单击操控板中的 ✔ 按钮完成流道的建立。

⑧在菜单管理器中选择【完成/返回】命令返回系统主菜单,创建的流道如图 11-66 所示。

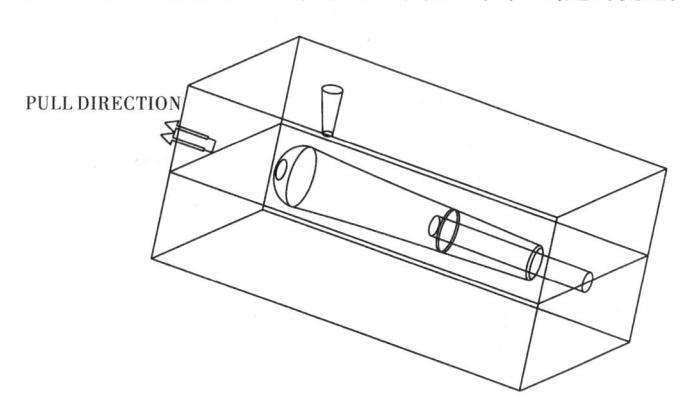

图 11-66　创建的流道

(2) 创建浇口

①在菜单管理器中选择【特征/型腔组件/实体/切减材料/拉伸/完成】命令。

②在主视区下方的拉伸特征操控板上单击【放置/定义】按钮,弹出【草绘】对话框。

③选取如图 11-67 所示的平面为草绘平面,在草绘模式中绘制一个直径为 1.2 的圆。选择深度类型 ⊥ (至曲面),要让特征到达参考零件"handle"的表面,所以要选取参考零件"handle"的表面,如图 11-67 所示。

④单击操控板中的 ✓ 按钮,完成特征创建。

⑤在菜单管理器中选择【完成/返回】命令返回系统主菜单,建立的浇口如图 11-67 所示。

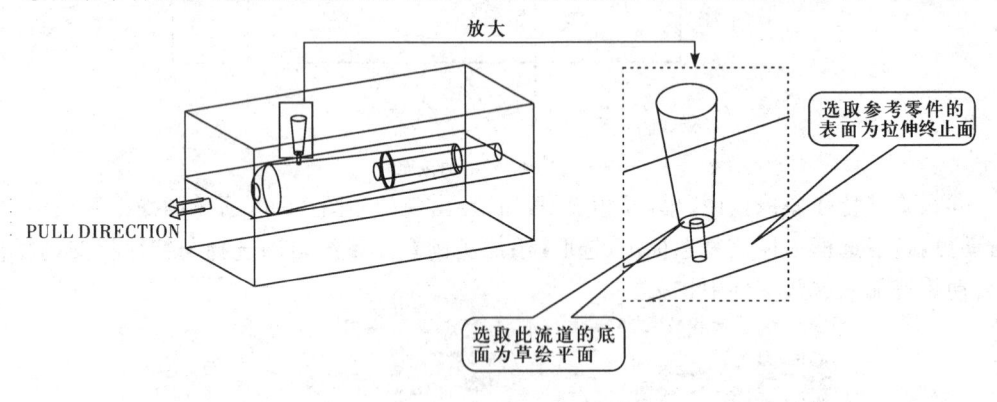

图 11-67 创建的浇口

Step9. 拆模

(1) 用型芯分型面创建型芯元件的体积块

①单击"分割为新的模具体积块"按钮 ⌸,在系统弹出的【分割体积块】菜单中选择【两个体积块/所有工件/完成】命令,弹出如图 11-68 所示的【分割】对话框。选取型芯分型面,分别单击【选取】和【分割】对话框【确定】按钮。

②系统弹出【体积块名称】对话框,同时模型中的型芯部分加亮显示,键入型芯模具元件体积的名称"core-vol",单击【确定】按钮。

③系统再次弹出【体积块名称】对话框,同时模型中的其余部分加亮显示,键入其余部分体积块的名称"body-vol",单击【确定】按钮,完成拆模。

(2) 用主分型面创建上下两个体积块

①在菜单管理器中选择【两个体积块/模具体积块/分割】命令,在系统弹出的【分割体积块】菜单中,选择【两个体积块/模具体积块/完成】命令。

图 11-68 【分割】对话框

②弹出如图 11-69 所示的【搜索工具】对话框,单击【项目】列表中的"BODY-VOL"体积块,然后单击 >> 和【关闭】按钮。

第 11 章 模具设计

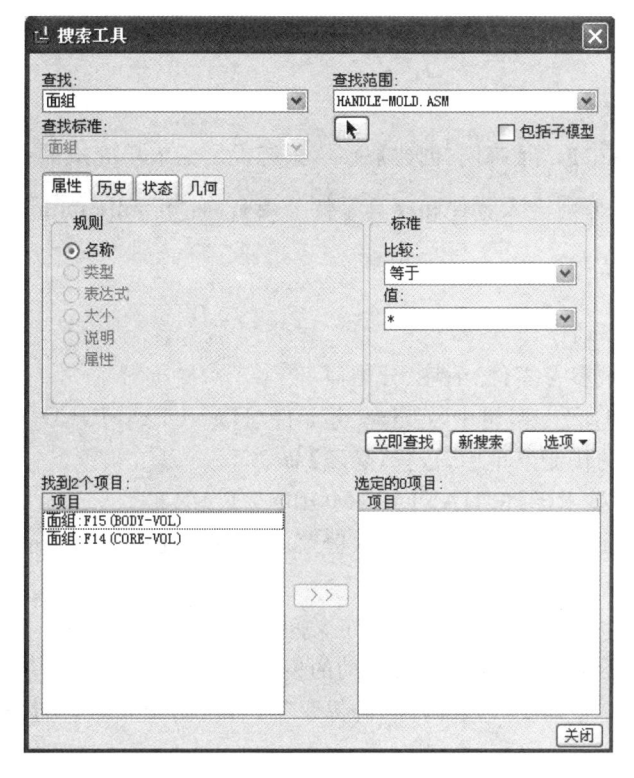

图 11-69 【搜索工具】对话框

③用"从列表中拾取"的方法选取分型面。

• 在图中分型面的位置单击鼠标右键,选取快捷菜单中【从列表中拾取】命令。

• 在弹出的【从列表中拾取】对话框中,单击列表中的"MAIN-PS"分型面,然后单击【确定】按钮。

• 在【选取】对话框中,单击【确定】按钮。

④单击【分割】对话框中的【确定】按钮。

⑤系统弹出【体积块名称】对话框,同时"BODY-VOL"体积块的上半部分加亮显示,键入名称"upper-vol",单击【确定】按钮。

⑥系统再次弹出【体积块名称】对话框,同时"BODY-VOL"体积块的下半部分加亮显示,键入名称"lower-vol",单击【确定】按钮。

⑦选择【完成/返回】命令回到系统主菜单。

Step10. 抽取模具元件

①在菜单管理器中选择【模具元件/抽取】命令,打开如图 11-70 所示的【创建模具元件】对话框。

②在【创建模具元件】对话框中单击 ▤ 按钮,选择所有体积块,然后单击【确定】按钮,完成模具凸、凹模的提取。

③在菜单管理器中选择【完成/返回】命

图 11-70 【创建模具元件】对话框

令回到系统主菜单。

④保存文件。

Step11. 生成浇铸件

①在菜单管理器中选择【铸模/创建】命令,系统提示输入填充成品件的名称。

②在提示输入栏分别输入零件和模具零件公用名称:"handle-molding",单击☑按钮完成成品件填充。

③保存文件。

Step12. 定义开模动作

(1)在模型中隐藏参考零件、毛坯、分型面

①隐藏参考零件:在模型树中,单击参考零件"HANDLE-MOLD_REF. PRT",然后单击鼠标右键,从弹出的快捷菜单中,选择【隐藏】命令。

②以同样的方法隐藏毛坯"HANDLE-MOLD-WP. PRT"。

③隐藏分型面:在模型树中利用右键快捷菜单的【隐藏】命令隐藏分型面。

(2)开模步骤1

①在菜单管理器中选择【模具进料孔/定义间距/定义移动】命令。

②用"从列表中拾取"的方法选取要移动的模具元件。

● 在系统"为迁移号码1,选取构件"的提示下,右击图中相应位置,选取快捷菜单中的【从列表中拾取】命令。

● 在弹出的【从列表中拾取】对话框中,单击列表中的型芯模具零件"CORE-VOL. PRT",然后单击【确定】按钮。

● 在【选取】对话框中,单击【确定】按钮。

③在系统"通过选取边、轴或表面选取分解方向"的提示下,选取如图11-71所示的边线为移动方向,然后键入要移动距离"-100"。

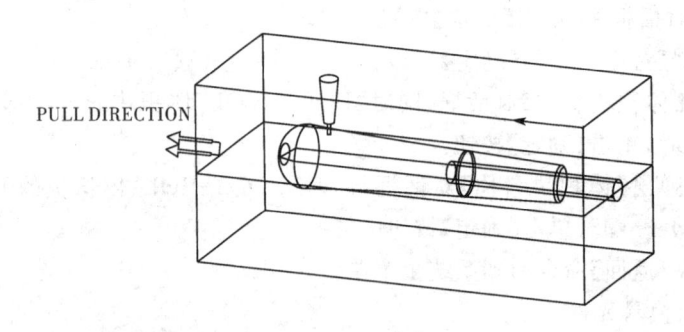

图11-71 定义开模方向

④干涉检查。

● 检查型芯与上模的干涉。在【定义间距】菜单中,选择【干涉】命令。从列表中选取"移动1"。从模型中选取上模,系统在信息区提示"没有发现干涉",再选择【完成/返回】命令。

● 以同样的方法,检查型芯与下模的干涉。

⑤在【定义间距】菜单中,选择【完成】命令,移出后的型芯如图11-72所示,再选择【完成/返回】命令。

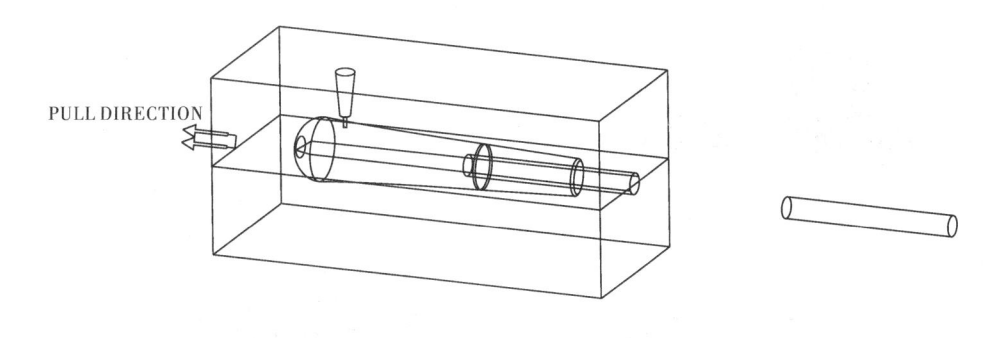

图 11-72 第一步开模

(3)开模步骤 2

参考开模步骤 1 的操作方法,选取上模,选取如图 11-73 所示的边线为移动方向,键入要移动距离"60",单击 ✓ 按钮,在菜单管理器中选择【完成】命令,完成开模动作,如图11-74 所示,选择【完成/返回】命令。

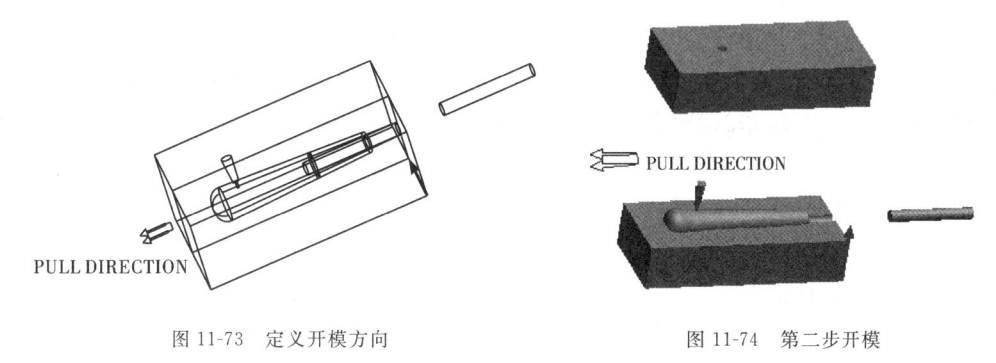

图 11-73 定义开模方向　　　　　图 11-74 第二步开模

(4)开模步骤 3

参考开模步骤 1 的操作方法,选取下模,选取移动方向的边线,如图 11-74 所示。然后键入要移动距离"－60",单击 ✓ 按钮,在菜单管理器中选择【完成】命令,完成开模动作,如图 11-75 所示,选择【完成/返回】命令。

(5)保存文件。

任务四:显示器后盖模具设计。

1.设计任务

设计题目:显示器后盖模具设计。

产品三维图如图 11-76 所示。材料:ABS(丙烯腈＿丁二烯＿苯乙烯);收缩率:0.3%～0.8%。

2.显示器后盖模具设计

Step1.设置工作目录

①首先在 E 盘建立显示器后盖模具工程目录"E:\DISPLAY"。然后将随本书附赠的光盘中第 11 章实例文件夹内的"display.prt"文件复制到"DISPLAY"目录中。

②打开 Pro/ENGINEER Wildfire 4.0 操作界面,在主菜单中选择【文件/设置工作目录】,打开【选择工作目录】对话框,选择建立好的"DISPLAY"目录,单击【确定】按钮。

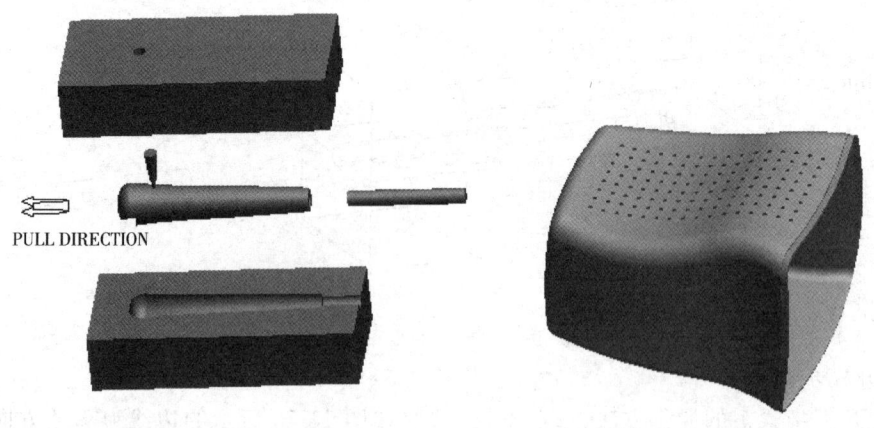

图 11-75　第三步开模　　　　　　　图 11-76　显示器后盖产品三维图

Step2. 新建模具设计文件

①单击标准工具栏中的 按钮，打开【新建】对话框。

②在【新建】对话框的【类型】区域中选择【制造】单选按钮，在【子类型】区域中选择【模具型腔】单选按钮，在【名称】文本框中输入文件名"DISPLAY-MOLD"，最后去掉【使用缺省模板】复选标记，单击【确定】按钮，打开【新文件选项】对话框。

③在【新文件选项】对话框的【模板】下拉列表中选择【mmns_mfg_mold】，单击【确定】按钮，进入模具设计模式。

④保存文件。

Step3. 建立模具模型

①在菜单管理器中选择【模具模型/装配/参照模型】命令，弹出【打开】对话框。

②在【打开】对话框中选择"display.prt"零件，并单击【打开】按钮，参考零件出现在屏幕上，同时打开装配设计操控板。

③在装配设计操控板的【约束类型】下拉列表中选择【 缺省】，将参照模型按默认放置，单击 按钮。

④系统弹出【创建参照模型】对话框，在该对话框中，接受默认的参照模型的名称"DISPLAY-MOLD_REF"，再单击【确定】按钮，完成参考零件的装配。在菜单管理器中选择【完成/返回】命令回到系统主菜单，装配好的参考零件模型如图 11-77 所示。

Step4. 建立毛坯模型

①在菜单管理器中选择【模具模型/创建/工件/手动】命令，打开【元件创建】对话框。

②在【元件创建】对话框中输入名称为"display-mold-wrk"，单击【确定】按钮。同时打开【创建选项】对话框，选择【创建特征】单选按钮，单击【确定】按钮。

③在菜单管理器中选择【加材料/拉伸/实体/完成】命令，在主视区下方的拉伸特征操控板上单击【放置/定义】按钮，打开【草绘】对话框，选择 MAIN_PARTING_PLN 基准平面为草绘平面，MOLD_FRONT 基准平面为参照，方位为"底"。单击【草绘】按钮进入草绘模式，绘制如图 11-78 所示的截面，完成后单击 按钮，退出草绘模式。

第 11 章　模具设计

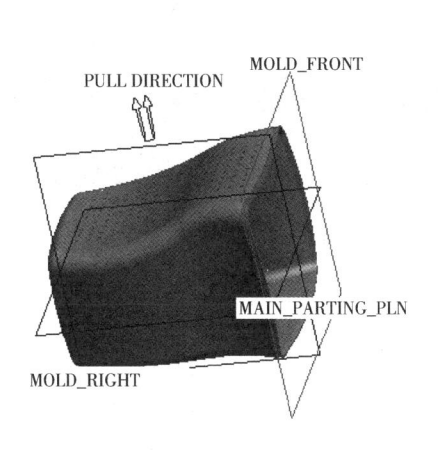

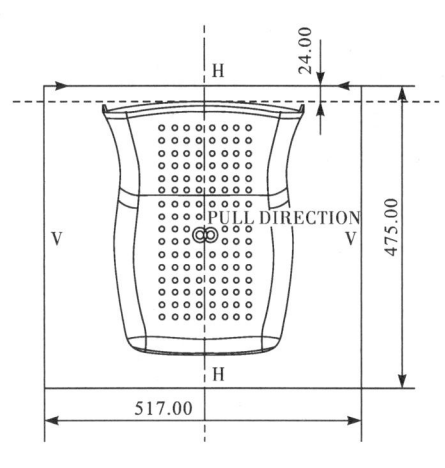

图 11-77　参考零件模型　　　　　图 11-78　绘制的截面

④在拉伸特征操控板中,选取深度类型,再在深度文本框中输入深度"500",单击按钮,再单击【完成/返回】命令回到主菜单,完成工件的创建。

Step5.设置收缩率

①在菜单管理器中选择【收缩/按尺寸】命令,系统打开【按尺寸收缩】对话框,在【公式】一栏选用公式"1+S",在【比率】一栏输入收缩率"0.006",然后单击按钮。

②在菜单管理器中选择【完成/返回】命令,完成收缩率设置,回到系统主菜单。

③保存文件。

Step6.设计主分型面

①单击"遮蔽"按钮,遮蔽毛坯。

②单击"分型曲面工具"按钮。

③利用复制的方法创建主分型面,按住 Ctrl 键,用鼠标逐一选取如图 11-79 所示内表面,复制后粘贴。

④在【曲面复制】操控板中,单击【选项】按钮,选择【排除曲面并填充孔】。在【填充孔/曲面】中选择要填充的孔,单击按钮。

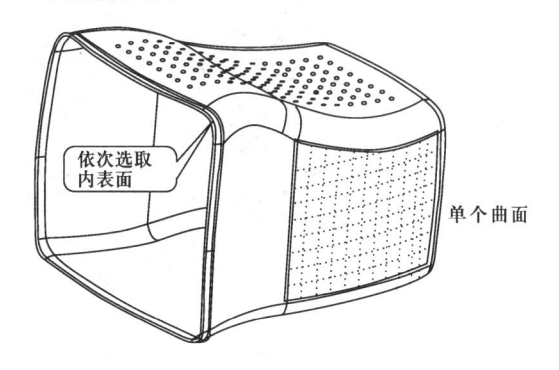

图 11-79　选取内表面

⑤延伸上步创建的"复制"曲面

● 在模型树中隐藏工件。

●选择刚才复制的分型面的边如图 11-80 所示,然后选择主菜单【编辑/延伸】命令,在延伸特征操控板,按住 Shift 键选择其他延伸边,然后单击延伸特征操控板上的 按钮,再单击【参照】按钮,弹出【参照】上滑面板,单击【参照平面】的选取项目区域,选择如图 11-81 所示的延伸终止面。

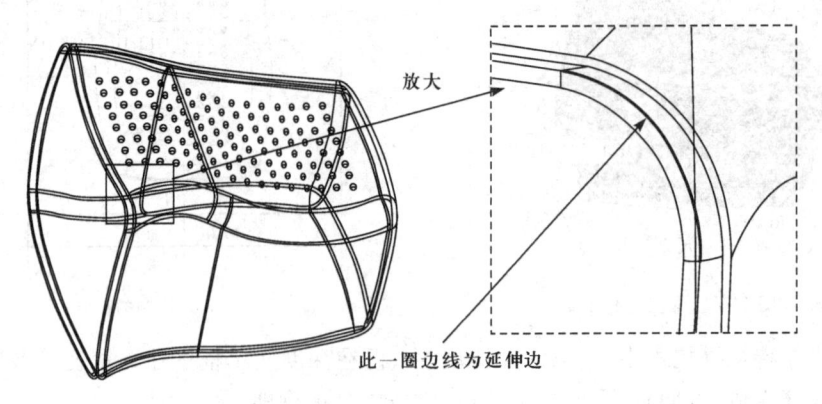

图 11-80　选取延伸边

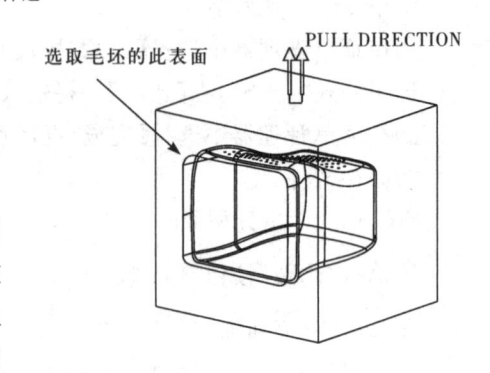

图 11-81　选取延伸终止面

●单击 按钮,完成主分型面的创建。

Step7. 设计滑块分型面

①利用"遮蔽工具"按钮 隐藏毛坯。

②单击"分型曲面工具"按钮 。

③然后按住 Ctrl 键,用鼠标逐一选取如图 11-82 所示模型盒里的两个曲面。复制后粘贴,在曲面复制操控板中,单击【选项】按钮,在弹出的上滑面板中选择【排除曲面并填充孔】,在【填充孔/曲面】中选择要填充的孔,单击 按钮完成。

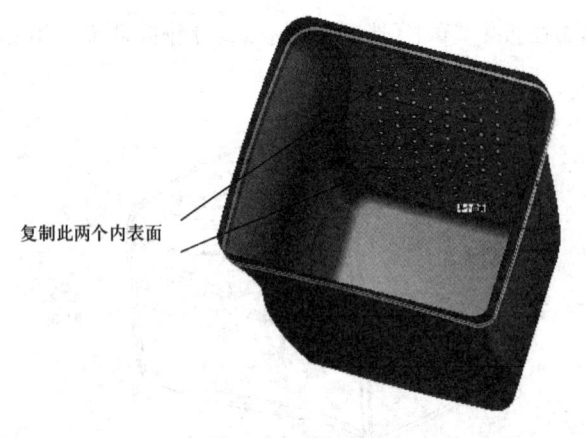

图 11-82　复制曲面

④用"拉伸"工具创建曲面。

●撤消遮蔽的毛坯模型。

●在特征工具栏中选择"拉伸"按钮 。

●草绘平面:选取如图 11-83 所示的毛坯上表面为草绘平面,草绘平面的参照为"MOLD_FRONT",方位为"顶"。

●绘制截面图如图 11-84 所示,完成后单击 ✓ 按钮。

●在【指定到】菜单中选择【至曲面/完成】命令,选取上步操作中复制的"面组:F9(PART_SURF_2)"为拉伸终止面,如图 11-85 所示,单击【曲面:拉伸】对话框的【确定】按钮完成拉伸曲面的建立。

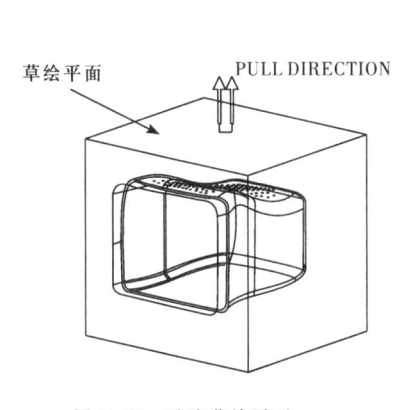

图 11-83 选取草绘平面

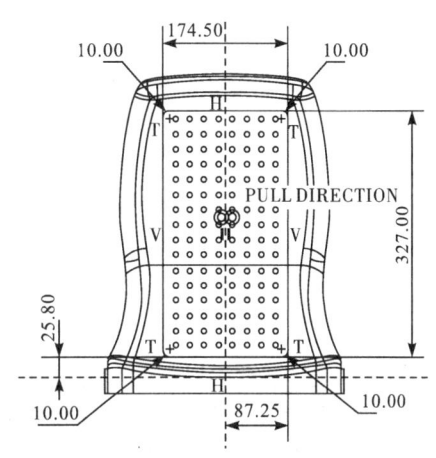

图 11-84 绘制的截面图

⑤将前两步所做的分型面进行合并,得到的滑块分型面如图 11-86 所示,单击 ✓ 按钮完成。

图 11-85 【从列表中拾取】对话框

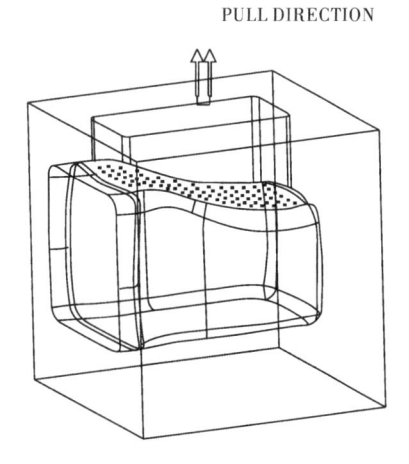

图 11-86 滑块分型面

⑥保存文件。

Step8. 用滑块分型面创建滑块体积块

①单击"分割为新的模具体积块"按钮 ⌘,在系统弹出的【分割体积块】菜单中选择【两个体积块/所有工件/完成】命令,弹出如图 11-87 所示的【分割】对话框。

②选取上一步所做的型芯分型面,分别单击【选取】和【分割】对话框【确定】按钮。

③系统弹出【体积块名称】对话框,同时模型中的滑块以外的部分加亮显示,键入名称

"body-vol",单击【确定】按钮。

④系统再次弹出【体积块名称】对话框,同时模型中的滑块部分加亮显示,键入名称"slide-vol",单击【确定】按钮。

Step9. 用主分型面创建上、下两个体积块

①单击"分割为新的模具体积块"按钮 ⌷ ,在系统弹出的【分割体积块】菜单中,选择【两个体积块/模具体积块/完成】命令,弹出【分割】对话框。

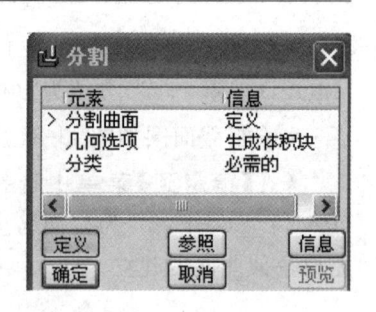

图 11-87 【分割】对话框

②在弹出的【搜索工具】对话框中,单击列表中的"BODY-VOL"体积块,然后单击 >> 和【关闭】按钮。

③用"从列表中拾取"的方法选取分型面,具体操作如下:

● 在图中分型面的位置单击鼠标右键,选取快捷菜单中【从列表中拾取】命令。

● 在弹出的【从列表中拾取】对话框中,单击列表中的"MAIN-PS"分型面,然后单击【确定】按钮。

● 在【选取】对话框中,单击【确定】按钮。

④单击【分割】对话框中的【确定】按钮。

⑤系统弹出【体积块名称】对话框,同时 BODY-VOL 体积块的外面部分加亮显示,键入名称"upper-vol",单击【确定】按钮。

⑥系统弹出【体积块名称】对话框,同时 BODY-VOL 体积块的里面部分加亮显示,键入名称"lower-vol",单击【确定】按钮。

⑦选择【完成/返回】命令,回到系统主菜单。

Step10. 由体积块生成模具元件

①在菜单管理器中选择【模具元件/抽取】命令。

②在弹出的【创建模具元件】对话框中,单击 ≡ 按钮,选择所有体积块,然后单击【确定】按钮。

③在菜单管理器中选择【完成/返回】命令,回到系统主菜单。

④保存文件。

Step11. 生成浇铸件

①在菜单管理器中选择【铸模/创建】命令,系统提示输入填充成品件的名称。

②在提示输入栏分别输入零件和模具零件公用名称"display-molding",单击 ✓ 按钮完成成品件填充。

③保存文件。

Step12. 定义开模动作

①在模型中隐藏参考零件、毛坯、分型面。

②开模步骤1——移出滑块。

● 在菜单管理器中选择【模具进料孔/定义间距/定义移动】命令。

● 用"从列表中拾取"的方法选取要移动的滑块"slide-vol. prt",单击【确定】按钮,然后单击【完成】命令。

● 在系统"通过选取边、轴或表面选取分解方向"的提示下,选取如图 11-88 所示的边线

为移动方向,键入要移动距离"200",单击✓按钮。
- 在菜单管理器中选择【完成】命令,完成开模动作,如图 11-89 所示,再选择【完成/返回】命令。

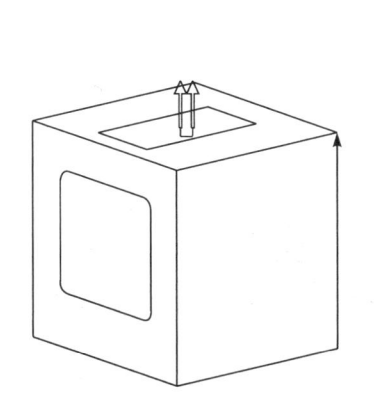

图 11-88　定义开模方向　　　　　　图 11-89　开模移出滑块

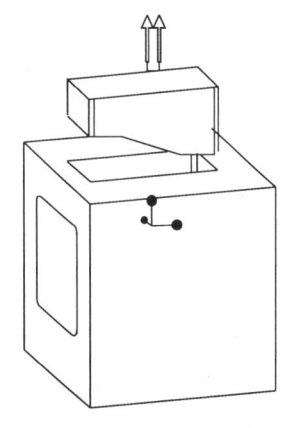

③开模步骤 2——移出上模(型腔)。
- 在菜单管理器中选择【模具进料孔/定义间距/定义移动】命令。
- 用"从列表中拾取"的方法选取要移动的上模"upper-vol. prt",单击【确定】按钮,然后单击【完成】命令。
- 在系统"通过选取边、轴或表面选取分解方向"的提示下,选取如图 11-90 所示的边线为移动方向,键入要移动距离"500",单击✓按钮。
- 在菜单管理器中选择【完成】命令,完成开模动作,如图 11-91 所示,再选择【完成/返回】命令。

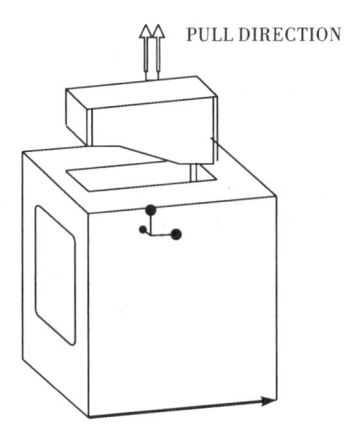

图 11-90　定义开模方向　　　　　　图 11-91　开模移出型腔

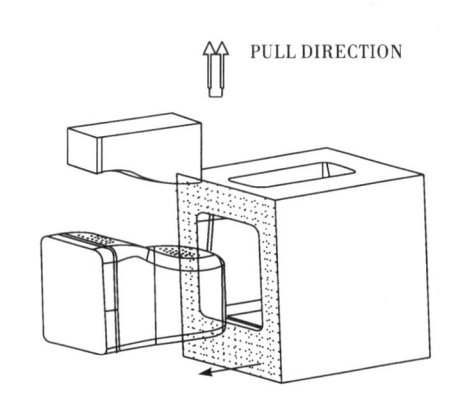

④开模步骤 3——移出下模(大型芯)。
- 在菜单管理器中选择【模具进料孔/定义间距/定义移动】命令。
- 用"从列表中拾取"的方法选取要移动的下模"lower-vol. prt",单击【确定】按钮,然后单击【完成】命令。
- 在系统"通过选取边、轴或表面选取分解方向"的提示下,选取如图 11-90 所示上模的

表面为移动方向,键入要移动距离"500",单击☑按钮。

- 在菜单管理器中选择【完成】命令,完成开模动作,如图 11-92 所示,再选择【完成/返回】命令。

⑤保存文件。

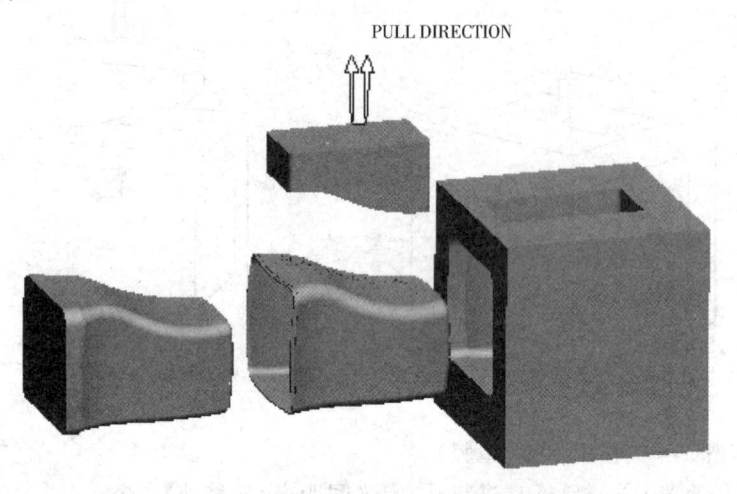

图 11-92 开模移出大型芯

任务五:外罩模具设计。

1. 设计任务

设计题目:外罩模具设计。

产品零件图及三维图如图 11-93 所示。材料:ABS(丙烯腈_丁二烯_苯乙烯);收缩率:0.3%~0.8%。

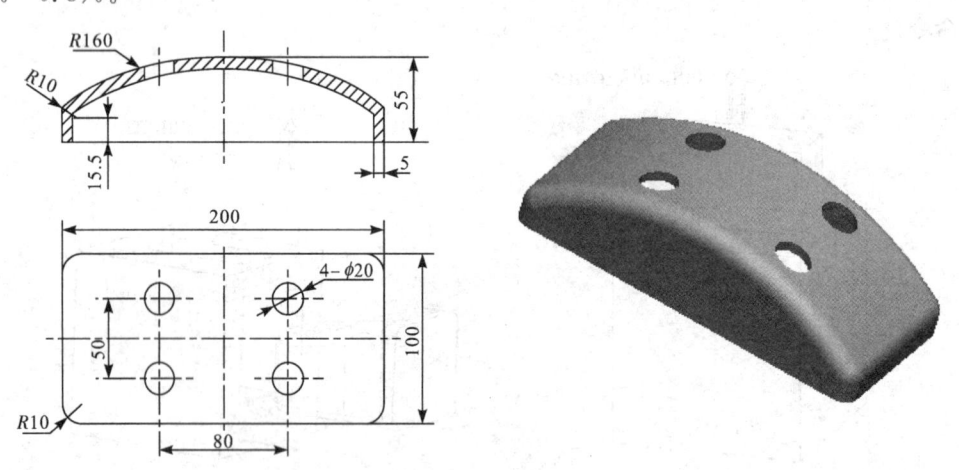

图 11-93 外罩产品零件图及三维图

2. 外罩的模具设计

Step1. 设置工作目录

①首先在 E 盘建立外罩模具工程目录"E:\WAIZHAO",然后将随本书附赠光盘中的第 11 章实例文件夹内的"waizhao.prt"文件复制到"WAIZHAO"目录中。

②打开 Pro/ENGINEER Wildfire 4.0 操作界面,在主菜单中选择【文件/设置工作目

第 11 章 模具设计

录】，打开【选择工作目录】对话框，选择建立好的"WAIZHAO"目录，单击【确定】按钮，设置工作目录完毕。

Step2. 新建模具设计文件

①单击标准工具栏中的 按钮，打开【新建】对话框。

②在【新建】对话框的【类型】区域中选择【制造】单选按钮，在【子类型】区域中选择【模具型腔】单选按钮，在【名称】文本框中输入文件名"WAIZHAO-MOLD"，最后单击【使用缺省模板】复选框去掉该复选标记，单击【确定】按钮，打开【新文件选项】对话框。

③在【新文件选项】对话框的【模板】下拉列表中选择【mmns_mfg_mold】，单击【确定】按钮，进入模具设计模式。

④保存文件。

Step3. 建立模具模型

外罩参照模型要通过定位参照零件的方法改变其坐标方向，使模具坐标系统的 Z 轴沿零件孔的轴线指向正方向。

①在菜单管理器中选择【模具模型/定位参照零件】命令，系统弹出【布局】对话框（图 11-94）和【打开】对话框。

②在【打开】对话框中双击"waizhao.prt"，并在【创建参照模型】对话框中接受默认的参照模型名称"WAIZHAO-MOLD_REF"，单击【确定】按钮。

③在【布局】对话框的【参照模型起点与定向】区域，单击 按钮，系统新开一窗口显示出模型的状态，单击菜单管理器中的【动态】命令，打开【参照模型方向】对话框，如图 11-95 所示，在【参照模型方向】对话框【坐标系移动/定向】区域中点击 旋转 和 X 按钮，在【数值】文本框中输入"90"，按回车键，新开窗口中可看到模具坐标参照系统绕 X 轴旋转 $90°$，如图 11-96 所示。

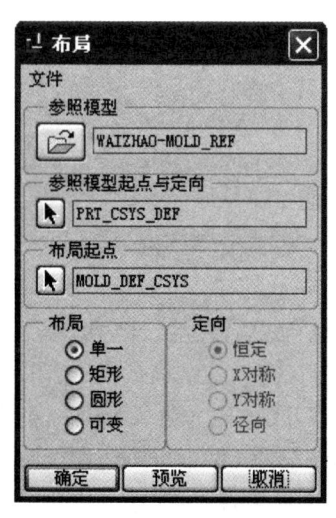

图 11-94 【布局】对话框

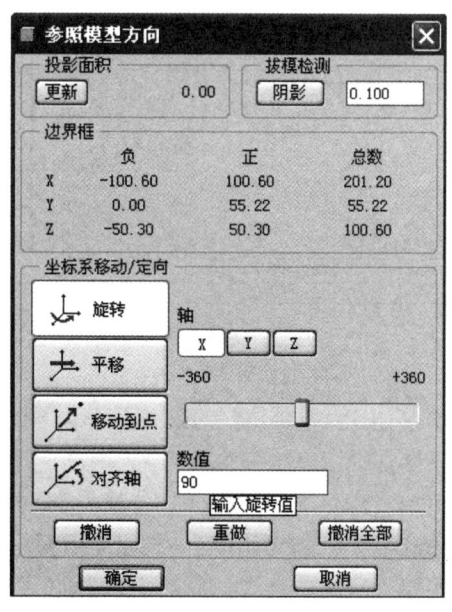

图 11-95 【参照模型方向】对话框

④在【参照模型方向】对话框中单击【确定】按钮,在【布局】对话框中单击【确定】按钮,再单击菜单管理器中的【完成/返回】命令,退出型腔的布局功能,图形窗口中将显示布局成功的参照模型,如图 11-97 所示。

图 11-96　绕 X 轴旋转 90°后的模具坐标系

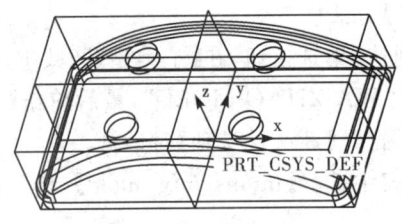

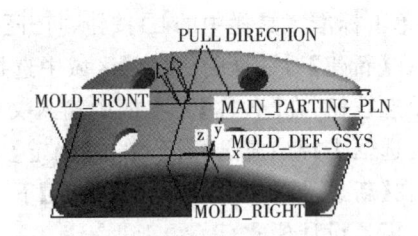

图 11-97　外罩参照模型

⑤保存文件。

Step4. 建立毛坯模型

①在菜单管理器中选择【模具模型/创建/工件/手动】命令,打开【元件创建】对话框。

②在【元件创建】对话框中输入名称为"waizhao-mold-wrk",点击【确定】按钮,同时打开【创建选项】对话框,选择【创建特征】单选按钮,单击【确定】按钮。

③在菜单管理器中选择【加材料/拉伸实体/完成】命令,在主视区下方的拉伸特征操控板上单击【放置/定义】按钮,打开【草绘】对话框,选择 MAIN_PARTING_PLN 基准平面为草绘平面,RIGHT 基准平面为参照,单击【草绘】按钮进入草绘模式,绘制如图 11-98 所示的截面,完成后单击 ✓ 按钮退出草绘模式,在拉伸特征操控板上单击【选项】按钮,弹出【选项】上滑面板,各项设置如图 11-99 所示。

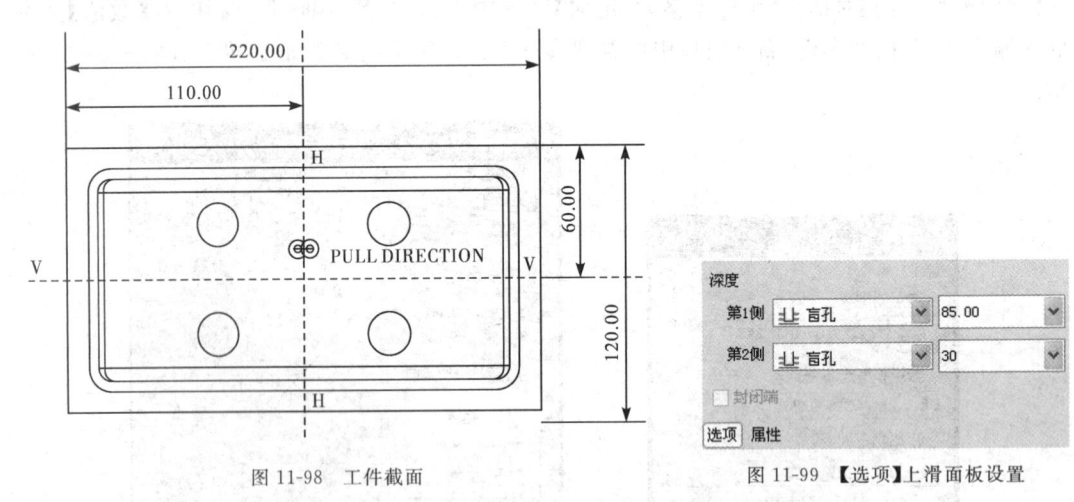

图 11-98　工件截面

图 11-99　【选项】上滑面板设置

④单击 ✓ 按钮,再单击【完成/返回】命令回到系统主菜单,完成工件的创建。

Step5. 设置收缩率

①在菜单管理器中选择【收缩/按尺寸】命令,系统打开【按尺寸收缩】对话框,在【公式】一栏选用公式"1+S",在【比率】一栏将所有尺寸的收缩率设为"0.006",然后单击 ✓ 按钮。

②在菜单管理器中选择【完成/返回】命令完成收缩率设置,回到系统主菜单。

③保存文件。

Step6. 设计主分型面

(1) 定义侧面影像曲线

①在菜单管理器选择【模具/特征/型腔组件/侧面影像】命令,打开【侧面影像曲线】对话框,如图 11-100 所示。

②在【侧面影像曲线】对话框中所有的元素均已经采用默认的定义方式,直接单击【预览】按钮即可在图中看到系统找到的侧面影像曲线,如图 11-101 所示,但不是正确的侧面影像曲线。

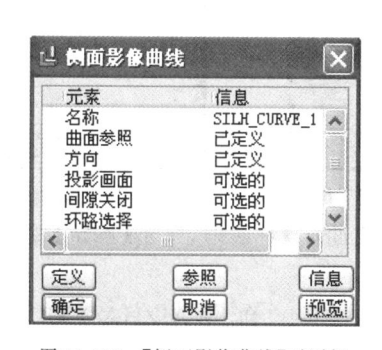

图 11-100 【侧面影像曲线】对话框 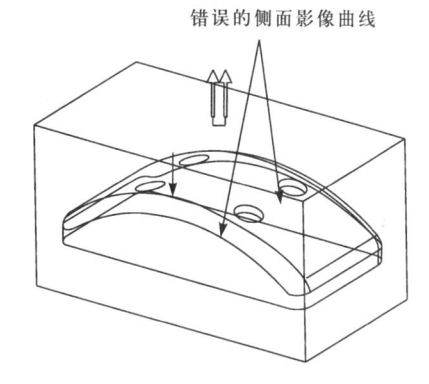　　图 11-101 默认的侧面影像曲线

③在【侧面影像曲线】对话框中选中【环路选择】元素,并单击【定义】按钮,弹出【环选取】对话框,进入【链】选项卡页面,如图 11-102 所示。单击 ▤ 按钮,选中全部链环(编号 1-1～5-1),单击【下部】按钮,将其状态值设为"下部",再单击【预览】按钮便可以在图中看到正确的侧面影像曲线,如图 11-103 所示。

图 11-102 【环选取】对话框 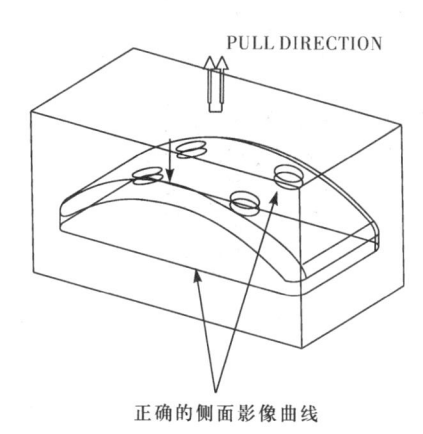　　图 11-103 链环选取的侧面影像曲线

④单击【确定】按钮,回到【侧面影像曲线】对话框,再单击【确定】按钮,完成侧面影像曲线的定义,单击【完成/返回】命令。

(2) 建立裙边曲面

①单击"分型曲面工具"按钮 ◯。

②然后单击"通过填充回路和扩展边界产生曲面"按钮 ◯,弹出【裙边曲面】对话框,如图 11-104 所示。

③系统提示"选择包含曲线的特征",单击【链】下拉菜单中的【特征曲线】命令,如图 11-105 所示。右击要选取图形的相应部位,在弹出快捷菜单中选取【从列表中拾取】命令。

④在如图 11-106 所示的列表中选取前面定义的侧面影像曲线,单击【确定】按钮,完成侧面影像曲线的选取,如图 11-107 所示。

图 11-104 【裙边曲面】对话框　　图 11-105 【链】下拉菜单　　图 11-106 【从列表中拾取】对话框

⑤单击【链】下拉菜单中的【完成】命令回到【裙边曲面】对话框,单击【确定】按钮,再单击【完成/返回】命令。

⑥在模型树上选择"WAIZHAO-MOLD_REF.PRT"和"WAIZHAO-MOLD-WRK.PRT",按右键弹出快捷菜单,在快捷菜单中选择【隐藏】命令,成功建立的裙边曲面如图 11-108 所示。

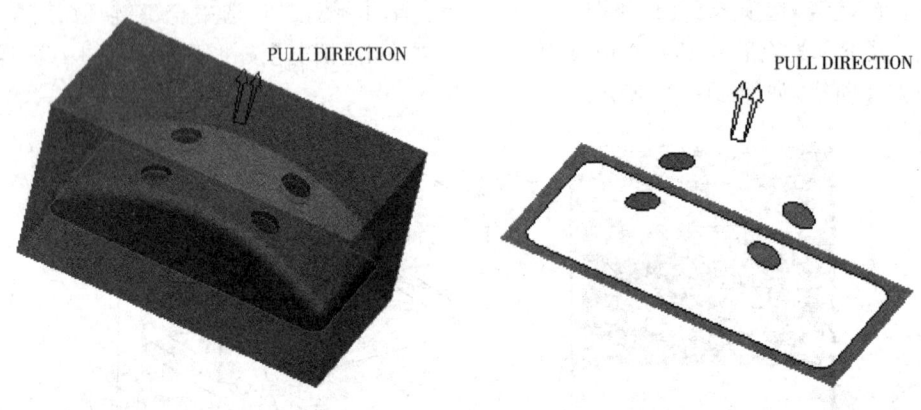

图 11-107　完成侧面影像曲线　　　　图 11-108　裙边曲面

⑦在模型树上选择"WAIZHAO-MOLD_REF.PRT"和"WAIZHAO-MOLD-WRK.PRT",按右键弹出快捷菜单,在快捷菜单中选择【取消隐藏】命令。

(3)保存文件。

Step7. 设计型芯分型面

①单击"分型曲面工具"按钮 。在特征工具栏中单击 按钮,在主视区下方的拉伸特征操控板上单击【放置/定义】按钮,打开【草绘】对话框,选取毛坯工件的下表面作为草绘平面,任选一个与草绘平面垂直的面作为参照面,进入草绘模式。

②单击 按钮,选取参考模型四个圆的轮廓线,如图 11-109 所示,完成草图绘制,单击 按钮退出草绘模式。

③在系统提示拉伸深度时,选择【盲孔/至曲面/完成】命令,并选择毛坯的上表面作为拉伸终止面,单击 ✓ 按钮。

④单击 按钮,打开【遮蔽－撤消遮蔽】对话框,在对话框中选择【遮蔽】选项卡,然后在【可见元件】区域中选择"WAIZHAO-MOLD_REF"和"WAIZHAO-MOLD-WRK",单击【遮蔽】按钮。单击【过滤】区域中的【分型面】按钮,在【可见曲面】区域中选择"MAIN-PS",单击【遮蔽】按钮,再单击对话框下部的【关闭】按钮结束隐藏操作,建立的拉伸曲面如图11-110所示。

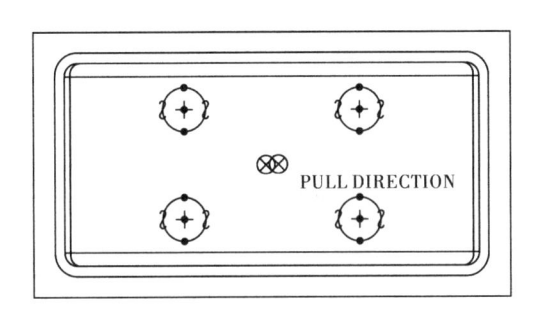

图 11-109　拉伸草图　　　　　　　图 11-110　拉伸曲面

⑤单击 按钮,在打开的【遮蔽－撤消遮蔽】对话框中进行取消上一步隐藏参考零件"WAIZHAO-MOLD_REF"、毛坯"WAIZHAO-MOLD-WRK"、分型面"MAIN-PS"的操作。

⑥保存文件。

Step8. 分割体积块

(1)分割大型芯和型腔

①在菜单管理器中选择【模具体积块/分割】命令,在系统弹出的【分割体积块】菜单中,选择【两个体积块/所有工件/完成】命令,打开【分割】对话框及【选取】对话框。

②选择前面创建好的裙边曲面"MAIN-PS",如图 11-111 所示的网络面。

③在【选取】对话框中单击【确定】按钮,接着在【分割】对话框中单击【确定】按钮。

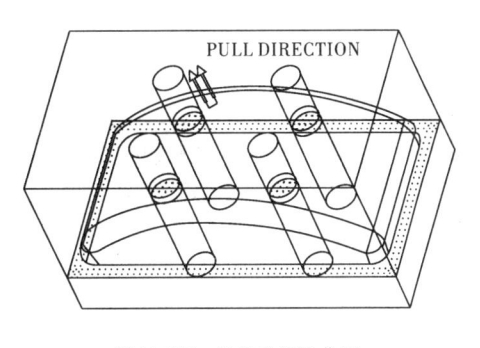

图 11-111　选取的裙边曲面

④系统弹出【体积块名称】对话框,在文本框中输入加亮显示的零件的名称"CAVITY1",单击【着色】按钮,着色后的大型芯,如图 11-112 所示,单击【确定】按钮。

⑤系统再次弹出【体积块名称】对话框,输入第二个被分割出来的体积块名称"CAVITY2",单击【着色】按钮,效果如图 11-113 所示。

⑥单击【确定】按钮完成型腔的分割。

图 11-112　着色后的大型芯　　　　　图 11-113　着色后的型腔

(2)分割 4 个小型芯

①单击菜单管理器中的【模具体积块/分割】,在系统弹出的【分割体积块】菜单中,选择【一个体积块/模具体积块/完成】命令。

②在系统弹出的【搜索工具】对话框中选择前面创建好的"CAVITY1",单击 >> 按钮和【关闭】按钮。

③按照提示"为分割所选的模型量选取分型面",选择 4 个拉伸出的圆柱面作为分割曲面,如图 11-114 所示的网络面。

④在【选取】对话框中单击【确定】按钮,系统提示选择要分离的孤岛对象,如图 11-115 所示,勾选岛 2～岛 5,屏幕中相应零件发生变色后单击【完成选取】命令。

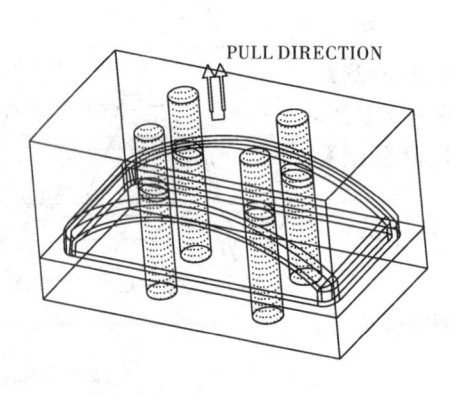

图 11-114　选取的分型面　　　　　图 11-115　孤岛选项

⑤单击【确定】按钮,在【体积块名称】对话框中输入名称"core1",再单击【确定】,然后单击【完成/返回】命令退出体积块分割操作。

⑥单击 按钮,打开【遮蔽-撤消遮蔽】对话框,在对话框中进行隐藏参考零件、毛坯、分型面及相应的体积块操作,再单击对话框下部的【关闭】按钮结束隐藏操作,分割完成后的大型芯和小型芯如图 11-116 所示。

⑦单击 按钮,打开【遮蔽-撤消遮蔽】对话框,在对话框中进行取消上一步隐藏参考零件、毛坯、分型面及相应的体积块操作,再单击对话框下部的【关闭】按钮。

⑧保存文件。

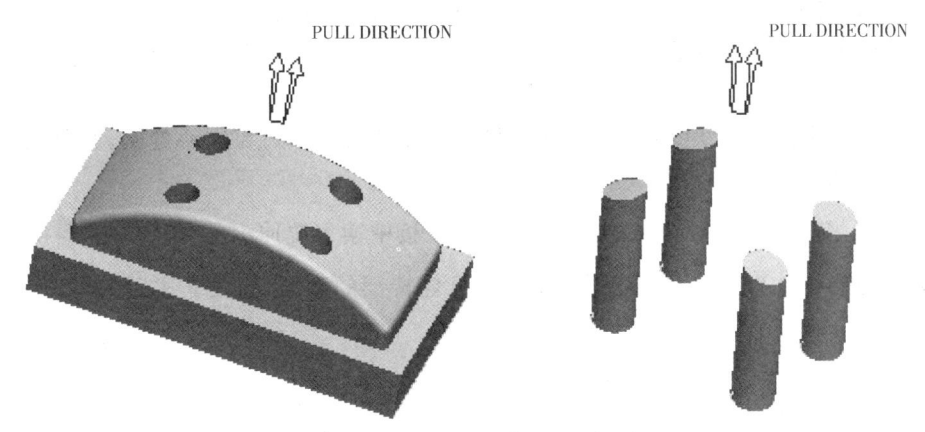

图 11-116 分割出的大型芯和小型芯

Step9. 抽取模具元件

①在菜单管理器中选择【模具元件/抽取】命令。

②在弹出的【创建模具元件】对话框中,单击 ■ 按钮,选择所有体积块,然后单击【确定】按钮,选择【完成/返回】命令。

③保存文件。

Step10. 修改模具元件

(1)处理大型芯 CAVITY1

①在模型树中用鼠标右键单击"CAVITY1.PRT",在弹出的快捷菜单中单击【打开】命令,进入零件图编辑模式。

②采用拉伸切除的方法在底部建立四个与型芯孔同轴的台阶孔,台阶的直径均为 $\phi27$,深度均为 4,修改后的大型芯如图 11-117 所示。

③保存文件。

④执行【窗口/WAIZHAO-MOLD.MFG】菜单命令,进入模具工程窗口。

(2)处理小型芯 CORE1

①在模型树中用鼠标右键单击"CORE1.PRT",在弹出菜单中单击【打开】命令,进入小型芯模型窗口。

②单击 ◻ 按钮弹出【基准平面】对话框,按住"Ctrl"键,单击最右边的两个圆柱面,单击【确定】按钮,建立一个名为 DTM1 的基准平面,如图 11-118 所示。

图 11-117 大型芯效果图　　图 11-118 建立的基准平面

③单击 按钮,在拉伸特征操控板中,单击【放置/定义】按钮,打开【草绘】对话框,选择小型芯圆柱体底面为草绘平面,选择 DTM1 基准平面为参照,单击【草绘】按钮进入草绘模式。

④先选择 4 个圆为草绘参照对象,再绘制 4 个分别与参照对象同心的圆,直径为 $\phi 27$,如图 11-119 所示。

⑤单击 按钮退出草绘模式,在拉伸特征操控板中输入拉伸深度"4",单击 按钮,观察拉伸方向并确认其为朝上,单击 按钮完成拉伸特征的建立,修改完成后的小型芯如图 11-120 所示。

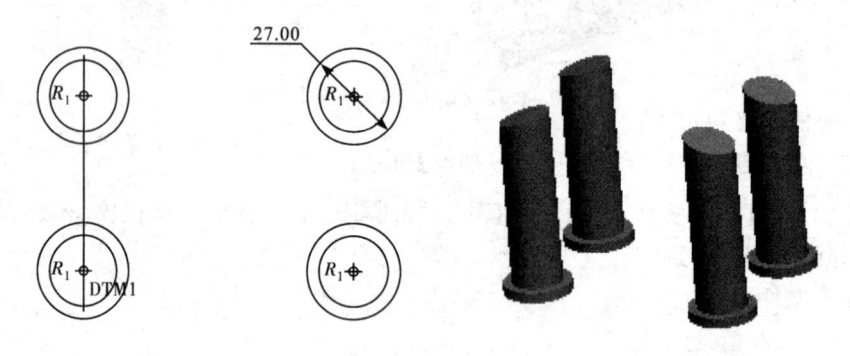

图 11-119 绘制草图　　图 11-120 小型芯效果图

⑥保存文件。

⑦执行【窗口/WAIZHAO-MOLD.MFG】命令,进入模具工程窗口。

Step11. 流道设计

①单击 按钮,打开【遮蔽－撤消遮蔽】对话框,在对话框中进行将毛坯"WAIZHAO-MOLD-WRK"、参考模型"WAIZHAO-MOLD_REF"、分型面"MAIN-PS"和"CORE-PS"隐藏的操作。

②在菜单管理器中选择【模具/特征/型腔组件/实体/切减材料/旋转/实体/完成】命令,在屏幕下方的旋转特征操控板中,单击【位置/定义】按钮,打开【草绘】对话框,选择 MOLD_FRONT 基准平面为草绘平面,再选择 MOLD_RIGHT 为参照,单击【草绘】按钮,进入草绘模式,绘制如图 11-121 所示的截面。

③单击 按钮退出草绘模式,在旋转特征操控板上输入旋转角度"360",然后单击 按钮,再单击【完成/返回】命令,设计的流道如图 11-122 所示。

Step12. 生成浇注件

①在菜单管理器中选择【铸模/创建】命令,系统提示输入填充成品件的名称。

②在提示输入栏分别输入零件和模具零件公用名称"waizhao-molding",单击 按钮完成成品件填充。

③保存文件。

Step13. 开模

①在菜单管理器中选择【模具进料孔/定义间距/定义移动】命令。

②根据提示,分步选择各模具元件及其移动方向,如图 11-123 所示,并输入各自的移动

距离:型腔CAVITY2向上移动"100"、大型芯CAVITY1向下移动"100"、小型芯CORE1向下移动"200"。单击☑按钮,在菜单管理器中选择【完成】命令,完成开模动作定义,如图11-124所示,再选择【完成/返回】命令。

③保存文件。

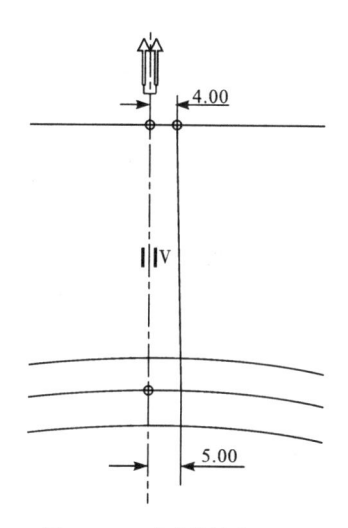

图 11-121 流道旋转截面

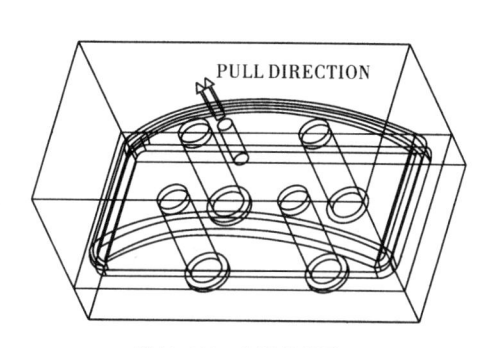

图 11-122 流道效果图

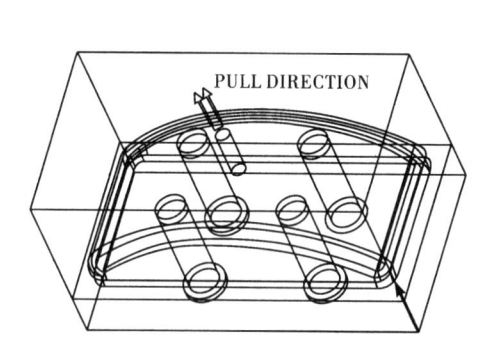

图 11-123 定义开模方向

图 11-124 模具开模效果图

第 12 章

数控加工

Pro/NC 模块主要用于生成数控加工的程序,仿真数控加工的全过程。Pro/ENGI-NEER Wildfire 4.0 系统将设计模型信息体现到加工中,Pro/NC 生成的文件包括:刀位数据文件、刀具清单、操作报告、中间模型、机床控制文件。用户可通过 NC-Check 对生成的刀具轨迹进行检查,若刀具轨迹符合要求,则可使用 NC-Post 对其进行后处理,以便生成数控加工代码,为数控机床提供加工程序。

12.1 Pro/NC 的基本概念

设计模型:即零件,是所有加工制造的基础,它表示最终的产品。通常情况下,设计模型可在【零件】模式下创建,也可直接在【制造模型】下创建。

工件:即工程上所说的毛坯,是加工操作的对象。其几何形状是加工材料尚未经过材料切除前的几何形状。它能够表示任何形式的棒料、铸件等。通常情况下,工件可在零件模式下提前创建完成,也可直接在【制造模型】下创建。

参照模型:参照模型是设计模型装入制造模型时,由系统自动生成的零件。此时参照模型替代了设计模型,成为制造装配件中的元件。

制造模型:一般制造模型由参照模型和工件组成,即零件和毛坯。随着加工制造的进行,可在毛坯上模拟材料的切削过程,加工结束时,工件几何应与设计模型的几何一致。

12.2 Pro/NC 加工工艺过程

数控加工工艺过程如图 12-1 所示。

12.3 Pro/NC 加工的基本操作

1. 制造模型设置

(1)建立新的 NC 文件

选择主菜单【文件/新建】命令或单击 按钮,弹出【新建】对话框,如图 12-2 所示。

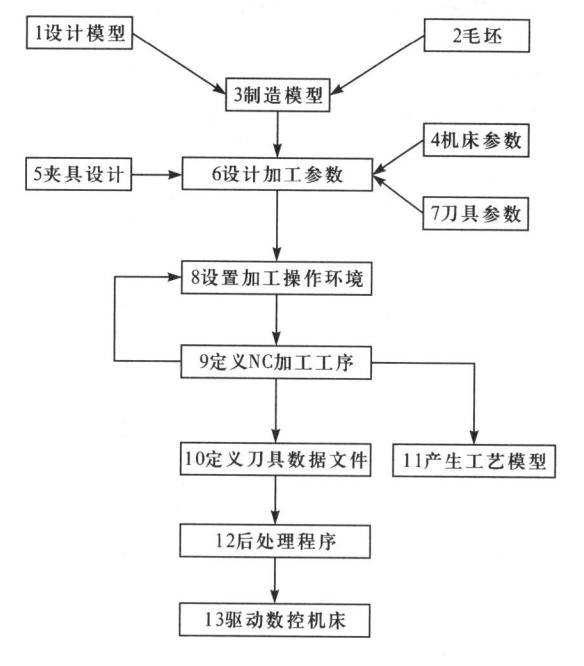

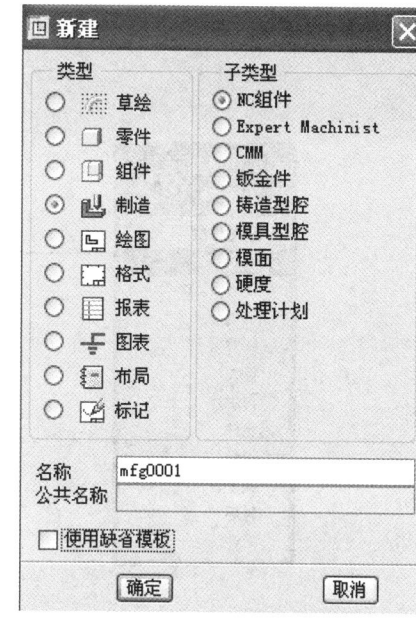

图 12-1 数控加工工艺过程

图 12-2 【新建】对话框

在【类型】区域中选择【制造】单选按钮,在【子类型】区域中选择【NC组件】单选按钮,在【名称】文本框中输入新建文件名称,取消【使用缺省模板】复选框前的复选标记,单击【确定】按钮。

在【新文件选项】对话框的【模板】列表中选择【mmns_mfg_nc】,单击【确定】按钮,进入制造模式。

在菜单管理器的【制造】菜单下,选择【制造模型/装配/参照模型】命令,打开设计模型,装配到 Pro/NC 加工环境中。

(2)建立毛坯

在菜单管理器的【制造】菜单下,选择【制造模型/创建/工件】命令,在主视区下方输入工件名称,单击 ✔ 按钮,进入毛坯创建环境中。

2.加工操作设置

加工操作的设置主要有操作环境参数设置(工艺作业名称、机床设备、加工坐标系等),以及加工工具参数设置(机床参数、加工刀具设置、夹具设置)。

在菜单管理器的【制造】菜单下,选择【制造设置】命令,弹出【操作设置】对话框,如图 12-3 所示。可对加工所用的机床类型、夹具的类型、加工坐标系和退刀面等进行设置。

【操作设置】对话框中各项内容含义如下:

▯——创建一新的操作。

✖——删除已创建的操作。

【操作名称】——加工工序名称的设置。

➜NC机床(M)——用于设置加工所使用的机床设备,包括机床的类型、机床的加工轴数等。

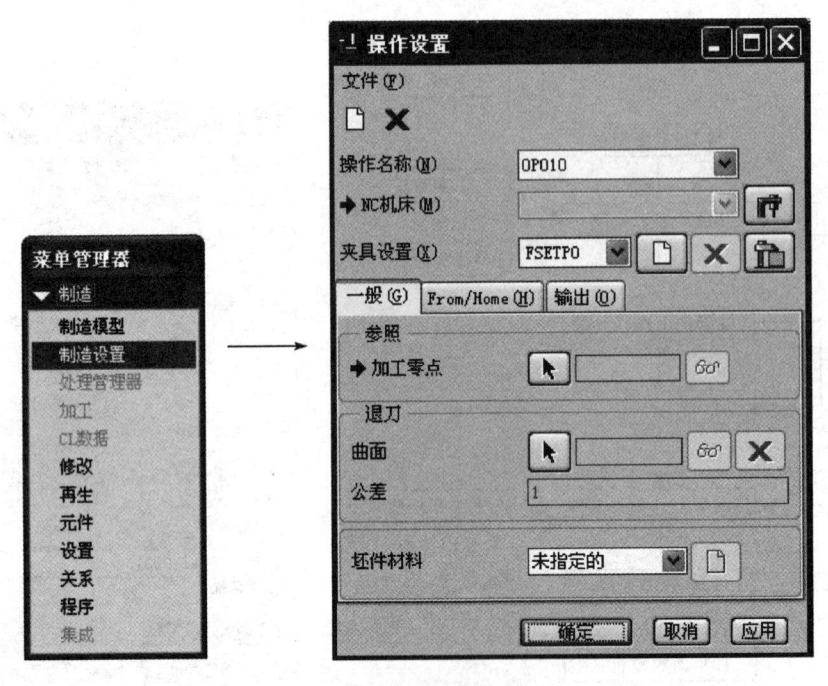

图 12-3 【操作设置】对话框

▭——用于打开【机床设置】对话框,如图 12-4 所示。

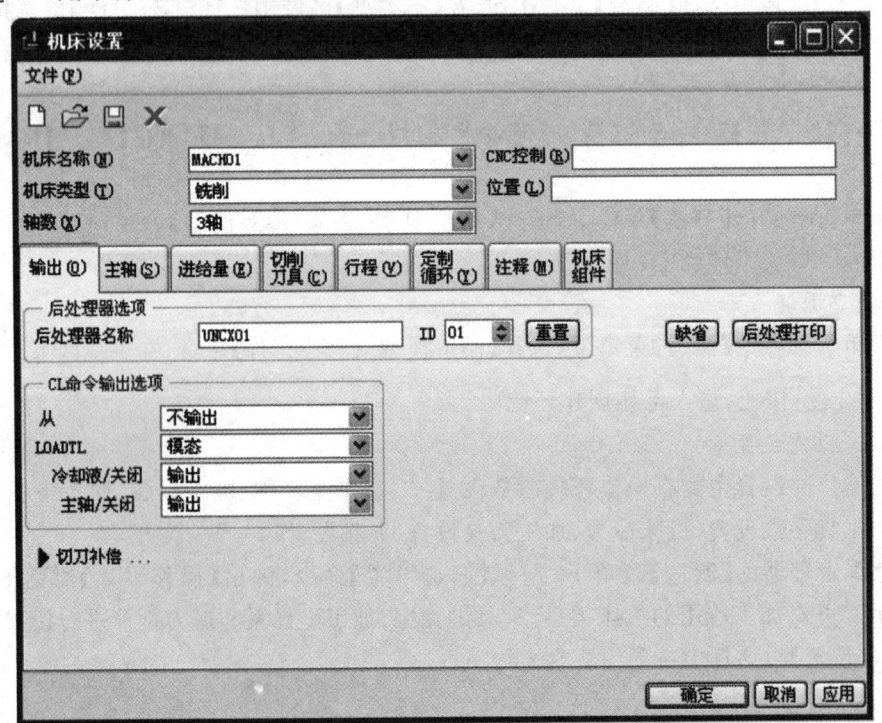

图 12-4 【机床设置】对话框

【一般】选项卡——用于进行加工坐标系的设置、加工退刀面的设置以及坯件材料的设置,如图 12-5 所示。

【From/Home】选项卡——用于设置加工路径起始点和结束点的位置,如图12-6所示。

图12-5 【一般】选项卡

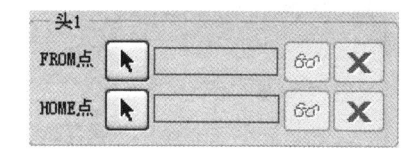

图12-6 【From/Home】选项卡

【输出】选项卡——用于设置加工过程中优先输出的选项,如图12-7所示。

3. 创建NC工序

零件的加工实际上就是生成一系列NC序列的集合,创建NC序列的最后一步是产生刀具路径文件。

在菜单管理器的【制造】菜单下,选择【加工/NC序列】命令,弹出【辅助加工】菜单,选择加工方法后,再选择【完成】命令,弹出【序列设置】菜单,适当设置后单击【完成】命令,如图12-8所示。设置刀具,如图12-9所示。在【编辑序列参数】对话框中设置加工参数,如图12-10所示。

图12-7 【输出】选项卡

图12-8 【辅助加工】菜单和【序列设置】菜单

注意:在【编辑序列参数】对话框中,有:

【—1】选项——必须进行合理设置的选项。

【— 】选项——可不用设置,即不是必选项,有时根据情况进行适当设置。

4. 后置处理

刀具路径文件包含加工零件所必需的指令,但不能用于控制数控机床实现加工。将刀具路径文件进行处理,使其成为特定加工机床所能识别的信息,就必须将CL数据文件转换成机床控制器数据文件(MCD)，以便将其传输到机床控制器，驱动机床加工出所需的零件。

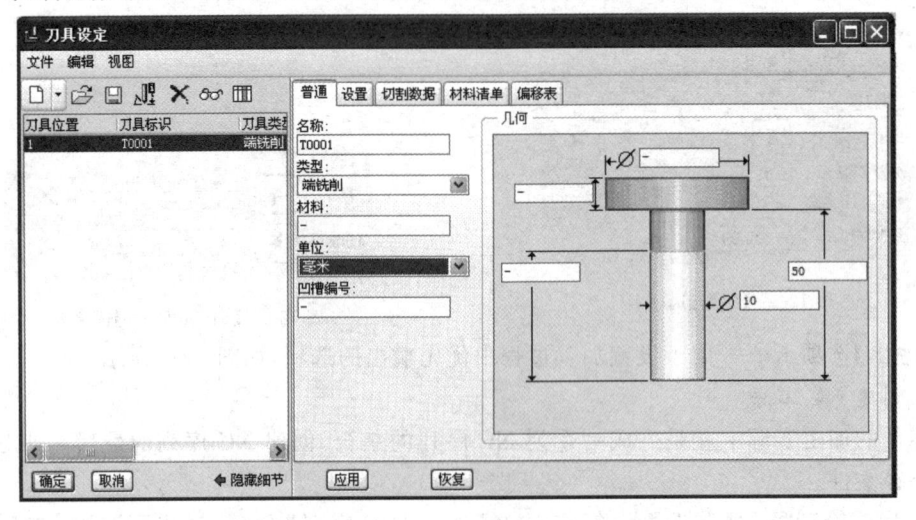

图 12-9 刀具的设置

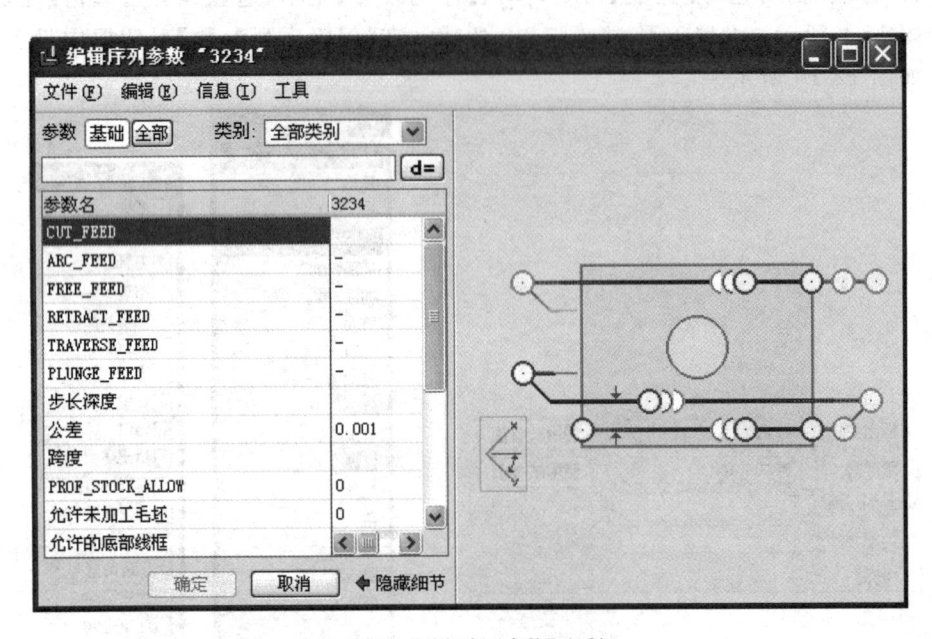

图 12-10 【编辑序列参数】对话框

12.4 块铣削

块铣削用于铣削一定体积的材料。根据切削实体体积块的设置，给定相应的刀具和加工参数，用等高分层的方法切除毛坯余量。块铣削主要用于进行粗加工，留少量余量进行精加工，可提高加工效率，降低成本。

实例演练：块铣削凹槽。

Step1. 设计零件模型

根据第 13 章题库"数控加工制造题目加工练习【1】"中尺寸，设计零件模型"aocao.prt"，如图 12-11 所示。

Step2. 建立操作

选择主菜单【文件/新建】命令或单击 ▢ 按钮，弹出【新建】对话框，在【类型】区域中选择【制造】单选按钮，在【子类型】区域中选择【NC 组件】单选按钮，输入新文件名"aocao"，不使用系统缺省模板，单击【确定】按钮，在【新文件选项】对话框的【模板】下拉列表中选择【mmns_mfg_nc】，单击【确定】按钮，进入 Pro/NC 制造模式。

(1)建立制造模型

①导入参照模型

图 12-11　零件模型

选择【制造模型/装配/参照模型】命令，打开设计模型"aocao.prt"，按系统缺省位置放置，将创建的零件模型装配到加工环境中。

②创建毛坯

选择【制造模型/创建/工件】命令，输入工件名称"aocao-wrk"，单击 ✓ 按钮。

选择【实体/加材料/拉伸/实体/完成】命令，弹出拉伸特征操控板。

单击【放置/定义】按钮，选取零件底面为草绘平面。在草绘模式中，单击 ▢ 按钮，选取零件的轮廓线，得到草绘截面。

输入拉伸深度"50"，单击 ✓ 按钮，墨绿色毛坯创建完成，选择【完成/返回】命令，完成制造模型创建。

(2)操作设置

①选择【制造设置】命令，输入操作名称"Vol－aocao"。

②设置机床。单击 ▢ 按钮，弹出【机床设置】对话框。在对话框中可设置机床名称、类型、轴数，接受默认设置，单击【应用/确定】按钮。

③设置加工坐标系。单击 →加工零点　▢中▢ 按钮，选择【制造坐标系】菜单中的【创建】命令，选取毛坯，依次选取毛坯三个相互垂直的平面，在左上角建立一个 Z 轴垂直向上的新坐标系"CS1"，如图 12-12 所示。

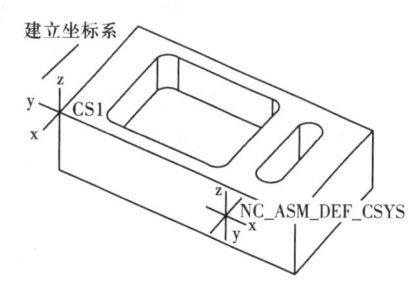

图 12-12　建立加工坐标系 CS1

④设置退刀面。单击 曲面　▢中▢ 按钮，弹出【退刀选取】对话框。单击【沿 Z 轴】按钮，输入 Z 轴深度"10"，单击【确定】按钮，选择【完成/返回】命令，操作设置完成。

Step3. 创建 NC 工序和模拟加工屏幕显示

(1)加工方法的设置

①选择【制造】菜单中的【加工/NC 序列】命令，在【辅助加工】菜单中选择【加工/体积块/3 轴/完成】命令。

②在【序列设置】菜单中选择【名称/刀具/参数/体积/完成】命令。

③在主视区下方的文本框中输入 NC 序列名称"cao",单击 ✓ 按钮。

④在【刀具设定】对话框中设置刀具直径"10",长度"50",其他各项默认。单击【应用/确定】按钮,刀具设置完成。

⑤在【制造参数】下拉菜单中选择【设置】命令,弹出【编辑序列参数】对话框,设置如图 12-13 所示,单击【完成】命令,结束加工参数的设置。

⑥选择【定义体积块】菜单的【创建体积块】命令,输入体积块名称"tijikuai",单击 ✓ 按钮。指定体积块的方法一个是聚合,即选择已经存在的特征;另一个是草绘,即以创建特征的方法指定体积块。在此用聚合方法:选择【聚合/定义/选取/完成】命令,选择【特征/完成】命令,选取凹槽,单击【确定】按钮;选择【完成参考/完成】命令,选择【完成/返回】命令,块铣削基本要素定义完成。

(2)刀具路径的屏幕演示

①选择【演示轨迹/屏幕演示】命令,弹出【播放路径】对话框,单击播放按钮 ▶,演示刀具的运动轨迹,如图 12-14 所示,完成 NC 序列设置。

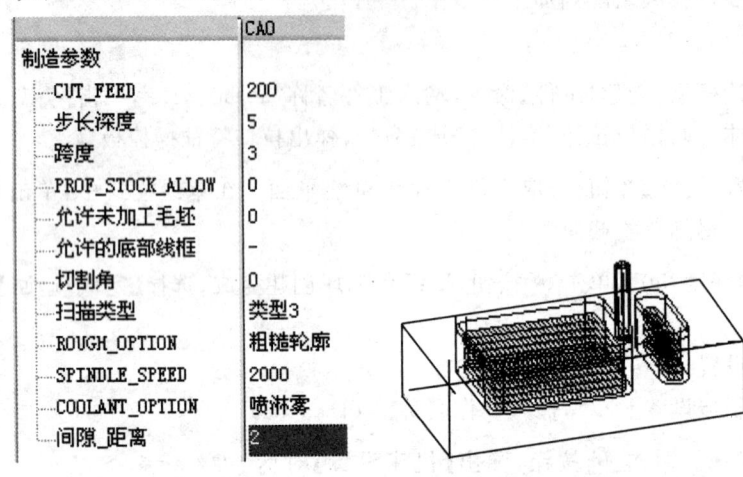

图 12-13 制造参数设置   图 12-14 演示刀具的运动轨迹

②保存。选择主菜单【文件/保存】命令,保存文件,NC 工序定义完成。

Step4. 后置处理(在此不再详述)。

12.5 轮廓铣削

轮廓加工时用刀具的侧刃来铣削曲面轮廓,可用于加工竖直或倾斜的曲面。轮廓加工时刀具以等高方式沿着工件进行分层加工,是作为外轮廓精加工选用的一种方法。

实例演练:垂直轮廓铣削【5 字零件】。

Step1. 设计零件模型

设计零件模型"wuzi.prt",尺寸如图 12-15 所示。

Step2. 建立操作

第12章 数控加工

选择主菜单【文件/新建】命令或单击工具栏中的 按钮,在【类型】区域中选择【制造】单选按钮,在【子类型】区域选择【NC组件】单选按钮,在【名称】文本框中输入新建文件名称为"wuzi"取消【使用缺省模板】的勾选,单击【确定】按钮。

在【新文件选项】的对话框的【模板】列表中选择【mmns_mfg_nc】,单击【确定】按钮,进入 Pro/NC 制造模式。

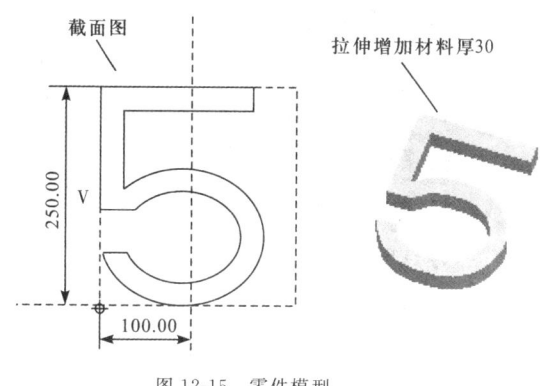

图 12-15 零件模型

(1) 建立制造模型

①导入参照模型。选择【制造模型/装配/参照模型】命令,打开设计模型【wuzi.prt】,按系统缺省位置放置,将创建的零件模型装配到加工环境中。

②创建毛坯。选择【制造模型/创建/工件】,输入工件名称"wuzi-wrk",单击 ✓ 按钮。选择【实体/加材料/拉伸/实体/完成】命令,弹出拉伸特征操控板。

单击【放置/定义】按钮,选取零件底面为草绘平面,绘制加工余量为 10 的矩形草绘剖面 270×210。

输入拉伸深度"30",单击 ✓ 按钮,墨绿色毛坯创建完成,选择【完成/返回】命令,完成制造模型创建。

(2) 操作设置

①选择【制造设置】命令,输入操作名称"lunkuo"。

②设置机床。单击 按钮,弹出【机床设置】对话框。设置机床名称、类型、轴数,接受默认设置,单击【应用/确定】按钮。

③设置加工坐标系。单击 →加工零点 中 按钮,选择【制造坐标系】菜单中的【创建】命令,选取毛坯,依次选取毛坯三个相互垂直的平面,在左上角建立一个 Z 轴垂直向上的新坐标系"CS0",如图 12-16 所示。

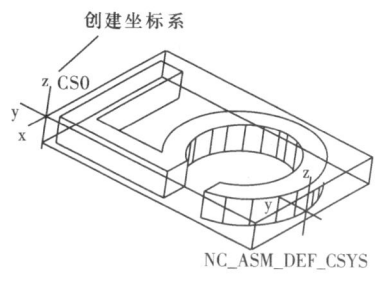

图 12-16 建立加工坐标系 CS0

④设置退刀面。单击 曲面 中 按钮,弹出【退刀选取】对话框。单击【沿 Z 轴】按钮,输入 Z 轴深度"20",单击【确定】按钮,选择【完成/返回】命令,操作设置完成。

Step3. 创建 NC 工序和模拟加工屏幕显示

(1) 加工方法的设置

①选择【制造】菜单的【加工/NC 序列】命令,在【辅助加工】菜单中选择【加工/轮廓/3 轴/完成】命令。

②在【序列设置】菜单中选择【名称/刀具/参数/曲面/完成】命令。

③在主视区下方的文本框中输入 NC 序列名称"lk",单击 ✓ 按钮。

④在【刀具设定】对话框中设置刀具直径"6",长度"50",其他各项默认。单击【应用/确

定】按钮,刀具设置完成。

⑤在【制造参数】对话框中选择【设置】命令,弹出【编辑序列参数】对话框,设置如图12-17所示。单击【完成】按钮,结束加工参数的设置。

⑥选择【选取曲面】菜单中的【模型/完成/曲面】命令,选取实体的所有侧面,选择【完成/返回】命令,轮廓铣削基本要素定义完成。

(2)刀具路径的屏幕演示

①选择【演示轨迹/屏幕演示】命令,弹出【播放路径】对话框,单击播放按钮▶,演示刀具的运动轨迹,如图12-18所示,完成NC序列设置。

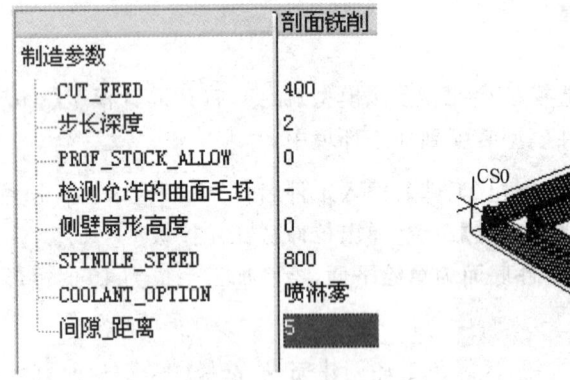

图12-17　制造参数设置　　　　图12-18　演示刀具的运动轨迹

②保存。选择主菜单【文件/保存】命令,保存文件,NC工序定义完成。

12.6　曲面铣削

所有的机械零件都是由不同的曲面组成的,曲面又分为一般曲面和复杂曲面,一般曲面的加工在普通机床上容易实现。Pro/ENGINEER Wildfire 4.0系统中的Pro/NC模块提供了曲面的加工方法。其生成的刀具路径可以在平面内互相平行,也可以平行于被加工平面的轮廓。

实例演练:曲面铣削。

Step1.设计零件模型

铣削随书附赠光盘中"第12章实例文件夹"内的设计零件模型"ch12-19.prt",如图12-19所示。

Step2.建立操作

选择主菜单【文件/新建】命令或单击工具栏中的▯按钮,建立文件名为"qumian"的公制制造模板。

(1)建立制造模型

①导入参照模型。选择【制造模型/装配/参照模型】命令,打开设计零件模型"ch12-19.prt",按系统缺省位置放置,将创建的零件模型附赠光盘中"第 12 章实例文件夹"内的装配到加工环境中。

②创建毛坯。选择【制造模型/创建/工件】命令,输入工件名称"qumian-wrk",单击✓按钮。

选择【实体/加材料/拉伸/实体/完成】命令,弹出拉伸特征操控板。

图 12-19 设计零件模型

单击【放置/定义】按钮,选取零件底面为草绘平面。在草绘模式中单击 □ 按钮,选取零件的轮廓线,得到草绘截面。

输入拉伸深度"50",单击✓按钮,墨绿色毛坯创建完成,选择【完成/返回】命令,完成制造模型的创建。

(2)操作设置

①选择【制造设置】命令,输入操作名称"xi-qumian"。

②设置机床。单击 按钮,弹出【机床设置】对话框。设置机床名称、类型、轴数,接受默认设置,单击【应用/确定】按钮。

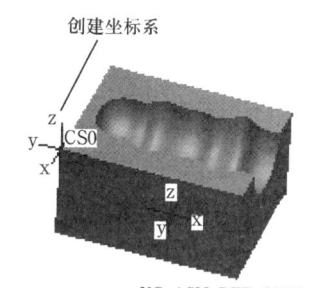

③设置加工坐标系。单击 →加工零点 中 按钮,选择【制造坐标系】菜单中的【创建】命令,选取毛坯,依次选取毛坯三个相互垂直的平面,在左上角建立一个 Z 轴垂直向上的新坐标系"CS0",如图 12-20 所示。

④设置退刀面。单击 曲面 中 按钮,弹出【退刀选取】对话框。单击【沿 Z 轴】按钮,输入 Z 轴深度"10",单击【确定】按钮,选择【完成/返回】命令,操作设置完成。

图 12-20 建立加工坐标系 CS0

Step3. 创建 NC 工序和模拟加工屏幕显示

(1)加工方法的设置

①选择【制造】菜单中的【加工/NC 序列】命令,在【辅助加工】菜单中选择【加工/曲面铣削/3 轴/完成】命令。

②在【序列设置】菜单中选择【名称/刀具/参数/曲面/定义切割/完成】命令。

③在主视区下方的文本框中输入 NC 序列名称"xqm",单击✓按钮。

④在【刀具设定】对话框中设置刀具直径"5",长度"50",圆角半径"2.5",其他各项默认。单击【应用/确定】按钮,刀具设置完成。

⑤在【制造参数】对话框中选择【设置】命令,弹出【编辑序列参数】对话框,设置如图

12-21所示，单击【完成】按钮，结束加工参数的设置。

⑥选择【曲面拾取】菜单中的【模型/完成】命令，选取如图 12-22 所示需加工的曲面，选择【完成/返回】命令。

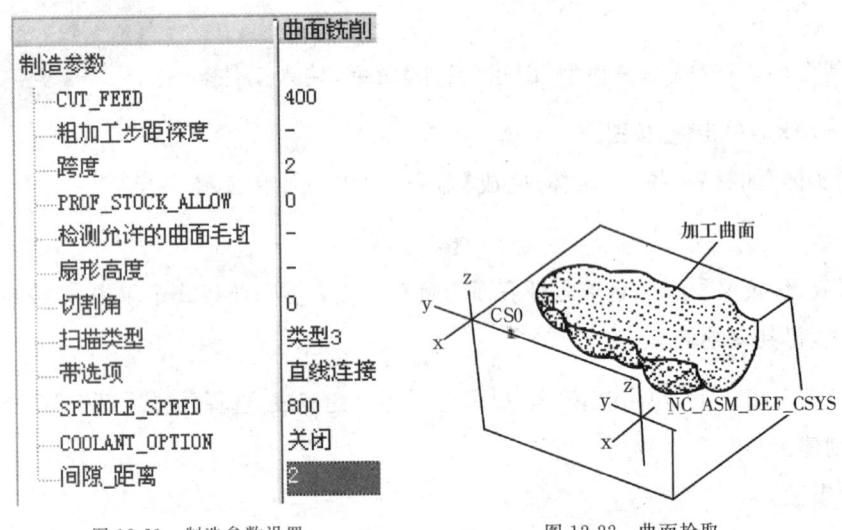

图 12-21 制造参数设置

图 12-22 曲面拾取

⑦弹出【切削定义】对话框，设置如图 12-23 所示，单击【确定】按钮，曲面铣削基本要素定义完成。

(2) 生成刀具路径

①选择【演示轨迹/屏幕演示】命令，弹出【播放路径】对话框，单击播放按钮▶，演示刀具的运动轨迹，如图 12-24 所示，完成 NC 序列设置。

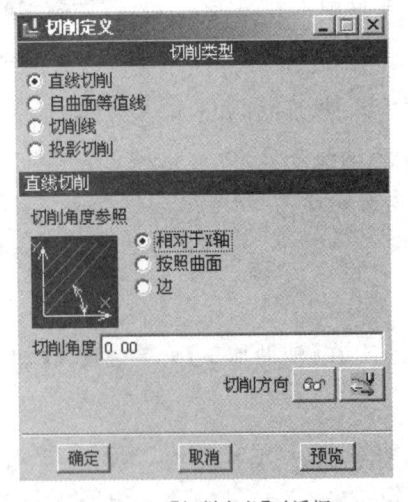

图 12-23 【切削定义】对话框

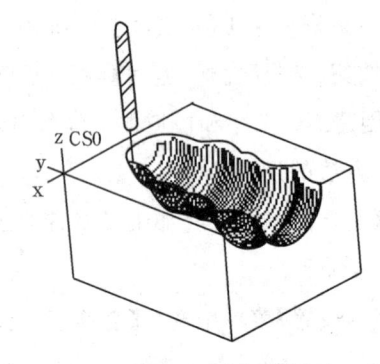

图 12-24 演示刀具的运动轨迹

②保存。选择主菜单【文件/保存】命令，保存文件，NC 工序定义完成。

12.7 孔加工

辅助加工中的孔加工操作主要用于孔的加工,如钻孔、镗孔、攻丝、铰孔等。

实例演练:孔加工。

Step1.设计零件模型

根据第 13 章题库"加工练习【4】"尺寸,设计零件模型"ban.prt",如图 12-25 所示。

Step2.建立操作

选择主菜单【文件/新建】命令或单击工具栏中的 按钮,在【类型】区域选择【制造】单选按钮,在【子类型】区域中选择【NC 组件】单选按钮,在【名称】文本框中输入新建文件名称为"ban",取消【使用缺省模板】的勾选,单击【确定】按钮。

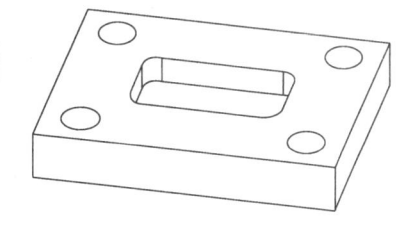

图 12-25 设计零件模型

在【新文件选项】对话框的【模板】下拉列表中选择【mmns_mfg_nc】,单击【确定】按钮,进入 Pro/NC 制造模式。

(1)建立制造模型

①导入参照模型。单击【制造模型/装配/参照模型】,打开设计模型【ban.prt】,按系统缺省位置放置,将创建的零件模型装配到加工环境中。

②创建毛坯。选择【制造模型/创建/工件】命令,输入工件名称"ban-wrk",单击 按钮。

选择【实体/加材料/拉伸/实体/完成】命令,弹出拉伸特征操控板。

单击【放置/定义】按钮,选取零件底面为草绘平面。在草绘模式中单击 按钮,选取零件的轮廓线,得到草绘截面。

输入拉伸深度"20",单击 按钮,墨绿色毛坯创建完成,选择【完成/返回】命令,完成制造模型的创建。

(2)操作设置

①选择【制造设置】命令,输入操作名称"kong"。

②设置机床。单击 按钮,弹出【机床设置】对话框,设置机床名称、类型、轴数,接受默认设置,单击【应用/确定】按钮。

③设置加工坐标系。单击 →加工零点 中 按钮,选择【制造坐标系】菜单中的【创建】命令,选取毛坯,依次选取毛坯三个相互垂直的平面,在左上角建立一个 Z 轴垂直向上的新坐标系"CS0",如图 12-26 所示。

④设置退刀面。单击 曲面 中 按钮,弹出【退刀选取】对话框。单击【沿 Z 轴】按钮,输入 Z 轴深度"5",单击【确定】按钮,选择【完成/返回】命令,操作设置完成。

图 12-26 建立加工坐标系 CS0

Step3.创建 NC 工序和模拟加工屏幕显示

(1)加工方法的设置

①选【制造】菜单中的【加工/NC 序列】命令,在【辅助加工】菜单中选择【加工/曲面铣削/3 轴/完成】命令。在【孔加工】菜单中选择【钻孔/标准/完成】命令。

②在【序列设置】菜单中选择【名称/刀具/参数/孔/完成】命令。

③在主视区下方的文本框中输入 NC 序列名称"kong",单击 ✓ 按钮。

④在【刀具设定】对话框中设置刀具直径"15",长度"100",其他各项默认,单击【应用/确定】按钮,刀具设置完成。

⑤在【制造参数】对话框中选择【设置】命令,弹出【编辑序列参数】对话框,设置如图12-27所示,单击【完成】按钮,结束加工参数的设置。

⑥在弹出如图 12-28 所示的【孔集】对话框中,选择【阵列/添加】按钮,选取要钻的孔对象,单击【确定/完成】按钮,选择【完成/返回】命令,孔加工要素定义完成。

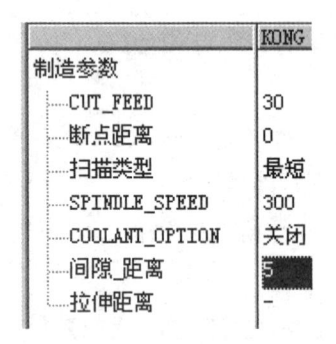

图 12-27 制造参数设置

图 12-28 【孔集】对话框

(2)生成刀具路径

①选择【演示轨迹/屏幕演示】命令,弹出【播放路径】对话框,单击播放按钮 ▶,演示刀具的运动轨迹,如图 12-29 所示,完成 NC 序列设置。

②保存。选择主菜单【文件/保存】命令,保存文件,NC 工序定义完成。

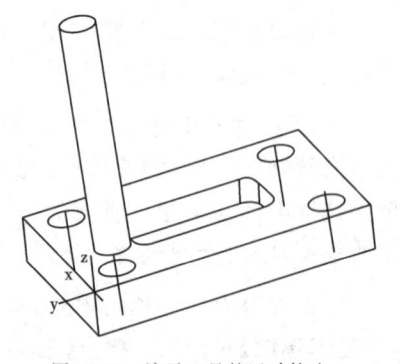

图 12-29 演示刀具的运动轨迹

第13章

题 库

本章将提供和各章节配套的、针对性和可操作性都很强的练习题,通过训练来提高草绘、实体、曲面造型等方面的熟练度和技巧。

13.1 草绘题目

2D 截面的绘制是 Pro/ENGINEER Wildfire 4.0 特征建模的一项最基本的技能,参照教材第 2 章,使用各种草绘命令和方法来绘制图 13-1～图 13-15 的 2D 截面。

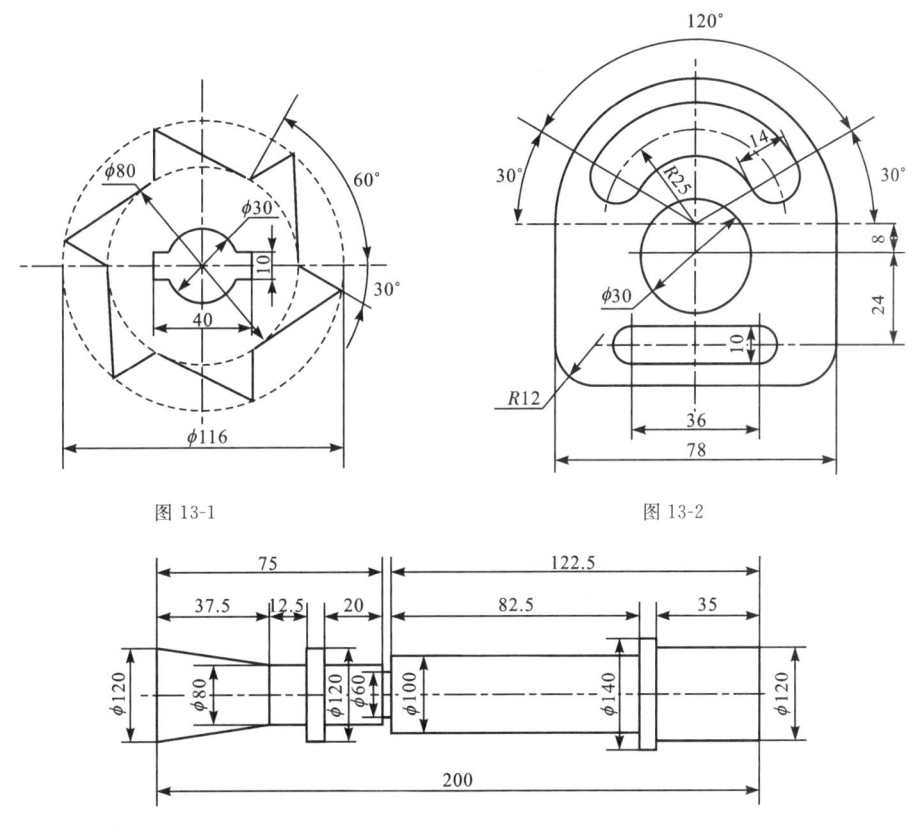

图 13-1

图 13-2

图 13-3

图 13-4

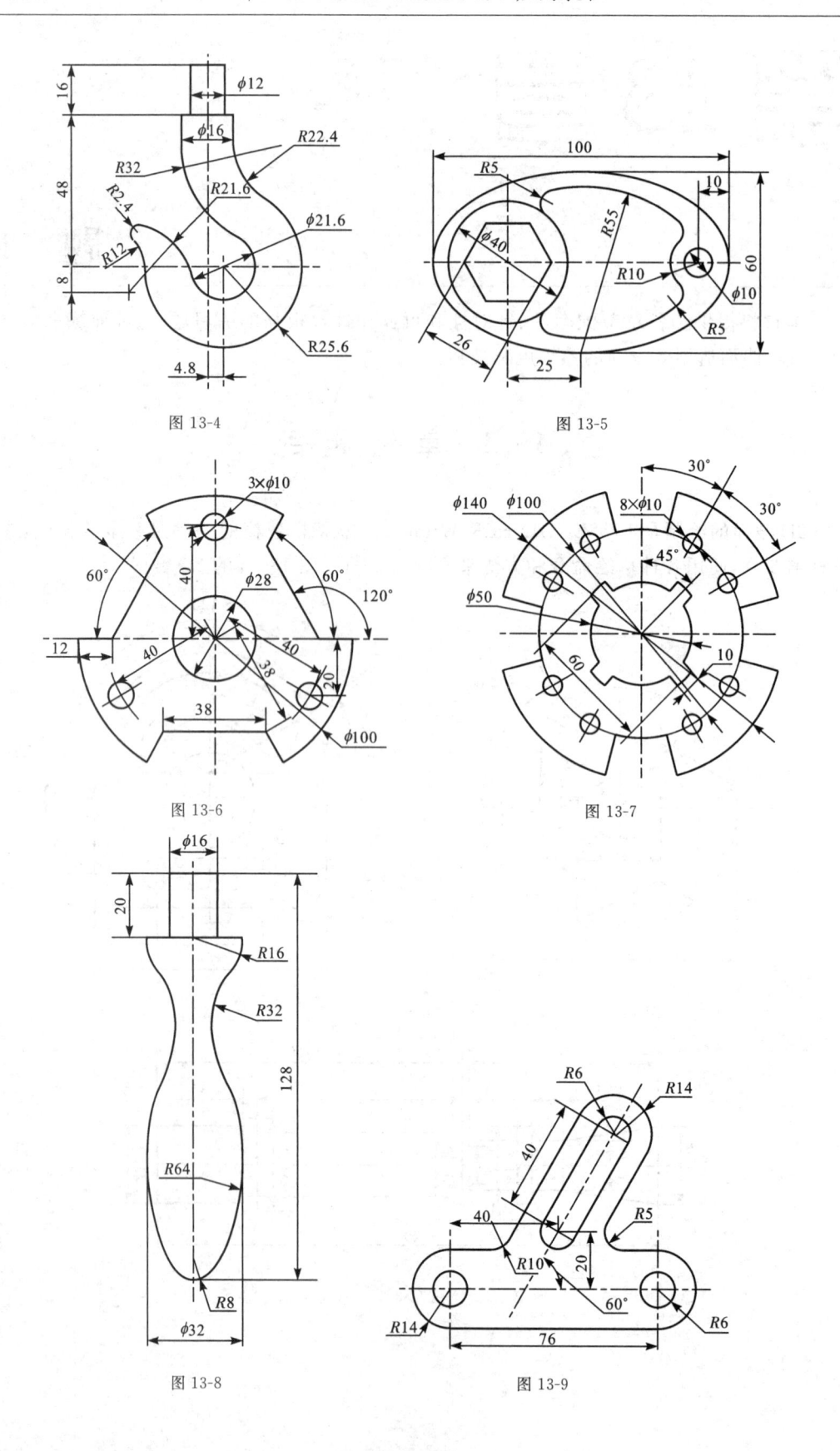

图 13-5

图 13-6

图 13-7

图 13-8

图 13-9

图 13-10

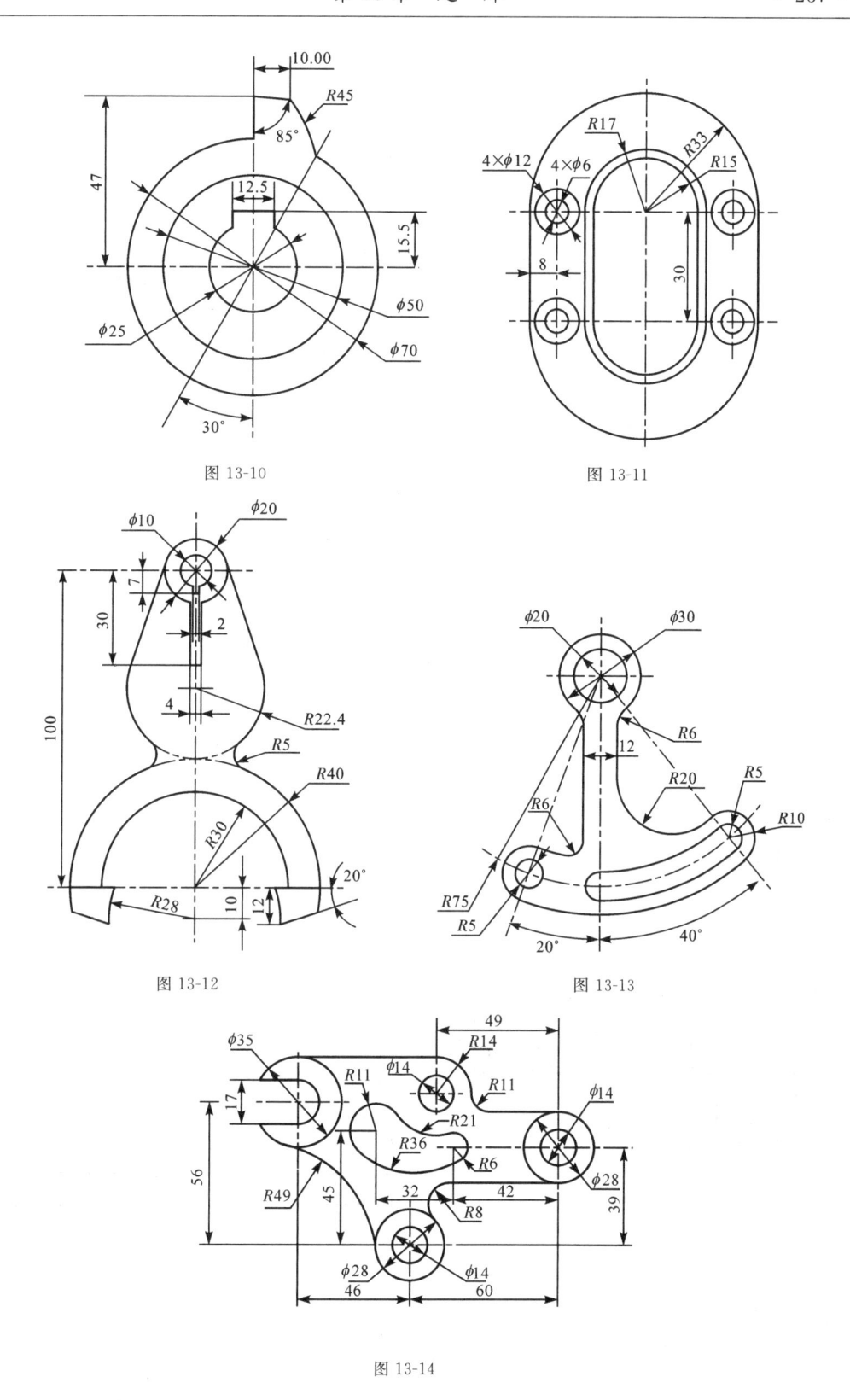

图 13-11

图 13-12

图 13-13

图 13-14

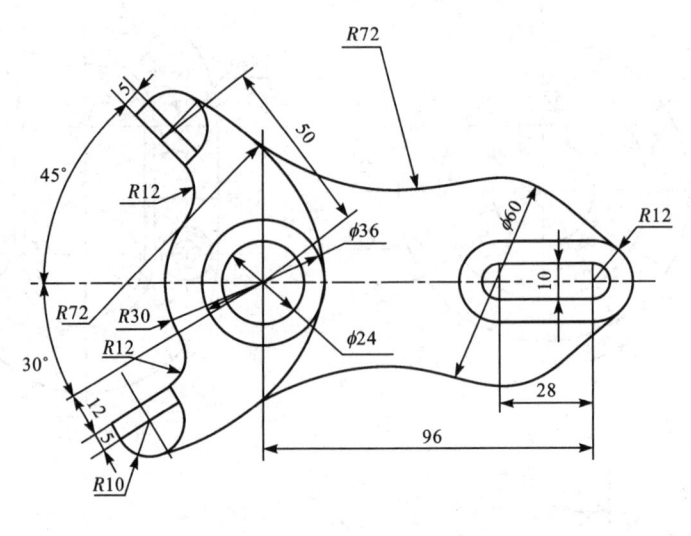

图 13-15

13.2　基本实体造型题目

产品模型是由若干个特征构建而成的。产品设计的一个主要内容便是特征建模。参照教材第 3 章、第 4 章、第 5 章和第 6 章，运用基本实体建模方法及其特征的操作等，完成实体造型。

（1）由确定的平面三视图尺寸，完成实体造型，如图 13-16～图 13-27 所示。

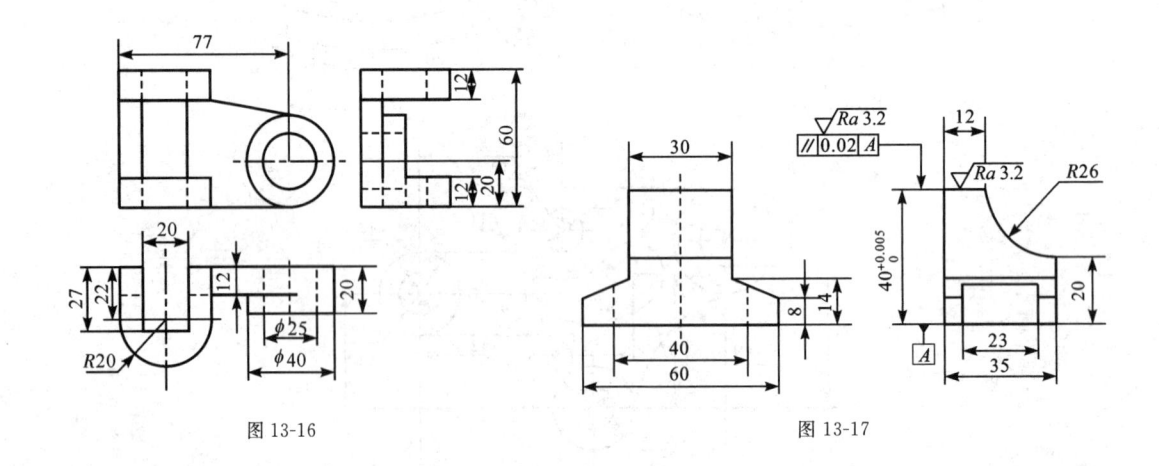

图 13-16

图 13-17

图 13-18

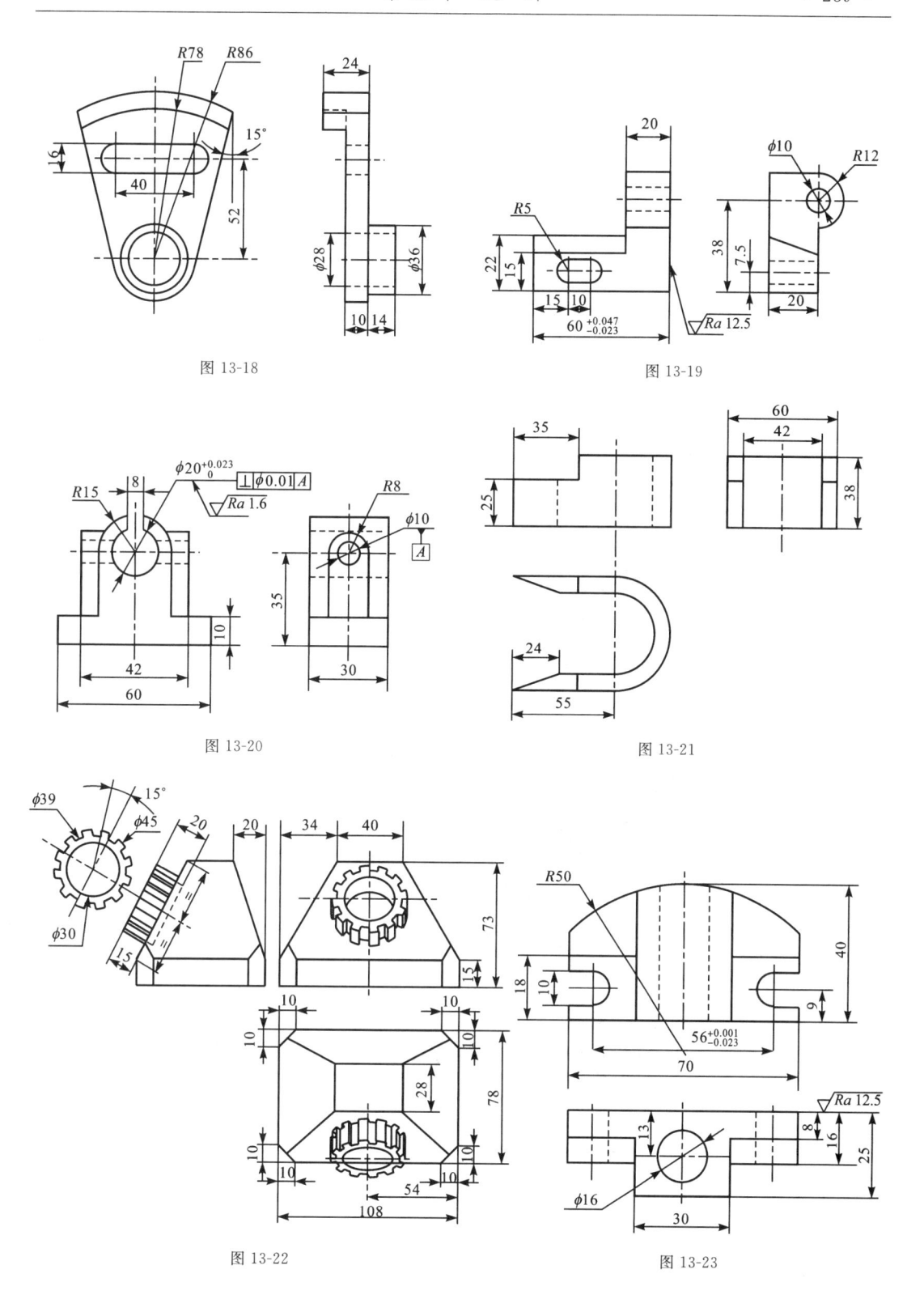

图 13-19

图 13-20

图 13-21

图 13-22

图 13-23

图 13-24

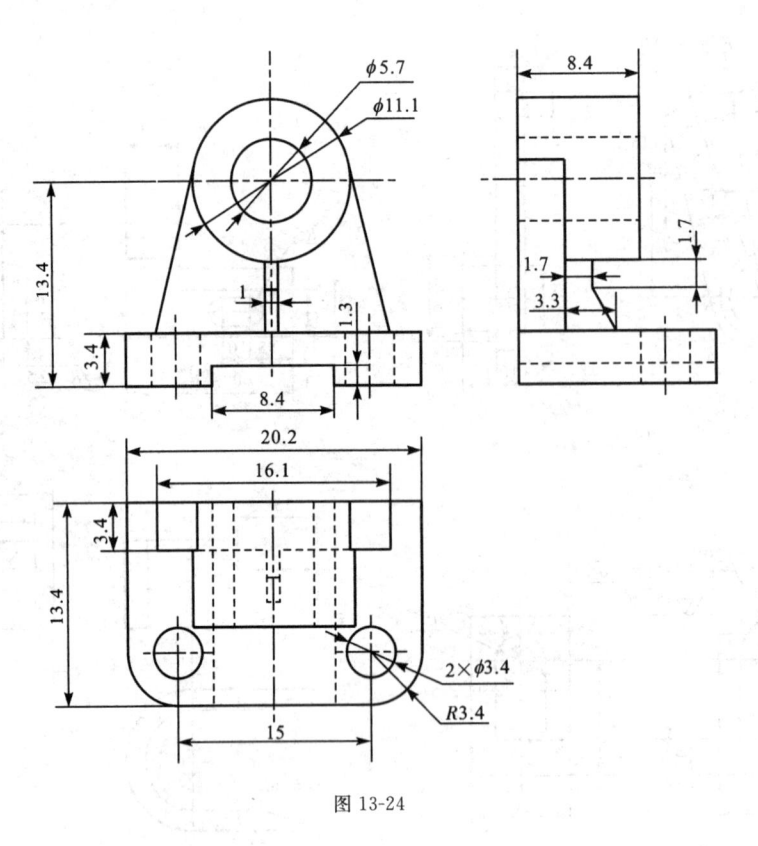

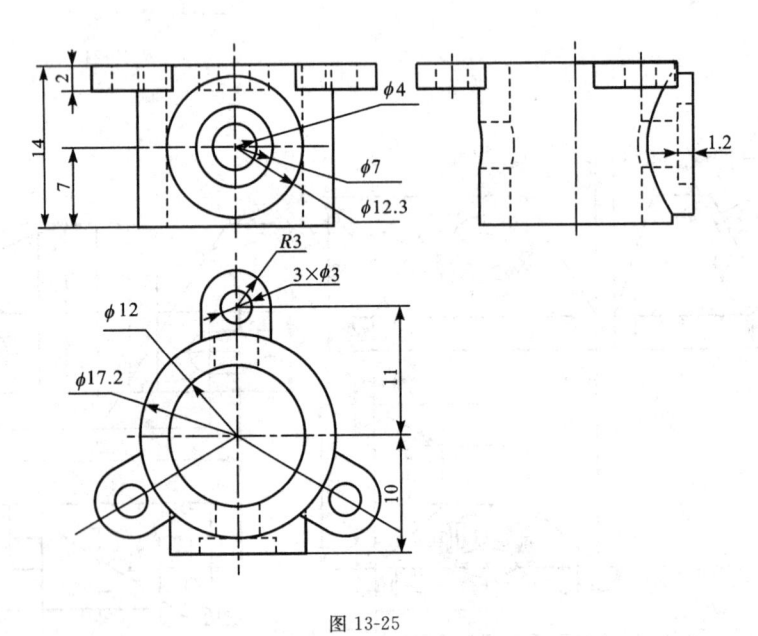

图 13-25

图 13-26

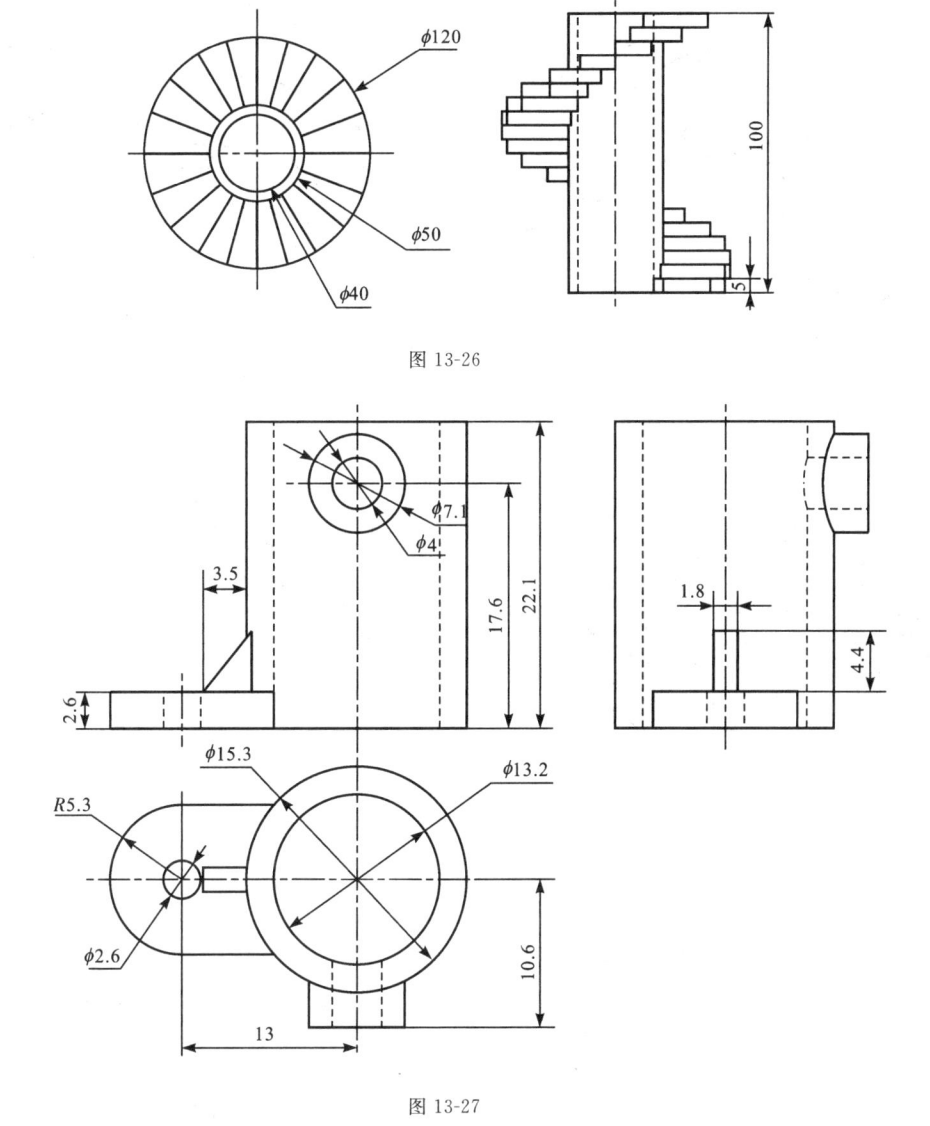

图 13-27

(2)由已知的三维视图,完成实体造型,如图 13-28～图 13-37 所示。

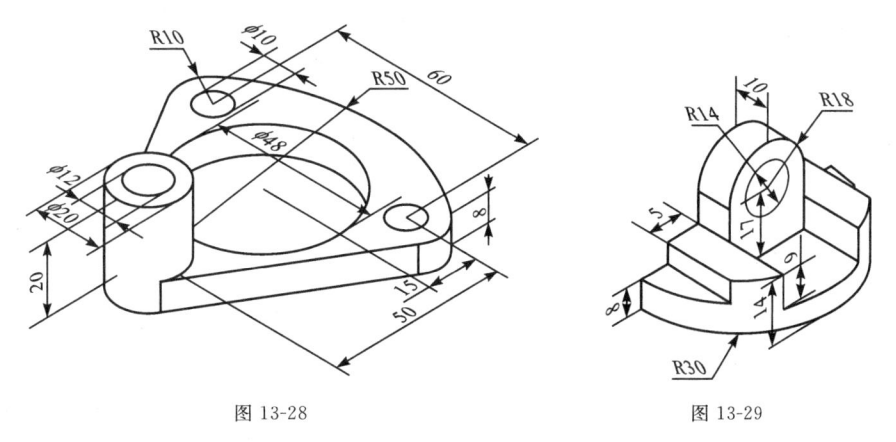

图 13-28

图 13-29

图 13-30

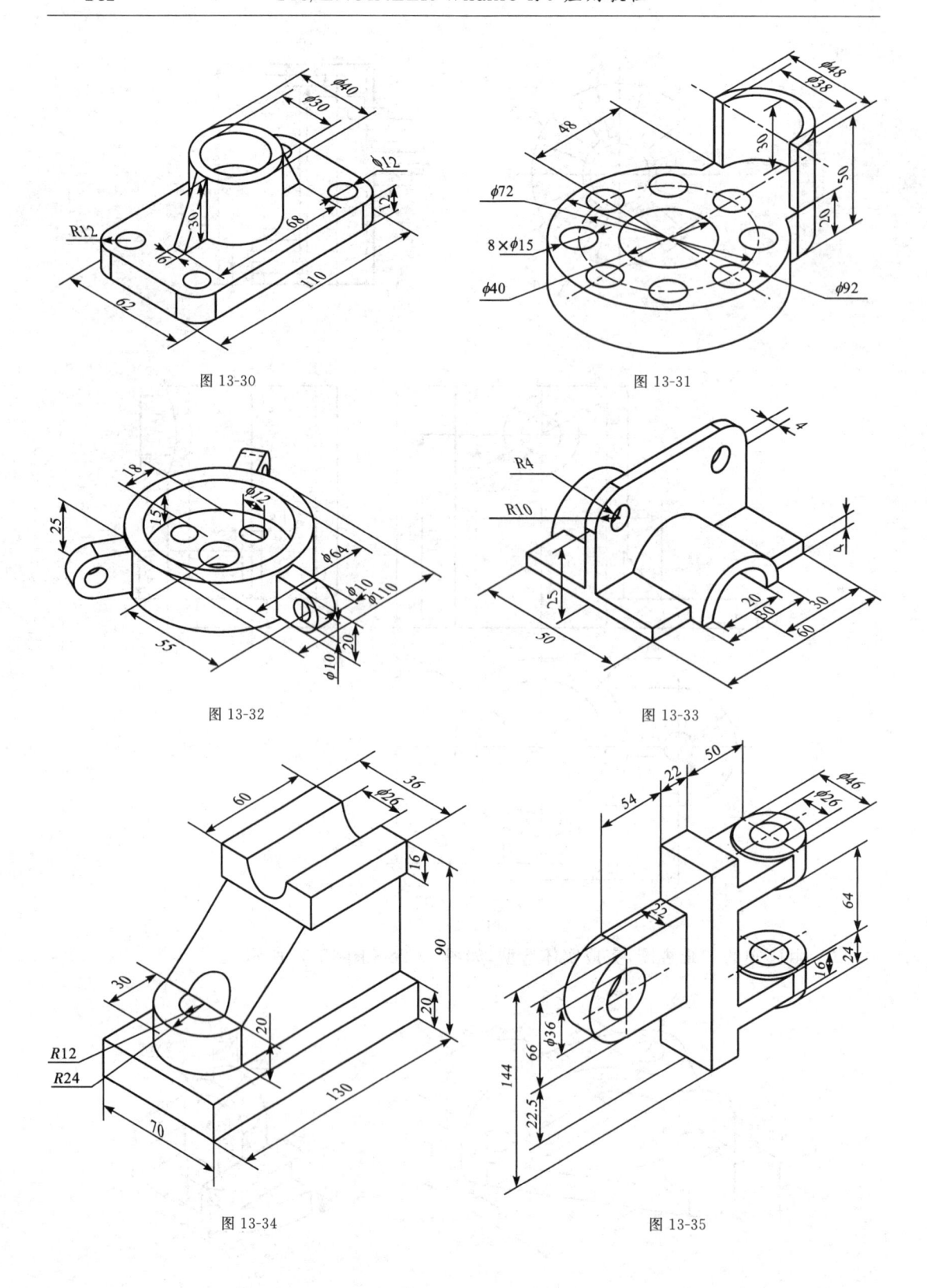

图 13-31

图 13-32

图 13-33

图 13-34

图 13-35

第 13 章 题 库

图 13-36

图 13-37

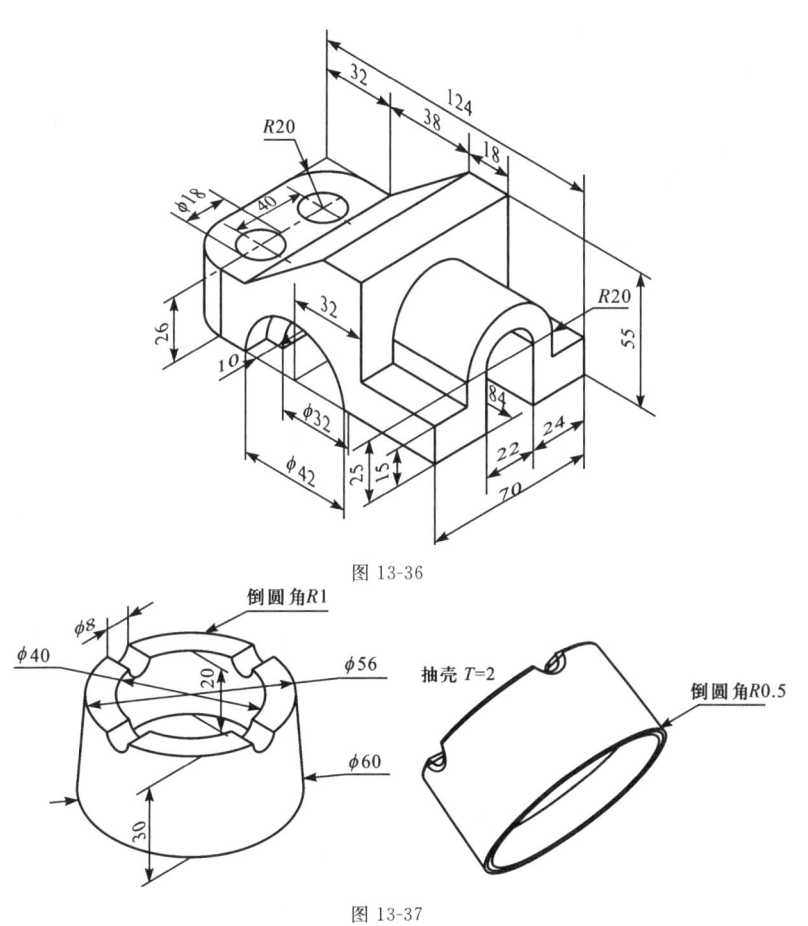

（3）根据已知零件图，创建实体特征，如图 13-38～图 13-68 所示。

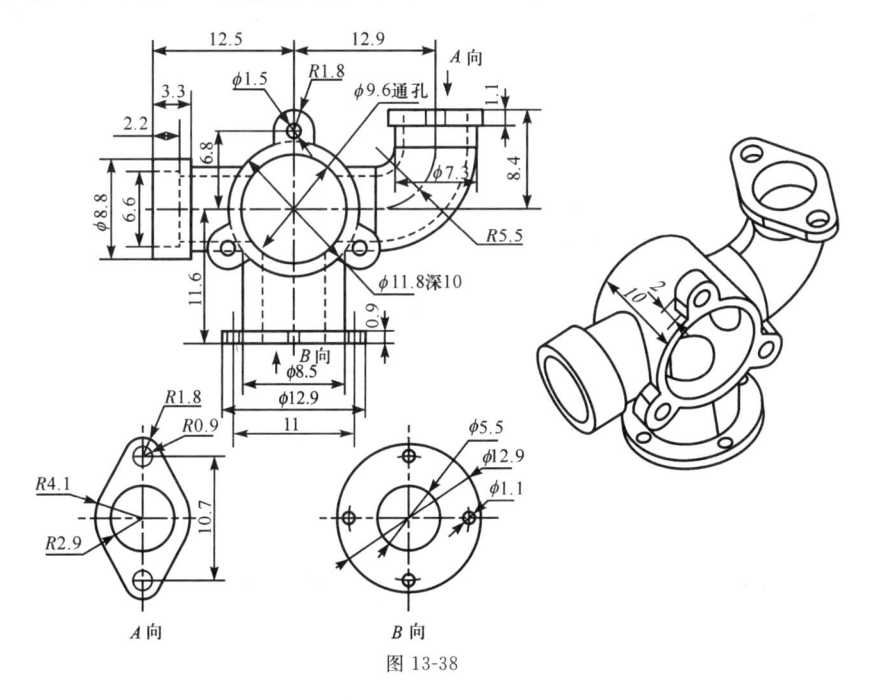

图 13-38

图 13-39

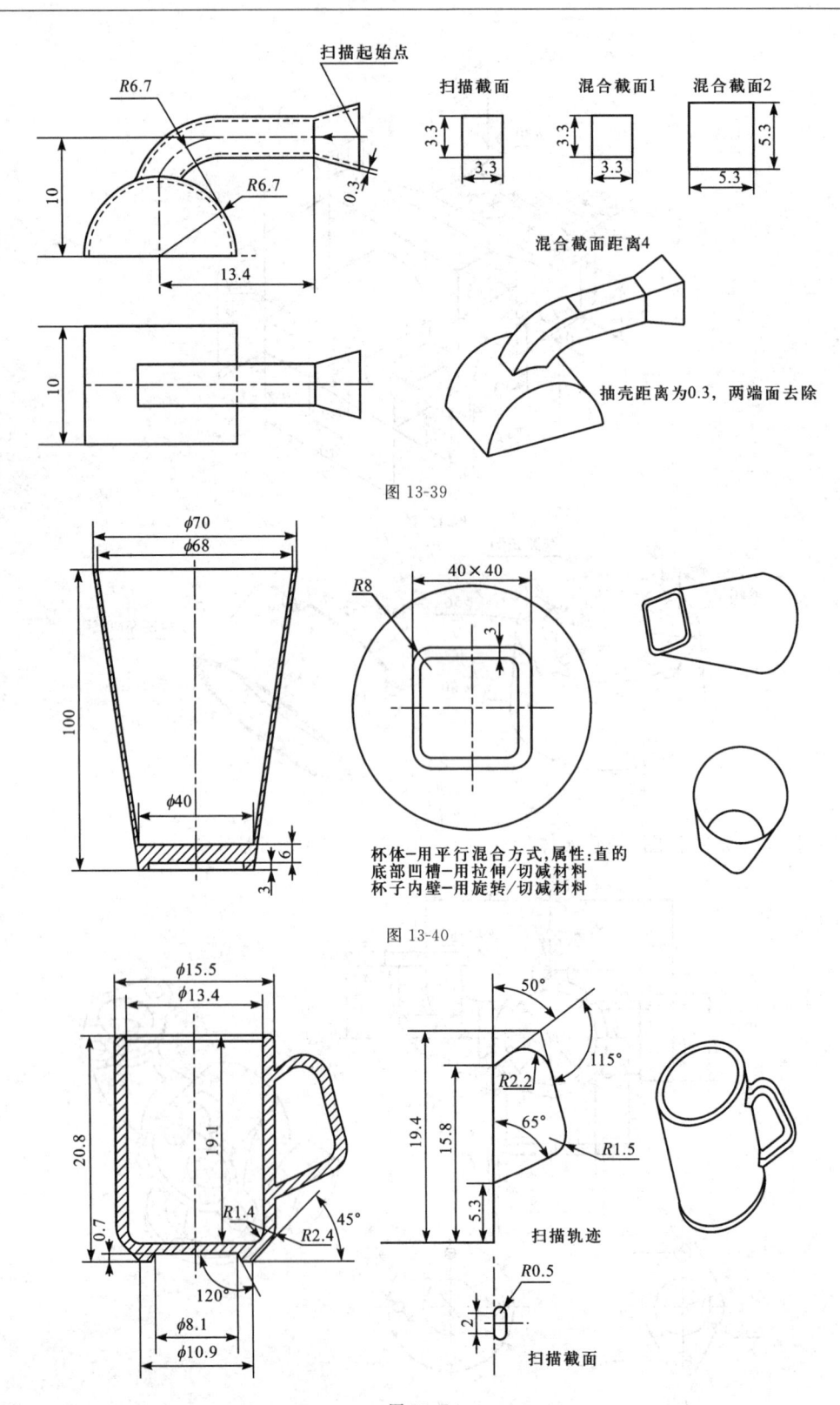

图 13-40

图 13-41

第 13 章 题 库

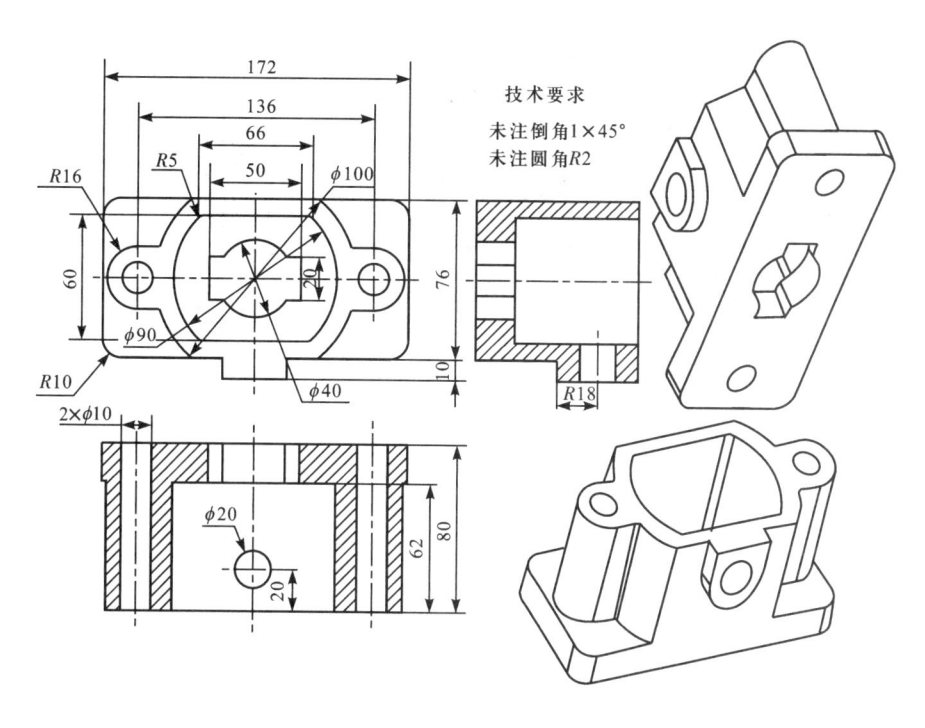

技术要求
未注倒角1×45°
未注圆角R2

图 13-42

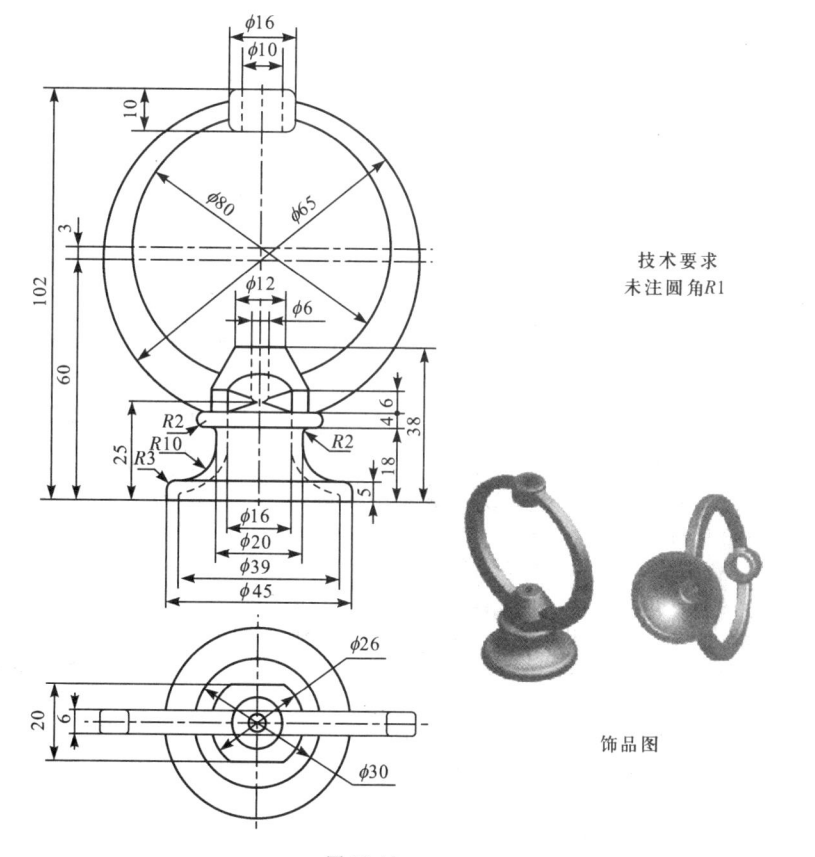

技术要求
未注圆角R1

饰品图

图 13-43

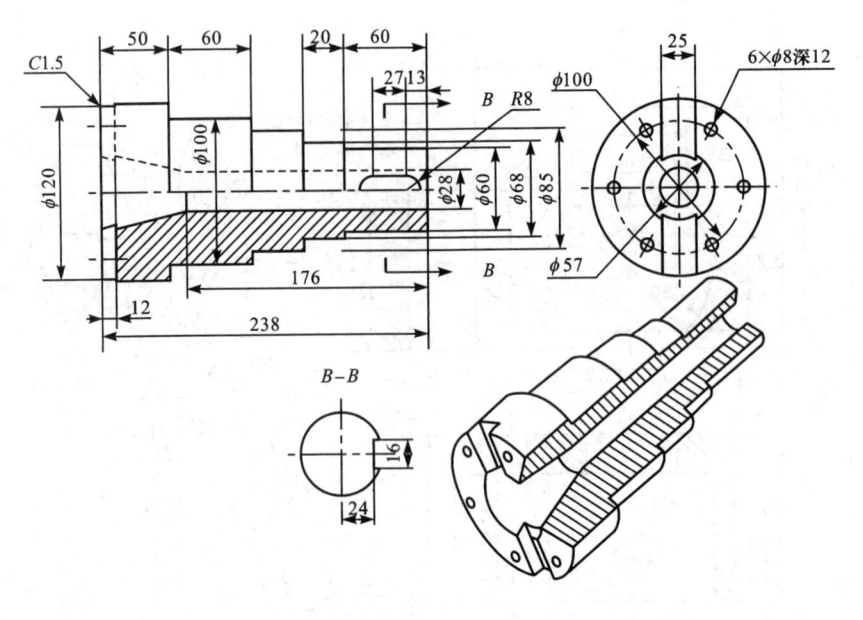

图 13-44

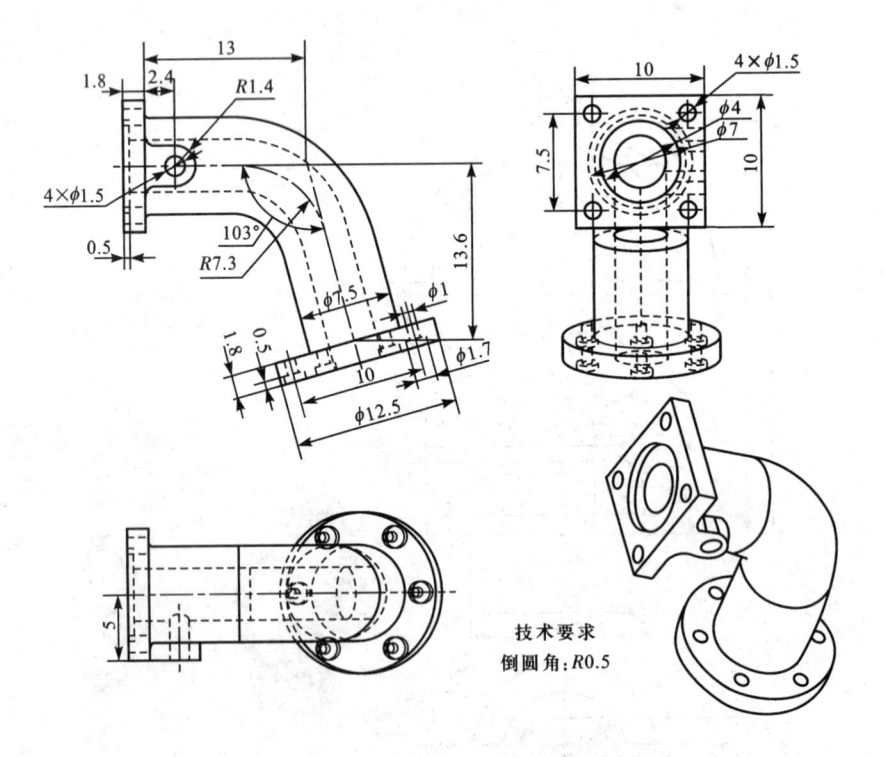

技术要求
倒圆角：R0.5

图 13-45

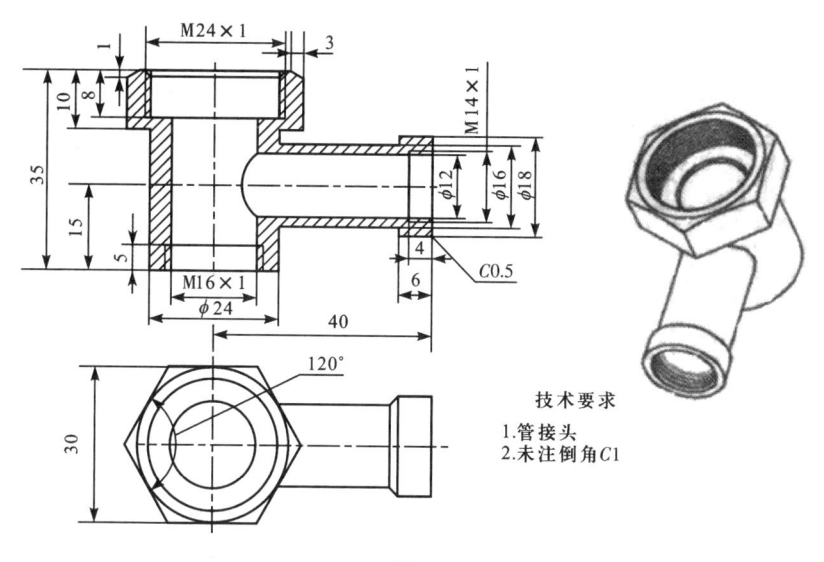

技术要求
1. 管接头
2. 未注倒角C1

图 13-46

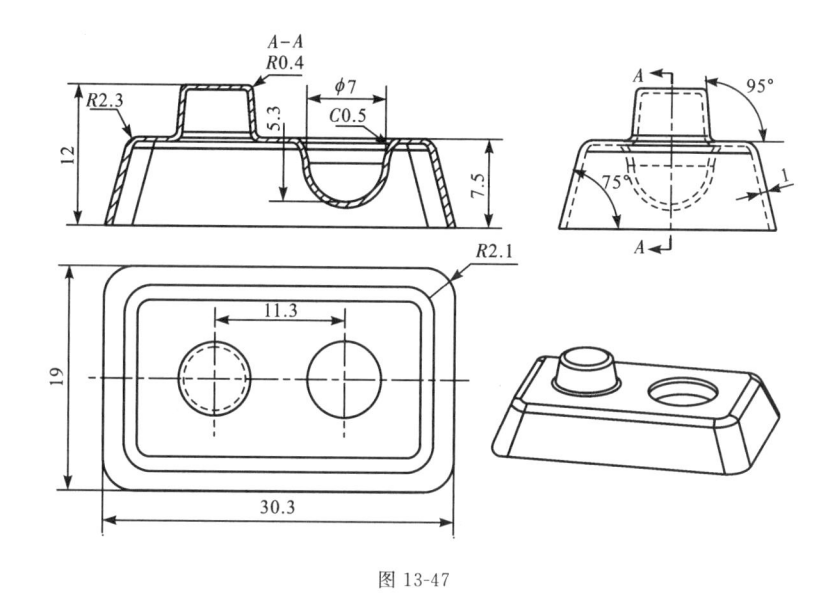

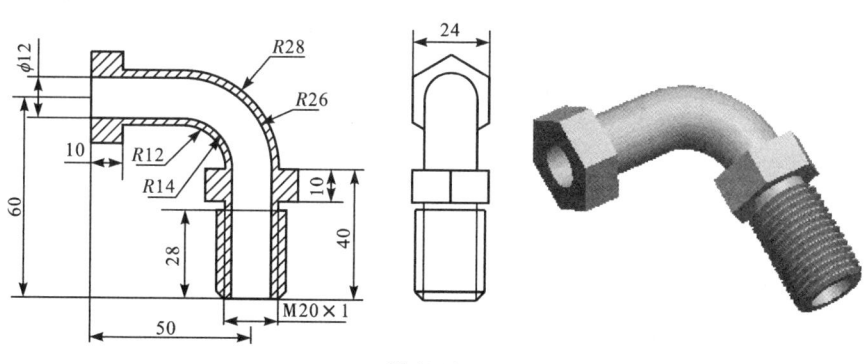

图 13-47

图 13-48

图 13-49

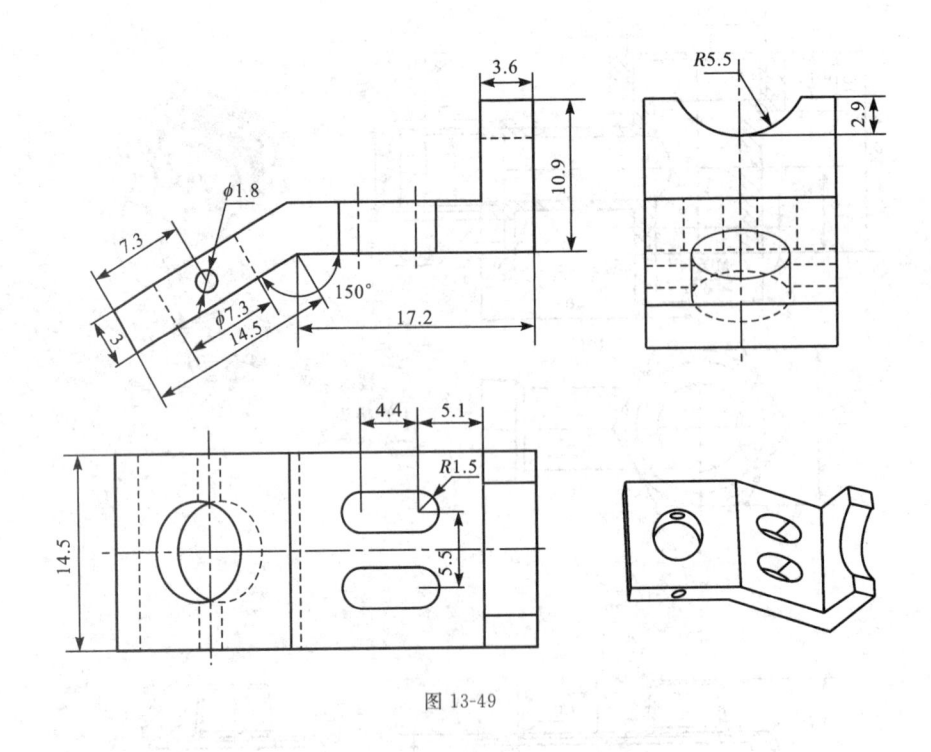

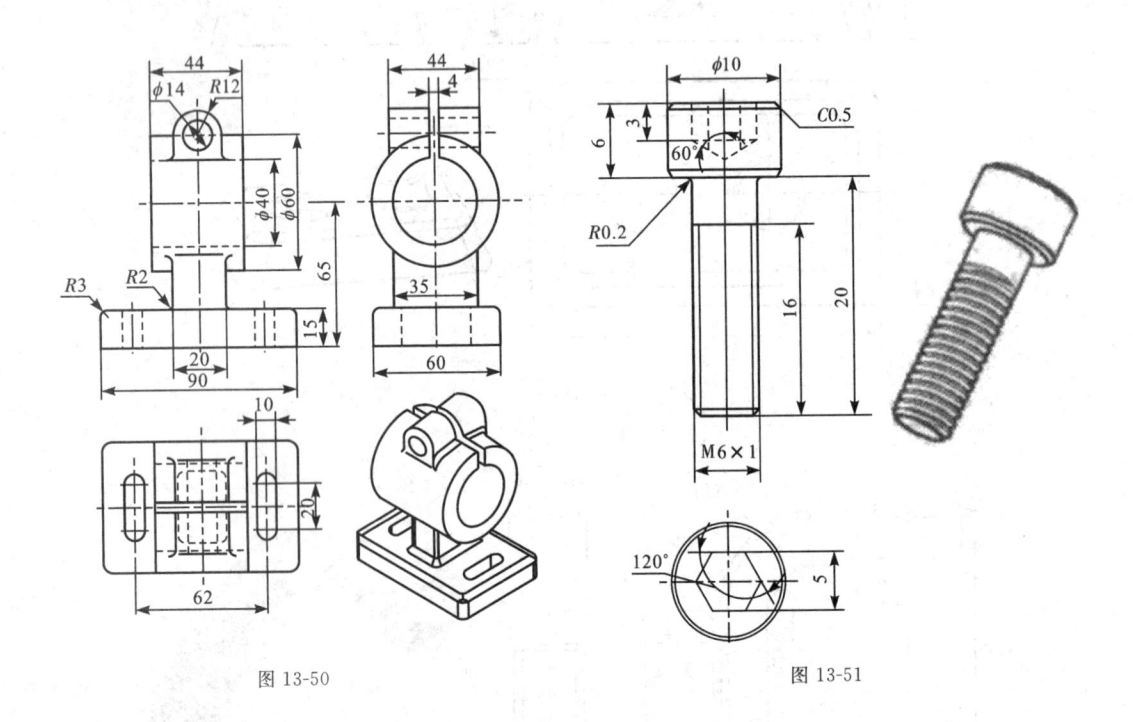

图 13-50

图 13-51

图 13-52

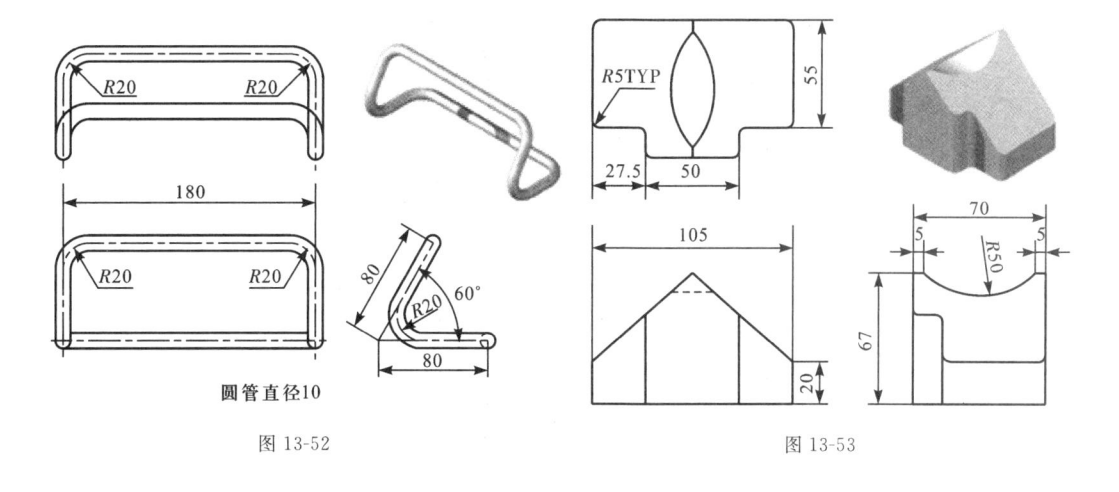

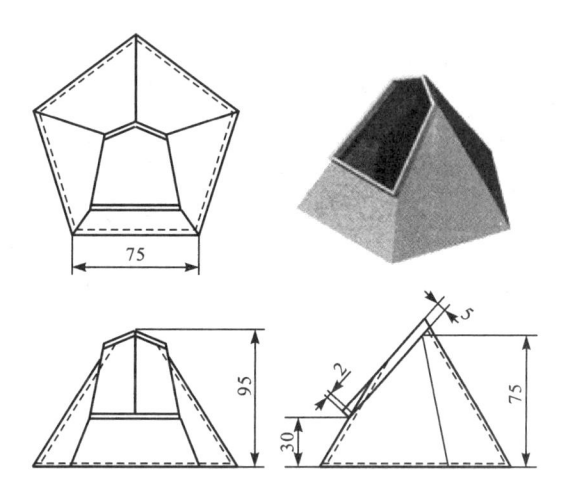

图 13-53

图 13-54

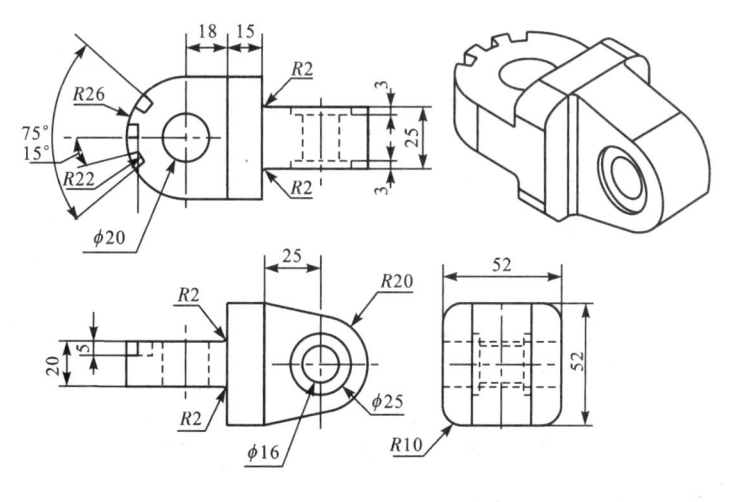

图 13-55

图 13-56

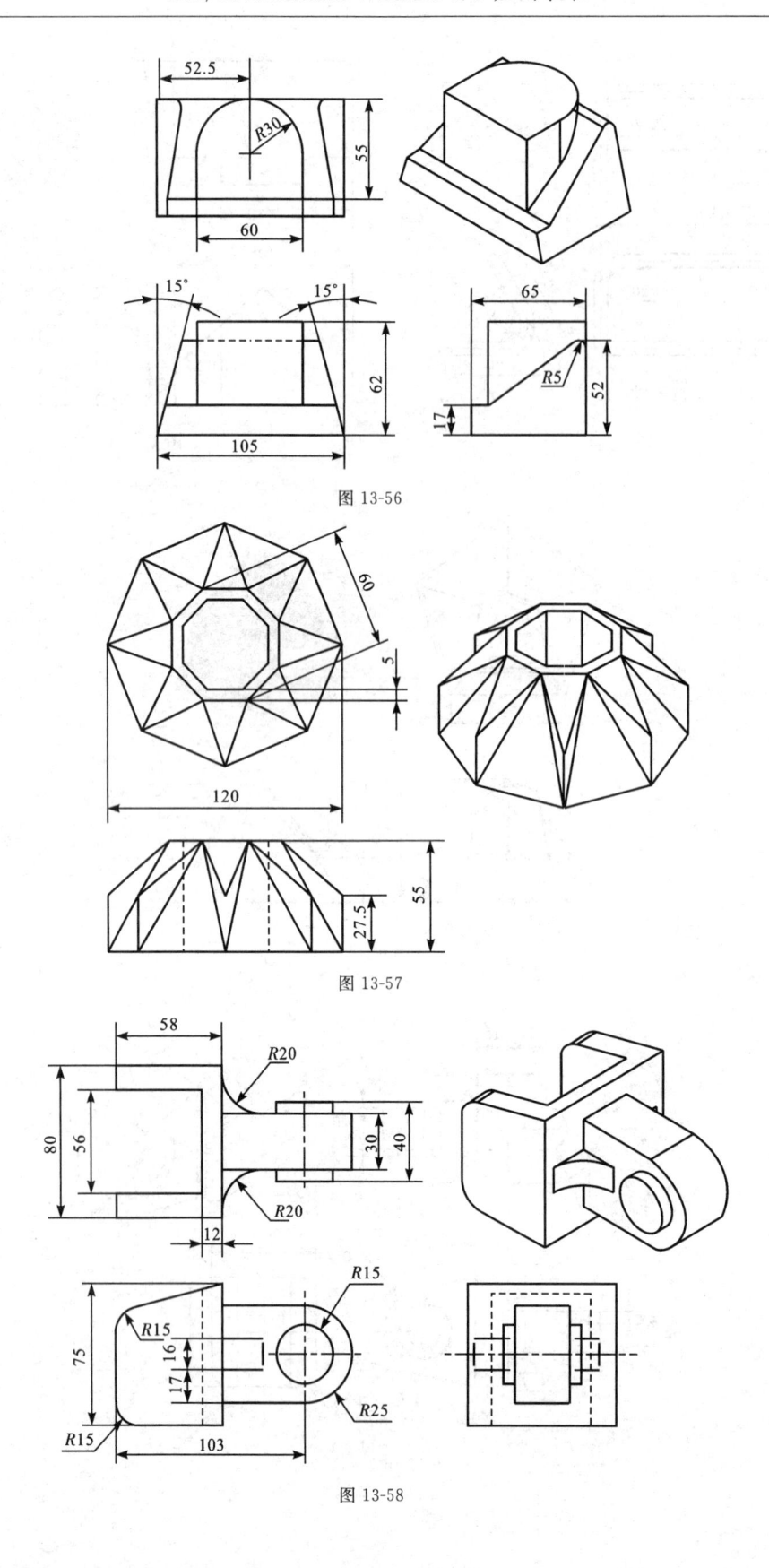

图 13-57

图 13-58

图 13-59

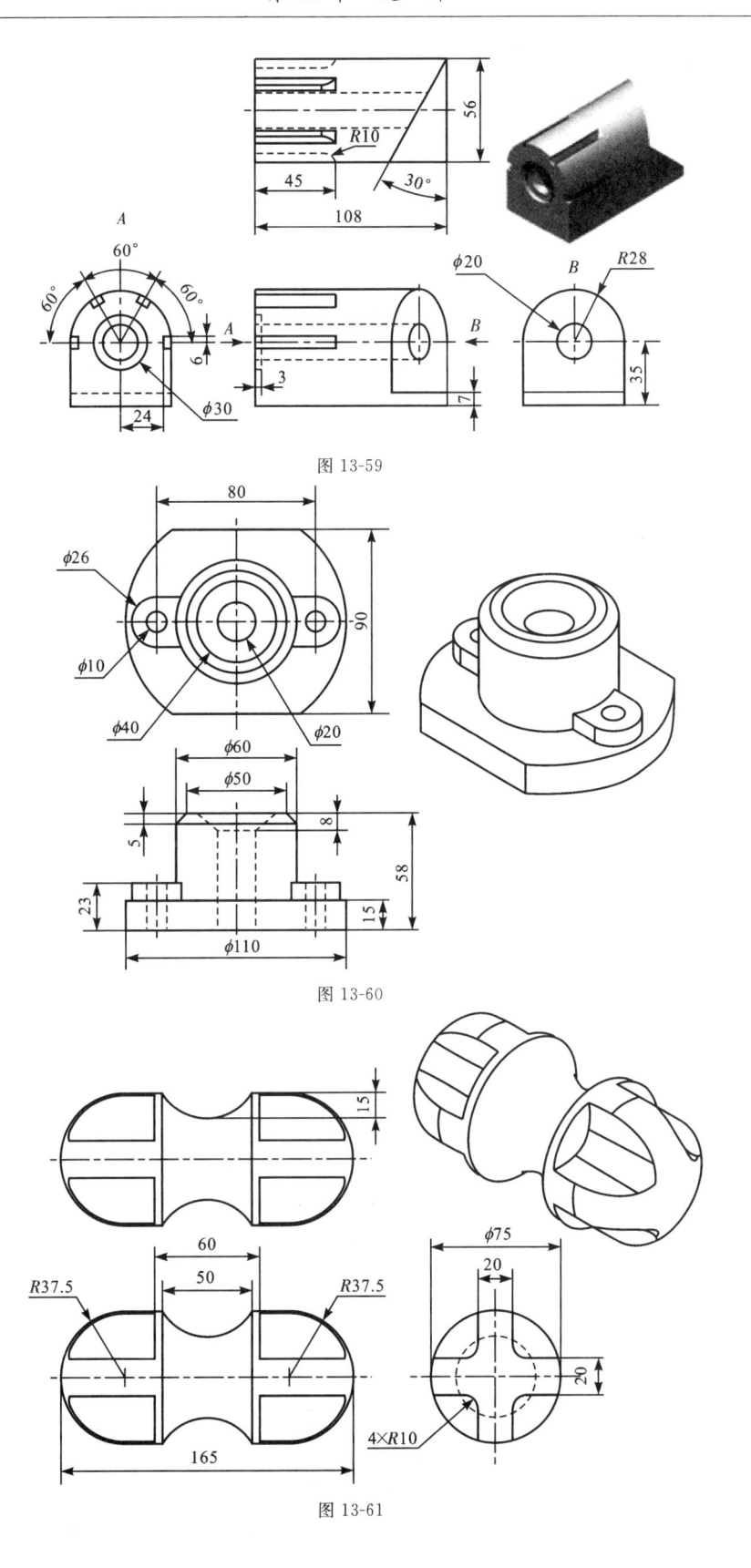

图 13-60

图 13-61

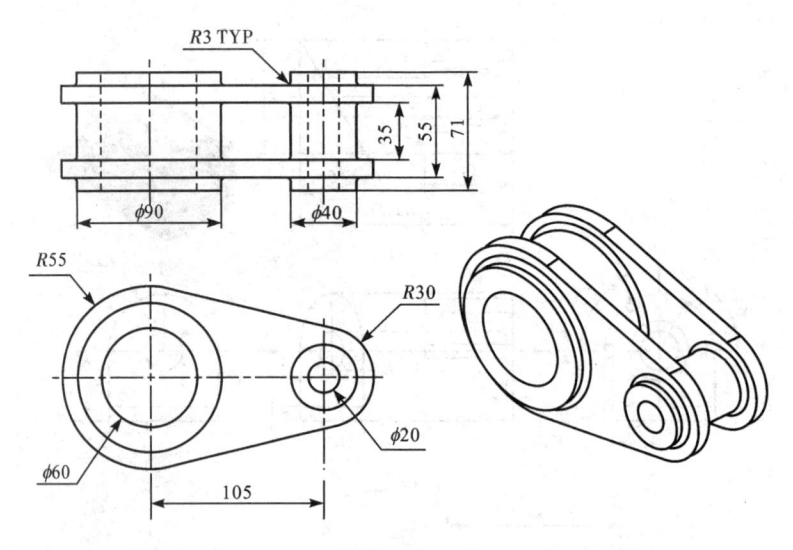

图 13-62

用螺旋扫描功能创建弹簧
不变螺距、右旋、螺距6

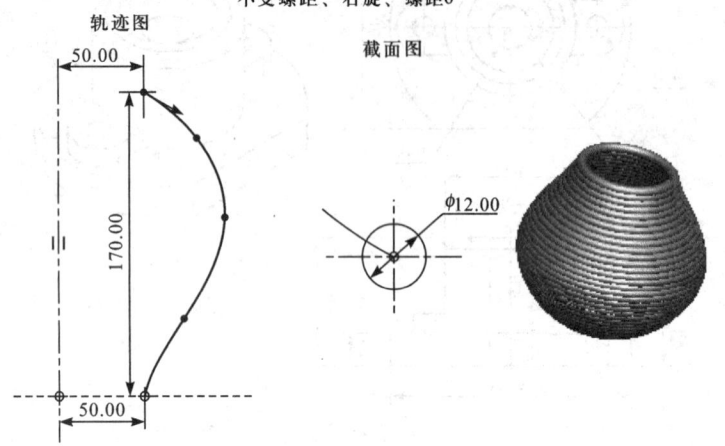

图 13-63

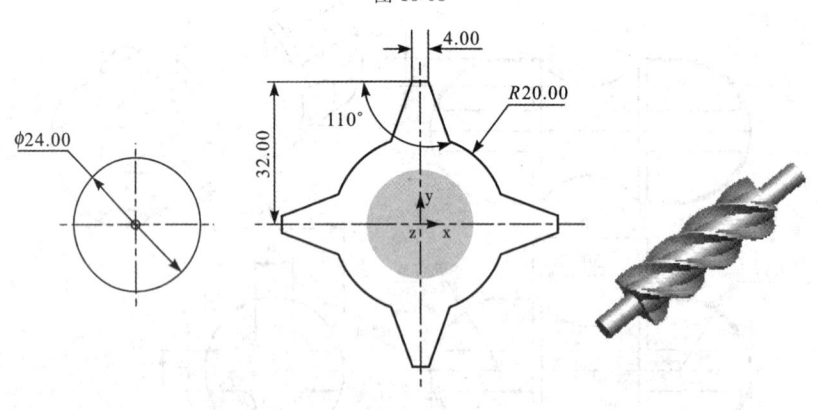

一般混合功能创建8个截面，
绕Z轴旋转45度，间距25

图 13-64

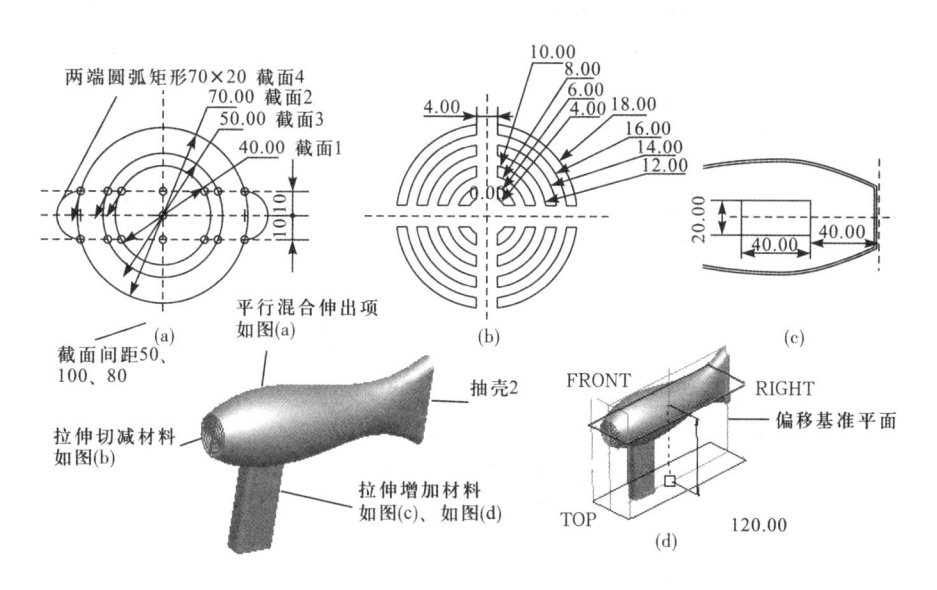

两端圆弧矩形70×20 截面4
70.00 截面2
50.00 截面3
40.00 截面1

10.00
8.00
6.00
4.00 18.00
16.00
14.00
12.00

4.00

20.00
40.00 40.00

(a)
截面间距50、100、80
拉伸切减材料 如图(b)

平行混合伸出项 如图(a)

抽壳2

拉伸增加材料 如图(c)、如图(d)

(b)

(c)

FRONT
RIGHT
偏移基准平面
TOP
(d) 120.00

图 13-65

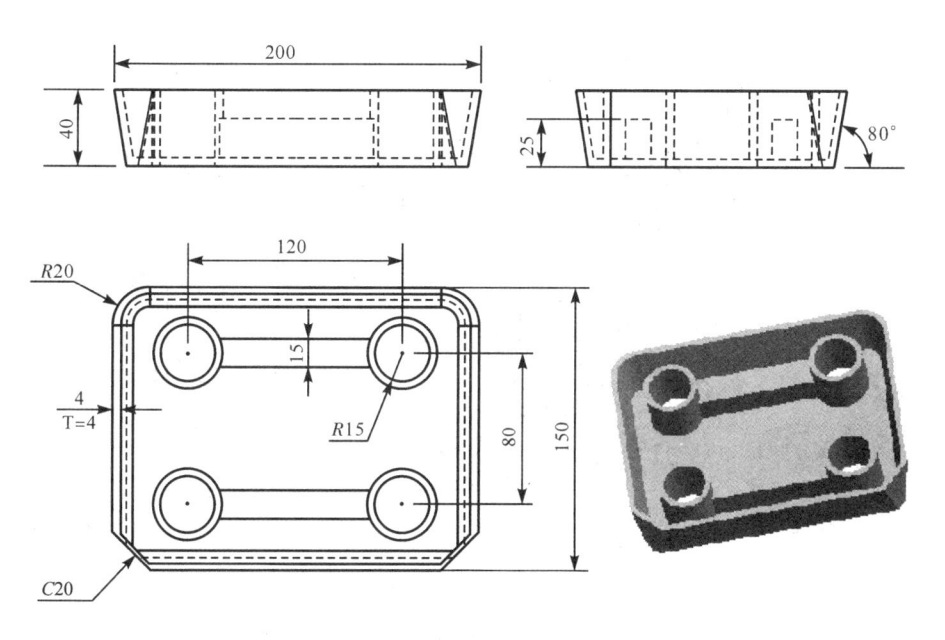

200
40
25
80°

R20
120
15
4
T=4
R15
80
150
C20

图 13-66

图 13-67

图 13-68

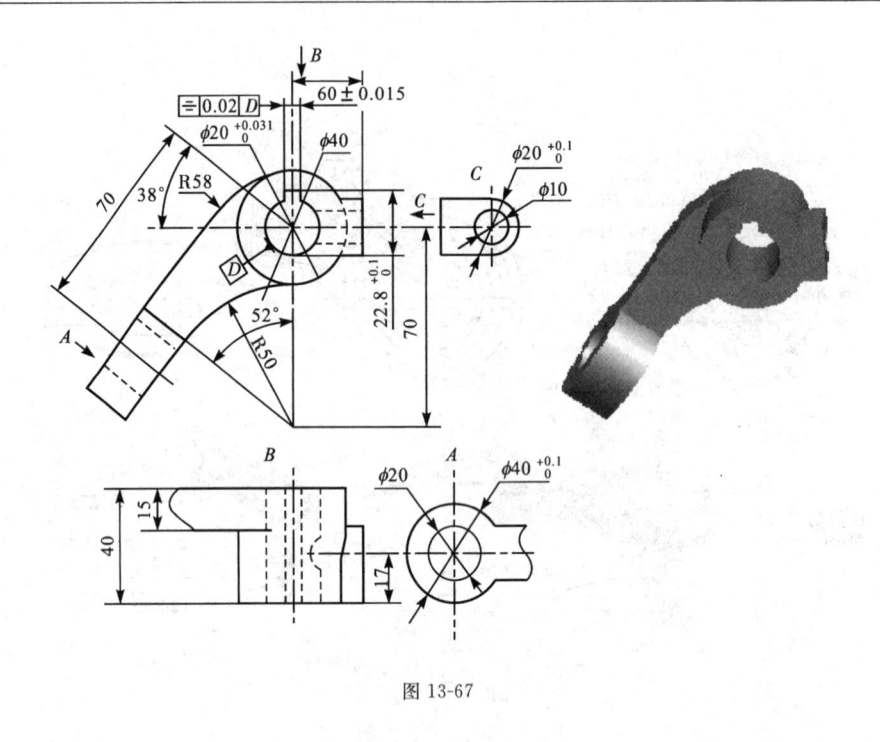

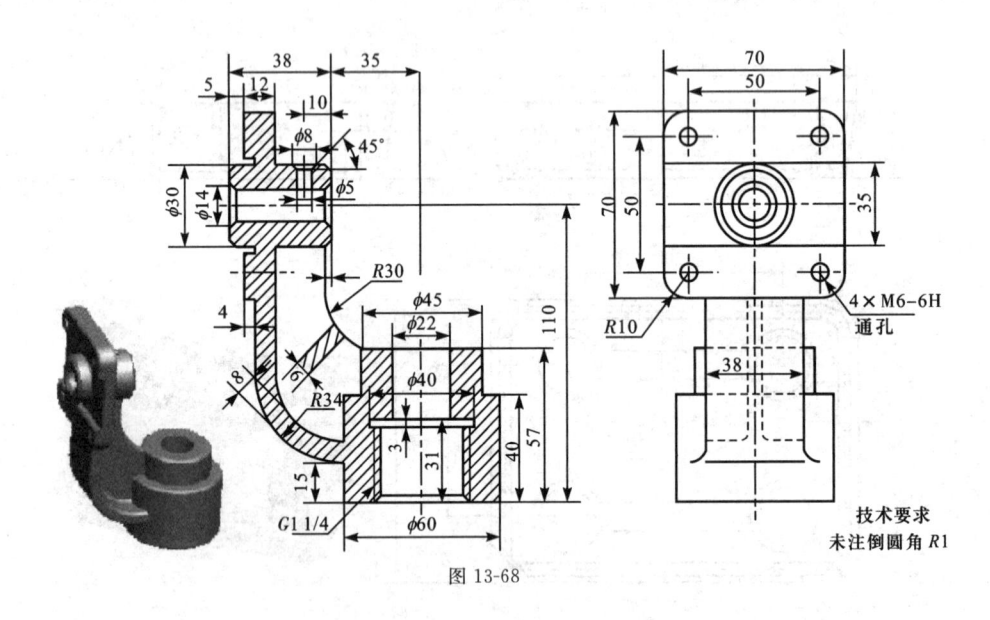

13.3　高级实体造型题目

在 Pro/ENGINEER Wildfire 4.0 系统中，可综合使用拉伸、旋转、扫描和混合等特征使用方法，创建较复杂的、具有特定几何形状的零件。参照教材第 3 章、第 4 章、第 5 章、第 6 章和第 7 章，熟悉各种建模方法的操作步骤，灵活应用各种建模方法，完成实体造型。

(1) 利用扫描混合伸出项等实体化工具做烟斗，如图13-69所示。

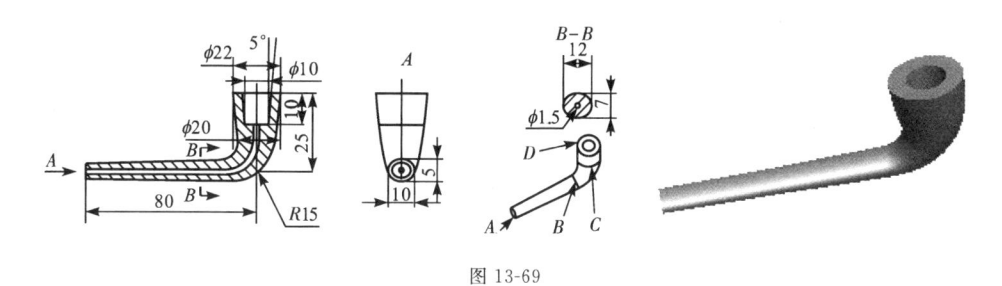

图 13-69

(2) 利用旋转功能等实体化工具做饮料瓶，如图13-70所示。

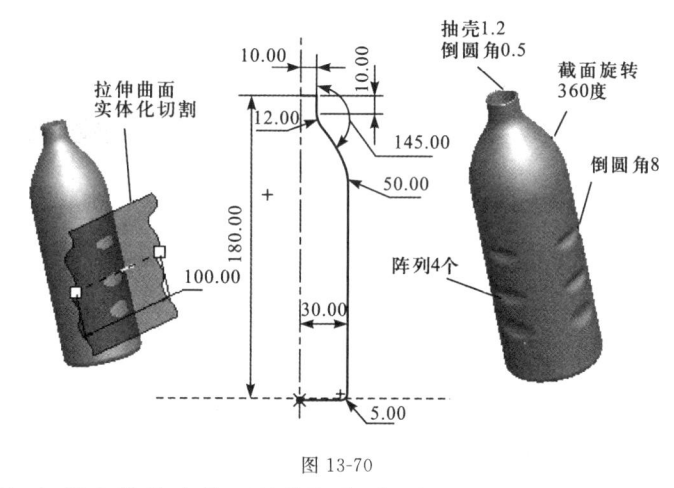

图 13-70

(3) 利用旋转、扫描实体等建模工具做瓶盖，如图13-71所示。

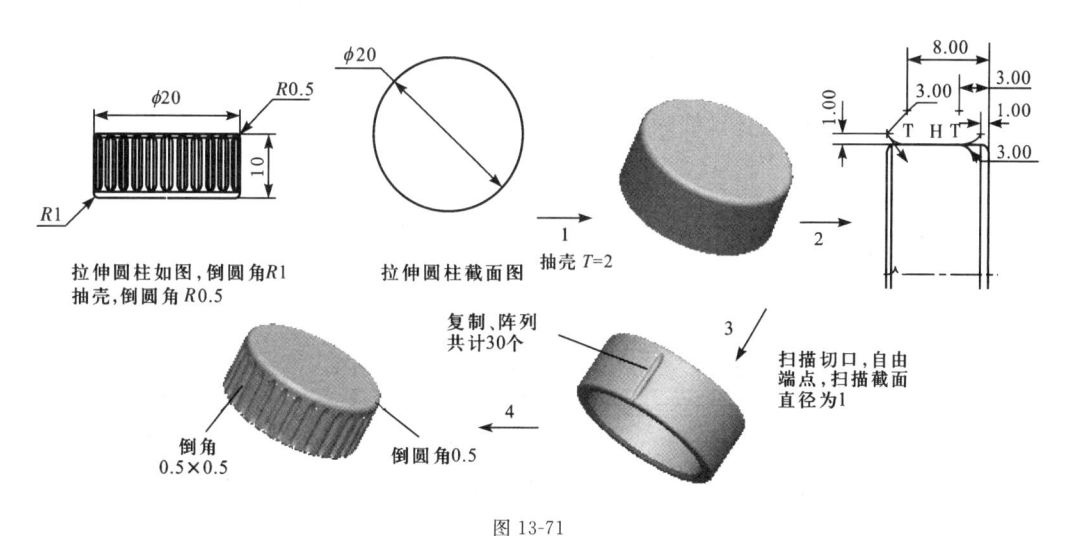

图 13-71

(4) 利用环行折弯等建模工具做轮胎，如图13-72所示。

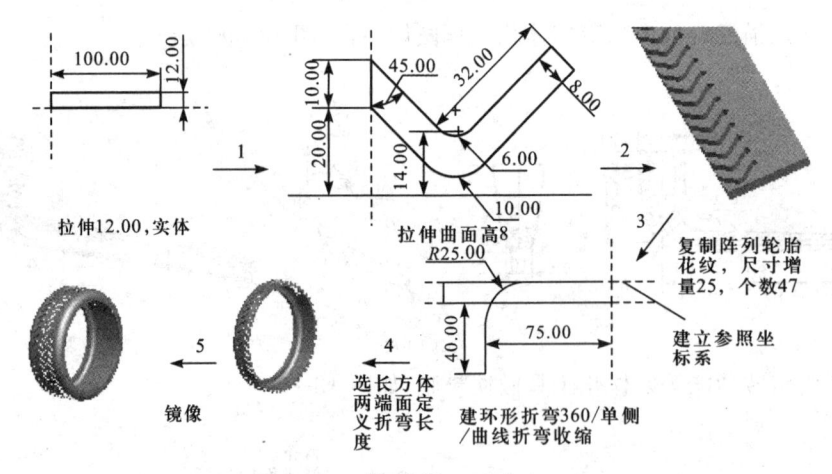

图 13-72

(5) 利用造型、可变扫描曲面等建模工具做电话接线,如图 13-73 所示。

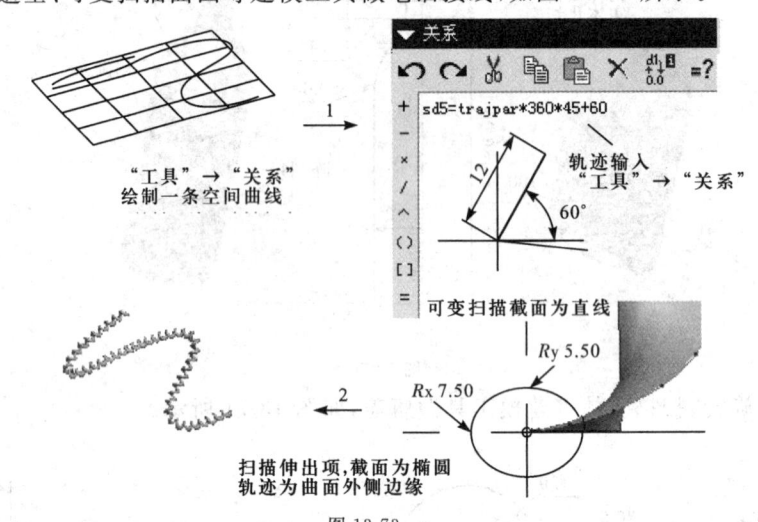

图 13-73

(6) 利用旋转等建模工具做篮球,如图 13-74 所示。

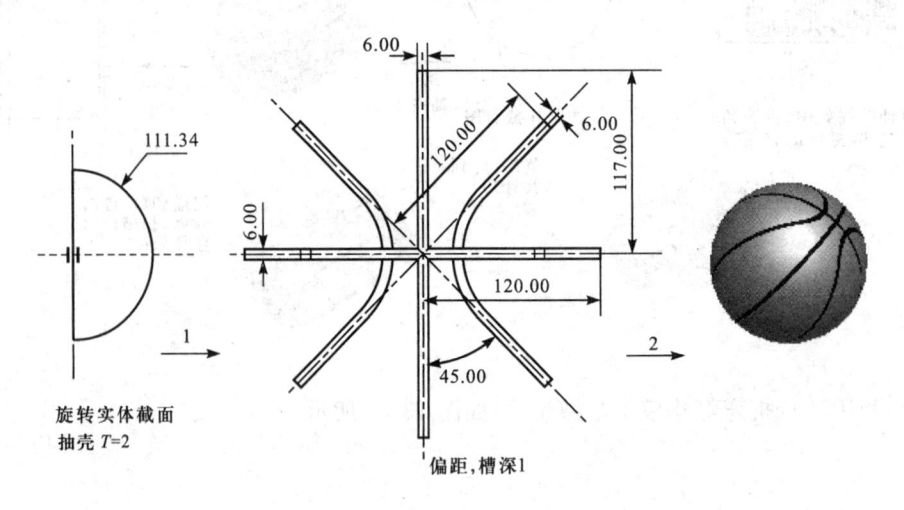

图 13-74

(7)利用旋转、扫描、投影等建模工具做网球,如图13-75所示。

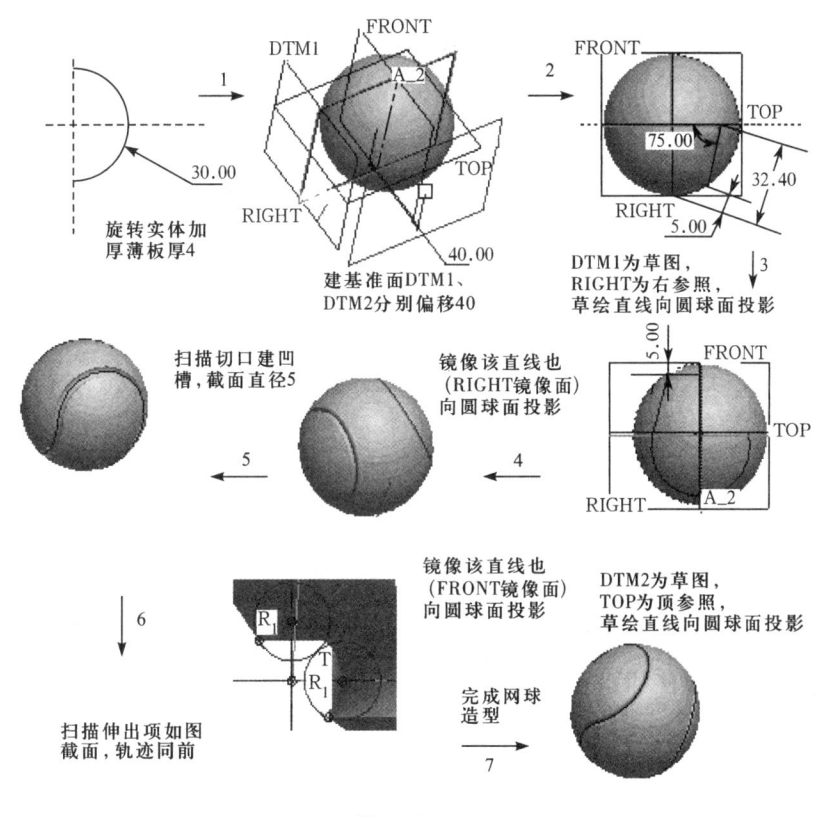

图 13-75

(8)用拉伸、环形折弯等功能创建装饰罩,如图13-76所示。

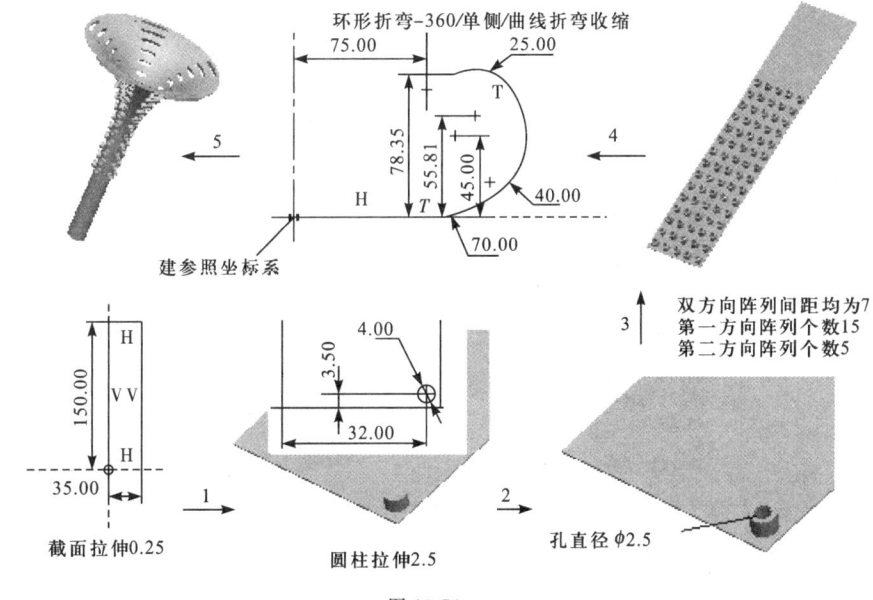

图 13-76

(9)利用骨架折弯等建模工具扳手,如图 13-77(详见光盘零件 ch13-77)。

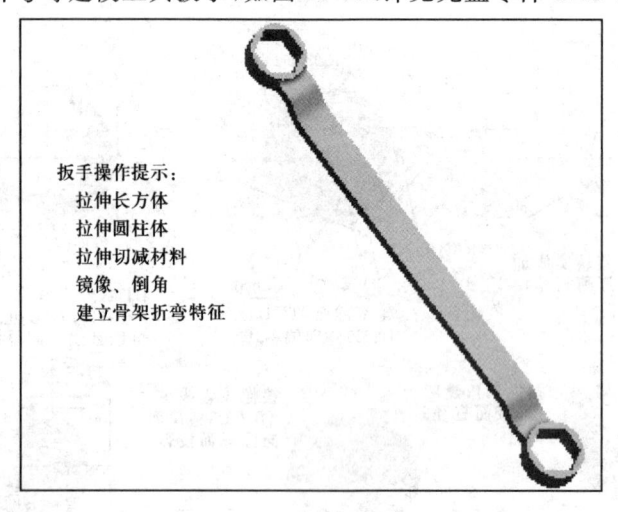

扳手操作提示:
拉伸长方体
拉伸圆柱体
拉伸切减材料
镜像、倒角
建立骨架折弯特征

图 13-77

(10)利用骨架折弯等建模工具做工具箱,如图 13-78 所示(详见光盘零件 ch13-78)。

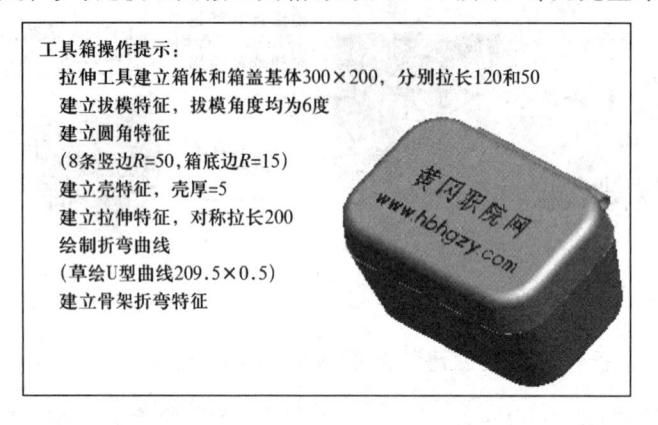

工具箱操作提示:
拉伸工具建立箱体和箱盖基体300×200,分别拉长120和50
建立拔模特征,拔模角度均为6度
建立圆角特征
(8条竖边R=50,箱底边R=15)
建立壳特征,壳厚=5
建立拉伸特征,对称拉长200
绘制折弯曲线
(草绘U型曲线209.5×0.5)
建立骨架折弯特征

图 13-78

(11)利用可变剖面扫描、拉伸、圆角等建模工具做机油桶,如图 13-79 所示(详见光盘零件 ch13-79)。

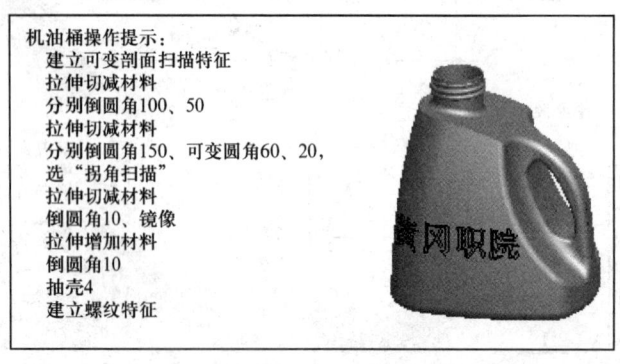

机油桶操作提示:
建立可变剖面扫描特征
拉伸切减材料
分别倒圆角100、50
拉伸切减材料
分别倒圆角150、可变圆角60、20,
选"拐角扫描"
拉伸切减材料
倒圆角10、镜像
拉伸增加材料
倒圆角10
抽壳4
建立螺纹特征

图 13-79

(12) 利用可变剖面扫描、扫描等建模工具做食用醋壶,如图 13-80 所示(详见光盘零件 ch13-80)。

食用醋壶操作提示:
草绘五根轨迹线
建立可变剖面扫描特征
倒角 $R=15$
抽壳 $T=5$
倒角 $R=2$
扫描建立手柄、
截面 $R=10$

图 13-80

13.4 曲面造型题目

产品设计中的复杂造型,除了运用基本的造型方法外,还需要创建自由曲面,再将这些曲面进行编辑,转化为实体模型。参照教材第 8 章,运用曲面设计的操作步骤和技术要点,完成曲面造型。

(1) 利用曲面功能做娃娃头,如图 13-81 所示。

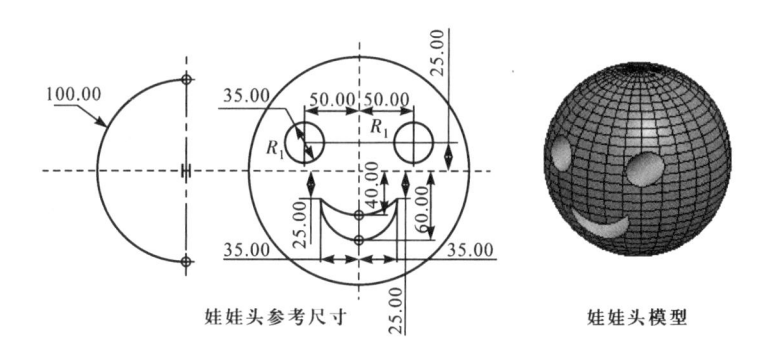

娃娃头参考尺寸　　娃娃头模型

图 13-81

(2) 利用曲面功能做如下零件,如图 13-82 所示。

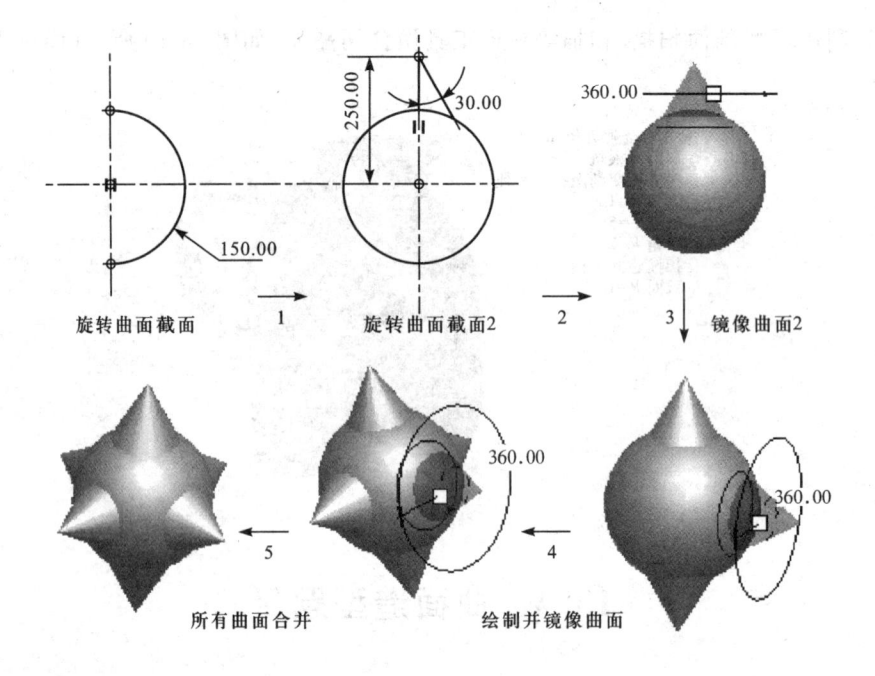

图 13-82

(3) 利用曲面功能创建"心形"零件,如图 13-83 所示。

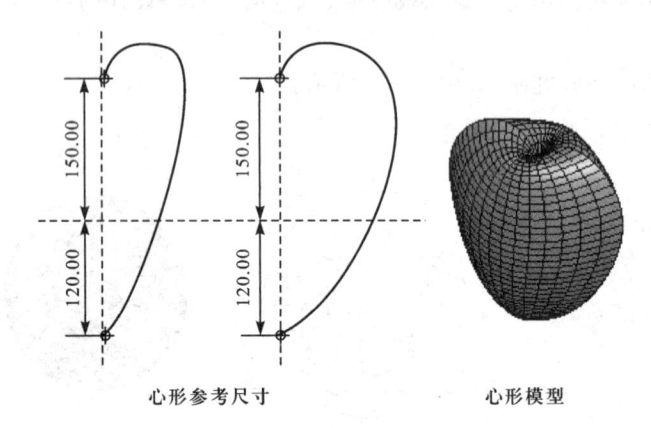

图 13-83

(4) 利用曲面功能做五角星,如图 13-84 所示。

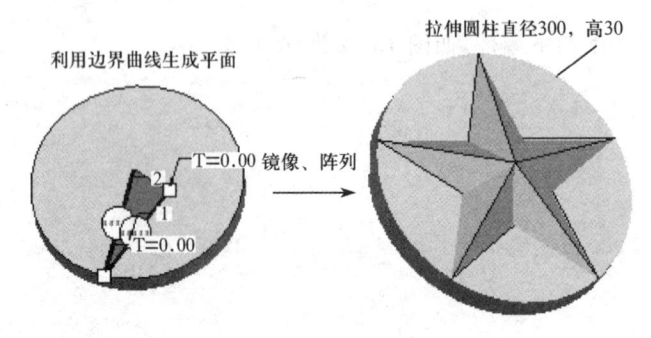

图 13-84

(5) 利用曲面功能做电风扇，如图 13-85 所示。

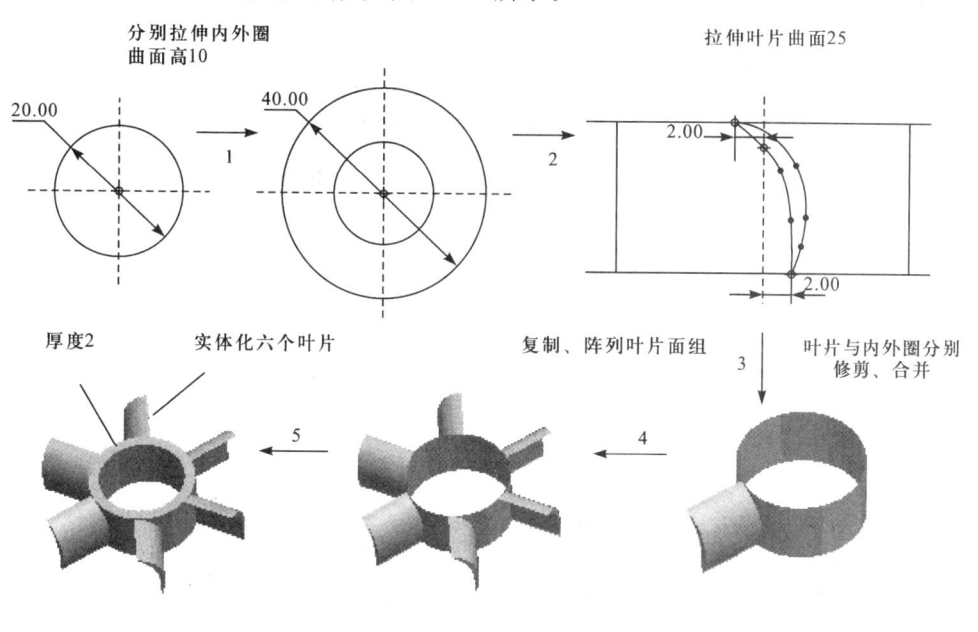

图 13-85

(6) 利用边界曲面等功能做一双鞋，如图 13-86 所示。

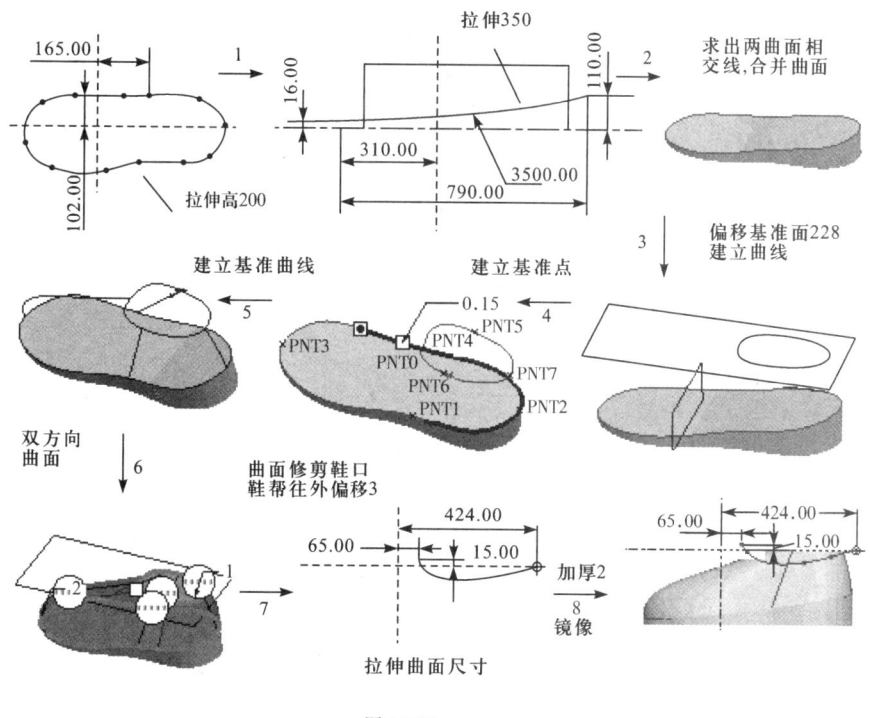

图 13-86

(7) 利用曲面功能做水槽，如图 13-87 所示。

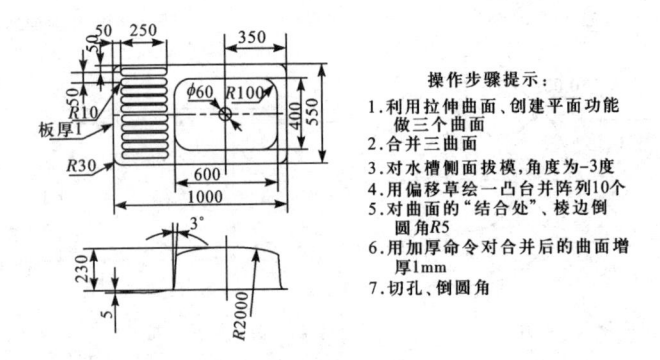

操作步骤提示：
1. 利用拉伸曲面、创建平面功能做三个曲面
2. 合并三曲面
3. 对水槽侧面拔模，角度为-3度
4. 用偏移草绘一凸台并阵列10个
5. 对曲面的"结合处"、棱边倒圆角R5
6. 用加厚命令对合并后的曲面增厚1mm
7. 切孔、倒圆角

图 13-87

(8) 利用曲面功能做牙膏壳体，如图 13-88 所示。

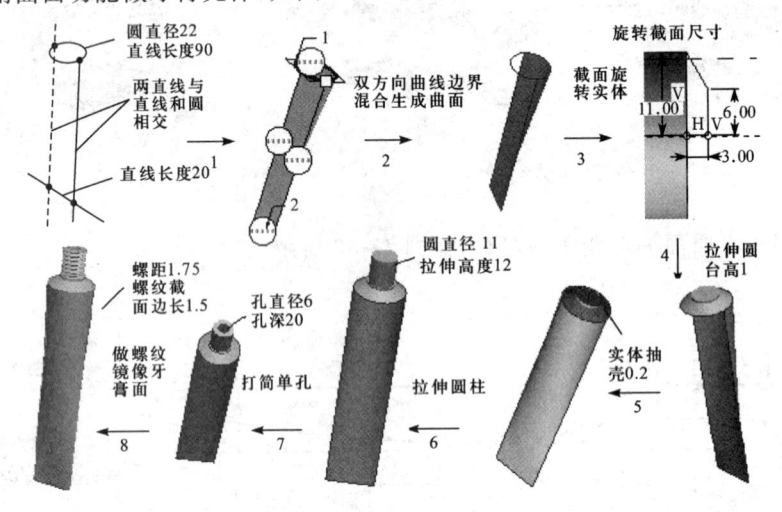

图 13-88

(9) 利用可变截面扫描等功能做雨伞，如图 13-89 所示。

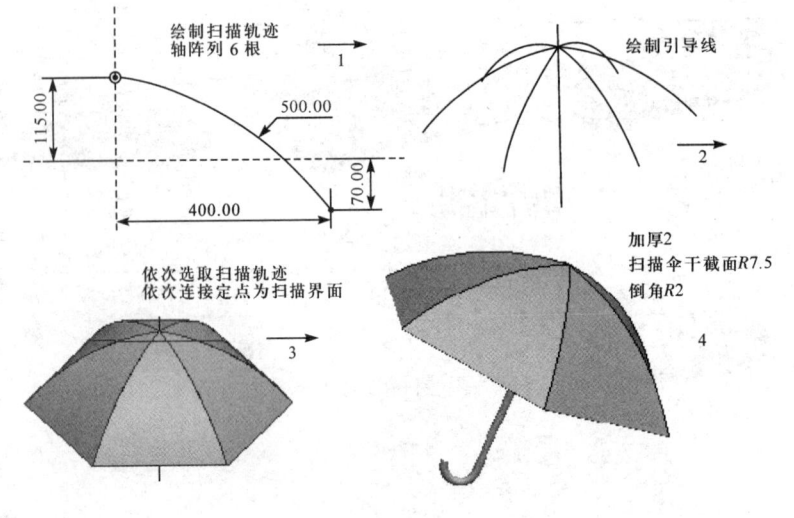

图 13-89

(10)利用可变截面扫描函数等功能做加湿器喷气嘴罩,如图 13-90 所示。

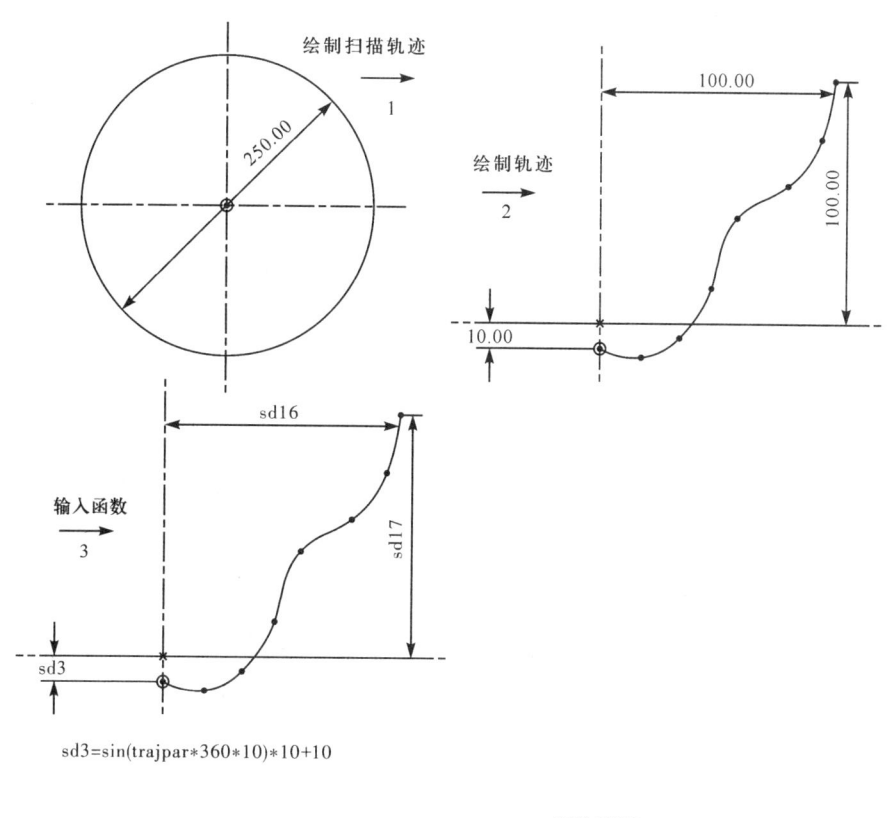

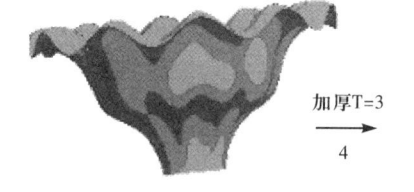

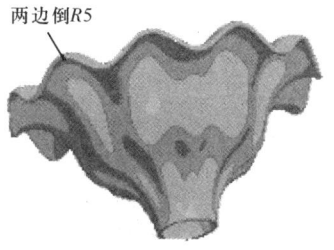

sd3=sin(trajpar*360*10)*10+10

图 13-90

(11)利用可变扫描曲面等功能做榔头手柄,如图 13-91 所示。

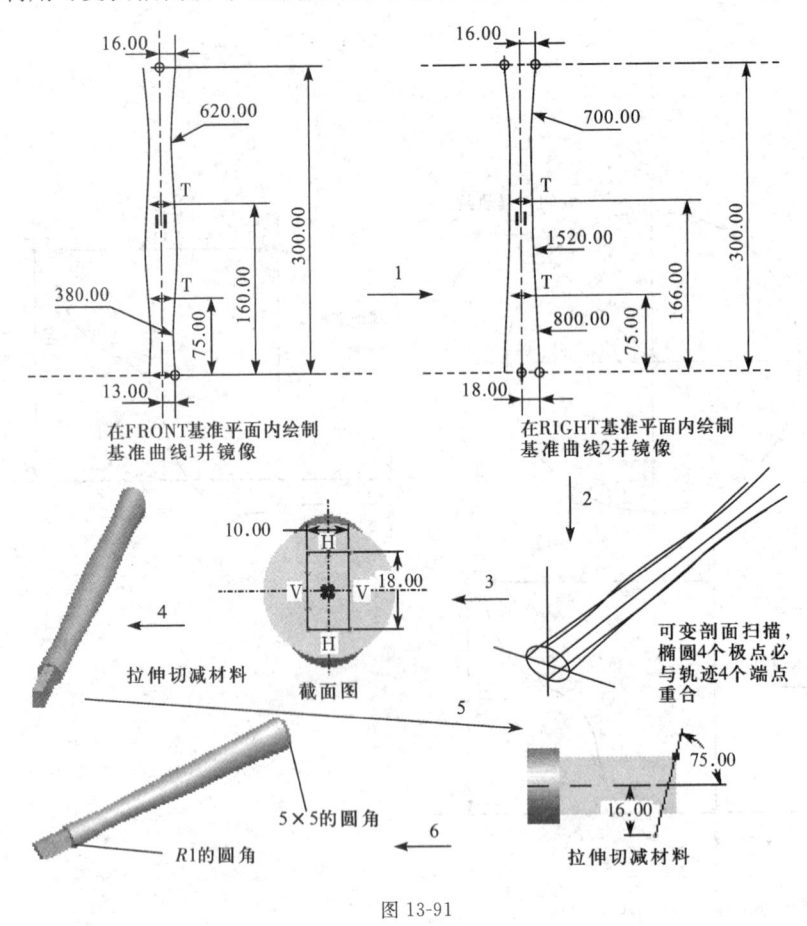

图 13-91

(12)利用可变扫描曲面等功能做榔头的锤头,如图 13-92 所示(详见光盘零件 ch13-92)。

(13)利用曲面功能做头盔,如图 13-93 所示(详见光盘零件 ch13-93)。

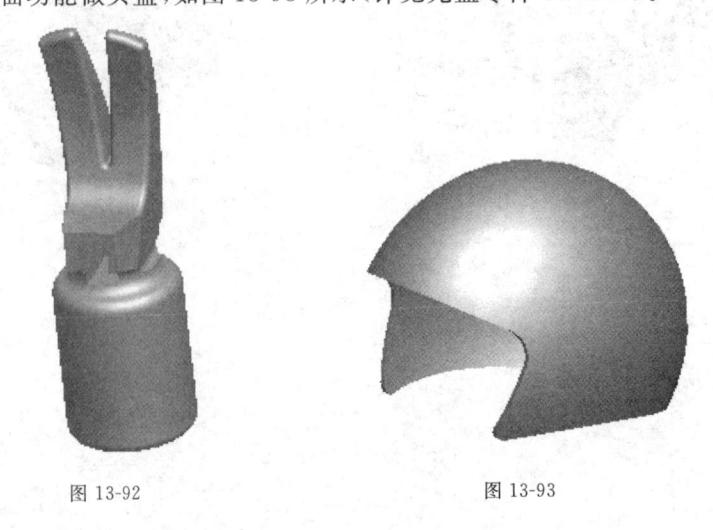

图 13-92   图 13-93

(14) 利用曲面功能做足球,如图 13-94 所示(详见光盘零件 ch13-94)。
(15) 利用曲面功能做手机,如图 13-95 所示(详见光盘零件 ch13-95)。

图 13-94　　　　　　　　图 13-95

(16) 利用曲面功能做饭盒,如图 13-96 所示(详见光盘零件 ch13-96)。

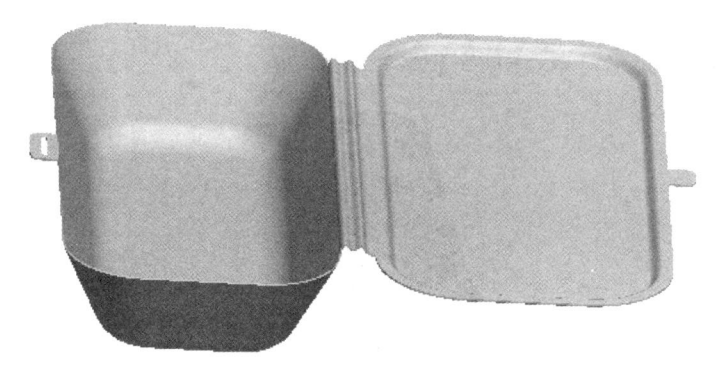

图 13-96

(17) 利用造型工具等功能做风扇叶(详见光盘零件 ch13-97)。

图 13-97

(18)利用曲面功能做洗菜盆(详见光盘零件 ch13-98)。

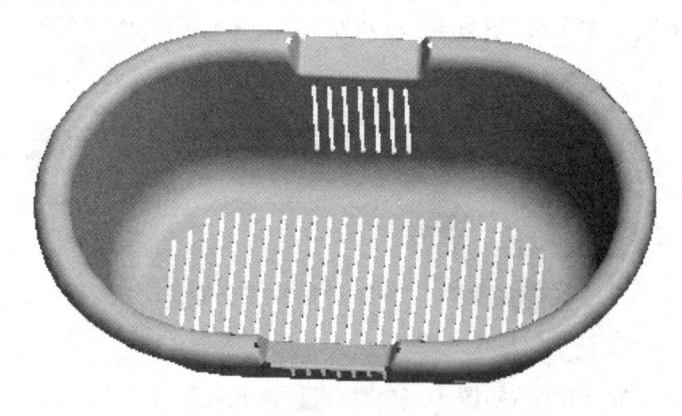

图 13-98

(19)利用曲面功能做灯罩(详见光盘零件 ch13-99)。

图 13-99

(20)利用曲面功能做汽车盖(详见光盘零件 ch13-100)。

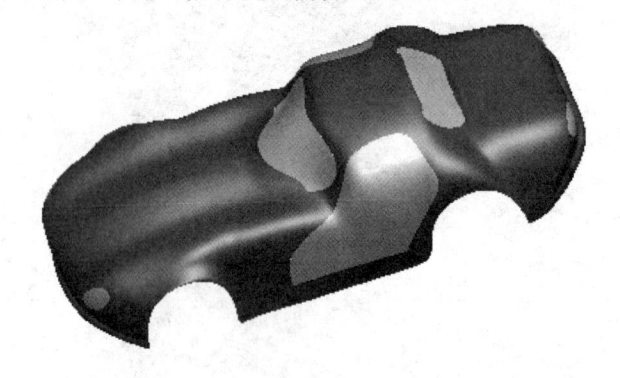

图 13-100

13.5 装配设计题目

产品设计过程中,如果零件的3D模型设计完成后,就可通过建立零件之间的约束关系将零件装配起来。参照教材第9章,熟练掌握装配设计的一般流程和操作技巧,完成零件的装配设计。

1. 饮料瓶装配设计

要求:根据零件图(详见本章13.3节高级实体题目(2)、(3))和装配图(图13-101),完成饮料瓶零件造型并装配设计。

2. 轴承装配设计

要求:根据零件图和装配图,完成轴承零件造型并装配设计,如图13-102～图13-106所示。

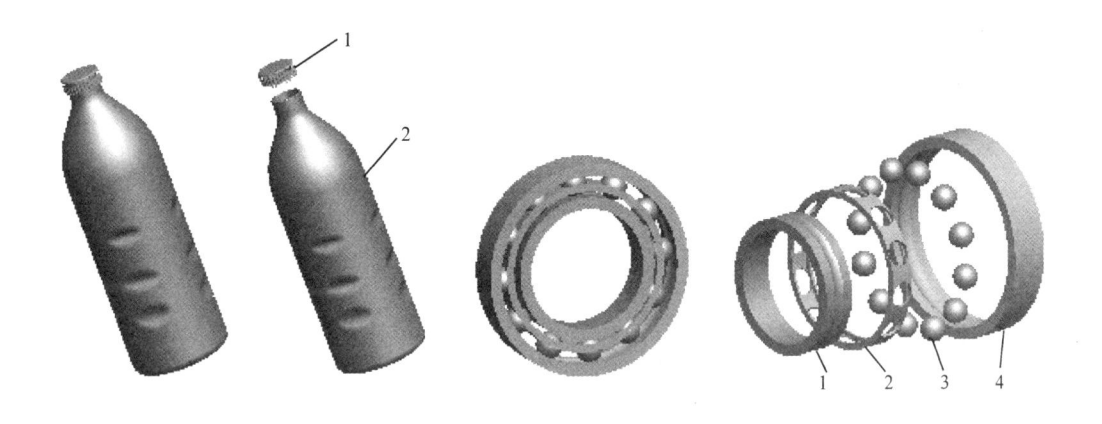

图 13-101 饮料瓶装配图

图 13-102 轴承装配图

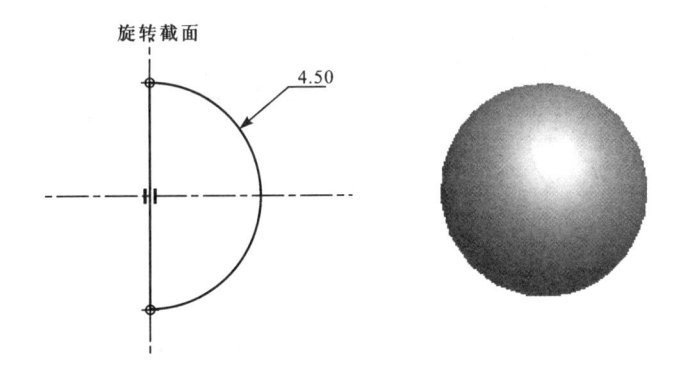

图 13-103 滚轴零件图

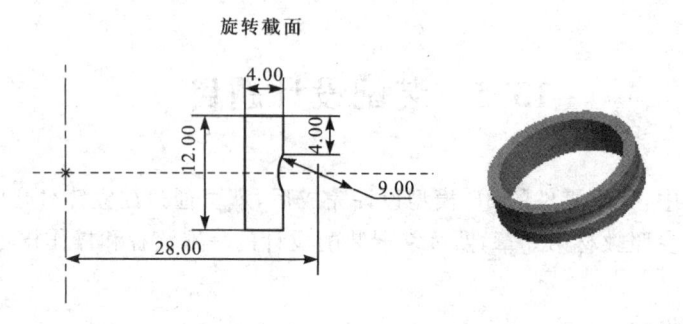

图 13-104　内环零件图

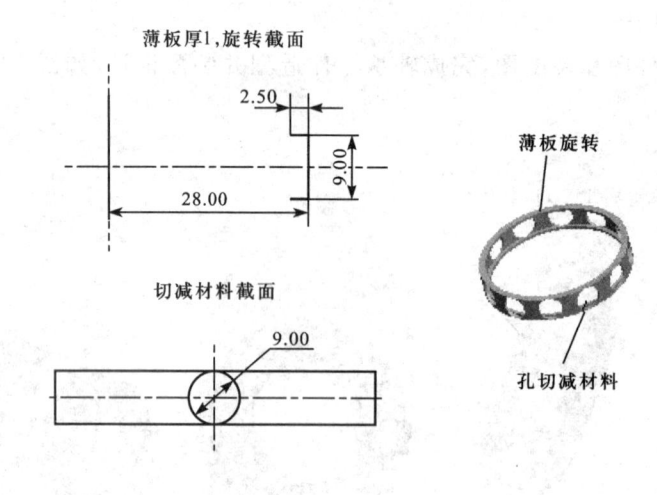

图 13-105　卡环零件图

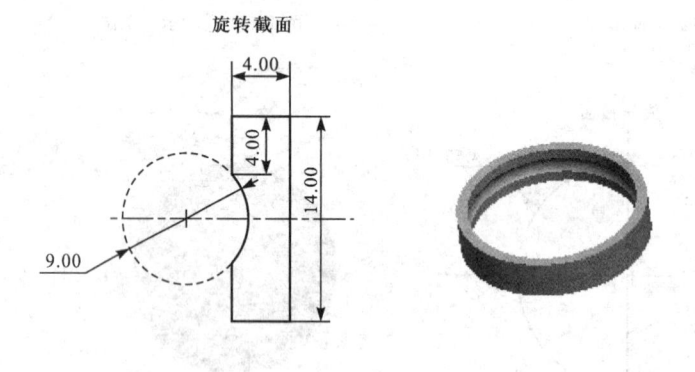

图 13-106　外环零件图

3. 刷子装配设计

要求：根据零件图和装配图，完成刷子零件造型并装配设计，如图 13-107～图 13-111 所示。

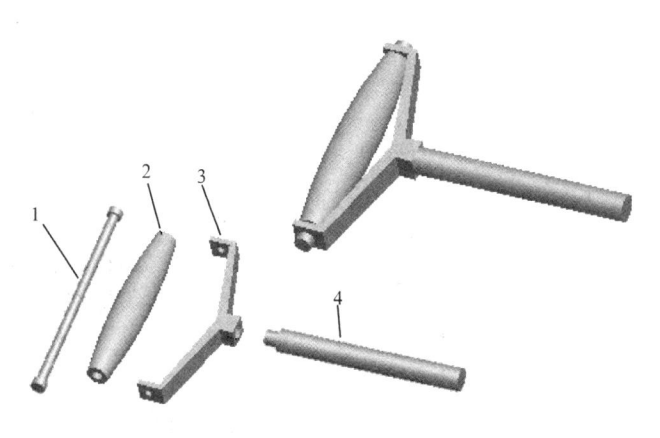

图 13-107　刷子装配图

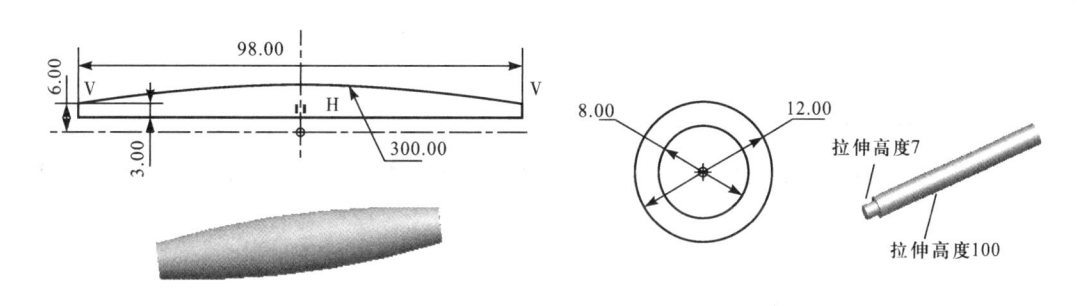

图 13-108　刷子滚轮零件图

图 13-109　刷子插销零件图

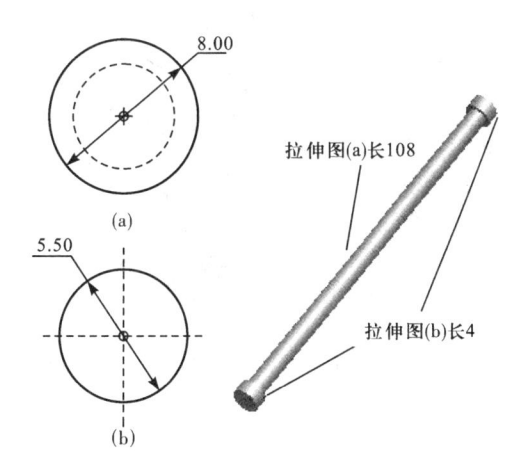

图 13-110　刷子把手零件图

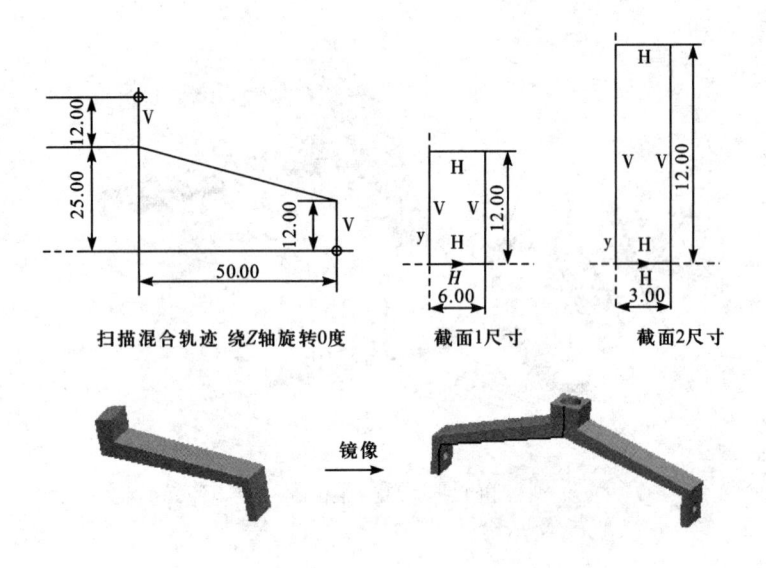

图 13-111 刷子支架零件图

4. 千斤顶装配设计

要求：根据零件图和装配图，完成千斤顶零件造型并装配设计，如图 13-112～图 13-117 所示。

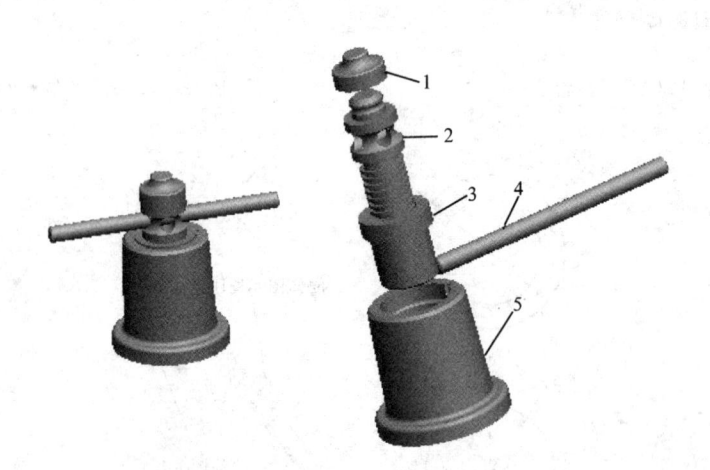

图 13-112 千斤顶装配图

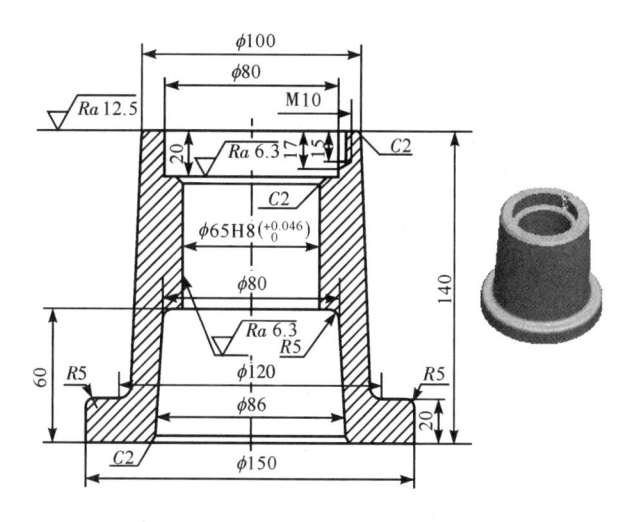

图 13-113　底座零件图

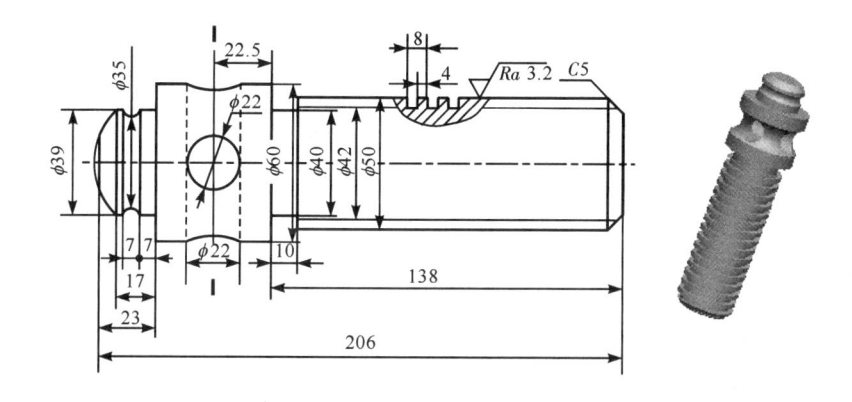

图 13-114　螺杆零件图

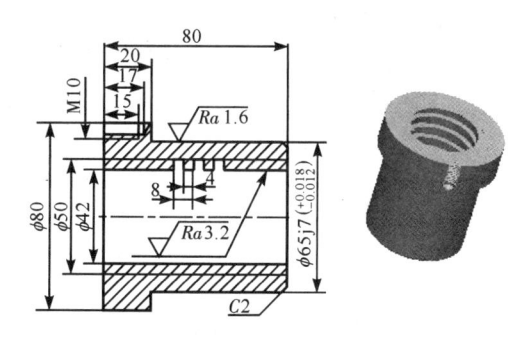

图 13-115　螺套零件图

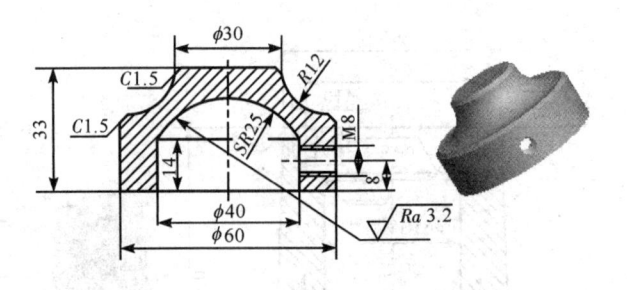

图 13-116 顶垫零件图

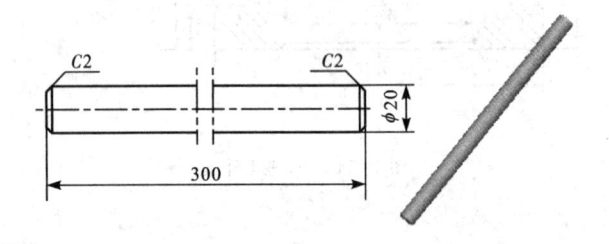

图 13-117 绞杠零件图

5. 联轴装配设计

要求:根据零件图和装配图,完成联轴零件造型并装配设计,如图 13-118～图 13-125 所示。

图 13-118 联轴装配图

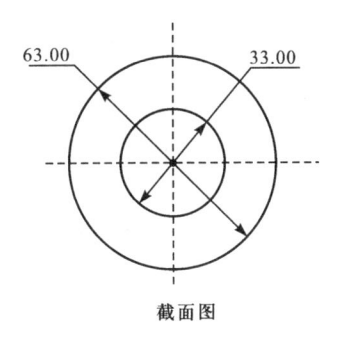

图 13-119　零件图 1

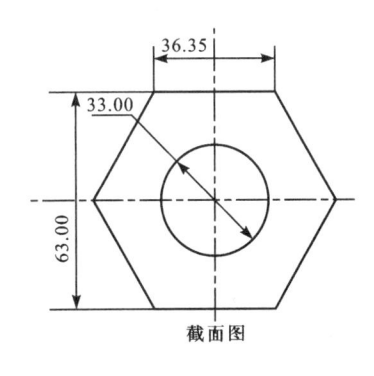

图 13-120　零件图 2

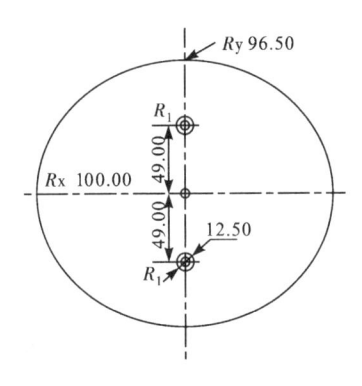

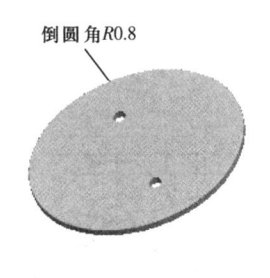

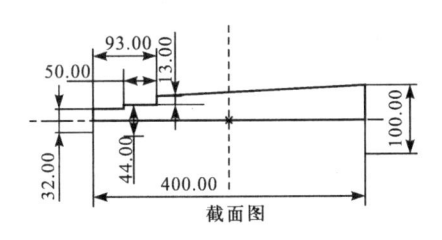

图 13-121　零件图 3

图 13-122　零件图 4

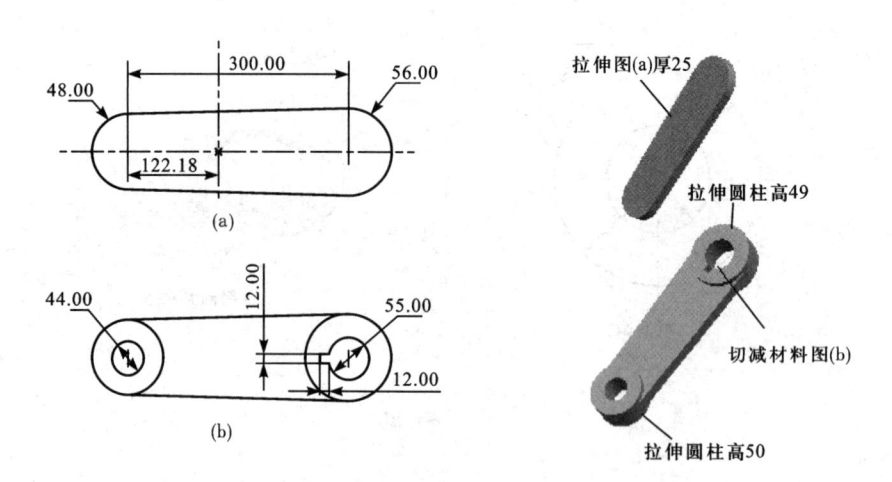

图 13-123　零件图 5

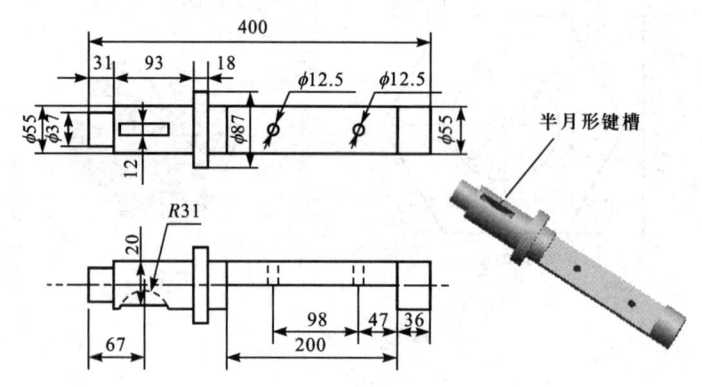

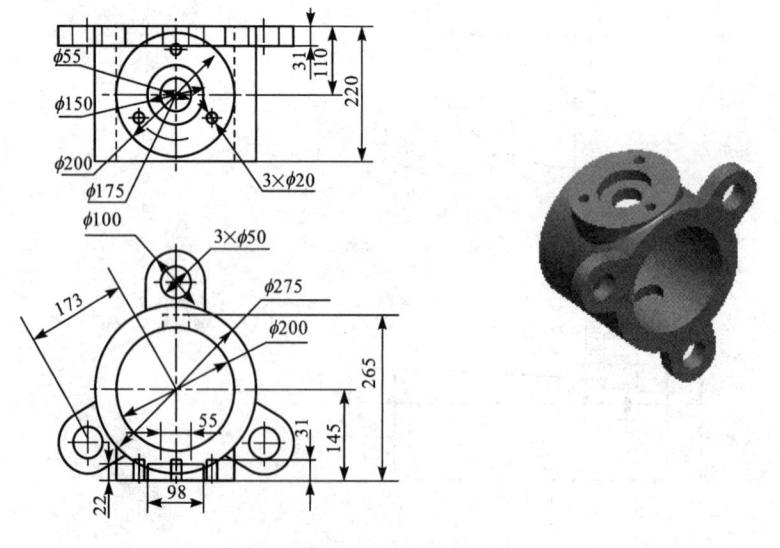

图 13-124　零件图 6

图 13-125　零件图 7

6. 螺丝刀装配设计

要求：根据装配图和零件图，完成螺丝刀零件造型并装配设计，如图 13-126～图 13-128 所示。

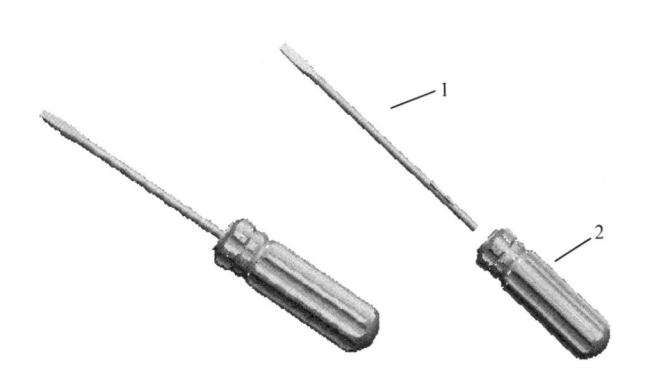

图 13-126　螺丝刀装配图

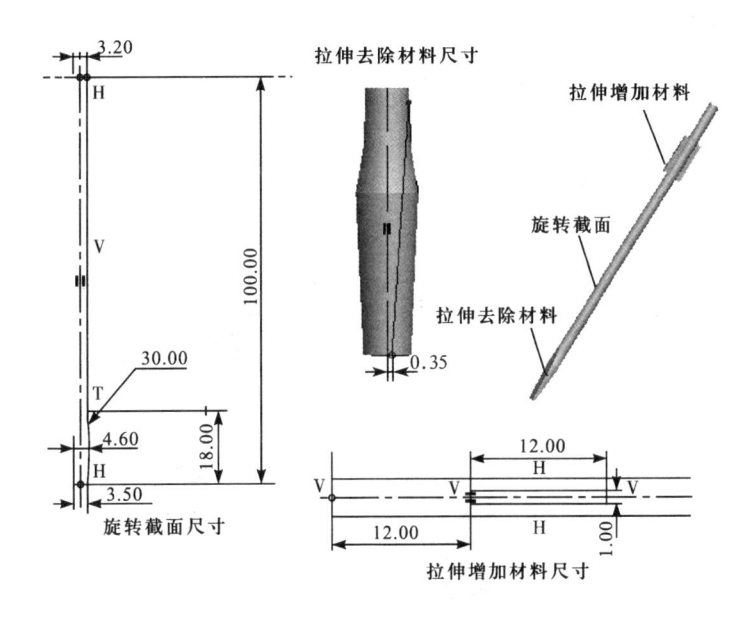

图 13-127　螺丝刀零件图

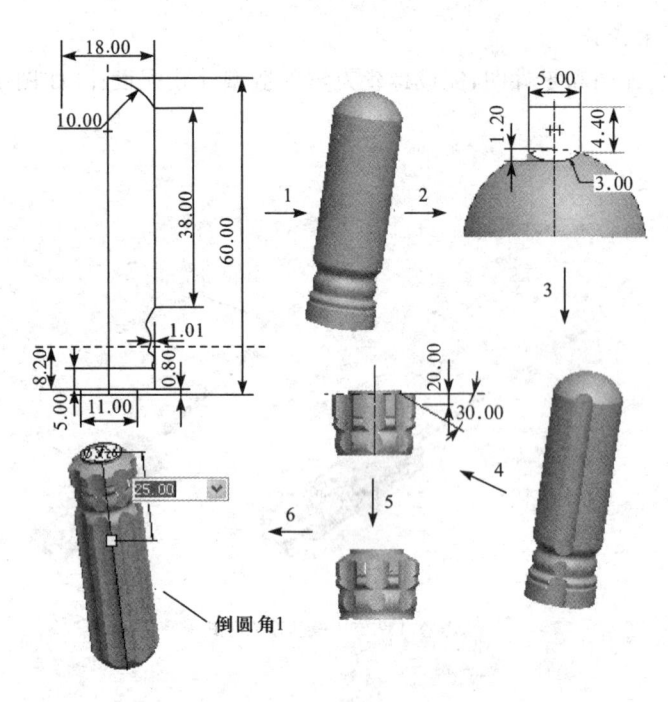

图 13-128　螺丝刀手柄零件图

7. 铁榔头装配设计

要求：根据零件图（详见本章 13.4 节曲面题目(11)、(12)）和装配图（图 13-129），完成铁榔头零件造型并装配设计。

图 13-129　铁榔头装配图

8. 圆珠笔装配设计

要求：根据零件图（详见光盘文件夹 ch13-130）和装配图（图 13-130），完成圆珠笔零件造型并装配设计。

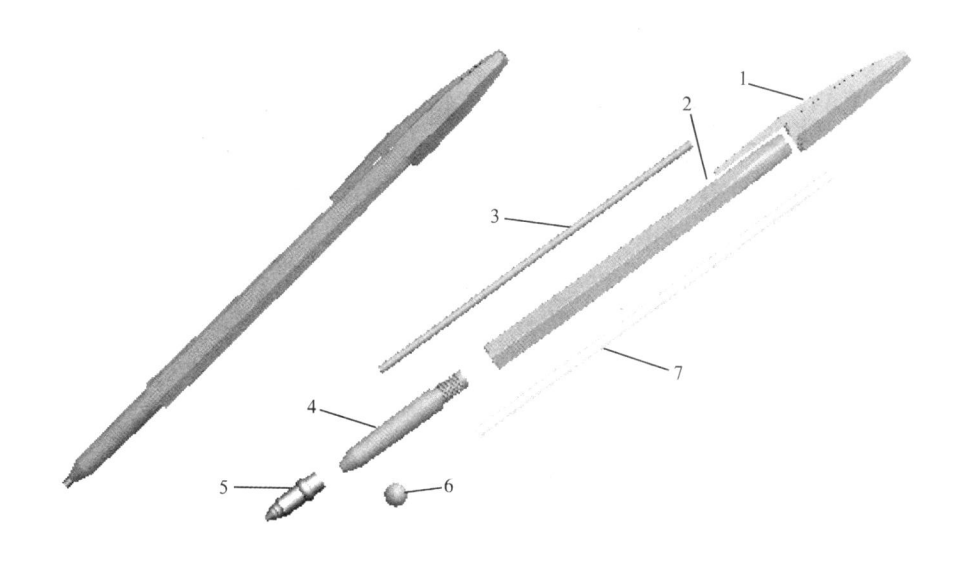

图 13-130　圆珠笔装配图

9. 发动机活塞、连杆及曲轴系统的装配设计

要求：根据零件图(详见光盘文件夹 ch13-131)和装配图(图 13-131)，完成该系统的零件造型并装配设计。

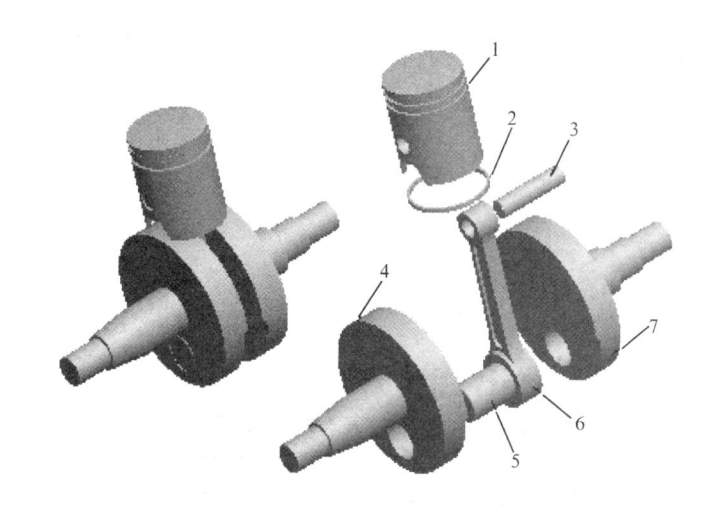

图 13-131　活塞系统装配图

10. 千斤顶装配设计

要求：根据装配图和零件图，完成千斤顶零件造型并装配设计，如图 13-132～图 13-137 所示。

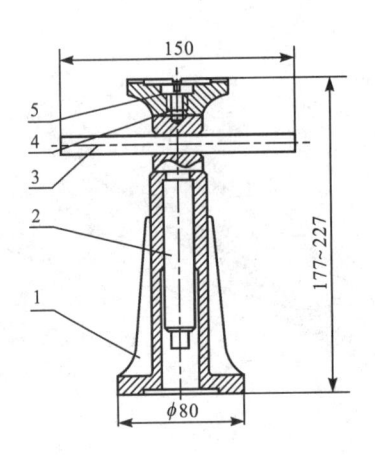

图 13-132　千斤顶装配图

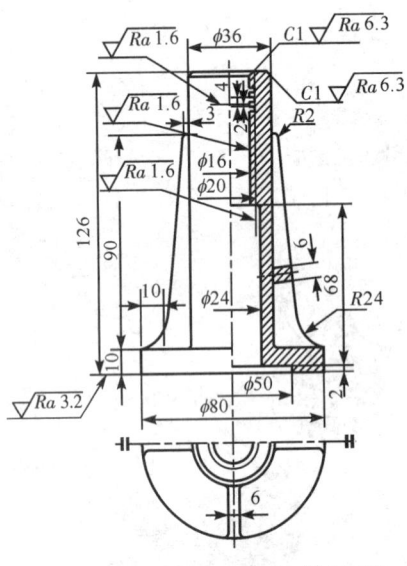

图 13-133　底座零件图

技术要求
未注倒圆角 R1

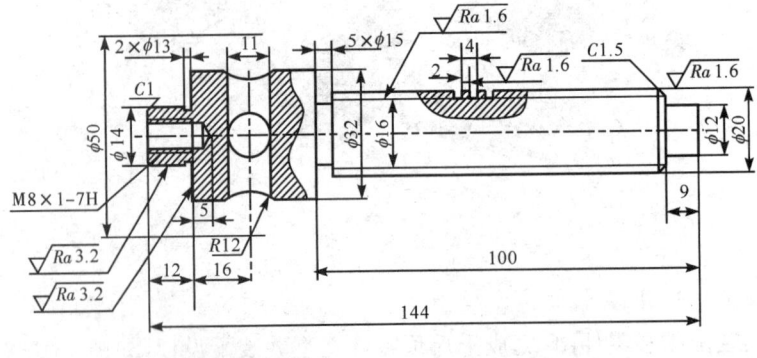

图 13-134　螺杆零件图

图 13-135 螺钉零件图

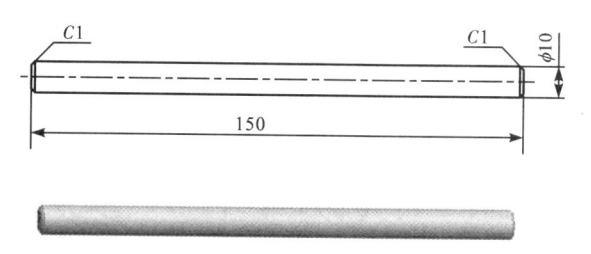

图 13-136 旋转杆零件图

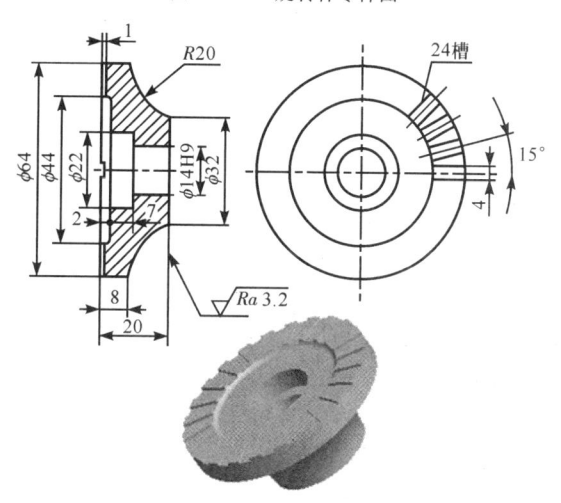

图 13-137 顶盖零件图

13.6 工程图制作题目

Pro/ENGINEER Wildfire 4.0 工程图制作是一个从三维造型到二维视图的数据转换过程。Pro/ENGINEER 工程图模块,在工程图制作时能使工程图视图共享三维造型时的特征数据,把特征数据自动导入视图。大大节省了二维视图的绘制时间,缩短了整个产品设计的周期。

1. 创建支架零件工程图

要求:参照图 13-138 所示的尺寸,进行造型设计并制作"支架零件"工程图。

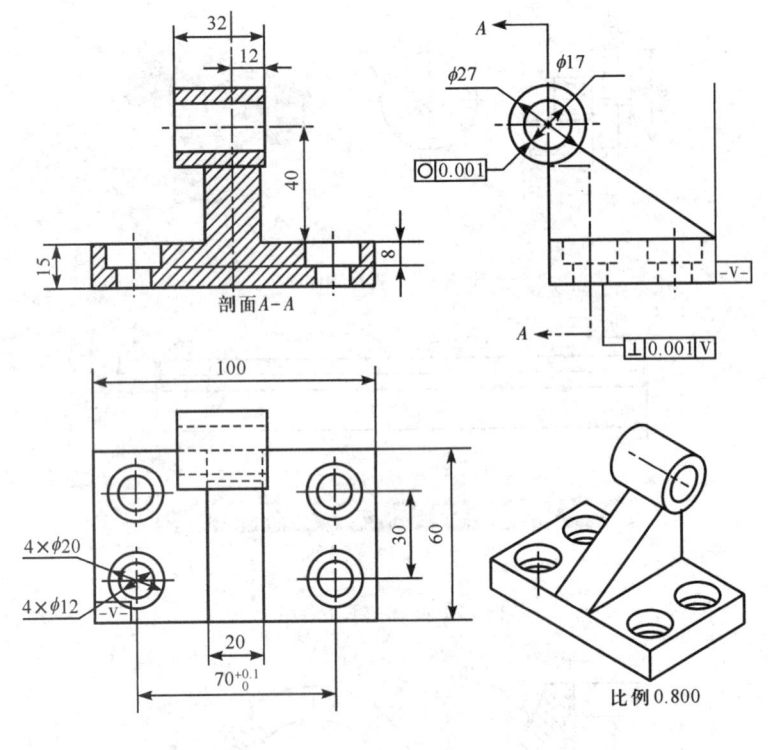

图 13-138

2.创建箱体零件工程图

要求:参照图 13-139 所示的尺寸,进行造型设计并制作"箱体零件"工程图。

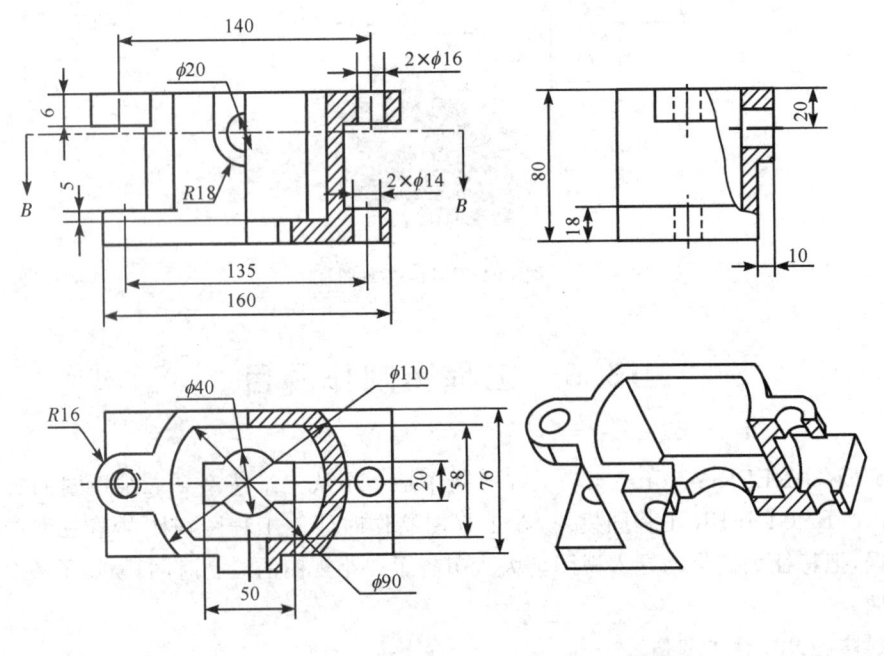

图 13-139

3. 创建带轮工程图

要求：参照图 13-140 所示的尺寸，进行造型设计并制作"带轮"工程图。

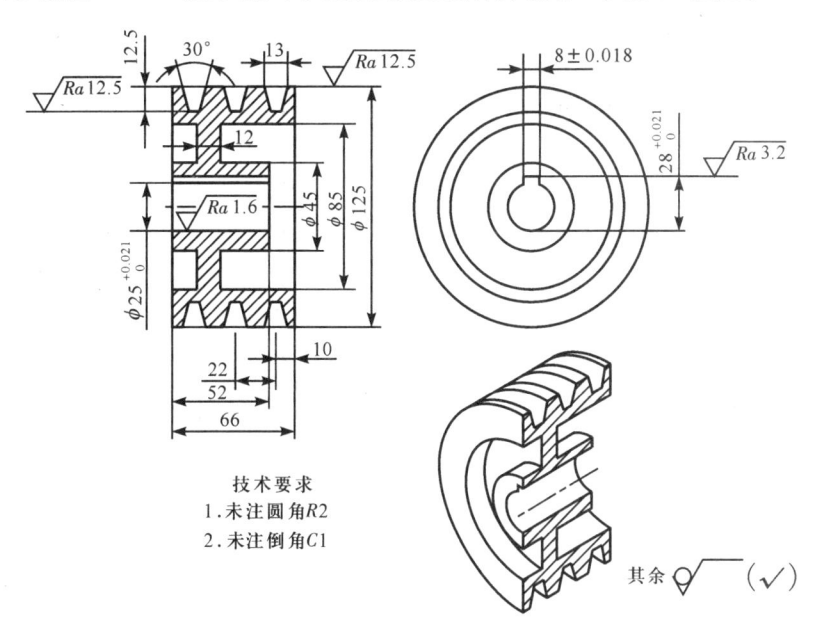

技术要求
1. 未注圆角 R2
2. 未注倒角 C1

图 13-140

4. 创建轴零件工程图

要求：参照图 13-141 所示的尺寸，进行造型设计并制作"轴零件"工程图。

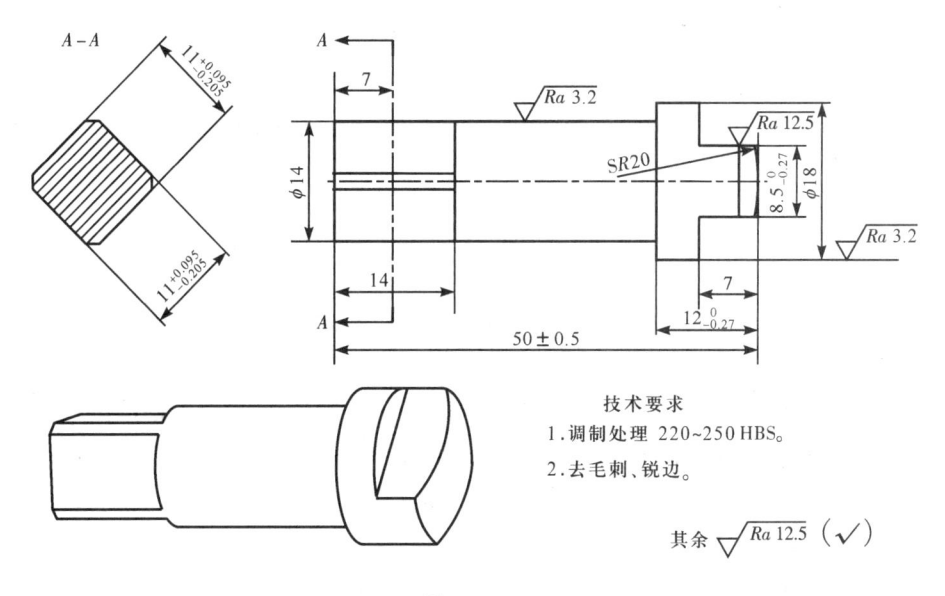

技术要求
1. 调制处理 220~250 HBS。
2. 去毛刺、锐边。

图 13-141

5. 创建管接头零件工程图

要求：参照图 13-142 所示的尺寸，进行造型设计并制作"管接头零件"工程图。

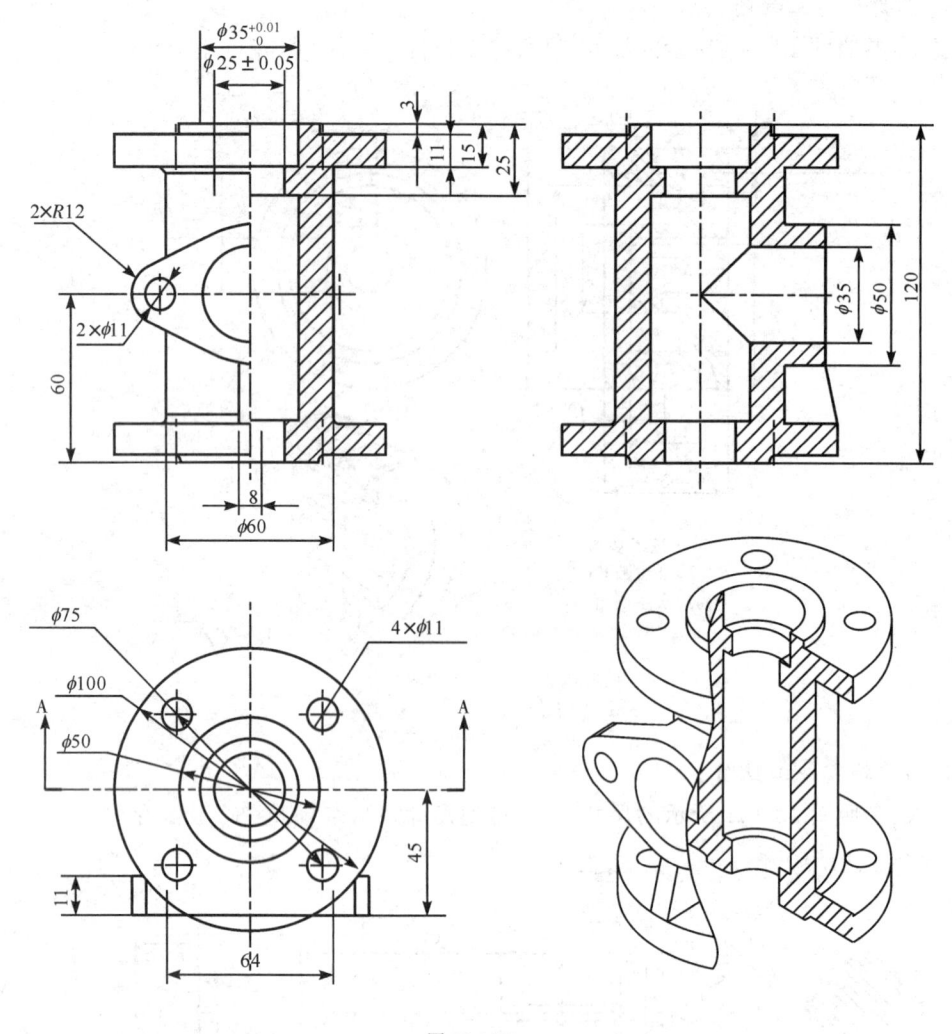

图 13-142

13.7 模具设计题目

Pro/ENGINEER Wildfire 4.0 系统中,有模具型腔和铸造型腔两个模块用于模具的设计和制造。除提供设计模具所需的常用工具外,还允许用户创建、修改、分析模具部件和装配件等。参照教材第 11 章,根据模具设计的一般流程和操作技巧,完成零件的模具设计。

1. 杯子模具设计

要求:根据已知零件图(图 13-143)完成杯子造型并进行模具设计。

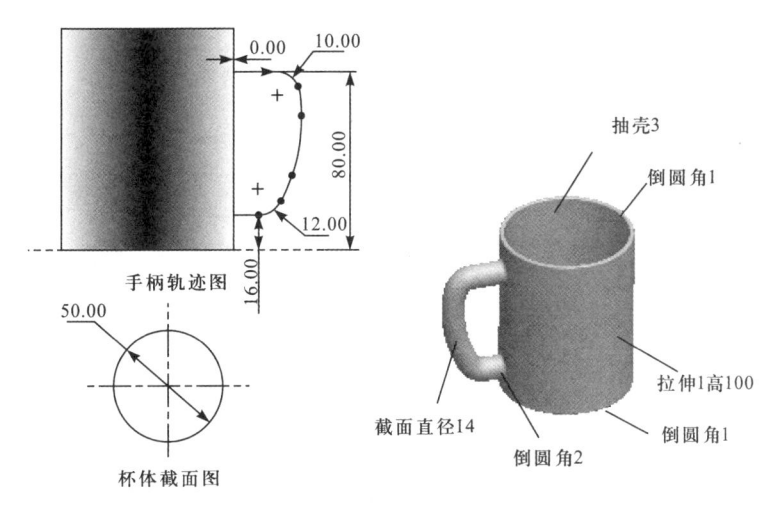

图 13-143

2. 香皂盒上盖模具设计

要求：根据已知零件图（图 13-144），完成香皂盒上盖造型并进行模具设计。

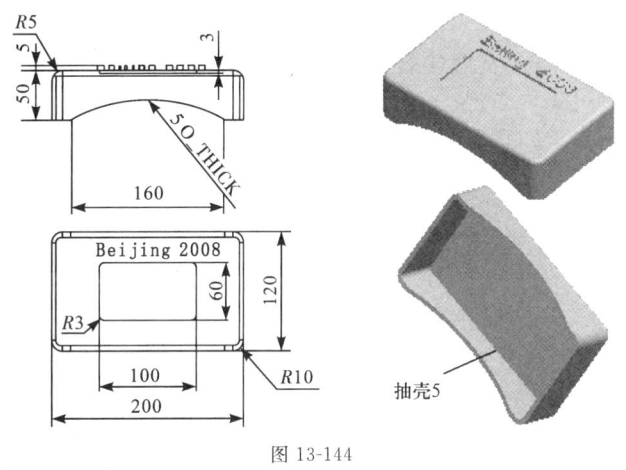

图 13-144

3. 香皂盒底盖模具设计

要求：根据已知零件图（图 13-145），完成香皂盒底盖造型并进行模具设计。

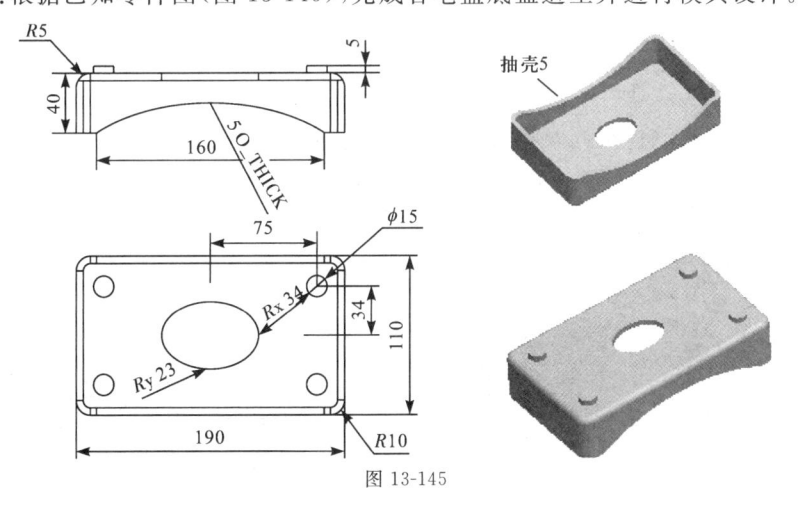

图 13-145

4.香菇模具设计

要求:根据零件图(图 13-146)完成香菇造型并进行模具设计。

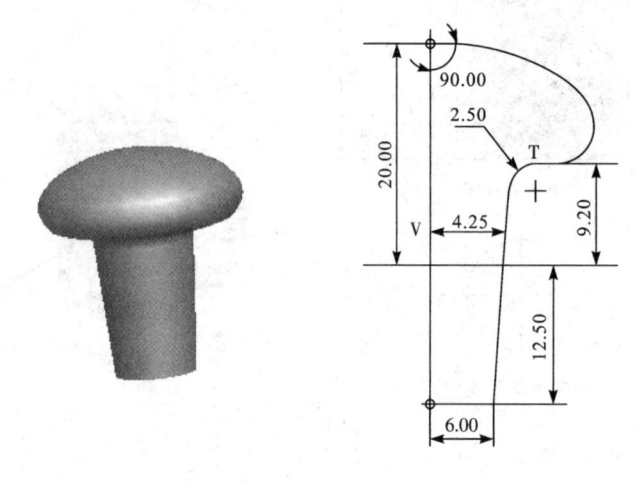

图 13-146

5.电吹风模具设计

要求:根据图 13-147(详见光盘零件 ch13-147)完成电吹风造型并进行模具设计。

6.手机上盖模具设计

要求:根据图 13-148(详见光盘零件 ch13-148)完成手机上盖造型并进行模具设计。

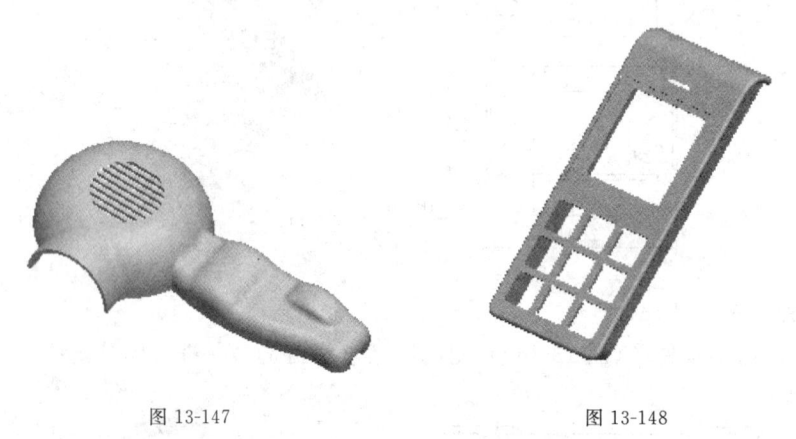

图 13-147

图 13-148

7.计算器下盖模具设计

要求:根据图 13-149(详见光盘零件 ch13-149)完成计算器下盖造型并进行模具设计。

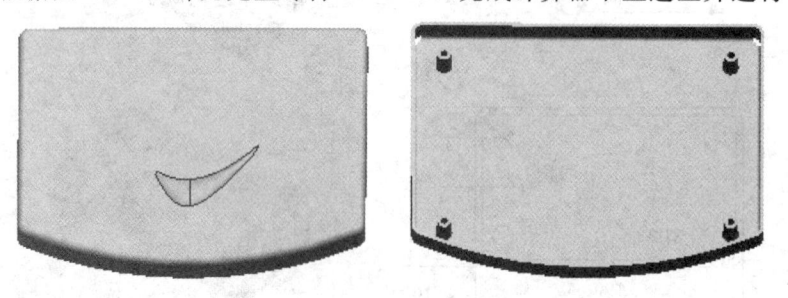

图 13-149

8. 煤气灶按钮模具设计

要求：根据图 13-150（详见光盘零件 ch13-150）完成煤气灶按钮造型并进行模具设计。

图 13-150

9. 连接座模具设计

要求：根据图 13-151（详见光盘零件 ch13-151）完成连接座造型并进行模具设计。

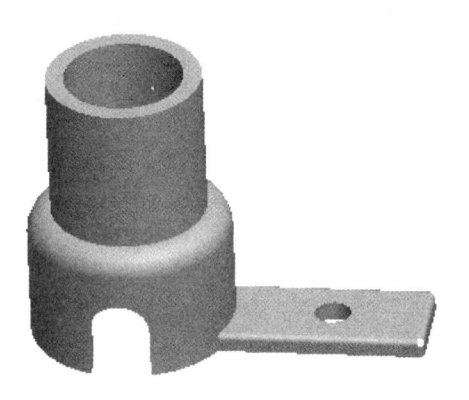

图 13-151

13.8 数控加工制造题目

Pro/ENGINEER Wildfire 4.0 中的 Pro/NC 模块用于生成数控加工的相关文件，能够仿真数控加工的全过程。Pro/ENGINEER Wildfire 4.0 系统将设计模型信息体现到加工中。参考教材第 12 章，根据数控加工的一般操作流程和加工方法，完成零件的加工。

1. 加工练习【1】

要求：根据已知参考加工参数、零件及模型，如图 13-152 所示，进行零件造型，创建毛坯。用"体积块"方法加工上表面和凹槽，并生成加工刀具路径及 NC 代码。

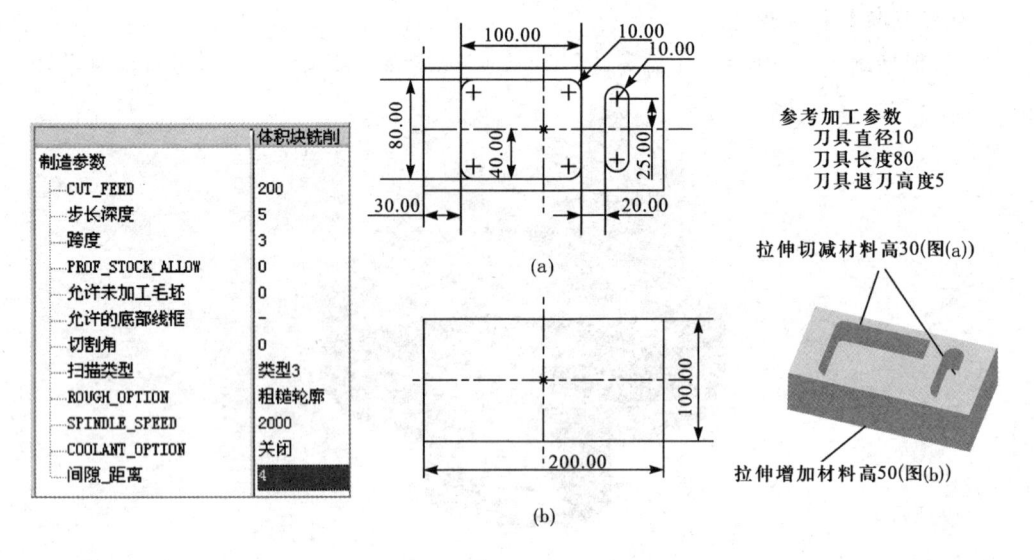

图 13-152

2. 加工练习【2】

要求：根据已知参考加工参数、零件及模型，如图 13-153 所示，进行零件造型，创建毛坯。用"轮廓"方法加工"2"字形零件，并生成加工刀具路径及 NC 代码。

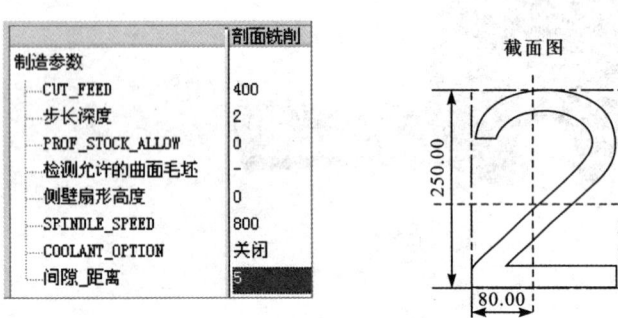

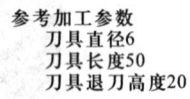

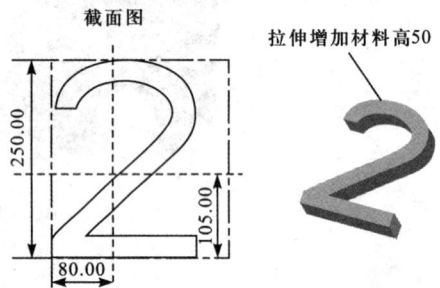

图 13-153

3. 加工练习【3】

要求：根据已知参考加工参数、零件及模型，如图 13-154 所示，进行零件造型，创建毛坯。用"轮廓"方法加工"心形"，并生成加工刀具路径及 NC 代码。

参考加工参数
刀具直径12
刀具长度80
刀具退刀高度55

截面图

拉伸增加材料高50

制造参数	剖面铣削
CUT_FEED	200
步长深度	5
PROF_STOCK_ALLOW	0
检测允许的曲面毛坯	—
侧壁扇形高度	0
SPINDLE_SPEED	2000
COOLANT_OPTION	关闭
间隙_距离	5

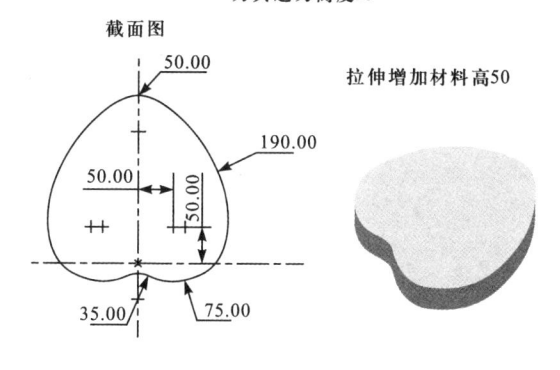

图 13-154

4. 加工练习【4】

要求：根据已知参考加工参数、零件及模型，如图 13-155、图 13-156 所示，进行零件造型，创建毛坯。分别用"腔槽加工"和"孔加工"该零件，并生成加工刀具路径及 NC 代码。

5. 加工练习【5】

要求：根据已知参考加工参数、零件及模型，如图 13-157 所示，进行零件造型，创建毛坯。用"刻模"加工零件上的文字，并生成加工刀具路径及 NC 代码。

制造参数	体积块铣削
CUT_FEED	200
步长深度	2
跨度	2
PROF_STOCK_ALLOW	0
允许未加工毛坯	0
允许的底部线框	—
切割角	0
扫描类型	类型3
ROUGH_OPTION	粗糙轮廓
SPINDLE_SPEED	200
COOLANT_OPTION	关闭
间隙_距离	5

(a) 腔槽加工工艺参数

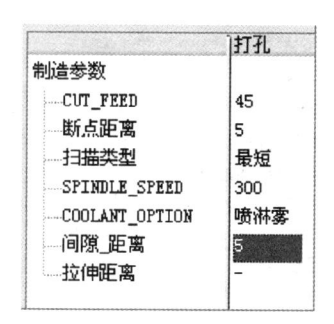

制造参数	打孔
CUT_FEED	45
断点距离	5
扫描类型	最短
SPINDLE_SPEED	300
COOLANT_OPTION	喷淋雾
间隙_距离	5
拉伸距离	—

(b) 孔加工工艺参数

图 13-155

孔加工参考参数
刀具直径10
刀具长度80
刀具退刀高度5

腔槽加工参考参数
刀具直径20
刀具长度120
刀具退刀高度5
点角度120

图 13-156

参考加工参数
刀具直径2
刀具长度20
刀具退刀高度10

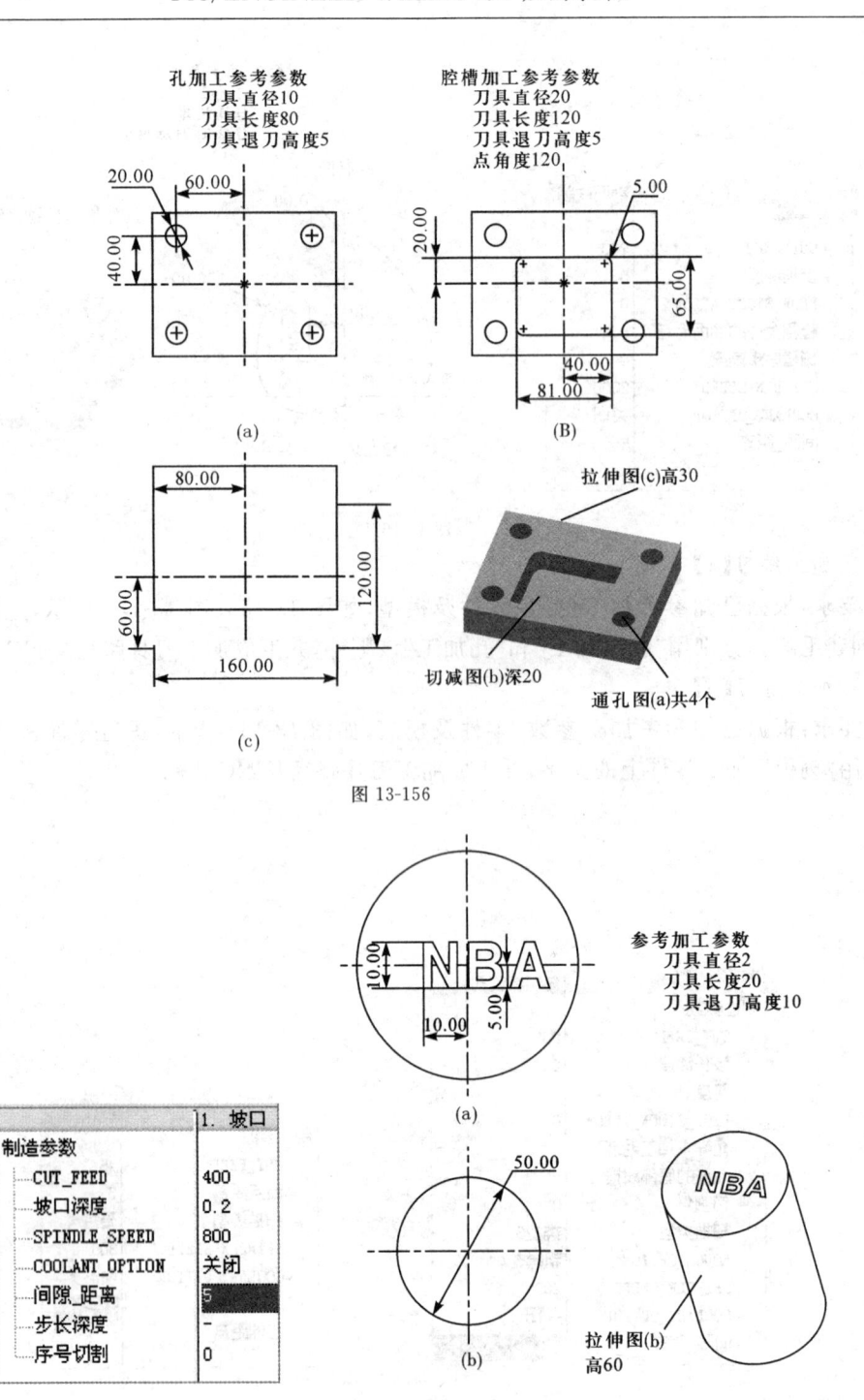

图 13-157

6. 加工练习【6】

要求：根据图 13-158（详见光盘零件 ch13-158）创建毛坯。用"曲面铣削"加工该零件，并生成加工刀具路径及 NC 代码。

```
制造参数
  CUT_FEED        180
  跨度            0.1
  带选项          直线连接
  SPINDLE_SPEED   1800
  间隙_距离       3
```

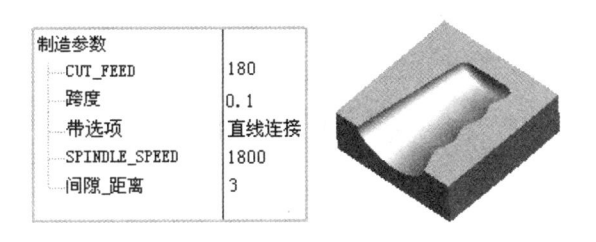

图 13-158

7.加工练习【7】

要求:根据图 13-159(详见光盘零件 ch13-159)完成以下操作:(1)设计香菇零件;(2)进行模具的开模仿真操作;(3)自定义加工参数,用"曲面铣削"加工香菇零件的凸模或凹模,并生成加工刀具路径及 NC 代码。

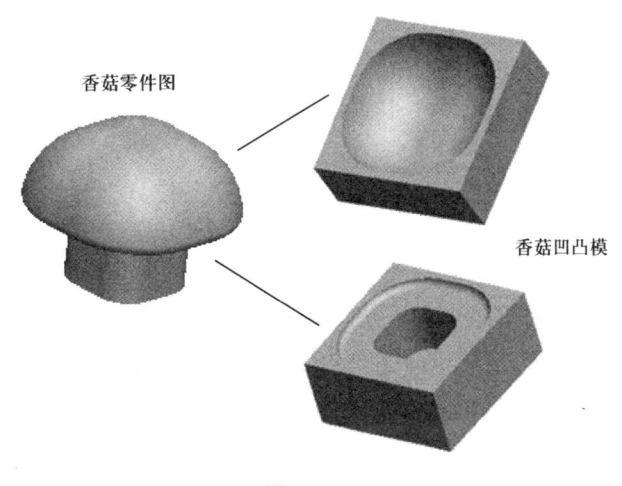

香菇零件图

香菇凹凸模

图 13-159

参 考 文 献

1. 詹友刚. Pro/ENGINEER 中文野火版 2.0 基础教程[M]. 北京:清华大学出版社, 2005.
2. 詹友刚. Pro/ENGINEER 中文野火版教程——专用模块[M]. 北京:清华大学出版社, 2004.
3. 周四新等. Pro/ENGINEER Wildfire 2.0 实例教程[M]. 北京:机械工业出版社, 2005.
4. 谭雪松,朱金波,朱新涛. Pro/ENGINEER Wildfire 2.0 中文版典型实例[M]. 北京:人民邮电出版社, 2005.
5. 郝利剑. Pro/ENGINEER 2001 中文版工程图制作与钣金件设计[M]. 北京:北京大学出版社, 2003.
6. 杨占尧. Pro/ENGINEER Wildfire 2.0 产品造型与模具设计案例精解[M]. 北京:高等教育出版社, 2005.
7. 白雁钧. Pro/ENGINEER 野火 2.0 版绘图指南[M]. 北京:人民邮电出版社, 2004.
8. 胡仁喜. Pro/ENGINEER Wildfire 2.0 中文版机械设计高级应用实例[M]. 北京:机械工业出版社, 2005.
9. 严烈. 中文 Pro/ENGINEER Wildfire 2.0 应用基础教程[M]. 北京:冶金工业出版社, 2006.
10. 林清安. Pro/ENGINEER Wildfire 零件设计基础篇(上)[M]. 北京:中国铁道出版社, 2004.
11. 周四新. Pro/ENGINEER wildfire 实用设计百例[M]. 北京:清华大学出版社, 2005.
12. 祝凌云,李斌,白雁钧. Pro/ENGINEER 野火 2.0 版入门指南[M]. 北京:人民邮电出版社, 2005.